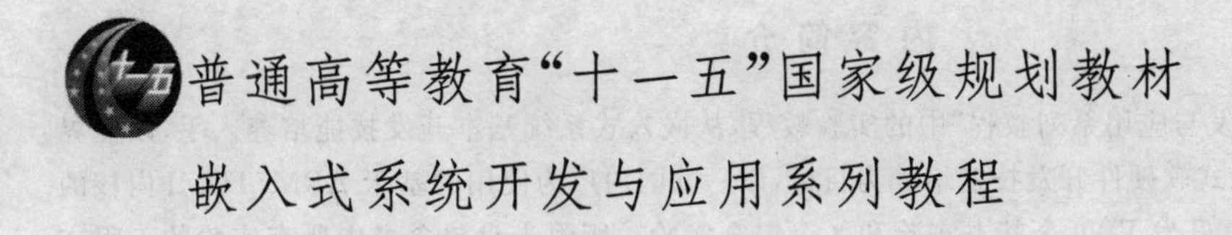

普通高等教育“十一五”国家级规划教材

嵌入式系统开发与应用系列教程

嵌入式系统开发与应用实验教程

(第3版)

田　泽　编著

北京航空航天大学出版社

内容简介

本书是“嵌入式系统开发与应用系列教程”中的实验教程，从嵌入式系统基本开发技能培养入手，以业界广为使用的ARM核的嵌入式软硬件开发技能培养为目标，以一款国内广为使用的基于ARM7TDMI内核的S3C44B0X芯片为硬件核心，开发了29个基本实验和3个综合实验。所附光盘包含书中所有实验的工程文件、实验板电路图以及其他相关资料。

本书密切结合嵌入式技术的最新发展，融入了大量的实际工程例程，形成了从易到难、相对完整、贴近实际工程应用的嵌入式实验教学体系。通过本书的实验教学，可使读者快速、全面地掌握嵌入式系统开发的基本技能。

本书可作为高等院校计算机、电类等专业嵌入式系统课程的实验教材，也可作为嵌入式系统领域工程技术人员的培训教材或参考资料。

图书在版编目(CIP)数据

嵌入式系统开发与应用实验教程 / 田泽编著. -- 3版. -- 北京 ：北京航空航天大学出版社，2011.4
ISBN 978-7-5124-0362-8

Ⅰ. ①嵌… Ⅱ. ①田… Ⅲ. ①微型计算机—系统设计—教材 Ⅳ. ①TP360.21

中国版本图书馆CIP数据核字(2011)第033615号

版权所有，侵权必究。

嵌入式系统开发与应用实验教程(第3版)
田　泽　编著
责任编辑　董云凤　张金伟　张　淳　李美娟
*
北京航空航天大学出版社出版发行
北京市海淀区学院路37号(邮编100191)　http://www.buaapress.com.cn
发行部电话：(010)82317024　传真：(010)82328026
读者信箱：bhpress@263.net　邮购电话：(010)82316936
涿州市新华印刷有限公司印装　各地书店经销
*
开本：787×1092　1/16　印张：19.75　字数：557千字
2011年4月第3版　2011年4月第1次印刷　印数：4 000册
ISBN 978-7-5124-0362-8　定价：38.00元(含光盘1张)

序

一、嵌入式开发与应用

以计算机为核心的嵌入式技术并不是什么新技术，它伴随着微处理器的诞生而诞生，并伴随着微处理器的发展而发展。随着计算机、微电子、网络和通信技术的高速发展及其向其他行业的高度渗透，嵌入式技术的应用范围急剧扩大，并不断改变着人们的生活、生产方式。嵌入式技术快速发展的同时，也极大地丰富、延伸了嵌入式系统的概念。

芯片技术给电子系统带来了小型化、低功耗、低成本和高度智能化等技术优势，这正是嵌入式技术永恒的追求。芯片技术发展到 SoC 阶段，使系统在芯片级更进一步地实现了低功耗、低成本、小型化、智能化，加速了嵌入式系统升级换代的速度和小型化的实现程度，决定了嵌入式系统普及应用的深度以及智能化的程度。芯片技术极大地加速了嵌入式计算机的发展和普及。因此，嵌入式技术的发展主要体现在芯片技术的发展，以及在芯片技术限制下的算法改进和软件的进步上。

嵌入式硬件的核心是嵌入式处理器。处理器的嵌入式应用经历了以微处理器为核心的单板嵌入、在单片微控制器 MCU(Micro Control Unit)中嵌入基本资源的单片嵌入，以及基于 SoC/SoPC 的单片应用系统嵌入的发展过程，反映了嵌入式系统一直伴随着计算机、微电子和应用技术的发展，追求更高的性能密度、功能密度和更优的性价比。

目前，高性能嵌入式系统的硬件核心是拥有 32 位 ARM/PowerPC/MIPS 核的 SoC，其硬件平台具有强大的运算能力和丰富的片上资源，可以支持复杂的嵌入式操作系统 EOS(Embedded Operating Systems)的运行，使得 20 世纪 80 年代后期陆续出现的一些嵌入式操作系统真正广泛使用起来。大部分 EOS 价格昂贵，而源代码开放的 μC/OS－II、μCLinux、Linux 功能相对简易，比较适用于教学，因此，大部分学校选用这些操作系统作为嵌入式软件教学平台。

EOS 的广泛应用改变了传统的基于 8 位处理器的开发模式。在基于 8 位硬件平台的开发中，硬件设计者通常也是软件开发者，其编程绝大多数以汇编语言为主(20 世纪 90 年代中后期陆续开始使用 C 语言)，他们会考虑程序如何编写，同时也会考虑软件与硬件的配合。因此，设计开发人员一般都非常了解系统底层的软、硬件细节。当应用系统功能越来越复杂时，每增加一项新的应用功能，都可能需要从头开始设计系统软件，导致软件维护的工作量巨大。人们也追求在 8 位单片机上运行嵌入式操作系统，但受硬件性能的限制，效果并不理想。没有操作系统已成为其最大缺陷。这些技术人员对通用计算机基于操作系统的软件开发技术和工具的理解与掌握有限，传统意义上称其为硬件开发人员。

基于通用计算机操作系统的软件开发技术人员往往被称为软件程序员，他们深入进行基于 Microsoft Windows、Linux 等操作系统平台上的应用软件开发，感兴趣的是如何使用 C＃、C＋＋、Java 之类的高级编程语言实现复杂应用软件开发，而不太关心系统更多的底层硬件细节。因此，基于 8 位嵌入式系统的软件开发，与在通用计算机上基于操作系统的软件开发所采取的技术思路和方法不同，这两大技术群体各自有着不同的开发应用领域。

引入了EOS概念后，嵌入式系统的应用程序开发与通用计算机平台的应用程序开发有了很大的相似之处，这就给传统的软件设计人员提供了新的技术舞台和发展机遇。但嵌入式软件的开发又不完全等同于纯粹的应用软件开发，在开发和调试过程中需要与底层硬件相联系，软件开发人员必须具备相当的硬件知识，对硬件系统工作原理有清楚的了解。因此，嵌入式技术的发展使得嵌入式软件开发人员，既要具备通用计算机平台程序开发的基本技能，又要对底层硬件有一定的了解。

对于传统的8位嵌入式开发工程师，其优势是对微处理器的结构和硬件接口有比较深入的了解，也具有一定的底层软件开发技能和经验。这些经验和技能，在32位高端嵌入式系统的设计与开发中仍然是必须的。但他们对于嵌入式操作系统及应用软件的开发过程了解得不够深入。

对基于传统PC机上的软件设计人员来说，程序开发是在通用的Wintel架构（Microsoft Windows操作系统与Intel CPU）计算机技术上发展起来的，可在不用了解硬件操作与操作系统的情况下任意使用各类资源。在一个成熟的平台基础上开发应用程序是相当方便和快速的，软件开发几乎不用关心硬件结构。开发人员一般都具有比较深厚的基于操作系统平台的应用程序开发能力，对软件开发流程、软件质量保证与评测体系等有较深入的掌握，但他们对系统底层硬件结构的认识比较欠缺，甚至完全不了解。

无论对于传统的8位嵌入式工程师，还是传统PC机上的软件设计人员，在基于32位高性能嵌入式系统的开发中，他们都有自身优势。但最为根本的是，两者都需要更新自身的知识结构，积极完成开发方式的转型，在项目中大胆去实践（我认为这才是最为重要的）。

国内开发者一般是采用芯片厂家提供的标准软、硬件开发平台和应用解决方案，并结合具体的应用需求进行软、硬件扩充或剪裁。在这种开发模式下，芯片的功能和性能几乎决定了系统的功能和性能，硬件成本及产品形态也趋于一致，差异在于应用软件的开发。应用软件成为嵌入式开发的主体，这必然会导致嵌入式产品同质化现象严重。缺乏核心“芯片”，又不重视面向系统需求的应用软件开发，长期缺“芯”又少“魂”，这必然会影响中国IT产业的发展。

系统芯片化、芯片系统化是将系统的开发延伸到芯片级，将系统的需求延伸到芯片级，在芯片设计级就要充分考虑系统需求的软、硬件实现，在芯片开发过程中参与系统需求的软、硬件实现，使其在SoC设计和验证时集中体现。在SoC设计和验证过程中实现了系统需求、硬件及软件的价值链，这才能真正体现嵌入式系统的核心竞争力。

二、嵌入式人才培养和嵌入式教学体系建设

嵌入式产业要发展，人才是关键。掌握了32位嵌入式软、硬件开发的人才，其就业形势一直很好。在我多次参与的招聘中，有嵌入式基本开发经验的工程师仍然很难招聘到。加强嵌入式人才培养刻不容缓。一方面，要实现对现有IT从业人员的转型。目前我国已有一大批高素质的IT从业人员，他们通过一定的培训、自我学习和项目实践，可以很快成为32位高端嵌入式技术开发的主力军。另一方面，要充分利用我国的高等教育资源，在理工科高校的相关专业加强嵌入式教学，加大嵌入式应用人才的培养力度，为我国嵌入式发展提供大量优秀后备人才。

2005年以前，我国高校嵌入式教学几乎都是20世纪80年代初发展起来，大多数以8位

51单片机为核心。2005年以后，随着以32位ARM为核心的嵌入式技术日益成为高性能嵌入式应用的基础，以ARM为核心的嵌入式课程已经逐步进入高校，许多高校开展了以32位ARM为核心的嵌入式系统教学。

与传统的以8位51单片机为核心的开发应用相比，基于ARM的嵌入式系统软、硬件开发的复杂度和难度急剧加大。近年来，以32位ARM为核心的嵌入式教学，对于我国嵌入式开发的整体水平有所推动，但并没有获得像单片机那样的人才培养效果，而且给学生留下了嵌入式课程的学习入门起点高、学习过程难度大、上手不容易的印象，教师也普遍反映教学难度大。

目前在嵌入式人才中，精通低端8位系统设计开发的应用技术人才和纯粹的软件编程人员仍然相对过剩，而掌握软、硬件技术相结合的高端32位开发人才仍然比较少，从业人员呈现两端多、中间少的哑铃结构。

从技术角度讲，嵌入式技术经过近几年的高速发展，已经形成相对完整的知识和技术体系。嵌入式知识体系涉及电子技术、计算机技术、微电子技术和相关专业的应用学科领域知识，是多学科、多技术相互结合、相互辅助、相互关联的一门综合学科。嵌入式开发需求的多样性，使得软件、硬件开发往往是基于不同层面以及与具体技术相结合的应用开发，从基于现成芯片（4/8/16位单片机、ARM、SoPC等）的系统开发，到可能包含部分半定制逻辑设计的FPGA/CPLD的应用系统开发，以及考虑全系统应用基于芯片级SoPC/SoC的开发，所涵盖的内容包括与微控制器及其外延相关的ASIC、SoPC/SoC、ARM、DSP、嵌入式实时操作系统，以及与应用对象相关的测控、网络、通信、图形图像等技术，开发手段从底层器件的硬件描述、驱动及应用程序的设计，到操作系统的定制、移植，以及嵌入式软件开发与测试等。嵌入式系统能够具有如此宽泛的知识涵盖，实属罕见。

而嵌入式课程设置大都是36～54学时，在如此少的学时内，对于一个没有任何应用工程经验的初学者，往往面临着诸多知识点需要掌握。但是，对嵌入式相关基础知识没有作为一个完整的教学体系进行安排，因此，学生学习起来感觉非常吃力。同时受传统教学体系的影响，嵌入式教学的内容设置、教学方法、教学手段、教材编写体系，与这门课程以实际应用为主的基本特征严重脱节。学完这门课程后，学生往往是“一头雾水”。进入技术开发岗位后，一般还要进行相当长一段时间的锻炼，才能掌握基本的开发流程、具备初步的开发能力。

我国相关计算机教学核心课程是以通用Wintel架构为基础的，与嵌入式系统还是有较大差别，学生虽然学习了许多计算机课程，但学习嵌入式系统仍然有些吃力。系统地建立嵌入式系统的教学核心课程体系，是嵌入式人才培养的关键，而目前靠一门课程的教学很难实现。

三、本系列教程介绍

在过去的近10年中，作者编写了一系列基于ARM的理论和实验教材，尝试性地将大量的基本嵌入式开发与应用的复杂例程，从教学和实验的角度写入到教材中。其中《嵌入式系统开发与应用教程》和《嵌入式系统开发与应用实验教程》已经被许多所大学使用。更为有幸的是，这两本书的修订版都入选教育部“普通高等教育‘十一五’国家级规划教材”。作者近年来一直想依据本人的教学和科研实践经验，并结合不同层次大学的教学情况，对这两本教材进行大幅度修订，并确定了将项目开发技能培养作为修订的出发点，由浅入深、由抽象到具体、由理论知识到技能，为嵌入式开发初学者提供一个软、硬件完全融合的开发方法及流程的参考，使其更贴近于目前的嵌入式教学实际。

目前出版的理论和实验教材往往与具体公司的实验箱关联度很大,这些实验箱提供了稳定的软、硬件平台和许多实验例程。但这些庞大实验箱的外围接口(包括扩展接口)越来越复杂,兼容处理器也越来越多,软件开发环境越来越好,这势必导致软、硬件平台非常复杂,使得学生感觉很茫然,不利于其快速上手,也不利于其嵌入式硬件能力的提高。

本系列教材没有采用现成的实验箱,而是以一个简易电子辞典的开发为例,从嵌入式软、硬件开发的角度,系统介绍了软、硬件开发的全过程。由于篇幅限制,将硬件开发涉及的基本知识放到实验教材中,结合实验课程进行讲述。从一定意义上讲,实验教材是对理论教材的有机补充,同时也自成体系。对于不同层次的学校、不同的专业背景及教学学时,对本系列教材的使用可灵活安排。

四、致 谢

在本系列教材的编写过程中,得到了北京航空航天大学出版社的大力支持,在此表示深深感谢!感谢北京航空航天出版社的编辑们,正是由于他们高效、努力的工作,才使得本系列教材能够及时与大家见面!

我的硕士研究生王泉、杨峰、黎小玉、王绮卉、刘娟、淮治华、李攀、刘宁宁、余兆安、黄鹏、赵彬、张玢、郭海英、李娜等同学,参与了这套图书的校对工作,在此表示感谢!

感谢我的爱人王永红给予我的理解和支持,正是她在家庭中默默地劳作和操持,才使我可以安心于工作。她给予我最及时、最需要的关心和照顾,使我在单调的工作之余,生活总是绚丽、多彩。感谢我的儿子田祎琨,我在生活和学习上给予他的照顾和辅导不够,希望他能够理解!

感谢所有帮助过我的人们,有了他们的理解、帮助和支持,我才能够完成本套图书的写作。

由于时间仓促及众多客观条件的制约,书中难免存在错误和不足之处,敬请读者谅解,并真诚地欢迎读者提出宝贵的意见和建议。也衷心希望教育界、科研界、产业界携手并进,促进我国嵌入式技术快速、稳定、健康的发展。

田 泽

2009年10月

前　言

本书为“嵌入式系统开发与应用系列教程”中的实验教程，是基于32位ARM微处理器的嵌入式系统教学体系建设的重要组成部分。

本书是在《嵌入式系统开发与应用实验教程(第2版)》的基础上进行大幅度修订而完成的。与第2版相比较，本书没有采用任何公司开发的现成实验设备。各个公司开发的教学实验箱，为学习者提供了稳定的软硬件平台和许多实验例程。但这些教学设备的外围接口(包括扩展接口)越来越复杂，兼容的处理器也越来越多，软件开发环境越来越完善，导致软硬件平台非常复杂。对于刚刚接触嵌入式的初学者而言，庞大复杂的实验设备会让他们感觉很茫然，不利于其快速上手，也不利于其硬件能力的培养。

本系列教程是以一个简易电子词典的软硬件开发为例，系统介绍嵌入式系统软、硬件开发全过程。在本实验教材中，将硬件开发涉及的基本知识结合实验课程进行讲述。从一定意义上讲，实验教材是对理论教材的有机补充，同时也自成体系。这使得学生掌握嵌入式开发基本知识和培养基本技能能融合在一起，最终能够达到独立开发基本的嵌入式项目的目的。

可根据不同层次学校、不同专业背景及不同教学学时灵活安排本教材的教学。由于学时限制，建议对于第3章嵌入式软件编程和基本实验的内容，可选择部分模块作为实验教学的重点，其余作为学生课外扩展实验或毕业设计内容，以增强学生自学能力与实践能力。对于实验教程中所介绍的两个操作系统的教学内容，可根据具体理论教学情况重点讲述其中之一。对于提高软硬件综合开发应用能力的3个综合实验，建议可以结合课程设计或毕业设计来开展。

本实验教程分为5章，共3部分内容：

第1部分内容是嵌入式系统开发实验的基础，包含第1章、第2章。第1章是基于ARM的嵌入式实验教学系统介绍，主要从IDE集成开发环境ADS、JTAG在线仿真器Multi-ICE、自主研发的Start S3C44B0X实验板、基于ARM的嵌入式开发辅助工具等方面进行简要介绍。通过本章学习，使学生系统地建立并掌握嵌入式系统开发环境构建及常用开发工具。第2章是基于ARM的嵌入式软件开发基础实验，通过8个方面的实验训练，使学生掌握基于ARM的汇编语言程序设计、ARM处理器工作模式、基于ARM的C语言程序设计。通过本章的学习，使学生能够掌握基于ARM嵌入式程序设计的基本知识以及开发与调试工具的使用。这些内容是嵌入式软件开发实验的硬件基础。

第2部分是本书的第3章，主要内容是基于Start S3C44B0X的嵌入式基本功能模块实验，包含ARM启动代码BootLoader、存储器、I/O接口、中断、串口通信、实时时钟等11个实验。这11个基本实验是开发一个简易电子词典最为基础的、必须全面掌握的实验。通过本章的学习，使学生能够通过亲自动手实验，掌握嵌入式基本模块的工作原理、结构、工作过程，以及如何编程实现一个基本的嵌入式系统等。

第3部分是本书的第4章和第5章，主要内容是嵌入式操作系统μC/OS-II、μCLinux的基础实验，从μC/OS-II、μCLinux开发环境建立，内核启动实验，常见的几个驱动实验，简单应用程序开发实验，到一个基于μC/OS-II、μCLinux完整的电子词典软件综合应用程序开发实验。通过本部分的学习，使学生能够通过亲自动手实验，掌握嵌入式操作系统 μC/OS－II、μCLinux 的开发环境、内核、驱动、应用程序，以及基于 μC/OS－II、μCLinux 的电子词典软件综合应用程序开发。

本书最好结合《嵌入式系统开发与应用教程（第 2 版）》一书来安排教学，让学生同时按照理论和实验教程中相关硬件设计的教学内容，自己动手设计一块 Start S3C44B0X 实验板。这样可使学生用最短的时间，在掌握 32 位嵌入式系统应用开发基础理论知识的同时，从易到难逐步提高嵌入式产品的研发和设计能力，以符合社会对高素质、开拓型、创新型嵌入式人才的需求。本书包含大量软件和硬件设计资源，可作为基于 ARM 核嵌入式开发的技术参考手册；可作为计算机、电类等专业学生以及相关工程技术人员进行嵌入式教学及培训的教材；也可作为相关工程技术人员的参考资料。

嵌入式应用开发涉及软、硬件及操作系统等复杂的知识。基于 ARM 核的芯片应用越来越多，支持 ARM 开发的工具和评估板越来越多，支持 ARM 的操作系统也越来越多。本书与理论教程虽然力求全面讲述基于 ARM 的嵌入式系统应用开发技术（尤其是面向实际应用开发），但是要彻底将嵌入式系统讲述透彻显然是不现实的。作者力求在基于 ARM 的嵌入式系统开发与应用体系建设方面做一些基础性工作。书中难免有不足之处，作者真诚地欢迎读者提出宝贵的意见和建议。

田　泽

2010 年 10 月

目　录

第 1 章　基于 ARM 的嵌入式实验教学系统介绍

构建一个基于 ARM 的嵌入式实验教学系统是 ARM 实验教学的基础。一般此类实验教学系统大多是基于庞大的实验箱，本实验教材没有采用现成的实验箱，而是以作者自主研发的实验板为基础，构建了一个相对简单的实验教学系统。有条件和有需求的学校，可以动员学生自己动手，完成实验板原理图及 PCB 板的设计、加工，元器件采购，电装及调试全过程，以加强学生硬件基本技能的培养(详细内容见理论教材的 4.1、4.2 和 4.3 节[2])，全面提升学生嵌入式开发的软硬件能力。

本章以作者自主研发的实验板为基础，介绍基于 ARM 的嵌入式实验教学系统的构成。

1.1　Start S3C44B0X 实验教学系统简介

选用 ARM 处理器进行嵌入式系统的教学时，必须构造基于 ARM 的嵌入式实验教学系统。嵌入式软件开发环境在理论教材中 1.3.3 小节的第 2 部分已经讲过，全球有几十家公司提供不同类别的 ARM 开发工具产品，根据其功能的不同，分别有编译软件、汇编软件、链接软件、调试软件、嵌入式操作系统、函数库、评估板、JTAG 仿真器、在线仿真器等。有些工具是成套提供的，有些工具则需要组合使用。

图 1-1 为本实验教材配套的基于 ARM 的嵌入式实验教学系统，包括 IDE 集成开发环境 ADS1.2、Multi-ICE 仿真器、自主研发的 Start S3C44B0X 实验板、各种连接线、电源适配器。在实际嵌入式系统开发中，用户可以根据自己的需求灵活选择配置。

构成本实验教学系统的软硬件基本配置为：

- 作者自主研发的 Start S3C44B0X 实验板；
- ADS1.2 for ARM 集成开发环境；
- Multi-ICE 仿真器及驱动软件；
- 一条 PC 机并口延长电缆；
- 一条 JTAG 连接电缆(20 针)；
- 一条串口线；
- 一个 5 V 电源变压器；
- 配套资料(如果需要，可为学生提供 Start S3C44B0X 实验板电路原理图等技术资料)。

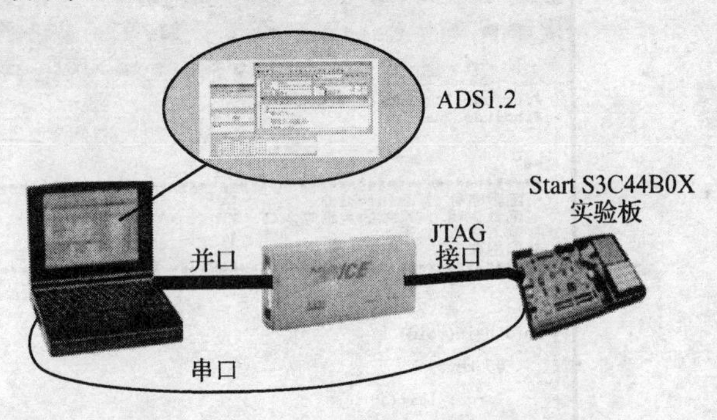

图 1-1　Start S3C44B0X 实验教学系统

基于本系统，可以完成从最基本的嵌入式软件编程、基本模块编程到一个简易的电子词典开发全过程，可以完成 29 个基本实验和 3 个综合实验。

从实用开发的角度，推荐学生掌握 3 个常用嵌入式开发辅助工具软件，这 3 个工具软件很重要，是嵌入式开发调试中不可缺少的好帮手，希望学生能够熟练掌握。

以下 3 节分别简要介绍 IDE 集成开发环境、JTAG 仿真器、自主研发的 Start S3C44B0X 实验板和 3 个常用嵌入式开发辅助工具软件。

1.2　基于 ARM 的嵌入式集成开发环境 ADS

ARM ADS(ARM Developer Suite)是 ARM 公司推出的新一代 ARM 集成开发工具,用来取代 ARM 公司以前推出的开发工具 ARM SDT。目前 ARM ADS 的最新版本为 1.2。

ARM ADS 起源于 ARM SDT,它对一些 SDT 的模块进行了增强,并替换了一些 SDT 的组成部分。用户可以感受到的最强烈的变化是,ADS 使用 CodeWarrior IDE 集成开发环境替代了 SDT 的 APM,使用 AXD 替代了 ADW,现代集成开发环境的一些基本特性,如源文件编辑器语法高亮、窗口驻留等功能,在 ADS 中得以体现。

ARM ADS 支持所有 ARM 系列处理器,包括最新的 ARM9E 和 ARM10,除了 ARM SDT 支持的运行操作系统外,还可以在 Windows 2000/Me 以及 RedHat Linux 上运行。

ARM ADS 由 6 部分组成:

(1) 代码生成工具(Code Generation Tools)。代码生成工具由源程序编译、汇编、链接工具集组成。ARM 公司针对 ARM 系列每一种结构都进行了专门的优化处理。这一点除了作为 ARM 结构设计者的 ARM 公司,其他公司都无法办到。ARM 公司宣称,其代码生成工具最终生成的可执行文件最多可比其他公司工具套件生成的文件小 20%。

(2) 集成开发环境(CodeWarrior IDE)。CodeWarrior IDE 是 Metrowerks 公司一套比较有名的集成开发环境,有不少厂商将它作为界面工具集成在自己的产品中。CodeWarrior IDE 包含工程管理器、代码生成接口、语法敏感编辑器、源文件和类浏览器、源代码版本控制系统接口、文本搜索引擎等,其功能与 Visual Studio 相似,但界面风格比较独特。ADS 仅在其 PC 机版本中集成了该 IDE。CodeWarrior IDE 的源程序窗口如图 1-2 所示。

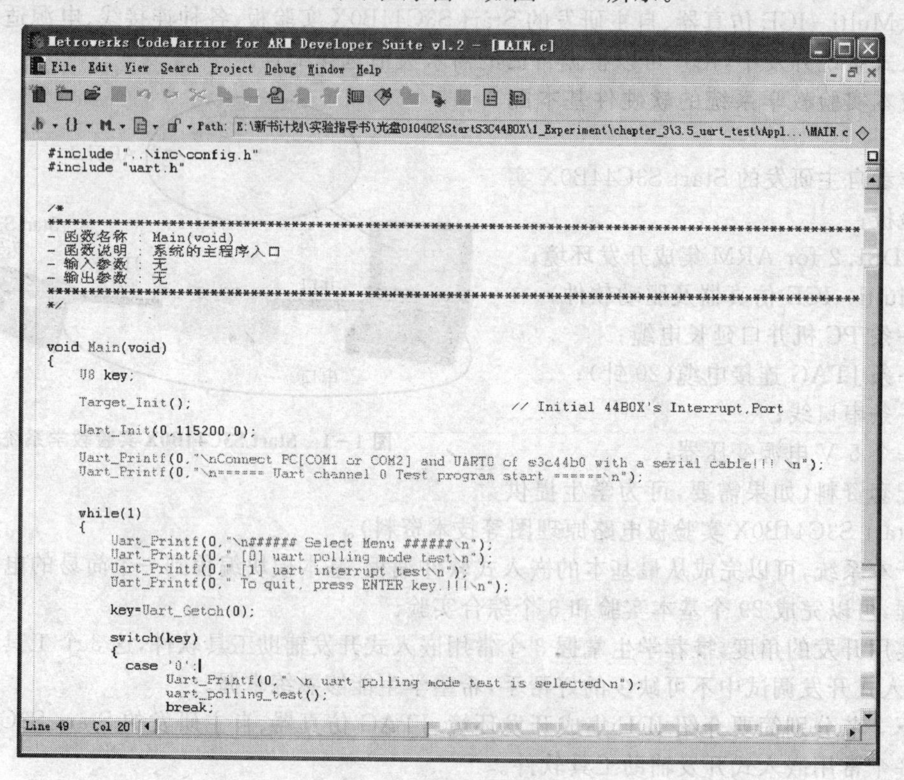

图 1-2　源程序窗口

(3) 调试器(Debuggers)。此部分包括两个调试器:ARM 扩展调试器 AXD(ARM eXtended Debugger)和 ARM 符号调试器 ARMSD(ARM Symbolic Debugger)。

AXD 基于 Windows 9X/NT 风格,AXD 窗口如图 1-3 所示,具有一般意义上调试器的所有功能,包括简单和复杂断点设置、栈显示、寄存器和存储区显示、命令行接口等。ARMSD 作为一个命令行工具辅助调试或者用在其他操作系统平台上。

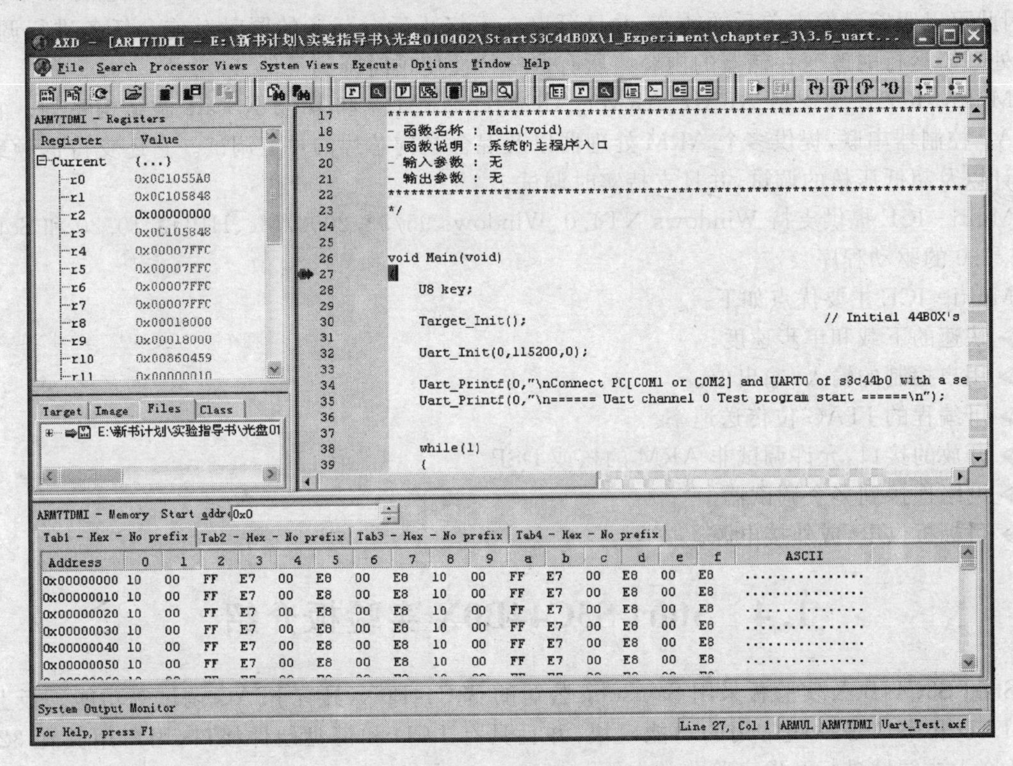

图 1-3　AXD 窗口

(4) 指令集模拟器(Instruction Set Simulators)。用户使用指令集模拟器无需任何硬件即可在 PC 机上完成一部分调试工作。

(5) ARM 开发包(ARM Firmware Suite)。ARM 开发包由一些底层的例程和库组成,可帮助用户快速开发基于 ARM 的应用和操作系统,具体包括系统启动代码、串行口驱动程序、时钟例程、中断处理程序等,Angel 调试软件也包含其中。

(6) ARM 应用库(ARM Applications Library)。ADS 的 ARM 应用库完善和增强了 SDT 中的函数库,同时还包括一些相当有用的提供了源代码的例程。

用户使用 ARM ADS 开发应用程序与使用 ARM SDT 完全相同,同样是选择配合 Angel 驻留模块或者 JTAG 仿真器进行。目前大部分 JTAG 仿真器均支持 ARM ADS。

关于 ARM ADS 1.2 集成开发环境安装及使用方面的内容,基于篇幅限制,这里不再详细讲述,有需要了解者可查阅相关资料。

1.3　基于 ARM 的嵌入式开发仿真器

本实验教学系统推荐 Multi-ICE 作为 ARM 的嵌入式开发仿真器。Multi-ICE 是 ARM 公司自己的 JTAG 在线仿真器,其最新版本是 2.1 版。

Multi-ICE的JTAG链时钟频率可以设置为5 kHz～10 MHz,JTAG操作的一些简单逻辑由FPGA实现,使得并行口的通信量最少,以提高系统的性能。Multi-ICE硬件支持低至1 V的电压。Multi-ICE 2.1还可以外部供电,不需要消耗目标系统的电源,这对调试类似于手机等便携式、电池供电的设备是很重要的。

Multi-ICE 2.x支持ARM公司的实时调试工具MultiTrace。MultiTrace包含一个处理器,因此可以跟踪触发点前后的轨迹,并且可以在不终止后台任务的同时对前台任务进行调试,在微处理器运行时改变存储器的内容。所有这些特性使延时降到最低。

Multi-ICE 2.x支持ARM7、ARM9、ARM9E、ARM10和Intel XScale微结构系列。它通过TAP控制器串联,提供多个ARM处理器以及混合结构芯片的片上调试。它还支持低频或变频设计以及超低压核的调试,并且支持实时调试。

Multi-ICE提供支持Windows NT4.0、Windows 95/98/2000/Me、HPUX 10.20和Solaris V2.6/7.0的驱动程序。

Multi-ICE主要优点如下:

- 快速的下载和单步速度。
- 用户控制的输入/输出位。
- 可编程的JTAG位传送速率。
- 开放的接口,允许调试非ARM的核或DSP。
- 网络连接到多个调试器。
- 目标板供电,或外接电源。

1.4 Start S3C44B0X实验板介绍

Start S3C44B0X实验板采用Samsung公司的S3C44B0X,具有JTAG调试等功能。板上提供了LED和串口等一些常用的功能模块,并且具有LCD和键盘硬件接口,用户用其在32位ARM嵌入式领域进行开发实验非常方便。

1. Start S3C44B0X实验板硬件资源

Start S3C44B0X实验板硬件资源见表1-1介绍。

表1-1 Start S3C44B0X实验板硬件功能资源表

序号	名称	描述
1	CPU	S3C44B0X,工作时最高主频为66 MHz
2	ROM	2 MB NOR FLASH芯片AM29LV160DB
3	RAM	8 MB SDRAM芯片HY57V651620B
4	UART	2路RS232串行口,可与上位机进行通信
5	RTC	外接32.768 kHz晶振
6	LCD	Samsung公司点数为320×240的STN液晶屏LRH9J515XA
7	触摸屏	4线电阻屏,点数为320×240,尺寸为14.478 cm(5.7 in)
8	键盘	4×8键盘,使用芯片ZLG7290
9	LED	4个可编程用户LED
10	A/D转换单元	芯片自带8路10位A/D
11	调试接口	20针标准JTAG接口

各功能模块设计原理及硬件资源分配请参考理论教材第4章相关内容[2],在此不再讲述。

2. Start S3C44B0X 实验板元件布局

Start S3C44B0X 实验板元件布局图和连接器如图 1－4 所示。

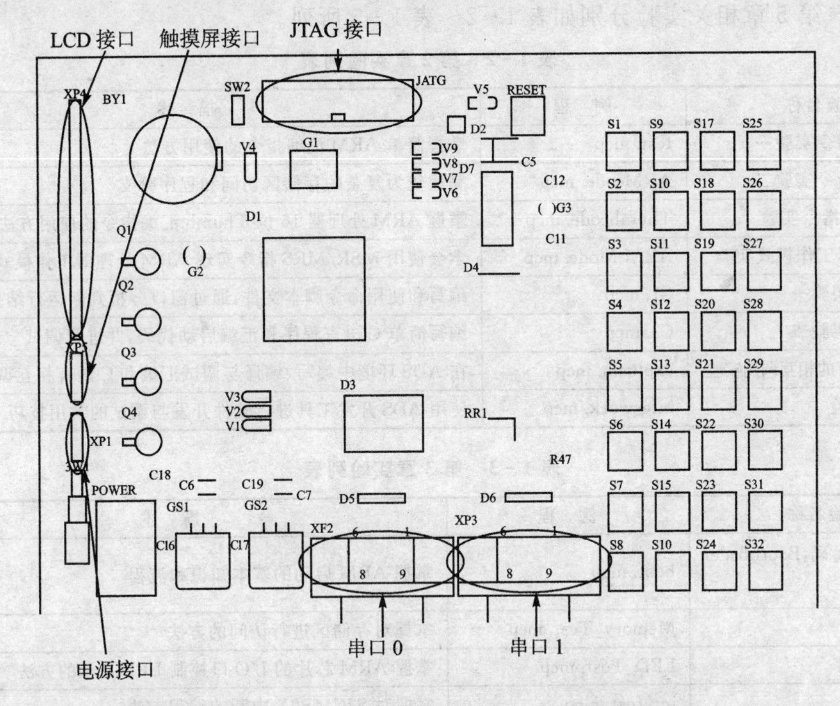

图 1－4　Start S3C44B0X 实验板元件布局图和连接器

1.5　基于 ARM 的嵌入式开发辅助工具

本节从开发实用的角度，简要讲述 3 个常用的基于 ARM 的嵌入式开发辅助工具。这 3 个工具很重要，是嵌入式开发调试中不可缺少的好帮手。由于篇幅有限，仅作初步介绍，需要详细使用文档的读者请查阅相关资料。

(1) 超级终端。超级终端是一个通用的串行交互软件，很多嵌入式应用系统有与之交互的应用程序。运行这些程序，可以通过超级终端与嵌入式系统交互，因此超级终端也称为嵌入式系统的"显示器"。超级终端的原理是将用户输入及时发向串口，但并不显示输入，显示的是从串口接收到的字符。超级终端使用较为简单，广泛使用在串口设备的初级调试上。

(2) 串口调试助手。串口调试助手是一个很好且小巧的串口调试工具，支持常用的波特率 300～115 200 bps，能设置校验位、数据位和停止位，能以 ASCII 码或十六进制接收/发送任何数据和字符(包括中文)。它可以任意设定自动发送周期，并能将接收数据保存成文本文件，能发送任意大小的文本文件。串口调试工具与超级终端类似，其使用较为简单，广泛使用在串口设备的调试上。

(3) Source Insight。Source Insight 是一个面向项目开发的程序编辑器和代码浏览器，它拥有内置的对 C/C＋＋、C♯和 Java 等程序的分析功能。Source Insight 能分析源代码，并在工作的同时动态维护它自己的符号数据库，自动显示有用的上下文信息，而且提供了最快速的对源代码的导航和任何程序编辑器的源信息。与其他众多编辑器不同，Source Insight 能在编辑的同时分析源代码，可以提供实时的信息并立即进行分析。

1.6　本实验教程的相关实验说明

第2章～第5章相关实验分别如表1-2～表1-5所列。

表1-2　第2章实验列表

实验名称	例　程	描　述
ARM汇编指令实验一	test.mcp	掌握简单ARM汇编指令的使用方法
ARM汇编指令实验二	ARMcode.mcp	完成较为复杂的存储区访问和程序分支
Thumb汇编指令实验	Thumbcode.mcp	掌握ARM处理器16位Thumb汇编指令的使用方法
ARM处理器工作模式实验	ARM Mode.mcp	学会使用MSR/MRS指令实现ARM处理器工作模式的切换
C语言程序实验一	C1.mcp	编写和使用命令脚本文件,通过窗口分析判断运行结果
C语言程序实验二	C2.mcp	编写简单C语言程序和汇编启动代码,并进行调试
汇编和C语言的相互调用实验	explusm.mcp	在ADS环境中编写、编译与调试汇编和C语言相互调用的程序
综合编程实验	interwork.mcp	使用ADS开发工具进行软件开发与调试的常用技巧

表1-3　第3章实验列表

实验名称	例　程	描　述
ARM启动代码BootLoader实验	boot.mcp	掌握ARM启动的基本知识和流程
存储器实验	Memory_Test.mcp	掌握对存储区进行访问的方法
I/O接口实验	LED_Test.mcp	掌握ARM芯片的I/O口控制LED显示的方法
中断实验	int_test.mcp	掌握对S3C44B0X中断的编程方法
串口通信实验	Uart_Test.mcp	掌握S3C44B0X处理器串行通信的软件编程方法
实时时钟实验	RTC_Test.mcp	掌握S3C44B0X处理器的RTC模块程序设计方法
看门狗实验	watchdog.mcp	掌握S3C44B0X处理器中看门狗控制器的软件编程方法
液晶显示实验	lcd_Test.mcp	掌握液晶显示文本及图形的方法与程序设计
键盘控制实验	Keyboard_Test.mcp	掌握S3C44B0X处理器中I^2C控制器的使用方法
触摸屏控制实验	TouchScreen_test.mcp	掌握S3C44B0X处理器的A/D转换功能
基于Start S3C44B0X实验教学系统的综合实验	S3C440BOX_Test.mcp	培养嵌入式系统综合开发能力

表1-4　第4章实验列表

实验名称	例　程	描　述
μC/OS-Ⅱ开发环境建立实验	ucos_44b0.mcp	掌握将μC/OS-Ⅱ内核移植到ARM7处理器上的方法和步骤
μC/OS-Ⅱ系统启动实验	ucos_44b0.mcp	掌握μC/OS-Ⅱ的启动流程和任务管理
μC/OS-Ⅱ添加串口驱动实验	ucos_uart.mcp	掌握在μC/OS-Ⅱ操作系统添加硬件驱动和使用RS232串口收发的基本方法
μC/OS-Ⅱ简单应用实验	ucou_sampletest.mcp	掌握信号量和消息邮箱的基本使用方法
μC/OS-Ⅱ复杂应用实验	ucos_edict.mcp	实现一个简单的电子词典

表 1－5　第 5 章实验列表

实验名称	描　述
μCLinux 实验环境建立实验	掌握将 μCLinux 内核移植到 ARM7 处理器上的方法和步骤，以及 μCLinux 的编译运行方法
μCLinux 内核实验	了解 μCLinux 内核的启动过程和调试方法
μCLinux LED 驱动实验	掌握 μCLinux 简单驱动程序的编写和添加
μCLinux 基于 Framebuffer 的 LCD 驱动实验	掌握 Framebuffer 的显示机制和 μCLinux 下 LCD 驱动程序的设计和添加
μCLinux I^2C 驱动实验	掌握 S3C44B0X 的 I^2C 总线接口控制器的使用和 μCLinux 下 I^2C 驱动程序的设计
μCLinux 应用基础实验	掌握 μCLinux 应用程序的编写和调试方法
μCLinux 网络应用程序实验	掌握 μCLinux 网络接口编程和用 NFS 方式调试应用程序的方法
μCLinux 综合实验	掌握 μCLinux 应用程序的设计和实现方法

第2章　基于ARM的嵌入式软件开发基础实验

2.1　ARM汇编指令实验一

1. 实验目的

(1) 初步学会使用ADS 1.2集成开发环境及ARM软件模拟器；

(2) 通过实验掌握简单ARM汇编指令的使用方法。

2. 实验设备

(1) 硬件：PC机；

(2) 软件：ADS1.2集成开发环境，Windows 98/2000/NT/XP。

3. 实验内容

(1) 熟悉ADS开发环境，并使用LDR/STR和MOV等指令访问寄存器或存储单元；

(2) 使用ADD/SUB/LSL/LSR/AND/ORR等指令完成基本数学/逻辑运算。

4. 实验原理

ARM处理器共有37个寄存器：

➤ 31个通用寄存器，包括程序计数器(PC)。这些寄存器都是32位的。

➤ 6个状态寄存器。这些寄存器也是32位的，但只使用了其中的12位。

这里简要介绍通用寄存器，关于状态寄存器的介绍请参照2.2节。

1) ARM通用寄存器

通用寄存器(R0～R15)可分为3类：未分组寄存器R0～R7、分组寄存器R8～R14和程序计数器R15。

(1) 未分组寄存器R0～R7。R0～R7是不分组寄存器。这意味着在所有处理器模式下，它们每一个都访问一样的32位寄存器。它们是真正的通用寄存器，没有体系结构所隐含的特殊用途。

(2) 分组寄存器R8～R14。R8～R14是分组寄存器。它们每一个访问的物理寄存器取决于当前的处理器模式。若要访问特定的物理寄存器而不依赖当前的处理器模式，则要使用规定的名字。

寄存器R8～R12各有两组物理寄存器：一组为FIQ模式，另一组为除了FIQ以外的所有模式。寄存器R8～R12没有任何指定的特殊用途，只是使用R8～R14来简单地处理中断。寄存器R13、R14各有6个分组的物理寄存器，1个用于用户模式和系统模式，其他5个分别用于5种异常模式。寄存器R13通常用做堆栈指针，称为SP。每种异常模式都有自己的R13。寄存器R14用做子程序链接寄存器，也称为LR。

(3) 程序计数器R15。寄存器R15用做程序计数器(PC)。它虽然可以作为一般的通用寄存器使用，但是由于 R15 的特殊性，即 R15 值的改变将引起程序执行顺序的变化，这有可能引起程序执行中出现一些不可预料的结果，因此，对于 R15 的使用一定要慎重。当向 R15 中写入一个地址值时，程序将跳转到该地址执行。由于在 ARM 状态下指令总是字对齐的，所以 R15 值的第 0 位和第 1 位总为 0，PC[31:2]用于保存地址。

在本实验中，ARM 核工作在用户模式，R0～R15 可用。

2）存储器格式

ARM 体系结构将存储器看做是从零地址开始的字节的线性组合。字节 0～3 存储第 1 个字(Word)，字节 4～7 存储第 2 个字，以此类推。

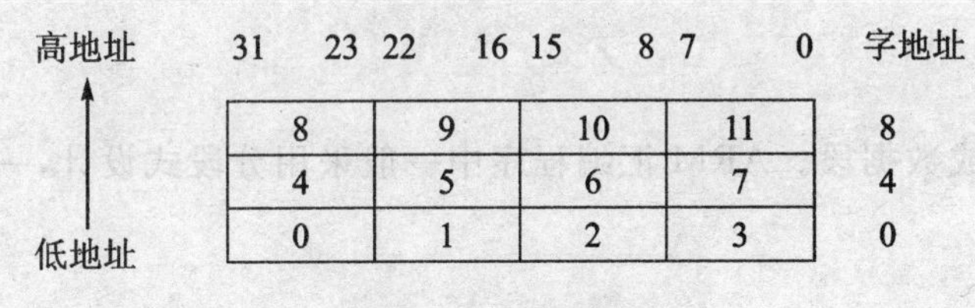

图 2-1　大端格式

ARM 体系结构可以用两种方法存储字数据，分别称为大端格式和小端格式。

(1) 大端格式。在这种格式中，字数据的高位字节存储在低地址中，而字数据的低位字节则存放在高地址中，如图 2-1 所示。

(2) 小端格式。在这种格式中，字数据的高位字节存储在高地址中，而字数据的低位字节则存放在低地址中，如图 2-2 所示。

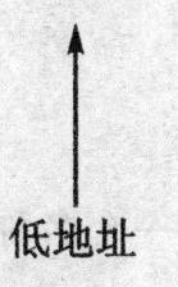

图 2-2　小端格式

3）ADS1.2 基础知识

ARM ADS 全称为 ARM Developer Suite，是 ARM 公司推出的新一代 ARM 集成开发工具。ADS 由命令行开发工具、ARM 实时库、GUI 开发环境(Code Warrior 和 AXD)、实用程序和支持软件组成。有了这些部件，用户就可以为 ARM 系列的 RISC 处理器编写和调试自己的开发应用程序。ADS 编译环境下，程序默认入口点为 ENTRY，代码段默认起始地址为 0x8000。

下面介绍 ADS 编译环境下，几种常用的 RAM 伪操作。

(1) EQU

EQU 伪操作为数字常量，是基于寄存器的值和程序中的标号(基于 PC 的值)定义的一个字符名称。

语法格式：

name EQU expr{,type}

其中，expr 为基于寄存器的地址值或程序中的标号，是 32 位的地址常量或者 32 位的常量；name 为 EQU 伪操作作为 expr 定义的字符名称；当 expr 为 32 位常量时，可用 type 指示 expr 表示的数据类型，type 有下面 3 种取值：

CODE16　表明该地址处为 Thumb 指令；

CODE32　表明该地址处为 ARM 指令；

DATA　表明该地址处为数据区。

示例：

```
X      EQU   10              ;定义 X 符号的值为 10
Reg    EQU   0xe01FC080      ;定义寄存器 Reg,地址为 0xE01FC080
```

(2) EXPORT 及 GLOBAL

EXPORT 声明一个符号可以被其他文件引用，相当于声明了一个全局变量。GLOBAL 是 EXPORT 的同义词。

语法格式：

EXPORT symbol {[WEAK]}

GLOBAL symbol {[WEAK]}

其中，symbol 为声明的符号名称，区分大小写；[WEAK]选项声明其他同名符号优先于本符号被引用。

示例：

```
EXPORT  fun
```

(3) AREA

AREA 伪操作用于定义一个代码段或数据段。ARM 汇编程序中一般采用分段式设计，一个 ARM 源程序至少有一个代码段。

语法格式：

AREA sectionname{,attr}{,attr}…

其中，sectionname 为所定义的代码段或数据段的名称。如果该名称以数字开头，则该名称必须用“|”括起来，如|1_datasec|。还有一些代码段具有约定的名称，如|.text|表示 C 语言编译器产生的代码段，或者是与 C 语言库相关的代码段。

CODE 定义代码段，默认属性为 READONLY。DATA 定义数据段，默认属性为 READWRITE。

示例：

```
AREA example,CODE,READONLY                  ;定义一个名称为 example、属性为只读的代码段
```

(4) ENTRY

ENTRY 伪操作指定程序的入口点。

语法格式：

ENTRY

示例：

```
AREA example,CODE,READONLY
ENTRY                                       ;应用程序的入口点
CODE32
START MOVE R1,#0x53
```

(5) END

END 标记汇编文件的结束行，即标号后的代码不进行处理。

语法格式：

END

4) ARM 汇编一些简要的书写规范

ARM 汇编中，所有标号必须在一行的顶格书写，其后面不要添加“:”，而所有指令均不能顶格书写。ARM 汇编对标识符的大小写敏感，书写标号及指令时字母大小写要一致。在 ARM 汇编中，ARM 指令、伪指令、寄存器名等可以全部大写或者全部小写，但不要大小写混合使用。注释使用符号“;”，注释的内容由符号“;”起，到此行结束，注释可以在一行的顶格书写。

详细的汇编语句及规范请参照 ARM 汇编相关资料。

5. 实验操作步骤

1) 实验 A

在该实验中主要是通过 MOV/STR/LDR/ADD 等指令来完成基本的加操作运算。

(1) 新建工程

运行 ADS1.2 集成开发环境，在打开的窗口中选择 File→New 选项，打开 New 对话框，选择 Project 选项卡，如图 2-3 所示。

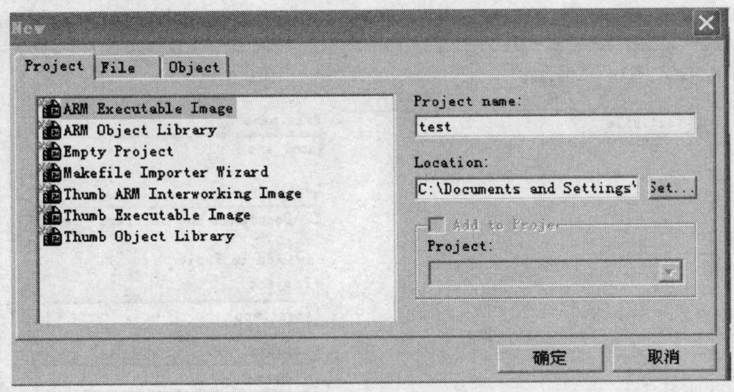

图 2-3　新建工程

在这个对话框中为用户提供了 7 种可选择的工程类型。

- ARM Executabl Image：用于由 ARM 指令的代码生成一个 ELF 格式的可执行映像文件；
- ARM Object Library：用于由 ARM 指令的代码生成一个 armar 格式的目标文件库；
- Empty Project：用于创建一个不包含任何库或源文件的工程；
- Makefile Importer Wizard：用于将 Visual C 的 nmake 或 GNU make 文件转入到 CodeWarrior IDE 工程文件；
- Thumb ARM Interworking Image：用于由 ARM 指令和 Thumb 指令的混和代码生成一个可执行的 ELF 格式的映像文件；
- Thumb Executable image：用于由 Thumb 指令创建一个可执行的 ELF 格式的映像文件；
- Thumb Object Library：用于由 Thumb 指令的代码生成一个 armar 格式的目标文件库。

本实验中我们选择 ARM Executable Image，在 Project name 文本框中输入项目名称，在 Location 文本框中输入其存放的位置。设置好后，单击“确定”按钮，即可建立一个新的名为 test 的工程。此时会出现如图 2-4 所示的 test. mcp 对话框，有 3 个选项卡，分别为 Files、Link Order、Targets。默认的是显示第一个选项卡 Files。在该选项卡中的空白区域右击，在弹出的快捷菜单中选择 Add Files 选项，可以把要用到的源程序添加到工程中。

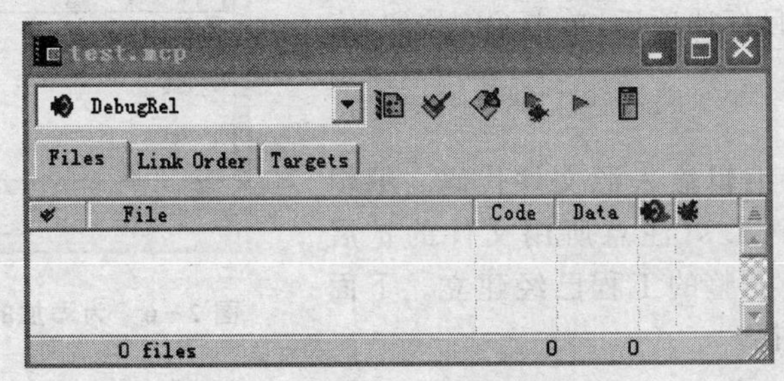

图 2-4　新建工程打开对话框

(2) 建立源文件并添加源文件

建立源文件并添加源文件有两种方法。

方法一:

选择 File→New 选项,在打开的 New 对话框中选择 File 选项卡,如图 2-5 所示。在该对话框中的 File name 文本框下键入文件的名字,在 Location 文本框下键入文件的保存路径,选择 Add to Project 复选框,选择把新创建的文件添加进工程,另外还要设置 Target 选项,如图 2-5 和图 2-6 所示。

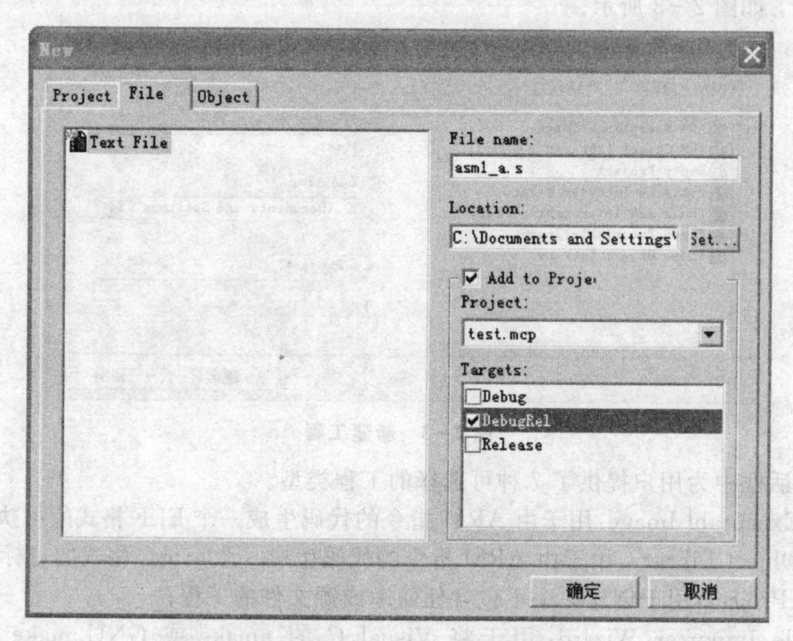

图 2-5 建立源文件并添加源文件

Target 列表框中 3 个目标的含义分别为:

DebugRel:选择该目标,在生成目标时,会为每一个源文件生成调试信息;

Debug:选择该目标为每一个源文件生成最完全的调试信息;

Release:选择该目标不会生成任何调试信息。

本实验中选择 DebugRel 目标,单击"确定"按钮,完成文件的建立和添加。

方法二:

在如图 2-4 所示的空白区域右击,在弹出的快捷菜单中选择 Add Files 选项,添加源文件后,会弹出如图 2-6 所示对话框。

在 Targets 中选择目标选项后,单击 OK 按钮,完成源文件的添加。

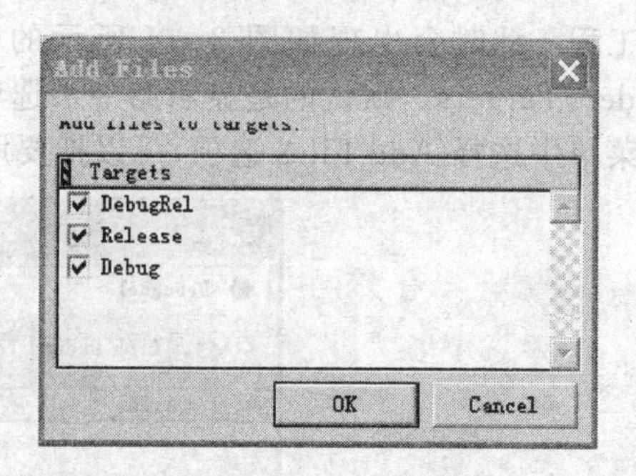

图 2-6 为添加的源文件选择 Target

(3) 编辑源文件

按照实验参考程序编辑输入源文件代码。编辑完成后,保存文件 asm1_a.s(注意所用文件的扩展名)。到目前为止,一个完整的工程已经建立。下面该对工程进行编译和链接。

(4) 编译和链接

在菜单栏中选择 Edit→DebugRel Settings(注意,这个选项会因用户选择的不同目标而有所不同),出现如图2-7所示对话框。这个对话框中的设置很多,在这里只介绍一些最为常用的设置选项,读者若对其他未涉及的选项感兴趣,可以查看相应的资料。

① Target 设置

- Target Name:该文本框显示当前的目标设置。
- Linker:供用户选择要使用的链接器。默认选择是 ARM Linker。
- Pre-linker:目前 CodeWarrior IDE 不支持该选项。
- Post-Linker:选择在链接完成后,还要对输出文件进行的操作。选择 ARM fromELF,表示在链接生成映像文件后,再调用 fromELF 命令将含有调试信息的 ELF 格式的映像文件转换成其他格式的文件。

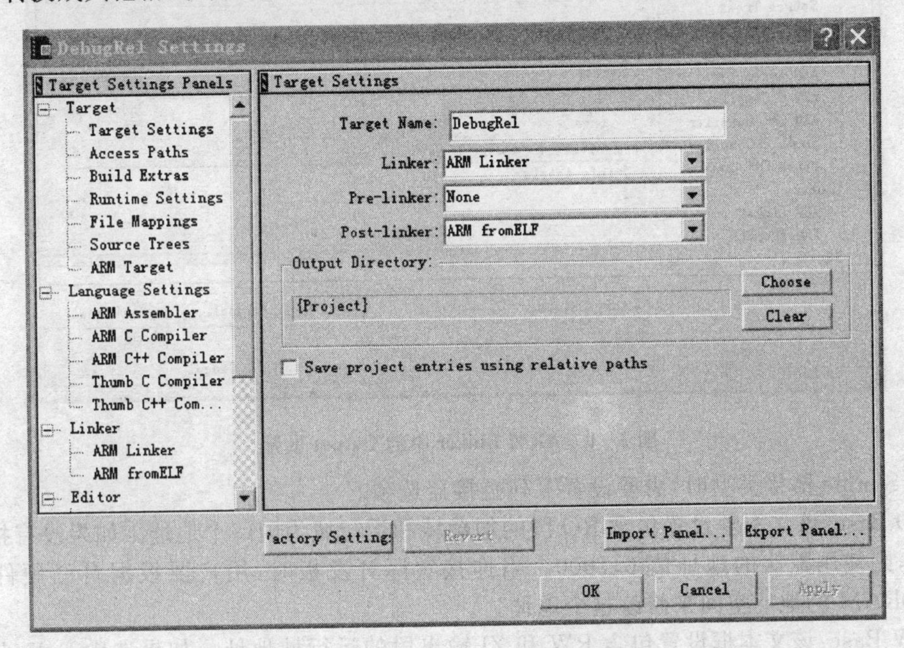

图2-7 DebugRel Settings 对话框

② Language Settings 设置

因为本实验中包含汇编源代码,所以要用到汇编器。首先看 ARM 汇编器,默认的 ARM 体系结构是 ARM7TDMI,正好符合目标板 S3C44B0X,无需改动。字节顺序默认就是小端模式。其他设置就用默认值即可。

还有一个需要注意的就是 ARM C 编译器,它实际就是调用的命令行工具 armcc。使用默认设置即可。

③ Linker 设置

(a) ARM Linker 选项

选中 ARM Linker 选项,出现如图2-8所示对话框。

(i) 设置选项卡 Output

在选项卡 Output 中,Linktype 中提供了3种链接方式。

- Partial 方式表示链接器只进行部分链接。经过部分链接生成的目标文件,可以作为以后进一步链接时的输入文件。

- Simple 方式是默认的链接方式,也是最为频繁使用的链接方式。它链接生成简单的 ELF 格式的目标文件,使用的是链接器选项中指定的地址映射方式。
- Scattered 方式使得链接器要根据 Scatter 格式文件中指定的地址映射,生成复杂的 ELF 格式的映像文件。

一般情况我们所举的例子比较简单,选择 Simple 方式就可以了。

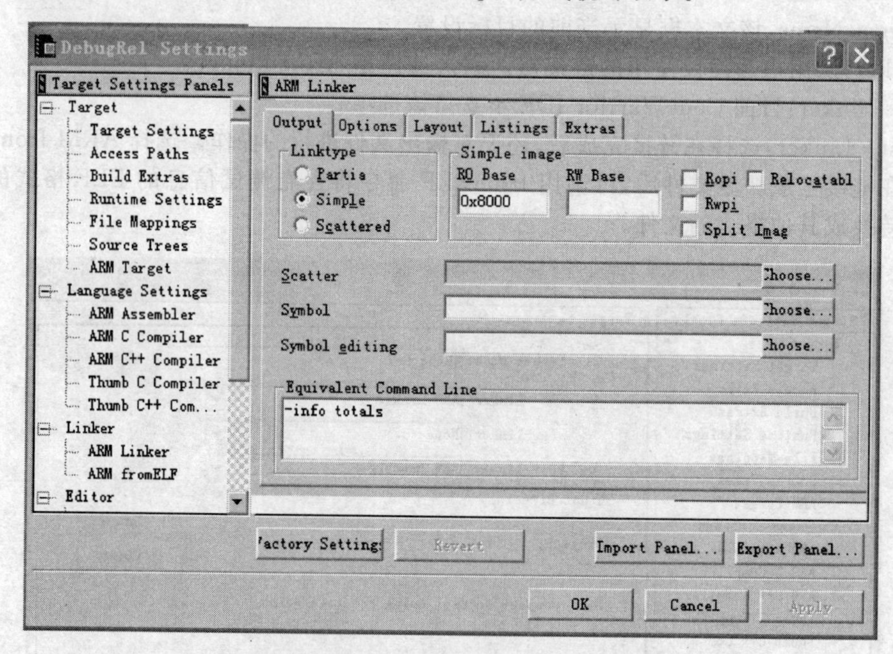

图 2-8 ARM Linker 中的 Output 设置

选中 Simple 链接类型时,需要设置下列链接器选项。

- RO Base:该文本框设置包含 RO 段的加载域和运行域为同一个地址。如果没有指定地址值,则使用默认的地址值 0x8000。当连接实际开发板时,用户要根据自己硬件的实际 SDRAM 的地址空间来修改这个地址。
- RW Base:该文本框设置包含 RW 和 ZI 输出段的运行域地址。如果选中 Split Image 选项,链接器生成的映像文件将包含两个加载域和两个运行域,此时,在 RW Base 中输入的地址为包含 RW 和 ZI 输出段的域所设置的加载域和运行域的地址。
- Ropi:选中该选项将告诉链接器,使包含 RO 输出段的运行域与位置无关。如果没有选中该复选框,相应的域被标记为绝对。
- Rwpi:选中该选项将告诉链接器,使包含 RW 和 ZI 输出段的运行域与位置无关。如果这个选项没有被选中,相应的域就被标记为绝对。
- Split Image:选中该复选框将包含 RW 属性和 RO 属性的输出段的加载域分割成两个加载域。其中,一个加载域包含所有的 RO 属性的输出段。其默认的加载地址为 0x8000,可以使用链接选项 -ro-base address 来更改其加载地址。另一个加载域包含所有的 RW 属性的输出段。该加载域需要使用链接选项 -rw-base address 来指定其加载地址,如果没有使用该选项来指定其加载地址,默认使用了 -rw-base 0。
- Relocatable:选择该选项保留了映像文件的重定址偏移量。这些偏移量为程序加载器提供了有用信息。

上面介绍的各选项在本实验中的设置情况参考图 2-8。

(ii) 设置选项卡 Options

读者要注意的是 Image entry point 文本框。它指定映像文件的入口地址，当映像文件被加载程序加载时，加载程序会跳转到该地址处执行。如果需要，用户可以在这个文本框中输入如下格式的入口点：

入口点地址：一个数值，例如- entry 0x0。在本实验中输入的是 0x8000。

(iii) 设置选项卡 Layout

Layout 选项卡在链接方式为 Simple 时有效，它用来安排一些输入段在映像文件中的位置。Layout 选项卡，如图 2-9 所示。

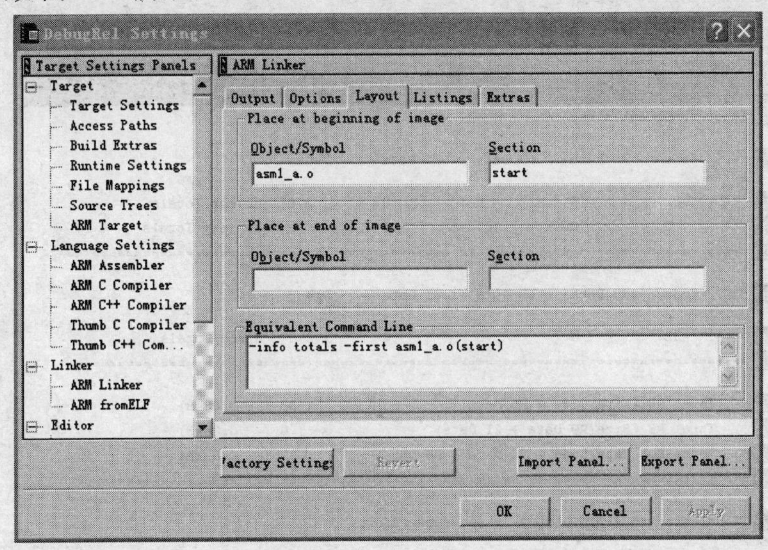

图 2-9　ARM Linker 中的 Layout 设置

关于 ARM Linker 的设置还有很多，如果想进一步深入了解，可以查看帮助文件。

(b) ARM fromELF

在 Linker 中选择 ARM fromELF，出现如图 2-10 所示对话框。

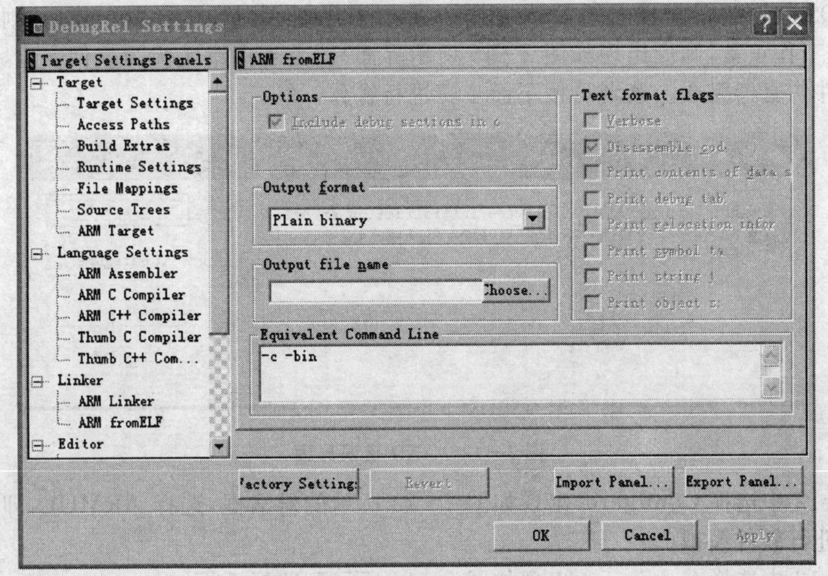

图 2-10　ARM fromELF 设置

fromELF 是一个实用工具,实现将链接器、编译器和汇编器的输出代码进行格式转换的功能。只有在 Target 设置中选择了 Post-linker,才可以使用该选项。

如图 2-10 所示,在 Output format 下拉列表框中,为用户提供了多种可以转换的目标格式。本实验选择 Plain binary,这是二进制格式的可执行文件,可以被烧写到目标板的 Flash 中。在 Output file name 文本框中输入期望生成的输出文件的路径及名称。

完成以上配置后,在 CodeWarrior IDE 窗口的菜单栏中选择 Project→make,就可以对工程进行编译和链接了。整个编译和链接过程如图 2-11 所示。

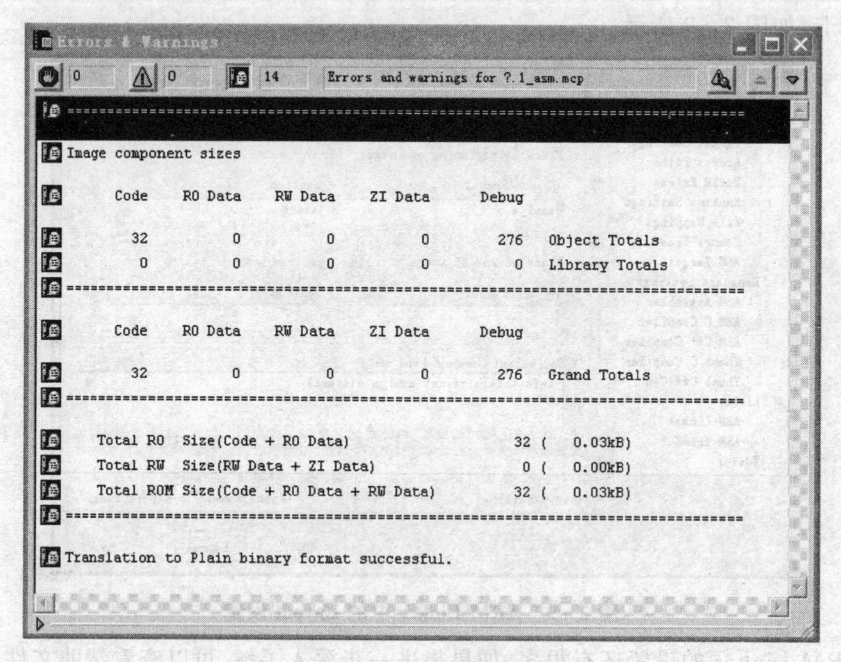

图 2-11　编译和链接过程

(5) 用 AXD 进行代码调试

单击 ADS 编译按钮面板上的 Debug 按钮 ,若出现如图 2-12 所示界面,则说明所选仿真器不对(若工作正常,则应出现如图 2-15 所示界面)。由于本章实验为软件实验,故可脱离实验板使用软件仿真器完成。读者可按下面步骤进行操作。

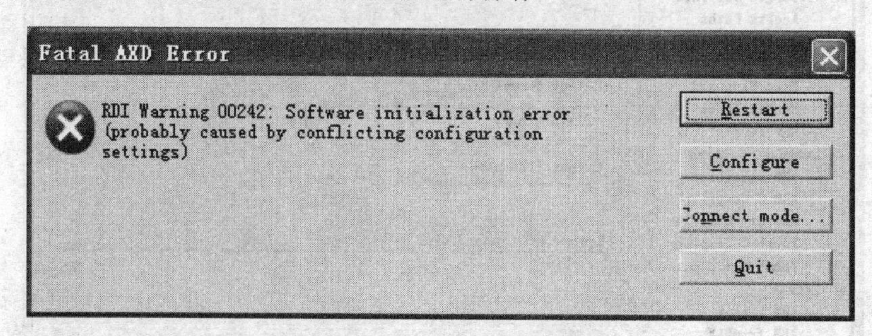

图 2-12　AXD 错误界面

在图 2-12 中选择 Configure,出现如图 2-13 所示的对话框,选择 ARMUL,即表示在没有硬件时可以进行软件模拟。

在图 2-13 中选择 Configure,出现如图 2-14 所示配置对话框。

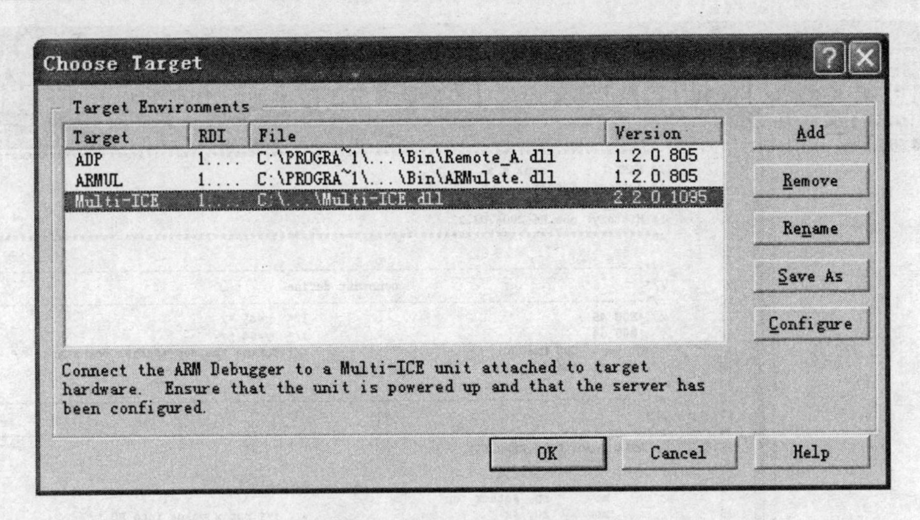

图 2-13　AXD 窗口的目标环境设置

按图 2-14 所显示的各项进行配置之后，单击 OK 按钮，关闭 AXD。在 ADS 工程窗口下单击 Debug 按钮，出现如图 2-15 所示调试窗口。

(6) 观察存储器和寄存器内容

选择 Processor Views→Memory，打开 Memory 窗口，观察地址 0x8000～0x801F 的内容与地址 0xFF0～0xFFF 的内容。同时选择 Processor Views→Regersters，打开 Regersters 窗口，观察 Regersters 窗口中 R0、R1、R13 和 PC 值的变化。在两个 Memory 窗口的 ARM7TDMI－Memory Startup address 处分别输入 0x8000 和 0xFF0 后，按回车键。为了观察方便，在 Memory 窗口中可以单击右键，在弹出的快捷菜单中选择 Size→32Bit。同时可以在执行的代码处单击右键，在弹出的快捷菜单中选择 Interleave Disassembly 项，观察真正的汇编代码。在 Memory 窗口中观察地址 0x1000 里内容的变化并结合程序思考原因，在另一个 Memory 窗口中观察地址 0x8000 开始的内存地址内容与每条汇编指令所对应的机器码(图中用椭圆形中标出)之间的关系。AXD 调试窗口如图 2-16 所示。

(7) 单步运行

单步执行程序并观察和记录 Regersters 与 Memory 值的变化。

(8) 加深理解 RAM 指令的使用

结合实验内容和相关资料，观察程序运行，通过实验加深理解 ARM 指令的使用。理解和掌握实验后，完成实验练习题。

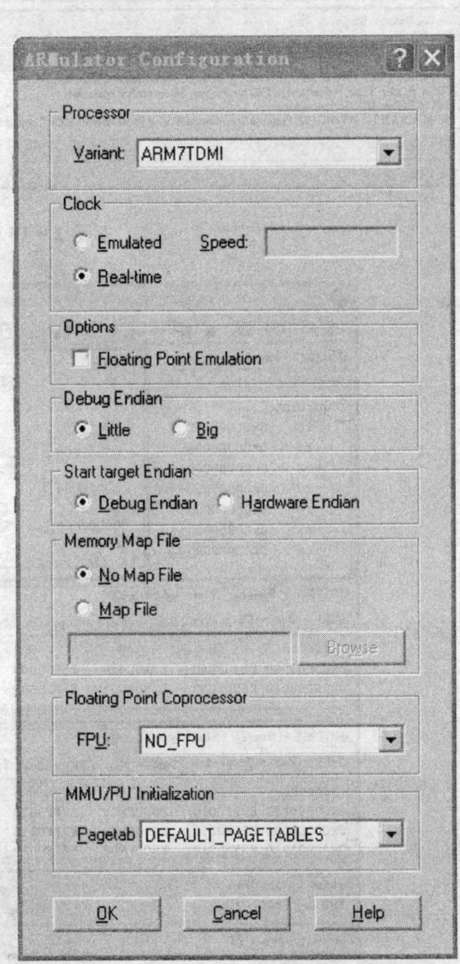

图 2-14　Choose Target 对话框中的 Configure 设置

```
ARM7TDMI - E:\...\arm_basic\arm_basic\armbasicd.2б\3.1_asm\asml_a.s
1   ;/*****************************************************************
2   ;# NAME:      asml_a.s
3   ;# Author:  Embest
4   ;# Desc:          ARM instruction examples
5   ;# History: shw.He 2005.02.22
6   ;#*****************************************************************
7
8   ;/*-----------------------------------------------------------------
9   ;/*                              constant define
10  ;/*-----------------------------------------------------------------
11  x   EQU 45                                  ;/*  x=45 */
12  y   EQU 64                                  ;/*  y=64 */
13  stack_top    EQU 0x1000                     ;/* define the top address for stacks */
14  ;//.global _start
15
16  ;/*-----------------------------------------------------------------
17  ;/*                              code
18  ;/*-----------------------------------------------------------------
19     AREA start,CODE,READONLY
20          ENTRY
21                                          ;/* code start */
22          mov     sp, #stack_top
23          mov     r0, #x                      ;/* put x value into R0 */
24          str     r0, [sp]                    ;/* save the value of R0 into stacks */
25          mov     r0, #y                      ;/* put y value into R0 */
26          ldr     r1, [sp]                    ;/* read the data from stack,and put it
27          ADD     r0, r0, r1

System Output Monitor
RDI Log | Debug Log
Log file:
ARM7TDMI, BIU, Little endian, Semihosting, Debug Comms Channel, 4GB, Mapfile,
Timer, Profiler, Tube, Millisecond [20000 cycles_per_millisecond], Pagetables,
IntCtrl, Tracer, RDI Codesequences
ARM RDI 1.5.1 -> ASYNC RDI Protocol Converter ADS v1.2 [Build number 805]. Copyright (c) ARM Limited 2001.
For Help, press F1                          <No Pos> ARMUL ARM7TDMI 3.1_asm.axf
```

图 2-15　AXD 调试窗口 1

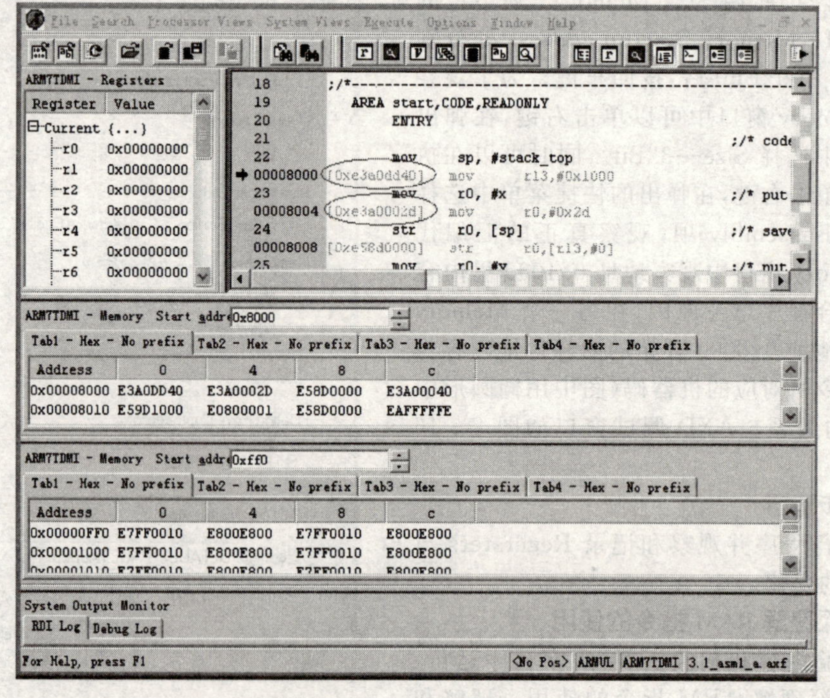

图 2-16　AXD 调试窗口 2

2）实验 B

该实验通过使用 MOV/STR/LDR/ORRLSR/ADD 等指令完成简单的加操作运算。

(1) 参照实验 A 和本实验的实验参考程序，建立工程 asm1_b。

(2) 建立并编辑 asm1_b.s，添加新建立的文件到工程中。

(3) 参照实验 A 的步骤完成目标代码的生成与调试。

(4) 理解和掌握实验后，完成实验练习题。

6. 实验参考程序

1）实验 A 参考程序

```
x EQU 45                                        ;x = 45
y EQU 64                                        ;y = 64
stack_top EQU 0x1000                            ;设置栈顶地址
;    代码
;-----------------------------------------------------------------------
    AREA start,CODE,READONLY
        ENTRY                                   ;程序开始
        MOV     SP, #stack_top                  ;将栈顶地址送入堆栈指针 SP(即 R13)
        MOV     R0, #x                          ;将 x 的值存入 R0
        STR     R0, [SP]                        ;将 R0 的值压入堆栈
        MOV     R0, #y                          ;将 y 的值存入 R0
        LDR     R1, [SP]                        ;将栈顶的值存入 R1
        ADD     R0, R0, R1
        STR     R0, [SP]
stop
        B       stop                            ;程序结束
        END
```

2）实验 B 参考程序

```
x EQU 45                                        ;x = 45
y EQU 64                                        ;y = 64
z EQU 87                                        ;z = 87
stack_top EQU 0x1000                            ;设置栈顶地址
;    代码
;-----------------------------------------------------------------------
    AREA start1,CODE,READONLY
        ENTRY                                   ;程序开始

        MOV     R0, #x                          ;将 x 的值存入 R0
        MOV     R0, R0, LSL #8                  ;R0 = R0 << 8
        MOV     R1, #y                          ;将 y 的值存入 R1
        ADD     R2, R0, R1, LSR #1              ;R2 = (R1 >> 1) + R0
        MOV     SP, #0x1000                     ;将栈顶地址送入堆栈指针 SP(即 R13)
        STR     R2, [SP]                        ;将 R2 的值压入堆栈
```

```
        MOV     R0, #Z                          ;将 z 的值存入 R0
        AND     R0, R0, #0xFF                   ;取 R0 的低 8 位
        MOV     R1, #y                          ;将 y 的值存入 R1
        ADD     R2, R0, R1, LSR #1              ; R2 = (R1 >> 1) + R0
        LDR     R0, [SP]                        ;栈中的内容放入 R0
        MOV     R1, #0x01
        ORR     R0, R0, R1
        MOV     R1, R2
        ADD     R2, R0, R1, LSR #1              ;R2 = (R1 >> 1) + R0
stop
        B       stop                            ;程序结束
        END
```

7. 练习题

(1) 编写程序循环对 R4～R11 进行累加 8 次赋值，R4～R11 起始值为 1～8；每次加操作后把 R4～R11 的内容放入 SP 栈中，SP 初始设置为 0x800；最后把 R4～R11 用 LDMFD 指令清空赋值为 0。

(2) 更改实验 A、B 中 x、y 的值，观察执行结果。

2.2 ARM 汇编指令实验二

1. 实验目的

通过实验掌握使用 LDM/STM、B、B1 等指令，完成较为复杂的存储区访问和程序分支。学习使用条件码，加深对 CPSR(程序状态寄存器)的认识。

2. 实验设备

(1) 硬件：PC 机；

(2) 软件：ADS1.2 集成开发环境，Windows 98/2000/NT/XP。

3. 实验内容

(1) 熟悉开发环境并完成一块存储区的复制；

(2) 完成分支程序设计，要求判断参数，根据不同参数，调用不同的子程序。

4. 实验原理

1) ARM 程序状态寄存器

在所有处理器模式下都可以访问当前的程序状态寄存器 CPSR。CPSR 包含条件码标志、中断禁止位、当前处理器模式以及其他状态和控制信息。每种异常模式都有一个程序状态保存寄存器 SPSR。当异常出现时，SPSR 用于保存 CPSR 的状态。

CPSR 和 SPSR 的格式如下：

31	30	29	28	27	26　　8	7	6	5	4	3	2	1	0
N	Z	C	V	Q	DNM(RAZ)	I	F	T	M	M	M	M	M

(1) 条件码标志。N、Z、C、V 是条件码标志。大多数指令可以检测这些条件码标志，以决定程序指令如何执行。

(2) 控制位。低 8 位 I、F、T 和 M 位用做控制位。当异常出现时改变控制位。当处理器在特权模式下时也可以由软件改变。

① I 和 F 为中断禁止位。I 置 1 则禁止 IRQ 中断；F 置 1 则禁止 FIQ 中断。I、F 置 1 则禁止 IRQ、FIQ 中断。

② T 位。T＝0 指示 ARM 执行；T＝1 指示 Thumb 执行。在这些体系结构系统中，可自由地使用能在 ARM 和 Thumb 状态之间切换的指令。

③ 模式位。M0、M1、M2、M3 和 M4 (M[4:0])是模式位。这些位决定处理器的工作模式，如表 2-1 所列。

表 2-1　ARM 工作模式位 M[4:0]

M[4:0]	模　式	可访问的寄存器
0b10000	用户	PC，R14～R0，CPSR
0b10001	FIQ	PC，R14_fiq～R8_fiq，R7～R0，CPSR，SPSR_fiq
0b10010	IRQ	PC，R14_irq～R8_fiq，R12～R0，CPSR，SPSR_irq
0b10011	管理	PC，R14_svc～R8_svc，R12～R0，CPSR，SPSR_svc
0b10111	中止	PC，R14_abt～R8_abt，R12～R0，CPSR，SPSR_abt
0b11011	未定义	PC，R14_und～R8_und，R12～R0，CPSR，SPSR_und
0b11111	系统	PC，R14～R0，CPSR

(3) 其他位。程序状态寄存器的其他位保留，用做以后的扩展。

2) 本实验涉及的语法及规则

(1) 标号的使用

标号是一个符号(符号后没有冒号)，它表示程序中当前的指令或者数据地址。如果在程序中出现两个相同的标号，汇编器会产生一个警告，并且只有第一个标号有效。

(2) 几个伪指令

① LDR

LDR 伪指令将一个 32 位的常数或者一个地址值读取到寄存器中。当需要读取到寄存器中的数据超过 MOV 或者 MNV 指令可以操作的范围时，可以使用 LDR 伪指令将该数据读取到寄存器中。在汇编编译器处理源程序时，如果该常数没有超过 MOV 或者 MNV 可以操作的范围，则 LDR 指令被这两条指令中的一条所替代；否则，该常数将被放在最近的一个文字池内(literal pool)。同时，本指令被一条基于 PC 的 LDR 指令替代。

语法格式：LDR ＜register＞ ,＝＜expression＞

其中，expression 为需要读取的 32 位常数；register 为目标寄存器。

示例：

```
LDR     R1, = 0xff
LDR     R0, = 0xfff00000
```

② ADR

ADR 指令将基于 PC 的地址值或者基于寄存器的地址值读取到寄存器中。在处理源程序时,ADR 伪指令通常被编译器替换成一条 ADD 指令或者 SUB 指令来实现该 ADR 伪指令的功能。如果不能用一条指令来替换,编译器将会报告错误。

语法格式:ADR {cond} register,expr

其中,cond 为可选的指令执行的条件;register 为目标寄存器;expr 为基于 PC 或者寄存器的地址表达式。

示例:

```
start    MOV    R0, #25
         ADR    R2,start
```

③ LTORG

LTORG 伪指令用于声明一个数据缓冲池(也称为文字池)。在使用伪指令 LDR 时,常常需要在适当的地方加入 LTORG 声明数据缓冲池,LDR 加载的数据暂时放在数据缓冲池。

语法格式:LTORG

5. 实验操作步骤

1) 实验 A

本实验主要是让读者熟悉 STMFD/LDMIA/SUB/BNE/BEQ 等指令的使用,通过使用这些指令实现一块存储区的复制。先进行 2 次以 8 个字为单位的数据复制,对剩下不足 8 个字的数据跳转到 copywords,以字为单位复制。

(1) 参考 2.1 节 ARM 汇编指令实验一中实验 A 的步骤(1)建立一个新的工程,命名为 ARMcode。

(2) 参考 2.1 节 ARM 汇编指令实验一中实验 A 的步骤(2)建立 ARMcode.s,并添加文件到工程 ARMcode。

(3) 参考 2.1 节 ARM 汇编指令实验一中实验 A 的步骤(3),编辑 ARMcode.s。

(4) 参考 2.1 节 ARM 汇编指令实验一中实验 A 的步骤(4),编译和链接。

(5) 参考 2.1 节 ARM 汇编指令实验一中实验 A 的步骤(5),设置 AXD 进行调试,并选择 Processor View→Registers 打开寄存器窗口。

(6) 选择 Processor View→Memory 打开存储器窗口,观察地址 0x8054～0x80A0 的内容,以及地址 0x80A4～0x80F0 的内容。

(7) 单步执行程序并观察和记录寄存器与存储器中的值变化,注意观察步骤(6)里面地址的内容变化,当执行 STMFD、LDMFD、LDMIA 和 STMIA 指令时,注意观察其后面参数所指的地址段或寄存器段的内容变化。

(8) 结合实验内容和相关资料,观察程序运行,通过实验加深理解 ARM 指令的使用。

(9) 理解和掌握实验后,完成实验练习题。

2) 实验 B

通过该实验熟悉 MOV/CMP/B/BL 等指令的使用,在该实验中根据 R0 寄存器的值选择不同的子程序。

(1) 参考 2.1 节 ARM 汇编指令实验一和本实验的实验参考程序,创建新工程 asm1_b;

(2) 参考实验 A 的步骤完成调试;

(3) 理解和掌握实验后,完成实验练习题。

6. 实验参考程序

1) 实验 A 参考程序

```
num EQU 20                          ;设置复制数据数量
    AREA start,CODE,READONLY
    ENTRY
        LDR     R0, = src           ;R0 寄存器指向源数据区 src
        LDR     R1, = dst           ;R1 寄存器指向目标数据区 dst
        MOV     R2, #num            ;R2 存放将要复制的字数
        MOV     SP, #0x400          ;设置数据栈指针(R13)用于保存工作寄存器数值
blockcopy
        MOVS    R3,R2, LSR #3       ;要进行的以 8 个字为单位的复制次数
        BEQ     copywords           ;剩下不足 8 个字的数据跳到 copywords,以字为单位复制
        STMFD   SP!, {R4 - R11}     ;保存工作寄存器
octcopy
        LDMIA   R0!, {R4 - R11}     ;从源数据区读取 8 个字的数据放到 8 个寄存器中
        STMIA   R1!, {R4 - R11}     ;将这 8 个字数据写入目标数据区
        SUBS    R3, R3, #1          ;复制次数减 1
        BNE     octcopy             ;循环,直到完成以 8 个字为单位的块复制
        LDMFD   SP!, {R4 - R11}     ;恢复工作寄存器
copywords
        ANDS    R2, R2, #7          ;剩下不足 8 个字的数据的字数
        BEQ     stop                ;数据复制完成
wordcopy
        LDR     R3, [R0], #4        ;从源数据区读取 1 个字的数据,放到 R3 寄存器中
        STR     R3, [R1], #4        ;将 R3 中数据写入到目标数据区中
        SUBS    R2, R2, #1          ;将字数减 1
        BNE     wordcopy            ;循环,直到完成以字为单位的数据复制
stop
        B       stop
;   创建数据缓冲区
;-------------------------------------------------------------------------
    LTORG
    AREA src, DATA, READWRITE
        DCD     1,2,3,4,5,6,7,8,1,2,3,4,5,6,7,8,1,2,3,4
    AREA dst, DATA, READWRITE
        DCD     0,0,0,0,0,0,0,0,0,0,0,0,0,0,0,0,0,0,0,0
    END
```

2) 实验 B 参考程序

```
num     EQU     2                   ;进行比较的参考值
    AREA start2,CODE,READONLY
    ENTRY
        MOV     R0, #0              ;设置 3 个参数
```

```
        MOV     R1, #3
        MOV     R2, #2
        BL      arithfunc                       ;调用子程序 arithfunc,当程序执行到这条指令时,要跳到
                                                ;arithfunc 函数体内,单击 Step In 跳到该函数体内
stop
        B       stop
;                   根据 R0 的值选择执行的子程序
;*************************************************************
arithfunc                                       ;子程序 arithfunc 入口点
        CMP     R0, #num                        ;对 R0 的值和 num 的值进行比较
        BHS     DoAdd                           ;选择是否跳入 DoAdd 子程序
        ADR     R3, JumpTable                   ;读取跳转表的基地址
        LDR     PC, [R3,R0,LSL#2]               ;根据参数 R0 的值跳转到相应的子程序
JumpTable
        DCD     DoAdd
        DCD     DoSub
DoAdd
        ADD     R0, R1, R2
        MOV     PC, LR                          ;LR 保存的是程序返回地址,LR 的值赋给 PC
DoSub
        SUB     R0, R1, R2
        MOV     PC,LR                           ;返回
    END                                         ;标记文件结束
```

7. 练习题

(1) 设定两个源数据区 src(分别为 A 区和 B 区),一个目标数据区 dst,用汇编语言编写程序,根据给定参数值的大小判断是复制 A 区还是 B 区(用两个分支指令实现)的内容到 dst 区。

(2) 新建工程,并自行编写汇编程序,分别使用 LDR、STR、LDMIA、STMIA 操作,实现对某段连续存储单元写入数据,并观察操作结果。

2.3 Thumb 汇编指令实验

1. 实验目的

通过实验掌握 ARM 处理器 16 位 Thumb 汇编指令的使用方法。

2. 实验设备

(1) 硬件:PC 机;

(2) 软件:ADS1.2 集成开发环境,Windows 98/2000/NT/XP。

3. 实验内容

(1) 使用 Thumb 汇编语言,完成基本的 reg/mem 访问,以及简单的算术/逻辑运算;

(2) 使用 Thumb 汇编语言,完成较为复杂的程序分支,学会 PUSH/POP 的使用,领会立即数大小的限制,并体会 ARM 与 Thumb 的区别。

4. 实验原理

1) ARM 处理器工作状态

ARM 处理器共有两种工作状态：

- ARM：32 位，这种状态下执行字对齐的 ARM 指令；
- Thumb：16 位，这种状态下执行半字对齐的 Thumb 指令。

在 Thumb 状态下，程序计数器 PC 使用位[1]选择另一个半字。需要注意的是，ARM 和 Thumb 之间状态的切换不影响处理器的模式或寄存器的内容。

ARM 处理器在两种工作状态之间可以切换。

(1) 进入 Thumb 状态。当操作数寄存器的状态位[0]为 1 时，执行 BX 指令进入 Thumb 状态。如果处理器在 Thumb 状态进入异常，则当异常处理(IRQ、FIQ、Undef、Abort 和 SWI)返回时，自动切换到 Thumb 状态。

(2) 进入 ARM 状态。当操作数寄存器的状态位[0]为 0 时，执行 BX 指令进入 ARM 状态。如果处理器进行异常处理(IRQ、FIQ、Undef、Abort 和 SWI)，则把 PC 放入异常模式链接寄存器中。从异常向量地址开始执行，也可以进入 ARM 状态。

有关 Thumb 状态和 ARM 状态之间切换的更详细内容读者可以参考文献[2]3.3.3 小节。

2) Thumb 状态下的寄存器集

Thumb 状态下的寄存器集是 ARM 状态下寄存器集的子集。程序员可以直接访问 8 个通用寄存器(R0～R7)，以及 PC、SP、LR 和 CPSP。每一种特权模式都有一组 SP、LR 和 SPSR。

- Thumb 状态的 R0～R7 与 ARM 状态的 R0～R7 是一致的。
- Thumb 状态的 CPSR 和 SPSR 与 ARM 状态的 CPSR 和 SPSR 是一致的。
- Thumb 状态的 SP 映射到 ARM 状态的 R13。
- Thumb 状态的 LR 映射到 ARM 状态的 R14。
- Thumb 状态的 PC 映射到 ARM 状态的 PC(R15)。

Thumb 寄存器与 ARM 寄存器的关系如图 2-17 所示。

Thumb 状态	ARM 状态	
R0	R0	低寄存器
R1	R1	
R2	R2	
R3	R3	
R4	R4	
R5	R5	
R6	R6	
R7	R7	
	R8	高寄存器
	R9	
	R10	
	R11	
	R12	
SP	SP(R13)	
LR	LR(R14)	
PC	PC(R15)	
CPSR	CPSR	
SPSR	SPSR	

图 2-17　寄存器状态图

3) 本实验涉及的 ADS 伪操作

(1) CODE16 及 CODE32

CODE16 伪操作的作用是告诉汇编编译器后面的指令序列为 16 位 Thumb 指令；CODE32 伪操作告诉汇编编译器后面的指令序列为 32 位 ARM 指令。

语法格式：CODE16

　　　　　CODE32

(2) ALIGN

ALIGN 伪操作通过添加补丁使当前位置满足一定的对齐方式。

语法格式：ALIGN {expr{,offset}}

其中，expr 为指定对齐方式，可能的取值为 2 的 *n* 次幂，如 1、2、4、8 等。如果伪操作中没有指定 expr，则默认当前位置对齐到下一个字边界处。不指定 offset，表示当前位置对齐到以 expr 为单位的起始位置。

示例：

```
ALIGN    4                          ;使 Thumb 代码中的地址标号字对齐
```

5. 实验操作步骤

1) 实验 A

通过该实验熟悉 Thumb 汇编语言，该实验实现从 ARM 状态向 Thumb 状态的切换。

(1) 参考 2.1 节 ARM 汇编指令实验一中实验 A 的步骤(1)，建立一个新的工程，命名为 ThumbCode。

(2) 参考 2.1 节 ARM 汇编指令实验一中实验 A 的步骤(2)和本实验参考程序，建立 ThumbCode.s 并添加文件到工程 ThumbCode。

(3) 参考 2.1 节 ARM 汇编指令实验一中实验 A 的步骤(3)，按照本实验要求编辑 ThumbCode.s。

(4) 参考 2.1 节 ARM 汇编指令实验一中实验 A 的步骤(4)，进行编译和链接。

(5) 参考 2.1 节 ARM 汇编指令实验一中实验 A 的步骤(5)，设置 AXD 进行调试，并选择 Processor View→Registers 打开寄存器窗口。

(6) 记录代码执行区中每条指令的地址，留意指令的最后尾数的区别。

(7) 注意观察寄存器 R0 和 R1 的值的变化。

(8) 结合实验内容和相关资料，观察程序运行，通过实验加深理解 ARM 指令和 Thumb 指令的不同。

(9) 理解和掌握实验后，完成实验练习题。

2) 实验 B

该实验使用 Thumb 汇编语言编写程序，并使用程序分支实现存储区的复制，进行 5 次以 4 个字为单位的数据复制。

(1) 参照实验 A 的步骤和本实验参考程序，建立工程 ThumbCode2。

(2) 参照实验 A 的步骤完成目标代码的生成与调试；注意并记录 ARM 状态下和 Thumb 状态下 STMFD、LDMFD、LDMIA 和 STMIA 指令执行的结果、指令的空间地址数值，以及数据存储的空间大小等。

(3) 理解和掌握实验后，完成实验练习题。

6. 实验参考程序

1) 实验 A 参考程序

```
    AREA start, CODE, READONLY
    ENTRY
    CODE32                          ;后面的指令序列为 32 位 ARM 指令
header
        ADR     R0, Tstart + 1      ;将标号 Tstart 开始的程序地址加 1 后加载到 R0
        BX      R0                  ;通过 BX 指令实现跳转到 Thumb 状态
        NOP
    CODE16                          ;后面的指令序列为 16 位 Thumb 指令
Tstart
        MOV     R0, #10             ;变量赋值
```

```
        MOV    R1, #3
        BL     doadd                   ;调用子程序,将该指令的下一条指令的地址保存到 LR
stop
        B      stop
;---------------------------------------------------------------
;     子程序功能:R0 = R0 + R1 并返回到 Thumb 状态
;---------------------------------------------------------------
   CODE16
doadd
        ADD    R0, R0, R1              ;R0 = R0 + R1
        MOV    PC, LR                  ;从子程序返回
    END                                ;标记文件结束
```

2) 实验 B 参考程序

```
    num    EQU    20                   ;设置复制数据数量
    AREA    start2, CODE, READONLY
    ENTRY
    CODE32                             ;后面的指令序列为 32 位 ARM 指令
        MOV    SP, #0x400              ;设置堆栈首地址(R13)
        ADR    R0, Tstart + 1          ;将标号 Tstart 开始的程序地址加 1 后加载到 R0
        BX     R0                      ;通过 BX 指令实现跳转到 Thumb 状态
    CODE16                             ;后面的指令序列为 16 位 Thumb 指令
Tstart
        LDR    R0, = src               ;R0 寄存器指向源数据区 src
        LDR    R1, = dst               ;R1 寄存器指向目标数据区 dst
        MOV    R2, #num                ;R2 指定将要复制的字数
blockcopy
        LSR    R3,R2, #2               ;要进行的以 4 个字为单位的复制次数
        BEQ    copywords               ;剩下的不足 4 个字的数据跳转到 copywords,以字为单位复制
        PUSH   {R4 - R7}               ;保存工作寄存器
quadcopy
        LDMIA  R0!, {R4 - R7}          ;从源数据区读取 4 个字的数据放到 4 个寄存器中
        STMIA  R1!, {R4 - R7}          ;将这 4 个字数据写入目标数据区中
        SUB    R3, #1                  ;计数器值减 1
        BNE    quadcopy                ;循环直到完成以 4 个字为单位的块复制
        POP    {R4 - R7}               ;将 R4～R7 寄存器出栈
copywords
        MOV    R3, #3
        AND    R2, R3                  ;比较:是否还有数据去复制
        BEQ    stop                    ;数据复制完成
wordcopy
        LDMIA  R0!, {R3}               ;从源数据区读取一个字的数据,放到 R3
```

```
        STMIA   R1!, {R3}                ;将 R3 中数据写入目标数据区
        SUB     R2, #1                   ;将字数减 1
        BNE     wordcopy                 ;循环直到完成以字为单位的数据复制
stop
        B       stop
;------------------------------------------------------------------
;创建数据缓冲区
;------------------------------------------------------------------
    ALIGN
    AREA    src, DATA, READWRITE
        DCD     1,2,3,4,5,6,7,8,1,2,3,4,5,6,7,8,1,2,3,4
    AREA    dst, DATA, READWRITE
        DCD     0,0,0,0,0,0,0,0,0,0,0,0,0,0,0,0,0,0,0,0
    END
```

7. 练习题

(1) 编写程序从 ARM 状态切换到 Thumb 状态,在 ARM 状态下把 R2 赋值为 0x12345678,在 Thumb 状态下把 R2 赋值为 0x87654321。同时观察并记录 CPSR 和 SPSR 的值,分析各个标志位。

(2) 实验 A 中实现了从 ARM 状态切换到 Thumb 状态,试思考再继续从 Thumb 状态返回到 ARM 状态。

2.4 ARM 处理器工作模式实验

1. 实验目的

通过实验掌握使用 MSR/MRS 指令实现 ARM 处理器工作模式的切换,观察不同模式下的寄存器,加深对 CPU 结构的理解。

2. 实验设备

(1) 硬件:PC 机;

(2) 软件:ADS1.2 集成开发环境,Windows 98/2000/NT/XP。

3. 实验内容

通过 ARM 汇编指令,在各种处理器模式下切换并观察各种模式下寄存器的区别;掌握 ARM 不同模式的进入与退出。该实验通过使用 MSR/MRS 等指令实现依次从 System 模式(sys)→FIQ 模式(fiq)→管理模式(svc)→中止模式(abt)→IRQ 模式(irq),最后到未定义模式(und)的切换。

4. 实验原理

1) ARM 处理器模式

ARM 体系结构支持如表 2-2 所列的 7 种处理器模式。

表 2-2　处理器模式

处理器模式	说　明	处理器模式	说　明
用户模式(usr)	正常程序执行模式	中止模式(abt)	实现虚拟存储器和/或存储器保护
FIQ 模式(fiq)	支持高速数据传送或通道处理	未定义模式(und)	支持硬件协处理器的软件仿真
IRQ 模式(irq)	用于通用中断处理	系统模式(sys)	运行特权操作系统任务
管理模式(svc)	操作系统保护模式		

在软件控制下可以改变模式，外部中断或异常处理也可以引起模式发生改变。

大多数应用程序在用户模式下执行。当处理器工作在用户模式时，正在执行的程序不能访问某些被保护的系统资源，也不能改变模式，除非异常(exception)发生。这允许适当编写操作系统来控制系统资源的使用。

除用户模式外的其他模式称为特权模式。它们可以自由地访问系统资源和改变模式。其中的 5 种称为异常模式，即：FIQ(Fast Interrupt request)、IRQ(Interrupt ReQuest)、管理(Supervisor)、中止(Abort)、未定义(Undefined)。

当特定的异常出现时，进入相应的模式。每种模式都有某些附加的寄存器，以避免异常出现时用户模式的状态不可靠。

剩下的模式是系统模式。仅 ARM 体系结构 v4 以及以上的版本有该模式。不能由于任何异常而进入该模式。它与用户模式有完全相同的寄存器，然而它是特权模式，不受用户模式的限制。它供需要访问系统资源的操作系统任务使用，但希望避免使用与异常模式有关的附加寄存器。避免使用附加寄存器保证了当任何异常出现时，都不会使任务的状态不可靠。

2) 程序状态寄存器

有关程序状态寄存器的介绍详见 2.2 节的“4. 实验原理”。

5. 实验操作步骤

(1) 参考 2.1 节 ARM 汇编指令实验一中实验 A 的步骤(1)，建立一个新的工程，命名为 ARMMode。

(2) 参考 2.1 节 ARM 汇编指令实验一中实验 A 的步骤(2)和本实验参考程序，建立 ARMMode.s 并添加文件到工程 ARMMode。

(3) 参考 2.1 节 ARM 汇编指令实验一中实验 A 的步骤(3)，程序编辑 ARMMode.s。

(4) 参考 2.1 节 ARM 汇编指令实验一中实验 A 的步骤(4)，进行编译和链接。

(5) 参考 2.1 节 ARM 汇编指令实验一中实验 A 的步骤(5)，设置 AXD 进行调试，并选择 Processor View→Registers 打开寄存器窗口；

(6) 单步执行，观察并记录寄存器 R0 和 CPSR 值的变化，以及每次变化后执行寄存器赋值后的 36 个寄存器值的变化情况，尤其注意各个模式下 R13 和 R14 的值。

(7) 结合实验内容和相关资料，观察程序运行，通过实验加深理解 ARM 各种状态下寄存器的使用。

(8) 理解和掌握实验后，完成实验练习题。

6. 实验参考程序

```
;*********************************************************************
; 名称：ARMmode.s
; 功能：ARM 指令试验
```

```
;       ARM模式转换
;*****************************************************************
;     代码
;----------------------------------------------------------------
    AREA start1,CODE,READONLY
        ENTRY
;     初始化中断/异常中断向量表
;----------------------------------------------------------------
        B       Reset_Handler
Undefined_Handler
        B       Undefined_Handler
        B       SWI_Handler
Prefetch_Handler
        B       Prefetch_Handler
ABort_Handler
        B       Abort_Handler
        NOP                                     ;保留
IRQ_Handler
        B       IRQ_Handler
FIQ_Handler
        B       FIQ_Handler
SWI_Handler
        MOV     PC, LR
Reset_Handler
;     进入系统模式
;----------------------------------------------------------------
        MRS     R0,cpsr                         ;读CPSR值
        BIC     R0,R0,#0x1f                     ;把R0后5位全部清0
        ORR     R0,R0,#0x1f                     ;把R0后面5位赋值为11111
        MSR     cpsr_cxsf,R0                    ;把R0赋值给CPSR并根据标志位切换状态
        MOV     R0, #1                          ;初始化系统模式下寄存器
        MOV     R1, #2
        MOV     R2, #3
        MOV     R3, #4
        MOV     R4, #5
        MOV     R5, #6
        MOV     R6, #7
        MOV     R7, #8
        MOV     R8, #9
        MOV     R9, #10
        MOV     R10, #11
        MOV     R11, #12
        MOV     R12, #13
        MOV     R13, #14
        MOV     R14, #15
;     进入FIQ模式
```

```
;--------------------------------------------------------------
        MRS     R0,cpsr
        BIC     R0,R0,#0x1f
        ORR     R0,R0,#0x11                 ;设置为 FIQ 模式
        MSR     cpsr_cxsf,R0
        MOV     R8, #16                     ;在 FIQ 模式下初始化寄存器
        MOV     R9, #17
        MOV     R10, #18
        MOV     R11, #19
        MOV     R12, #20
        MOV     R13, #21
        MOV     R14, #22
;    进入管理模式
;--------------------------------------------------------------
        MRS     R0,cpsr
        BIC     R0,R0,#0x1f
        ORR     R0,R0,#0x13                 ;设置为 SVC 模式
        MSR     cpsr_cxsf,R0
        MOV     R13, #23                    ;在 SVC 模式下初始化寄存器
        MOV     R14, #24
;    进入中止模式
;--------------------------------------------------------------
        MRS     R0,cpsr
        BIC     R0,R0,#0x1f
        ORR     R0,R0,#0x17                 ;设置为 Abort 模式
        MSR     cpsr_cxsf,R0
        MOV     R13, #25                    ;在 Abort 模式下初始化寄存器
        MOV     R14, #26
;    进入 IRQ 模式
;--------------------------------------------------------------
        MRS     R0,cpsr
        BIC     R0,R0,#0x1f
        ORR     R0,R0,#0x12                 ;设置为 IRQ 模式
        MSR     cpsr_cxsf,R0
        MOV     R13, #27                    ;在 IRQ 模式下初始化寄存器
        MOV     R14, #28
;    进入未定义模式
;--------------------------------------------------------------
        MRS     R0,cpsr
        BIC     R0,R0,#0x1f
        ORR     R0,R0,#0x1b                 ;设置为未定义模式
        MSR     cpsr_cxsf,R0
        MOV     R13, #29                    ;在未定义模式下初始化寄存器
        MOV     R14, #30

        B       Reset_Handler
        END
```

7. 练习题

(1) 参考本节的实验,把其中系统模式程序更改为用户模式程序,编译调试,观察运行结果,检查是否正确。如果有错误,分析其原因(提示:不能从用户模式直接切换到其他模式,可以先使用 SWI 指令切换到管理模式)。

(2) 利用 SWI 指令从用户模式切换到系统模式。

2.5 C 语言程序实验一

1. 实验目的

(1) 学会使用 ADS1.2 编写简单的 C 语言程序并进行调试;
(2) 学会编写和使用命令脚本文件;
(3) 掌握通过 Memory/Registers/Watch/Variables 窗口分析判断运行结果。

2. 实验设备

(1) 硬件:PC 机;
(2) 软件:ADS1.2 集成开发环境,Windows 98/2000/NT/XP。

3. 实验内容

使用 C 语言完成延时函数。该实验用 C 语言编写程序,通过调用 delay(i)函数实现延时功能。

4. 实验原理

在应用系统的程序设计中,若所有的编程任务均由汇编语言来完成,其工作量巨大,并且不易移植。由于 ARM 的程序执行速度较快,存储器的存储速度较快和存储量较大,因此,C 语言的特点得到充分发挥,应用程序的开发时间大为缩短,代码的移植十分方便,程序的重复使用率提高,程序架构清晰易懂,管理较为容易等。因此,C 语言在 ARM 编程中具有重要地位。

1) ARM C 语言程序的基本规则

在 ARM 程序的开发中,需要大量读/写硬件寄存器,并且要尽量缩短程序的执行时间,因此代码一般使用汇编语言来编写,比如,ARM 的启动代码、ARM 的操作系统移植代码等。除此之外,绝大多数代码可以使用标准的 C 语言来完成。

ARM 的开发环境实际上就是嵌入了一个 C 语言的集成开发环境,只不过这个开发环境与 ARM 的硬件紧密相关。

在使用 C 语言时,要用到与汇编语言的混合编程。若汇编代码较为简洁,则可使用直接内嵌汇编的方法;否则,将汇编代码以文件的形式加入项目当中,通过 ATPCS 的规定与 C 程序相互调用与访问。

ATPCS,就是 ARM、Thumb 的过程调用标准(ARM/Thumb Procedure Call Standard)。它规定了一些子程序间调用的基本规则,如寄存器的使用规则、堆栈的使用规则和参数的传递规则等。

在 C 程序和 ARM 的汇编程序之间相互调用必须遵守 ATPCS 规则。而使用 ADS 的 C 语言编译器编译的 C 语言子程序满足用户指定的 ATPCS 规则。但是，对于汇编语言来说，完全要依赖用户保证各个子程序遵循 ATPCS 的规则。具体来说，汇编语言的子程序应满足下面 3 个条件：

- 在子程序编写时，必须遵守相应的 ATPCS 规则；
- 堆栈的使用要遵守相应的 ATPCS 规则；
- 在汇编编译器中使用－atpcs 选项。

基本的 ATPCS 规定，可查阅相关资料。

2) 汇编程序调用 C 程序

汇编程序的设置要遵循 ATPCS 规则，保证程序调用时参数能正确传递。在汇编程序中使用 IMPORT 伪指令声明将要调用的 C 程序函数。在调用 C 程序时，要正确设置入口参数，然后使用 BL 调用。

3) C 程序调用汇编程序

C 程序的设置要遵循 ATPCS 规则，保证程序调用时参数能正确传递。在 C 程序中使用 EXPORT 伪指令声明本子程序，使其他程序可以调用此子程序。在 C 语言中使用 extern 关键字声明外部函数(声明要调用的汇编子程序)。

在 C 语言的环境内开发应用程序，一般需要一个汇编的启动程序，从汇编的启动程序跳到 C 语言下的主程序，然后执行 C 程序。

5. 实验操作步骤

(1) 参考 2.1 节 ARM 汇编指令实验一创建新的工程(工程名为 C1)。

(2) 建立并编写源文件 C1.c，并把它加入工程中。

(3) 参考 2.1 节 ARM 汇编指令实验一进行标准的设置。

(4) 参考 2.1 节 ARM 汇编指令实验一的实验步骤进行编译和调试。在 ADS 窗口中单击 Debug 按钮后出现的 AXD 调试窗口如图 2－18 所示；单击 Go(运行)按钮出现的 AXD 调试窗口如图 2－19 所示。

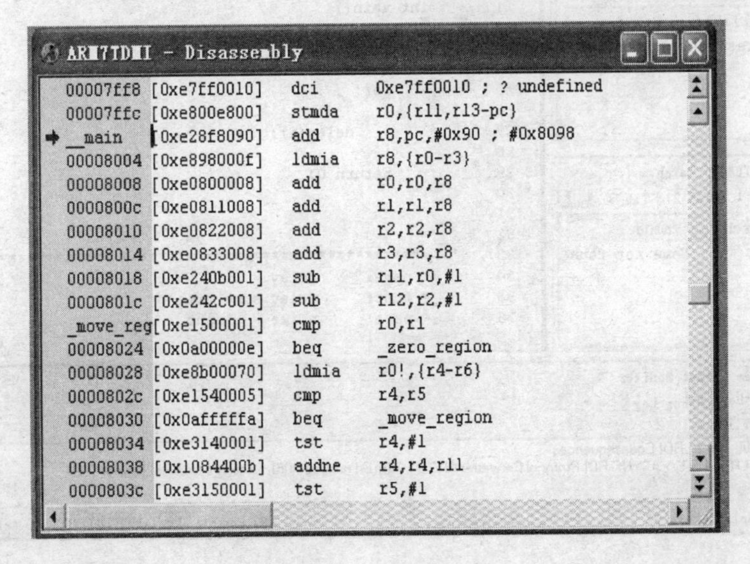

图 2－18　AXD 调试窗口 1

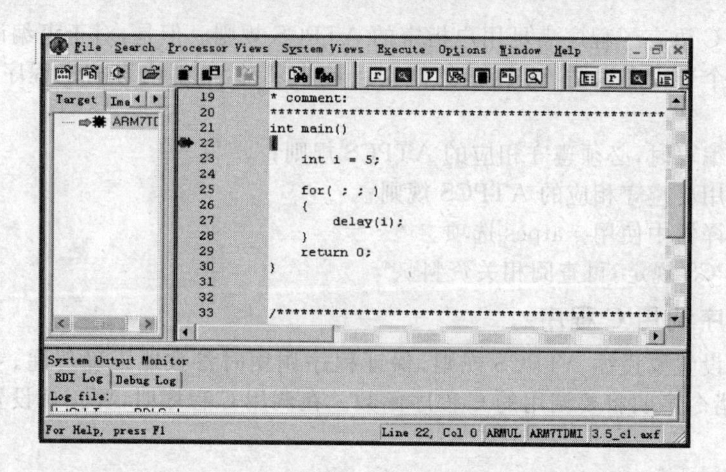

图 2-19　AXD 调试窗口 2

(5) 打开 Memory/Registers/Watch/Variables 窗口，单步执行。通过 Memory/Registers/Watch/Variables 窗口分析判断结果。在 Watch 窗口中输入要观察变量 I 和变量 J 的值，并记录下来。特别注意在 Variables 窗口观察变量 I 的变化并记录下来。

2.1 节实验中已经介绍了 Memory/Registers 窗口的使用，现在介绍另外两个窗口的使用。在 AXD 窗口的 Processor Views 下拉菜单中选择 Watch 项，就会出现 Watch 窗口。在代码执行区选择要观察的变量，单击右键，在出现的菜单中选择 Add to watch 项，就把要观察的变量添加到 Watch 窗口。在 Processor Views 下拉菜单中选择 Variables 项，弹出 Variables 窗口。要观察的变量用户不必自己加入此窗口，当程序执行到相应变量处，变量会自动在其所在的窗口出现，如图 2-20 所示。

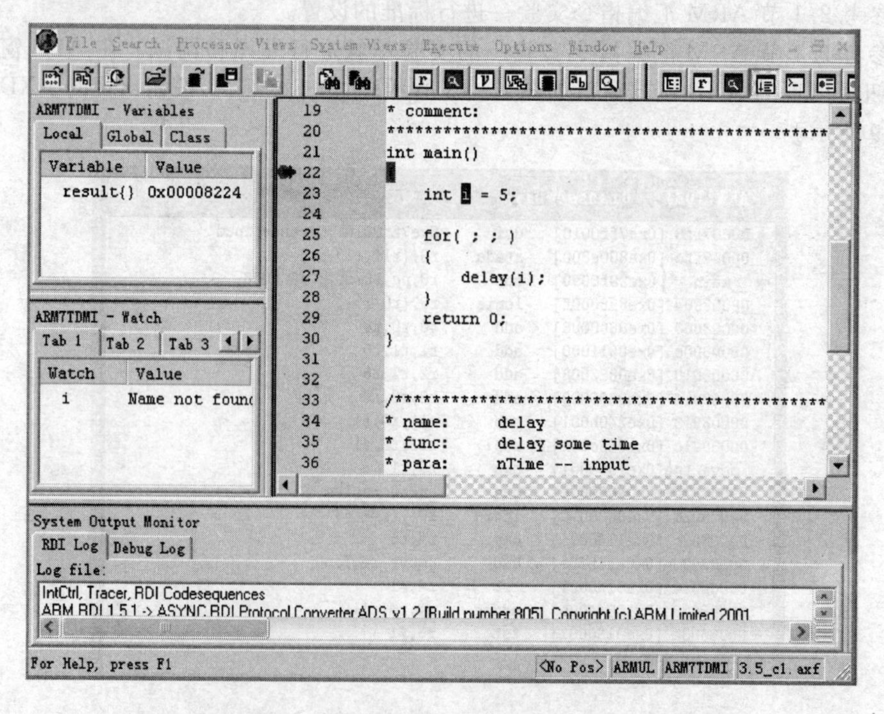

图 2-20　打开 Watch 窗口和 Variable 窗口的 AXD 调试界面

(6) 结合实验内容和相关资料,观察程序运行。

(7) 理解和掌握实验后,完成实验练习题。

6. 实验参考程序

C1.c 参考程序如下:

```
/*****************************************************************
* 文件:C1.c
* 说明:C语言程序实验一
*****************************************************************/
void delay(int nTime);
/*****************************************************************
* 名  称:main
* 功  能:调用延时函数
* 参  数:无
* 返回值:无
*****************************************************************/
int main()
{
    int i = 5;
    for( ; ; )
    {
        delay(i);                    /*执行到这条语句,单击 Step In 进入 delay(i)函数体内*/
    }
    return 0;
}
/*****************************************************************
* 名  称:delay
* 功  能:延迟某些时间
* 参  数:nTime——输入
* 返回值:无
*****************************************************************/
void delay( int nTime)
{
    int i, j = 0;
    for(i = 0; i <nTime; i ++ )
    {
        for(j = 0; j < 10; j ++ )
        {
        }
    }
}
```

7. 练习题

参考 2.2 节和 2.3 节实验,编写程序,实现从汇编语言中使用 B 或 BL 命令跳转到 C 语言程序的 main()函数中执行,并从 main()函数中调用 delay()函数。

2.6 C语言程序实验二

1. 实验目的

(1) 掌握建立基本完整的ARM工程,包含启动代码等;

(2) 了解ARM7启动过程,学会使用ADS1.2编写简单的C语言程序和汇编启动代码并进行调试;

(3) 掌握如何指定代码入口地址与入口点;

(4) 掌握通过Memory/Registers/Watch/Variables窗口分析判断结果。

2. 实验设备

(1) 硬件:PC机;

(2) 软件:ADS1.2集成开发环境,Windows 98/2000/NT/XP。

3. 实验内容

用C语言编写延时函数,同时在C语言中嵌入汇编语言程序。通过该实验学会在C语言中嵌入汇编,同时初步了解在汇编程序中如何调用C程序函数。本实验是通过函数调用实现简单的函数延时功能。

4. 实验原理

1) ARM异常向量表

当正常的程序执行流程暂时挂起时,称之为异常,例如:处理一个外部的中断请求。在处理异常之前,必须保存当前的处理器状态,以便从异常程序返回时可以继续执行当前的程序。ARM异常向量表如表2-3所列。

表2-3 ARM异常向量表

地址	异常	入口模式	地址	异常	入口模式
0x00000000	Reset	复位	0x00000010	Data Abort	数据访问中止
0x00000004	Undefined Instruction	未定义	0x00000014	Reserved	保留
0x00000008	Software Interrupt	软中断	0x00000018	IRQ	IRQ
0x0000000C	Prefetch Abort	指令预取中止	0x0000001C	FIQ	FIQ

处理器允许多个异常同时发生,这时,处理器会按照固定的顺序进行处理,参照下面的异常优先级。

高优先级:1——Reset;2——Data Abort;3——FIQ;4——IRQ;5——Prefetch Abort。

低优先级:6——Undefined Instruction和Software Interrupt。

由上可见,Reset入口即为整个程序的实际入口点。因此,在编写代码时,第一条语句是在0x00000000处开始执行的。一般情况下我们使用下面的代码:

```
# --- Setup interrupt / exception vectors
    B        Reset_Handler
Undefined_Handler:
```

```
        B       Undefined_Handler
SWI_Handler:
        B       SWI_Handler
Prefetch_Handler:
        B       Prefetch_Handler
Abort_Handler:
        B       Abort_Handler
        NOP                         ;保留
IRQ_Handler:
        B       IRQ_Handler
FIQ_Handler:
        B       FIQ_Handler

Reset_Handler:
        LDR     SP, = 0x00002000
  ⋮
```

2) 内嵌汇编语言

ARM C 语言程序中使用关键词__asm 来标识一段汇编指令程序。

示例：一个基本的内嵌汇编语言例子。

```
__asm
{
    instruction [;instruction]
    ⋮
    [instruction]
}
```

5. 实验操作步骤

(1) 参考 2.5 节实验创建新的工程(工程名为 C2)。

(2) 建立并编写新的源代码文件 C2.c 和 init.s,并把它们加入工程中。

(3) 参考 2.5 节进行标准的设置。

(4) 参考 2.5 节实验操作步骤进行编译、链接和调试。

(5) 在 AXD 中打开 Memory/Registers/Watch/Variables 窗口,单步执行,并通过 Memory/Registers/Watch/Variables 窗口分析判断结果,注意观察程序如何从 init.o 跳转进主程序__main。在 Watch 窗口中输入要观察变量 I 的值,并记录下来。特别注意在 Variables 窗口观察变量 I 的变化并记录下来。

注:本实验中,使用__main()作为主函数而没有使用 main(),通过下一个实验我们便可以理解这么做的目的。

选择 Processor Views→Backtrace,会弹出 Backtrace 窗口,该窗口显示了当前的函数调用关系,如图 2-21 所示。

(6) 结合实验内容和相关资料,观察程序运行。

(7) 理解和掌握实验后,完成实验练习题。

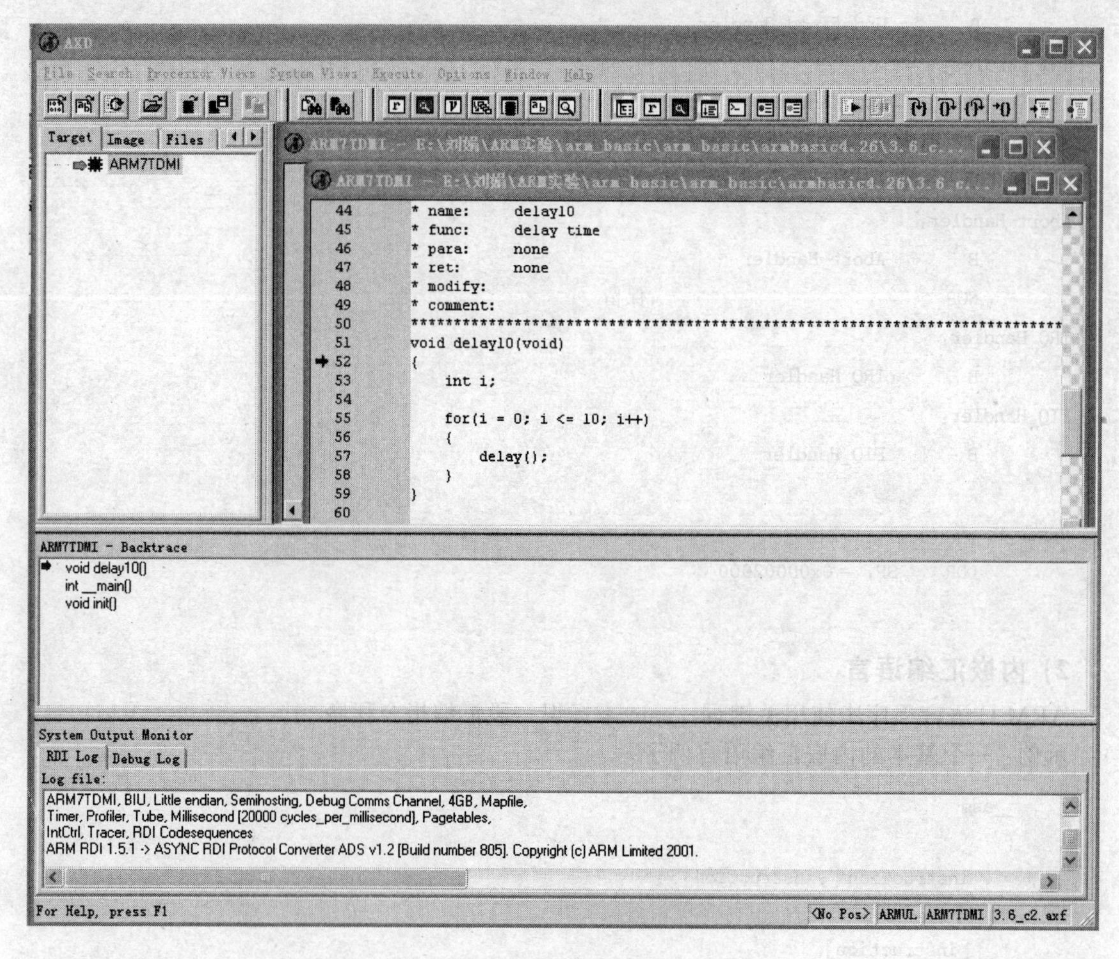

图 2-21 AXD 下的 Backtrace 窗口

6. 实验参考程序

1) C2.c 参考源代码

```
/****************************************************************
* 文件：C2.c
* 说明：C语言程序实验二
****************************************************************/
/****************************************************************
* 名  称：_nop_
* 功  能：嵌入汇编程序
* 参  数：无
* 返回值：无
****************************************************************/
void _nop_()
{
    //__asm(" MOV r0,r0 ");
```

```
    __asm
    {
        MOV r0,r0
    }
}
/****************************************************************
* 名  称:delay
* 功  能:延时
* 参  数:无
* 返回值:无
****************************************************************/
void delay(void)
{
    int i;
    for(i = 0; i <= 10; i++)
    {
        _nop_();
    }
}
/****************************************************************
* 名  称:delay10
* 功  能:延时
* 参  数:无
* 返回值:无
****************************************************************/
void delay10(void)
{
    int i;
    for(i = 0; i <= 10; i++)
    {
        delay();
    }
}
/****************************************************************
* 名  称:__main
* 功  能:C代码入口
* 参  数:无
* 返回值:无
****************************************************************/
__main()
{
    int i = 5;
    for( ; ; )
    {
        delay10();
    }
}
```

2) init.s 参考源代码

```
;*************************************************************
;文件:init.s
;版本:2010
;C代码开始
;配置存储空间,初始化 ISR、堆栈
;初始化C变量
;C变量初始化值为0
;*************************************************************
;    代码
;-------------------------------------------------------------
    AREA start,CODE,READONLY
        ENTRY
;# Set  interrupt / exception vectors
    B       Reset_Handler
Undefined_Handler
    B       Undefined_Handler
SWI_Handler
    B       SWI_Handler
Prefetch_Handler
    B       Prefetch_Handler
ABort_Handler
    B       Abort_Handler
    NOP                                         ;保留
IRQ_Handler
    B       IRQ_Handler
FIQ_Handler
    B       FIQ_Handler
Reset_Handler
    LDR     SP, = 0x00002000
;*************************************************************
;该段代码实现:从汇编调用C函数
;重点关注 IMPORT 伪操作(在参考文献[2]中有详细介绍)
;*************************************************************
    IMPORT      __main
    LDR         R0, = __main
    MOV         LR, PC
;     #JUMP     to __main()
    BX          R0
;*************************************************************
;无限循环
;应用结束,正常情况下不会再产生
;能调转到软件复位( B 0x0 )
```

```
;*********************************************************************
End
    B       End
    END
```

7. 练习题

(1) 改进 C 语言程序，使用 2.5 节的练习题，在 C 语言文件中定义全局及局部变量，从其 AXD 窗口中观察代码及变量在目标输出代码中的存放情况。

(2) 在练习题(1)的实验例程 C 语言文件中，嵌入汇编语言，使用汇编指令实现读/写某存储单元的值，初步掌握嵌入汇编语言的使用。

2.7　汇编和 C 语言的相互调用实验

1. 实验目的

(1) 阅读 S3C44B0X 启动代码，观察处理器启动过程；

(2) 学会使用 ADS 辅助信息窗口来分析判断调试过程和结果；

(3) 学会在 ADS 环境中编写、编译与调试汇编和 C 语言相互调用的程序。

2. 实验设备

(1) 硬件：PC 机；

(2) 软件：ADS1.2 集成开发环境，Windows 98/2000/NT/XP。

3. 实验内容

使用汇编语言完成一个随机数产生函数，通过 C 语言调用该函数，产生一系列随机数，存放到数组中。

4. 实验原理

ATPCS 是一系列用于规定应用程序之间相互调用的基本规则，这些规则包括：

- 支持数据栈限制检查；
- 支持只读段位置无关(ROPI)；
- 支持可读/写段位置无关(RWPI)；
- 支持 ARM 程序和 Thumb 程序的混合使用；
- 处理浮点运算。

使用以上 ATPCS 规定时，应用程序必须遵守：

- 程序编写遵守 ATPCS 规则；
- 变量传递以中间寄存器和数据栈完成；
- 汇编器使用- apcs 开关选项。

关于其他 ATPCS 规则，读者可以参考 ARM 处理器相关书籍或登录 ARM 公司网站。

只要遵守 ATPCS 相应规则，就可以使用不同的源代码编写程序。程序间的相互调用最主要的是解决参数传递问题。应用程序之间使用中间寄存器及数据栈来传递参数，其中，第 1～4 个参数使用 R0～R3，多于 4 个参数则使用数据栈进行传递。这样，接收参数的应用程序必须知道参数的个数。

但是,在应用程序被调用时,一般无从知道所传递参数的个数。不同语言编写的应用程序在调用时可以自定义参数传递的约定,使用具有一定意义的形式来传递,可以很好地解决参数个数的问题。常用的方法是把第一个或最后一个参数作为参数个数(包括个数本身)传递给应用程序。

ATPCS中寄存器的对应关系如表2-4所列。

表2-4 ATPCS规则中寄存器列表

ARM寄存器	ATPCS别名	ATPCS寄存器说明
R0～R3	A1～A4	参数/结果/scratch寄存器1～4
R4	V1	局部变量寄存器1
R5	V2	局部变量寄存器2
R6	V3	局部变量寄存器3
R7	V4、WR	局部变量寄存器4 Thumb状态工作寄存器
R8	V5	ARM状态局部变量寄存器5
R9	V6、SB	ARM状态局部变量寄存器6 RWPI的静态基址寄存器
R10	V7、SL	ARM状态局部变量寄存器7 数据栈限制指针寄存器
R11	V8	ARM状态局部变量寄存器8
R12	IP	子程序内部调用的临时(scratch)寄存器
R13	SP	数据栈指针寄存器
R14	LR	链接寄存器
R15	PC	程序计数器

5. 实验操作步骤

(1) 参考2.1节实验,创建新的工程,工程名为explasm。

(2) 重新编写源代码文件,分别保存为randomtest.c、unit.s、random.s,并把它们加入工程中,如图2-22所示。

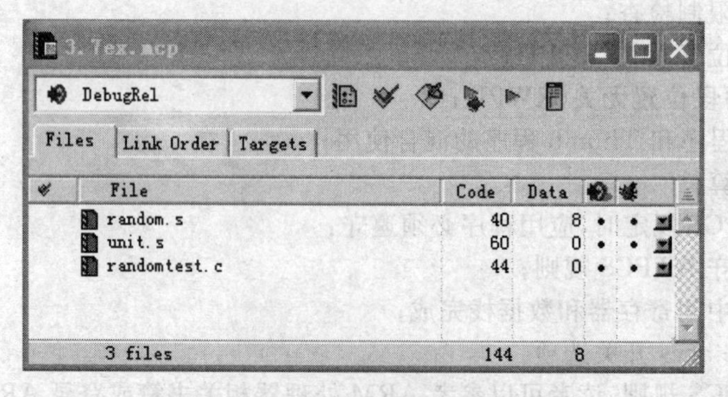

图2-22 explasm工程窗口

(3) 参照2.1节实验操作,进行生成目标的配置,对工程进行编译和链接,对调试器进行配置,打开调试窗口。

(4) 打开 Memory/Registers/Watch/Variables/Backtrace 窗口，单步执行程序，并通过 AXD 调试窗口，跟踪程序运行，观察分析运行结果，通过实验学会使用 ADS 进行应用程序的开发与调试。

(5) 理解和掌握实验后，完成实验练习题。

6. 实验参考程序

1) randomtest.c 参考源代码

```
/*********************************************************************
名  称：main
功  能：C代码入口
参  数：无
返回值：无
*********************************************************************/
int main()
{
    unsigned int i,nTemp;
    unsigned int unRandom[10];
    for( i = 0; i < 10; i++ )
    {
        nTemp = randomnumber();
        unRandom[i] = nTemp;
    }
    return(0);
}
```

2) unit.s 参考源代码

```
;    全局标号定义
;--------------------------------------------------------------------
    AREA    start,CODE,READONLY
;    代码
;--------------------------------------------------------------------
    ENTRY
;设置中断/异常向量
    B       Reset_Handler
Undefined_Handler
    B       Undefined_Handler
SWI_Handler
    B       SWI_Handler
Prefetch_Handler
    B       Prefetch_Handler
ABort_Handler
    B       Abort_Handler
    NOP                                     ;保留
IRQ_Handler
    B       IRQ_Handler
```

```
FIQ_Handler
    B        FIQ_Handler
Reset_Handler
    LDR     SP, = 0x00002000
;****************************************************************
; 该段代码实现:从汇编调用C函数
; 重点关注 IMPORT 伪操作(在参考文献[2]中有详细介绍)
;****************************************************************
    IMPORT      Main
    LDR         R0, = Main
    MOV         LR, PC
    BX          R0
;****************************************************************
; 无限循环
; 应用结束,通常情况下不会再产生
; 能调转到软件复位( B 0x0 )
;****************************************************************
End
    B           End
;    AREA       gccmain,CODE,READONLY
__gccmain
    MOV         PC, LR
    END
```

3) random.s 参考源代码

```
; 产生随机数
; 使用33位的反馈转换寄存器,产生一伪随机数序列
; 在循环中重复,有2^33 - 1长
; 注意:随机种子不能设置为0,否则0将会不断地产生(不是显著的随机数)
; 这是说明ARM汇编程序的一个很好的应用,因为33位的转换寄存器能够执行RRX操作(使用reg + carry)
; 一个ANSI版本的C,至少能够像编译器那样有效地使用RRX操作
EXPORT randomnumber
    AREA randomnumberSS, CODE, READONLY
randomnumber
; on exit:
;           a1 = low 32 - bits of pseudo - random number
;           a2 = high bit (if you want to know it)
            LDR      IP, seedpointer
            LDMIA    IP, {a1, a2}
            TST      a2, a2, LSR#1
            MOVS     a3, a1, RRX
            ADC      a2, a2, a2
            EOR      a3, a3, a1, LSL#12
            EOR      a1, a3, a3, LSR#20
            STMIA    IP, {a1, a2}
            MOV      PC, LR
seedpointer
```

```
        DCD     seed
    AREA seed,DATA,READWRITE
seed
        DCD     0x55555555
        DCD     0x55555555
        END
```

7. 练习题

参考 2.2 节和 2.4 节的汇编语言使用实验，改进 2.6 节 C 语言程序实验二的练习题例程，使用嵌入汇编语言实现 R1＋R2＝R0 的加法运算，运算结果保存在 R0；调试时打开 Register 窗口，观察嵌入汇编语句运行前后 R0、R1、R2、SP 寄存器以及 ATPCS 寄存器对应的 ARM 寄存器内容的变化。

在汇编程序中调用 2.5 节实验中的延迟函数，注意参数之间的传递关系。

2.8 综合编程实验

1. 实验目的

(1) 掌握处理器启动配置过程；

(2) 掌握使用 ADS 辅助信息窗口来分析判断调试过程和结果，学会查找软件调试时的故障或错误；

(3) 掌握使用 ADS 开发工具进行软件开发与调试的常用技巧。

2. 实验设备

(1) 硬件：PC 机；

(2) 软件：ADS1.2 集成开发环境，Windows 98/2000/NT/XP。

3. 实验内容

完成一个完整的工程，要求包含启动代码、汇编函数和 C 文件，而且 C 文件包含 ARM 函数和 Thumb 函数，并可以相互调用。

4. 实验原理

1) AXD 调试辅助窗口

使用 AXD 调试工具，用户可以使用源代码编辑窗口编写源程序文件，使用反汇编窗口观察程序代码的执行，使用 Registers 窗口观察程序操作及 CPU 状态，使用 Memory 窗口观察内存单元使用情况，使用 Watch 或 Variables 窗口观察程序变量。加上调试状态下丰富的右键菜单功能，用户可以使用 AXD 实现或发现任何一部分应用软件运行时的错误。

2) Disassemble

用户可以使用 Disassemble 工具，把调试符号文件反汇编成带有详细信息的反汇编文件，用于观察程序语句、地址分配、代码及变量定位等情况，便于发现或修改软件编写、调试时的错误，为软件工程师发现软件不足、进行软件优化提供直接的参考。图 2－23 为 Disassemble 窗口。

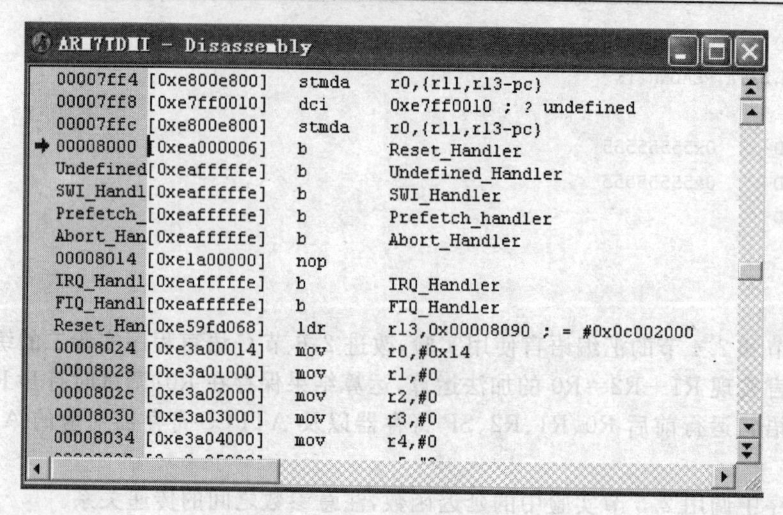

图 2-23 Disassemble 窗口

5. 实验操作步骤

(1) 参考 2.5 节的实验,创建新的工程,工程名为 interwork。

(2) 根据本实验给出的实验参考程序编写源代码文件 arm.c、thrumb.c、entry.s、random.s,并把它们加入到工程中。

(3) 参考本章前面各节实验的操作步骤进行标准的设置。

(4) 对工程进行编译和调试。在 ADS 窗口中单击 Debug 按钮后出现 AXD 调试窗口。

(5) 打开 Memory/Registers/Watch/Variables 窗口,单步执行,观察程序运行情况。其 AXD 调试界面如图 2-24 所示。该界面没有打开 Variables 窗口,它的用法前面已介绍,读者可以在单步执行程序到 C 语言时打开 Variables 窗口,观察变量的值。

(6) 理解实验后,完成实验练习题。

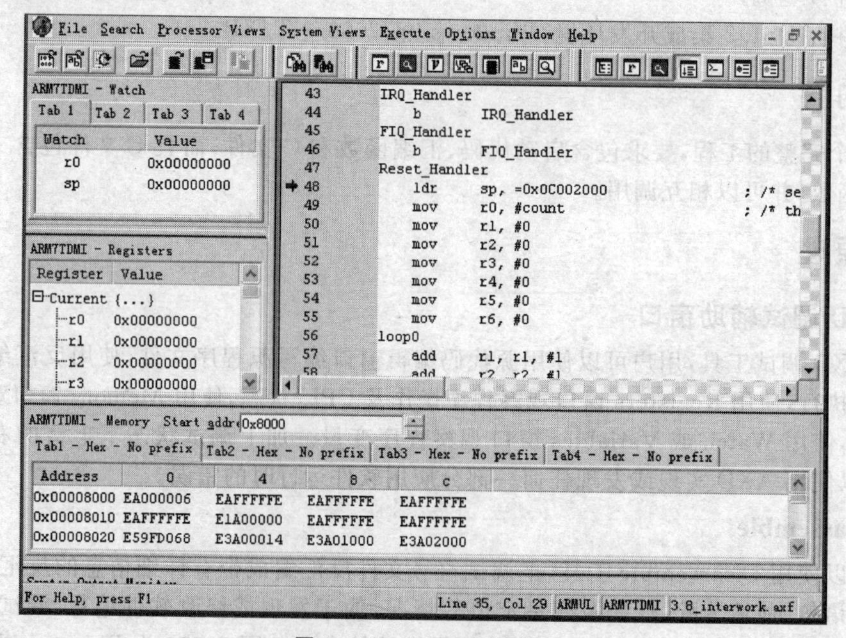

图 2-24 AXD 调试界面

6. 实验参考程序

1) entry.s 参考源代码

```
;*****************************************************************
;文件：entry.s
;说明：用 ARM 和 Thumb 进行调试
;*****************************************************************
;    静态变量定义
;-----------------------------------------------------------------
count  EQU  20
;    外部函数
    IMPORT  thumb_function
;    代码
;-----------------------------------------------------------------
    AREA  start,CODE,READONLY
        ENTRY
        CODE32
;start:
;# Setup interrupt / exception vectors
    B         Reset_Handler
Undefined_Handler
    B         Undefined_Handler
SWI_Handler
    B         SWI_Handler
Prefetch_handler
    B         Prefetch_handler
ABort_Handler
    B         Abort_Handler
    nop                                     ;保留
IRQ_Handler
    B         IRQ_Handler
FIQ_Handler
    B         FIQ_Handler
Reset_Handler
    LDR       SP, = 0x0C002000              ;设置用户模式下堆栈首地址(R13)
    MOV       R0, #count                    ;配置计数器
    MOV       R1, #0
    MOV       R2, #0
    MOV       R3, #0
    MOV       R4, #0
    MOV       R5, #0
    MOV       R6, #0
loop0
    ADD       R1, R1, #1
```

```
    ADD     R2, R2, #1
    ADD     R3, R3, #1
    ADD     R4, R4, #1
    ADD     R5, R5, #1
    ADD     R6, R6, #1
    SUBS    R0, R0, #1
    BNE     loop0
    ADR     R0, Thumb_Entry + 1            ;跳转到 Thumb 程序
    BX      R0
;*************************************************************
; Thumb 程序入口
;*************************************************************
;.thumb
     CODE16
Thumb_Entry
    MOV     R0, #count
    MOV     R1, #0
    MOV     R2, #0
    MOV     R3, #0
    MOV     R4, #0
    MOV     R5, #0
    MOV     R6, #0
    MOV     R7, #0
loop1
    ADD     R1, #1
    ADD     R2, #1
    ADD     R3, #1
    ADD     R4, #1
    ADD     R5, #1
    ADD     R6, #1
    ADD     R7, #1
    SUB     R0, #1
    BNE     loop1
    BL      thumb_function
    B       Thumb_Entry
    END
```

2) arm.c 参考源代码

```
/*************************************************************
* 文件：arm.c
* 说明：ARM 指令的 C 程序
*************************************************************/
/*--------------------------- 外部变量 ---------------------------*/
extern char szArm[20];
extern int randomnumber(void);
```

```
/************************************************************
* 名  称：delaya
* 功  能：用 ARM 指令实现延时
* 参  数：nTime——输入
* 返回值：无
************************************************************/
static void delaya(int nTime)
{
    int i, j, k;
    k = 0;
    for(i = 0; i < nTime; i++)
    {
        for(j = 0; j < 10; j++)
            k++;
    }
}
/************************************************************
* 名  称：arm_function
* 功  能：用 ARM 指令实现函数调用
* 参  数：无
* 返回值：无
************************************************************/
void arm_function(void)
{
    int i;
    int nLoop;
    unsigned int unRandom;
    char *p = "Hello from ARM world";
    for(i = 0; i < 20; i++)
        szArm[i] = (*p++);
    delaya(2);
    for( nLoop = 0; nLoop < 10; nLoop++ )
    {
        unRandom = randomnumber();
    }
}
```

3) random.s 参考源代码

```
;************************************************************
;文件：random.s
;说明：ARM 指令的汇编程序
;************************************************************
;产生随机数
;使用 33 位的反馈转换寄存器，产生一伪随机数序列
;在循环中重复，有 2^33 - 1 长
```

```
; 注意:随机种子不能设置为 0,否则 0 将会不断地产生(不是显著的随机数)
; 这是说明 ARM 汇编程序的一个很好的应用,因为 33 位的寄存器能够执行 RRX 操作(使用 reg + carry)
; 一个 ANSI 版本的 C,至少能够像编译器那样有效地使用 RRX 操作
;------------------------------ 全局符号定义 ------------------------------
    EXPORT  randomnumber
    EXPORT  seed
;-------------------------------- 代码 --------------------------------
    AREA    randomnumberSS,CODE,READONLY
randomnumber
; on exit:
; a1 = 伪随机数的低 32 位
; a2 = 高位
    LDR         IP, seedpointer
    LDMIA       IP, {a1, a2}                    ;子程序内部调用的 scratch 寄存器
    TST         a2, a2, LSR#1                   ;进位标志位置位
    MOVS        a3, a1, rrx                     ;33 位循环右移
    ADC         a2, a2, a2                      ;带进位的加法
    EOR         a3, a3, a1, LSL#12
    EOR         a1, a3, a3, LSR#20
    STMIA       IP, {a1, a2}

    MOV         PC, LR
seedpointer
    DCD         seed
__gccmain
    MOV         PC, LR
    AREA seed, DATA, READWRITE
;seed:
    DCD         0x55555555
    DCD         0x55555555
END
```

4) thumb.c 参考源代码

```
/***************************************************************
 * 文件:thumb.c
 * 说明:Thumb 指令的 C 程序
 ***************************************************************/
/***************************** 全局变量 ************************/
char szArm[22];
char szThumb[22];
unsigned long ulTemp = 0;
/***************************** 外部函数 ************************/
extern void arm_function(void);
/**************************************************************
 * 名  称:delayt
 * 参  数:nTime——输入
```

```
* 返回值：无
*************************************************************************/
static void delayt(int nTime)
{
    int i, j, k;
    k = 0;
    for(i = 0; i < nTime; i++)
    {
        for(j = 0; j < 10; j++)
            k++;
    }
}
/*************************************************************************
* 名　称：thumb_function
* 功　能：用 Thumb 指令实现函数调用
* 参　数：无
* 返回值：无
*************************************************************************/
int thumb_function(void)
{
    int i;
    char * p = "Hello from Thumb World";
    ulTemp ++;
    arm_function();
    delayt(2);
    for(i = 0; i < 22; i++)
        szThumb[i] = ( * p++);
        return
}
```

7. 练习题

(1) 阅读本实验中的 44binit.s 启动文件，理解每一条语句的功能。

(2) 编写一个汇编语言文件和一个 C 语言文件，实现从汇编语言中将简单数学运算参数传递给由 C 语言编写的简单数学运算函数，并从 C 语言程序中返回运算结果。

第 3 章　基于 Start S3C44B0X 嵌入式基础实验

3.1　ARM 启动代码 BootLoader 实验

1. 实验目的

掌握 ARM 启动的基本知识和流程。

2. 实验设备

(1) 硬件：Start S3C44B0X 实验平台，ARM Multi-ICE 仿真器，PC 机。

(2) 软件：ADS1.2 集成开发环境，Multi-ICE 软件，Windows 98/2000/NT/XP。

3. 实验内容

(1) 认真学习 ARM 启动的流程，单步执行程序，查看各寄存器的变化。

(2) 学习中断向量表的配置。

(3) 学习堆栈的初始化。

(4) 学习存储器控制器的初始化。

4. 实验原理

1) BootLoader 概述

对于 ARM 芯片来说，BootLoader 意味着最开始。因为对很多嵌入式设备来说，系统加电后执行的第一条指令就是 BootLoader 的代码，所以 BootLoader 通常位于目标设备的非易失存储设备中(例如 Flash ROM)，并且在系统加电或复位时自动执行。通常可通过 JTAG 或串口烧写工具把 BootLoader 烧写到目标设备上。对于 S3C44B0X 微处理器，BootLoader 是从 0x00000000 地址开始存放的，此地址采用可引导的固态存储设备 Flash。

BootLoader 程序可分为两个阶段运行：第一阶段实现 Boot 功能，即引导，用来初始化硬件环境，改变处理器运行模式，重组中断向量，建立内存空间的映射图(有的 CPU，如 S3C44B0X 没有内存映射功能)，将系统的软、硬件环境带到一个由用户定制的特定状态；第二阶段实现 Load 功能，即加载，将操作系统内核加载到 RAM 中运行。对于不使用操作系统的嵌入式系统而言，应用程序的运行同样也需要依赖一个准备好的软、硬件环境。因此，从这个意义上来讲，BootLoader 对于嵌入式系统是必需的。

BootLoader 是依赖于目标硬件实现的，主要包括以下两方面：

(1) 每种嵌入式微处理器体系结构都有不同的 BootLoader。应用比较广泛的 BootLoader 有 VIVI、U-Boot、Blob、RedBoot 等。有些 BootLoader 也可以支持多种体系结构的嵌入式微处理器，如 U-Boot 同时支持 ARM 和 MIPS 体系结构。

(2) BootLoader 依赖于具体的嵌入式板级硬件设备的配置。比如板卡的硬件地址配置、微处理器的类型和其他外设的类型等。也就是说，即使是基于相同嵌入式微处理器构建的不同嵌入式目标板，要想让运行在一个板子上的 BootLoader 程序同样运行在另一个板子上，仍需要修改 BootLoader 的源程序。

本节实验中的 ARM 启动代码 BootLoader，只是依赖于 Start S3C44B0X 实验平台这个硬件环境，也就是前一段中的第(2)条，并不涉及操作系统映像的加载和执行。而在本书第 4 章和第 5 章中才涉及针对操作系统映像的加载和执行，请读者不要混淆。

2）BootLoader 的功能

基于 ARM 芯片的应用系统，多数为复杂的片上系统。该复杂系统里，多数硬件模块都是可配置的，需要由软件来预先设置其需要的工作状态。因此，在用户的应用程序之前，需要由专门的一段代码来完成对系统基本的初始化工作。由于此类代码直接面对处理器内核和硬件控制器进行编程，故一般均用汇编语言实现。系统的基本初始化内容一般包括：

- 分配中断向量表；
- 初始化有特殊要求的硬件模块；
- 初始化存储器系统；
- 初始化各工作模式的堆栈；
- 初始化用户程序的执行环境；
- 切换处理器的工作模式；
- 呼叫主应用程序。

ARM 要求中断向量表必须放置在 0x00000000 地址开始的连续 32 字节空间内。每当一个中断发生后，ARM 处理器便强制把 PC 指针指向对应中断类型的向量表中的地址。因为每个中断只占据向量表中 4 字节的存储空间，只能放置一条 ARM 指令，所以，通常放一条跳转指令让程序跳转到存储器的其他地方，再执行中断处理程序。

(1) 分配中断向量表

当 ARM 芯片启动时，PC 指针会自动从地址 0x0 开始执行。

在地址 0x0 处，存放的是异常中断向量表。在 ARM 体系结构中，异常中断向量表的大小为 32 字节(0x0～0x1F)。其中，每个异常中断占据 4 字节，保留了 4 字节空间。异常中断向量表中指定各异常中断与其处理程序的对应关系。每个异常中断对应的异常中断向量表的 4 字节空间中存放一个跳转指令，或者一个向 PC 寄存器中赋值的数据访问指令。通过这两种指令，程序将跳转到相应的异常中断处理程序处执行。当发生异常时，PC 指针跳转到异常处理关键字处，从那里开始执行。该关键字的地址应满足 4 字节对齐。

在地址 0x20 处，存放的是 S3C44B0X 中断控制器向量中断的中断向量表。该中断向量表中存储的是跳转到相应中断服务程序首地址的指针。当外部中断触发时，若系统设置为向量中断模式，则系统会通过向量中断的宏处理程序，将向量中断表中存储的指针加载到 PC，从而完成跳转到中断服务程序的过程。

(2) 初始化有特殊要求的硬件模块

- 设置 CPSR 寄存器，关闭 IRQ、FIQ 中断，设置 SVC 模式；
- 关闭看门狗；
- 初始化系统时钟；
- 初始化 Cache。

(3) 初始化存储器系统

存储系统的初始化主要是根据硬件电路对存储器类型、存储容量、时序配置、总线宽度等参数的初始化。通常 Flash 和 SRAM 同属于静态存储器类型，可以共用同一个存储器端口；而

DRAM因为有动态刷新和地址线复用等特性,通常配有专用的存储器端口。除存储器外,USB的存储器的相关配置、网络芯片的存储器相关配置,以及外接大容量的存储卡的配置均在此处实现。

存储器端口的接口时序优化是非常重要的,这会影响整个系统的性能。因为一般系统运行的速度瓶颈都存在于存储器访问,所以存储器访问时序应尽可能地快;而同时又要考虑到由此带来的稳定性问题。

(4) 初始化各工作模式的堆栈

因为ARM有7种执行状态,每一种状态的堆栈指针寄存器(SP)都是独立的,所以,对程序中需要用到的每一种模式都要给SP定义一个堆栈地址。方法是改变状态寄存器内的状态位,使处理器切换到不同的状态,然后给SP赋值。

注意:不要切换到User模式进行User模式的堆栈设置,因为进入User模式后就不能再操作CPSR回到别的模式了,可能会对接下去的程序执行造成影响。

(5) 初始化用户程序的执行环境

映像一开始总是存储在ROM/Flash里面的,其RO部分既可以在ROM/Flash里面执行,也可以转移到速度更快的RAM中执行;而RW和ZI这两部分是必须转移到可写的RAM中。所谓应用程序执行环境的初始化,就是完成必要的从ROM到RAM的数据传输和内容清零。

(6) 切换处理器的工作模式

因为在初始化过程中,许多操作(比如对CPSR的修改)需要在特权模式下才能进行,所以要特别注意不能过早地进入用户模式。

内核级的中断使能也可以考虑在这一步进行。如果系统中另外存在一个专门的中断控制器,比如S3C44B0X,这么做总是安全的。

(7) 呼叫主应用程序

当所有的系统初始化工作完成之后,就需要把程序流程转入主应用程序。最简单的一种情况是:

```
IMPORT Main
B      Main
```

直接从启动代码跳转到应用程序的主函数入口,当然主函数名字可以由用户自己定义。

在ARM ADS环境中,还另外提供了一套系统级的呼叫机制。

```
IMPORT __main
B      __main
```

__main()是编译系统提供的一个函数,负责完成库函数的初始化和应用程序执行环境的初始化,最后自动跳转到main()函数。但这要进一步设置一些参数,使用起来较复杂。随着对ARM进一步的应用,可以使用这种方式。

5. 实验操作步骤

(1) 准备实验环境。使用Multi-ICE仿真器的JTAG口连接目标板——Start S3C44B0X实验板的JTAG口,Multi-ICE仿真器的并口线连接计算机的并口。使用Start S3C44B0X实验板附带的串口线连接实验板上的UART0和PC机的串口。

(2) 可以单步执行工程文件,认真学习代码的注释,观察各存储器的变化。读者依据第2章中所提到的创建工程步骤,在ADS1.2环境下自行创建boot.mcp工程,如图3-1所示。

44binit.s文件是BootLoader启动代码,main.c是实现主功能的文件。在44binit.s文件的

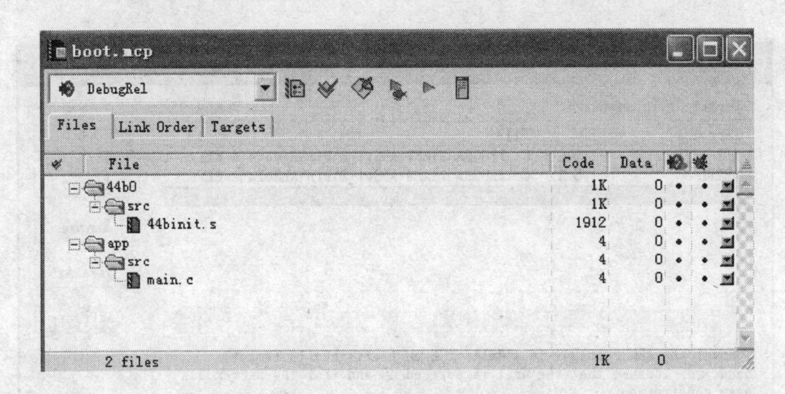

图 3-1　boot.mcp 工程

开头有两行代码 GET option.inc 和 GET memcfg.inc，这两行代码把 option.inc 文件和 memcfg.inc 文件包含进来。option.inc 为 S3C44B0X 硬件平台的 CPU 的配置文件，包括各相关寄存器地址的定义、ISR 开始地址定义、总线宽度定义、时钟频率配置、异常模式向量跳转宏定义、向量中断跳转宏定义。memcfg.inc 为 S3C44B0X 硬件平台的存储器配置文件，包括各访问参数的定义。如果想实现更多的功能，可以添加或编写其他的文件和代码，可参考后面各个模块的实验。

(3) 单击图标 DebugRel Settings，在打开的对话框中进行配置，如图 3-2 所示。

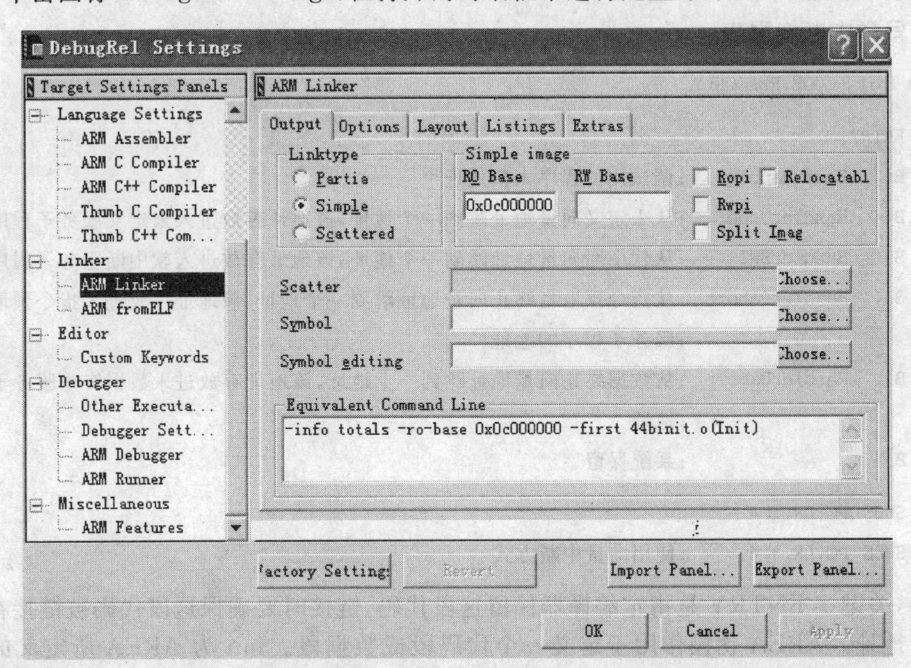

图 3-2　ADS 配置

(4) 编译链接工程，在菜单栏选择 Project→Delug，进入 AXD。

(5) 打开 AXD 后，选择 Options→Configure Target，弹出 Choose Target 对话框，如图 3-3 所示。单击 Configure 按钮，进行仿真器的配置。

(6) 单步运行，观察 ARM 的启动流程和程序执行的顺序。

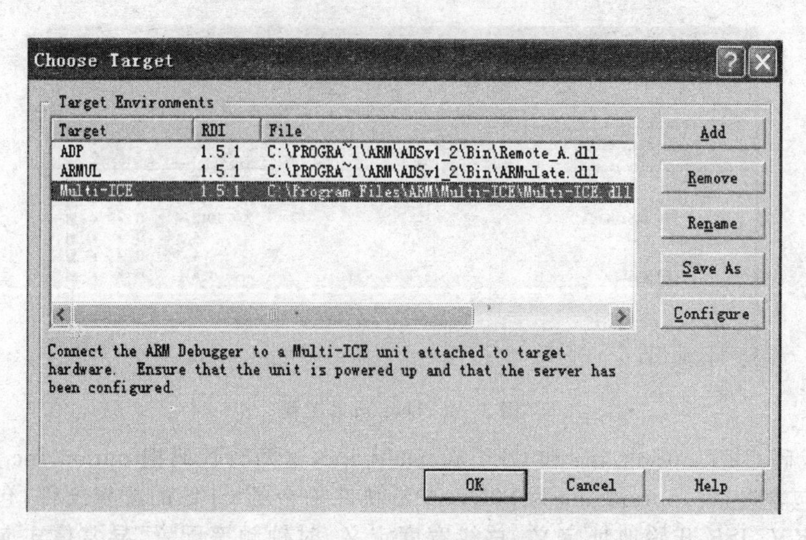

图 3-3　AXD 安装插件

6. 实验参考程序

1) 中断向量表程序

(1) 异常中断向量表

```
AREA Init, CODE,READONLY
    ENTRY
    B     ResetHandler     ;调试用的程序入口地址
    B     HandlerUndef     ;从未定义向量地址跳到一个地址,该地址存放进入未定义服务子程序的地址
    B     HandlerSWI       ;从软中断向量地址跳到一个地址,该地址存放进入软中断服务子程序的地址
    B     HandlerPabort    ;从指令预取指终止向量地址跳到一个地址,该地址存放进入指令预取指终止
                           ;服务子程序的地址
    B     HandlerDabort    ;从数据终止向量地址跳到一个地址,该地址存放进入数据终止服务子程序的
                           ;地址
    B.                     ;系统保留
    SUBS PC,LR,#4
    SUBS PC,LR,#4          ;使用向量中断方式
```

其中,关键字 ENTRY 是指定编译器保留这段代码,链接时要确保这段代码被链接在整个程序的入口地址。AREA 伪操作用于定义一个代码段或数据段。Init 为 AREA 所定义的代码段或数据段的名称。CODE 是定义代码段。READONLY 指定本段为只读,代码段的默认属性为 READONLY。对于代码段名称 Init,在 ADS1.2 配置时要注意将 Init 填入 Layout 选项卡中 Place at beginning of image 选项区域的 Section 文本框内,如图 3-4 所示。这样配置表明 ARM Linker 链接镜像的起始位置是 Init 代码段。在 Section 文本框左边的 Object/Symbol 文本框内,填入 44binit.o,因为我们实验例程中 BootLoader 的源文件名称是 44binit.s,44binit.s 经过编译链接后生成的目标文件即为 44binit.o。

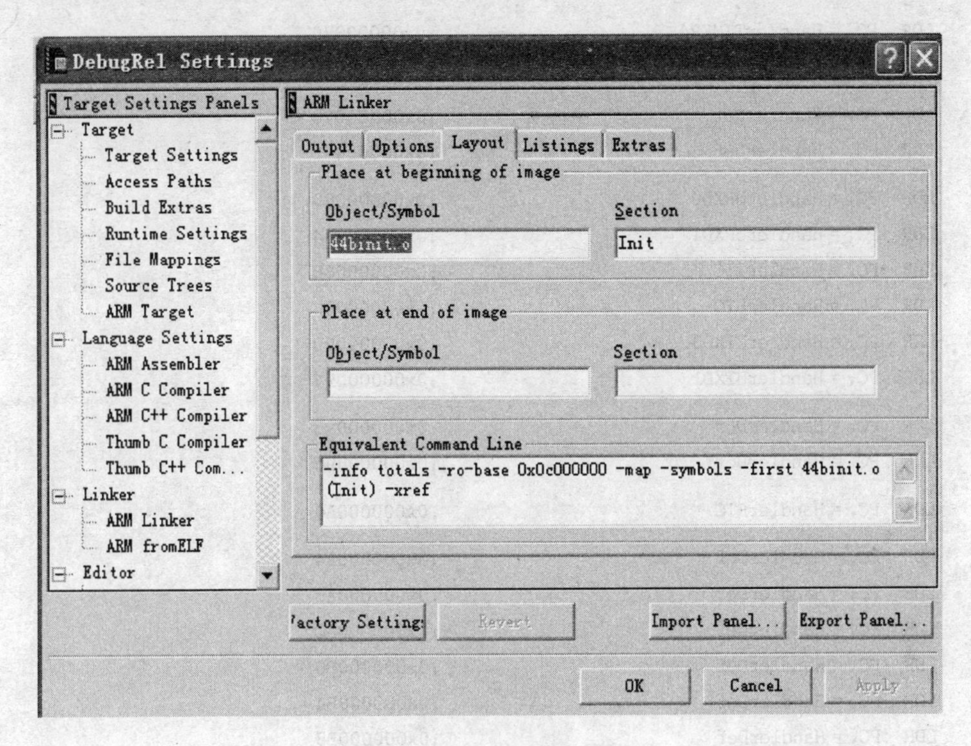

图 3-4　ARM 链接器配置

(2) S3C44B0X 中断控制器向量中断的向量地址表

```
VECTOR_BRANCH
    LDR   PC, = HandlerEINT0          ;0x00000020
    LDR   PC, = HandlerEINT1          ;0x00000024
    LDR   PC, = HandlerEINT2          ;0x00000028
    LDR   PC, = HandlerEINT3          ;0x0000002C
    LDR   PC, = HandlerEINT4567       ;0x00000030
    LDR   PC, = HandlerTICK           ;0x00000034
    LDR   PC, = HandlerDef            ;0x00000038
    LDR   PC, = HandlerDef            ;0x0000003C
    LDR   PC, = HandlerZDMA0          ;0x00000040
    LDR   PC, = HandlerZDMA1          ;0x00000044
    LDR   PC, = HandlerBDMA0          ;0x00000048
    LDR   PC, = HandlerBDMA1          ;0x0000004C
    LDR   PC, = HandlerWDT            ;0x00000050
    LDR   PC, = HandlerUERR01         ;0x00000054
    LDR   PC, = HandlerDef            ;0x00000058
    LDR   PC, = HandlerDef            ;0x0000005C
    LDR   PC, = HandlerTIMER0         ;0x00000060
    LDR   PC, = HandlerTIMER1         ;0x00000064
    LDR   PC, = HandlerTIMER2         ;0x00000068
    LDR   PC, = HandlerTIMER3         ;0x0000006C
```

```
    LDR   PC, = HandlerTIMER4                         ;0x00000070
    LDR   PC, = HandlerTIMER5                         ;0x00000074
    LDR   PC, = HandlerDef                            ;0x00000078
    LDR   PC, = HandlerDef                            ;0x0000007C
    LDR   PC, = HandlerURXD0                          ;0x00000080
    LDR   PC, = HandlerURXD1                          ;0x00000084
    LDR   PC, = HandlerIIC                            ;0x00000088
    LDR   PC, = HandlerSIO                            ;0x0000008C
    LDR   PC, = HandlerUTXD0                          ;0x00000090
    LDR   PC, = HandlerUTXD1                          ;0x00000094
    LDR   PC, = HandlerDef                            ;0x00000098
    LDR   PC, = HandlerDef                            ;0x0000009C
    LDR   PC, = HandlerRTC                            ;0x000000A0
    LDR   PC, = HandlerDef                            ;0x000000A4
    LDR   PC, = HandlerDef                            ;0x000000A8
    LDR   PC, = HandlerDef                            ;0x000000AC
    LDR   PC, = HandlerDef                            ;0x000000B0
    LDR   PC, = HandlerDef                            ;0x000000B4
    LDR   PC, = HandlerDef                            ;0x000000B8
    LDR   PC, = HandlerDef                            ;0x000000BC
    LDR   PC, = HandlerADC                            ;0x000000C0
    LDR   PC, = HandlerDef                            ;0x000000C4
    LDR   PC, = HandlerDef                            ;0x000000C8
    LDR   PC, = HandlerDef                            ;0x000000CC
    LDR   PC, = HandlerDef                            ;0x000000D0
    LDR   PC, = HandlerDef                            ;0x000000D4
    LDR   PC, = HandlerDef                            ;0x000000D8
    LDR   PC, = HandlerDef                            ;0x000000DC
    LDR   PC, = EnterPWDN                             ;0x000000E0 = EnterPWDN
NOP
```

2）特殊硬件初始化

时钟控制器配置：

```
LDR     R0, = LOCKTIME                     ;把上锁时间定时器地址给 R0
LDR     R1, = 0x8FC                        ;赋初值 count = t_lock × Fin = 230 μs × 10 MHz = 2300
STR     R1,[R0]                            ;写入上锁时间定时器,PLL 稳定时间为 230 μs
[ PLLONSTART
LDR     R0, = PLLCON                       ;PLL 控制寄存器地址给 R0
LDR     R1, = ((M_DIV << 12) + (P_DIV << 4) + S_DIV)      ;设定锁相环 Fin = 10 MHz,Fout = 40 MHz
STR     R1,[r0]                            ;写入 PLL 控制寄存器
]
LDR     R0, = CLKCON                       ;把时钟控制器地址给 R0
```

```
LDR     R1, = 0x7ff8                       ;给所有外设单元的时钟打开赋值
STR     R1,[r0]                            ;写入时钟控制器
```

关闭看门狗：

```
LDR     R0, = WTCON                        ;把看门狗定时器地址给R0
MOV     R1,#0x00                           ;赋初值
str     R1,[R0]                            ;关闭看门狗定时器
```

关中断：

```
LDR     R0, = INTMSK                       ;把屏蔽中断寄存器地址给R0
MOV     R1,#0x07ffffff                     ;赋初值
STR     R1,[R0]                            ;关闭所有中断
```

3）存储器配置

```
LDR     R0, = SMRDATA                      ;把配置数据的存放地址送入R0
LDMIA   R0!,{R1 - R13}                     ;存入寄存器
MOV     R0,#0x01c80000                     ;加载总线控制器地址
STMIA   R0!,{R1 - R13}                     ;送入控制字到总线控制器
;*** 存储器访问周期参数的设定 ***
; 1) Even FP - DRAM, EDO setting has more late fetch point by half - clock
; 2) FP - DRAM parameters:tRCD = 3 for tRAC, tcas = 2 for pad delay, tcp = 2 for bus load
; 3) DRAM refresh rate is for 40 MHz
; 4) The memory settings,here, are made the safe parameters even at 66 MHz
SMRDATA DATA
;Bank0     16bit BOOT ROM SST39VF160/SST39VF320
;Bank1     16bit USB1.1 PDIUSBD12
;Bank2     8bit Nand Flash K9F2808U0A/K9F5608U0A
;Bank3     RTL8019
;Bank4     未用
;Bank5     未用
;Bank6     16bit SDRAM
;Bank7     16bit SDRAM
   [ BUSWIDTH = 16
     DCD   0x11001002          ;Bank0 = 16bit Boot Flash SST39VF160/SST39VF320)
;             ||||||||-        Bank1     = 8bit PDIUSBD12
;             ||||||---        Bank2     = 8bit Nand Flash
;             |||||----        Bank3     = 16bit RTL8019
;             ||||-----        Bank4～5  = 8bit,未用
;             ||--------       Bank6～7  = 16bit SDRAM
   |                           ;BUSWIDTH = 32
     DCD 0x22222220            ;Bank0     = OM[1:0], Bank1～Bank7 = 32bit
   ]
DCD ((B0_Tacs << 13) + (B0_Tcos << 11) + (B0_Tacc << 8) + (B0_Tcoh << 6) + (B0_Tah << 4) + (B0_Tacp
<< 2) + (B0_PMC))      ;GCS0
DCD ((B1_Tacs << 13) + (B1_Tcos << 11) + (B1_Tacc << 8) + (B1_Tcoh << 6) + (B1_Tah << 4) + (B1_Tacp
```

```
<< 2) + (B1_PMC))      ;GCS1
   DCD ((B2_Tacs << 13) + (B2_Tcos << 11) + (B2_Tacc << 8) + (B2_Tcoh << 6) + (B2_Tah << 4) + (B2_Tacp
<< 2) + (B2_PMC))      ;GCS2
   DCD ((B3_Tacs << 13) + (B3_Tcos << 11) + (B3_Tacc << 8) + (B3_Tcoh << 6) + (B3_Tah << 4) + (B3_Tacp
<< 2) + (B3_PMC))      ;GCS3
   DCD ((B4_Tacs << 13) + (B4_Tcos << 11) + (B4_Tacc << 8) + (B4_Tcoh << 6) + (B4_Tah << 4) + (B4_Tacp
<< 2) + (B4_PMC))      ;GCS4
   DCD ((B5_Tacs << 13) + (B5_Tcos << 11) + (B5_Tacc << 8) + (B5_Tcoh << 6) + (B5_Tah << 4) + (B5_Tacp
<< 2) + (B5_PMC))      ;GCS5
   [ BDRAMTYPE = "DRAM"
       DCD ((B6_MT << 15) + (B6_Trcd << 4) + (B6_Tcas << 3) + (B6_Tcp << 2) + (B6_CAN))
                       ;GCS6 check the MT value in parameter.a
       DCD ((B7_MT << 15) + (B7_Trcd << 4) + (B7_Tcas << 3) + (B7_Tcp << 2) + (B7_CAN))    ;GCS7
   |
   ;"SDRAM"
       DCD ((B6_MT << 15) + (B6_Trcd << 2) + (B6_SCAN))          ;GCS6
       DCD ((B7_MT << 15) + (B7_Trcd << 2) + (B7_SCAN))          ;GCS7
   ]
   DCD ((REFEN << 23) + (TREFMD << 22) + (Trp << 20) + (Trc << 18) + (Tchr << 16) + REFCNT)
                       ;REFRESH RFEN = 1, TREFMD = 0, trp = 3clk, trc = 5clk, tchr = 3clk,count = 1113
   DCD 0x10            ;SCLK power down mode, BANKSIZE 32M/32M
   DCD 0x20            ;MRSR6 CL = 2clk
   DCD 0x20            ;MRSR7

   ALIGN
```

4) 初始化应用程序执行环境

下面的程序是在 ADS1.2 下,一种常用存储器模型的直接实现。

```
        LDR     R0, = |Image$$RO$$Limit|            ;得到 RW 数据源的起始地址
        LDR     R1, = |Image$$RW$$Base|             ;RW 区在 RAM 里的执行区起始地址
        LDR     R3, = |Image$$ZI$$Base|             ;ZI 区在 RAM 里面的起始地址
        CMP     R0,R1                               ;比较它们是否相等
        BEQ     %F1
0       CMP     R1,R3
        LDRCC   R2,[R0],#4
        STRCC   R2,[R1],#4
        BCC     %B0
1       LDR     R1, = |Image$$ZI$$Limit|
        MOV     R2,#0
2       CMP     R3,R1
        STRCC   R2,[R3],#4
        BCC     %B2
```

上面的程序实现了 RW 数据的复制和 ZI 区域的清零功能,其中引用到的 4 个符号是由链接器输出的。

|Image$$RO$$Limit|:表示 RO 区末地址后面的地址,即 RW 数据源的起始地址。

|Image$$RW$$Base|:表示 RW 区在 RAM 中的执行区起始地址,也就是编译器选项 RW_Base 指定的地址。

|Image$$ZI$$Base|:表示 ZI 区在 RAM 中的起始地址。

|Image$$ZI$$Limit|:表示 ZI 区在 RAM 中的结束地址后面的一个地址。

程序先把 ROM 中|Image$$RO$$Limt|的地址开始的 RW 初始数据复制到 RAM 中|Image$$RW$$Base|开始的地址。当 RAM 这边的目标地址到达|Image$$ZI$$Base|后,就表示 RW 区的结束和 ZI 区的开始,接下去就对这片 ZI 区进行清零操作,直到遇到结束地址|Image$$ZI$$Limit|。详细请参阅 ADS1.2 安装包内 PDF 文件夹中的 ADS_LINKERGUIDE_A.PDF 文档。

5) 堆栈初始化应用程序

下面是一段堆栈初始化的代码示例:

```
;预定义处理器模式常量
USERMODE        EQU             0x10
FIQMODE         EQU             0x11
IRQMODE         EQU             0x12
SVCMODE         EQU             0x13
ABORTMODE       EQU             0x17
UNDEFMODE       EQU             0x1b
SYSMODE         EQU             0x1f
NOINT           EQU             0xc0                        ;屏蔽中断位
InitStacks
        MOV     R0,LR                                       ;设置管理模式堆栈
        MSR     CPSR_c,#SVCMODE | NOINT
        LDR     SP,=StackSvc                                ;设置中断模式堆栈
        MSR     CPSR_c,#IRQMODE | NOINT
        LDR     SP,=StackIrq                                ;设置快速中断模式堆栈
        MSR     CPSR_c,#FIQMODE | NOINT
        LDR     SP,=StackFiq                                ;设置中止模式堆栈
        MSR     CPSR_c,#ABORTMODE | NOINT
        LDR     SP,=StackAbt                                ;设置未定义模式堆栈
        MSR     CPSR_c,#UNDEFMODE | NOINT
        LDR     SP,=StackUnd                                ;设置系统模式堆栈
        MSR     CPSR_c,#SYSMODE | NOINT                     ;在此不能开中断
        LDR     SP,=StackUsr
        MSR     CPSR_c,#SYSMODE                             ;开中断
        MOV     PC,R0
        LTORG
```

6) 程序流程转入主应用程序

```
IMPORT Main                                                 ;用 IMPORT 伪指令来声明 C 语言程序 Main()
    B       Main                                            ;调用 C 语言程序 Main()
```

7. 扩 展

添加其他外围设备的初始化函数,创建最基本的系统工作环境。

1) 添加文件

如图 3-5 所示，将 44blib. c、target. c、44blib. h、target. h、def. h、44b. h、option. h 这 7 个文件添加到 boot. mcp 中。在 boot. mcp 工程中 Files 一栏下的空白处右击，会出现两个选项 Add Files 和 Create Group。单击 Add Files 就可以在本实验目录下添加上面所说的 7 个文件。单击 Create Group 可以创建分组，如图 3-5 中的 44b0、inc 等。然后可以用鼠标将文件进行拖动，放到合适的分组中。

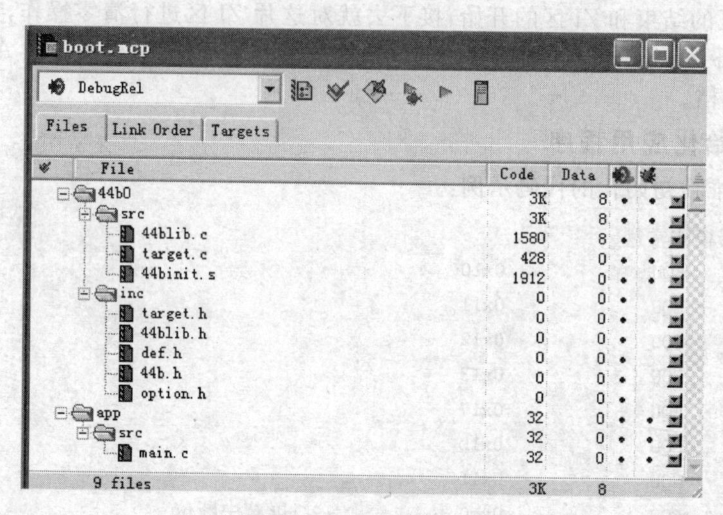

图 3-5　添加配置文件

44blib. c 文件为 S3C44B0X 硬件平台的通用初始化函数。它包含：延时函数，端口初始化函数，对串口进行操作的函数，对 PLL 锁相环、定时器、高速缓存等进行操作的函数，动态分配函数和动态释放函数。

target. c 文件为 S3C44B0X 硬件平台配置具体初始化函数。包含：

- 各异常模式服务子程序。一旦发生此类异常，程序便跳入异常模式服务子程序，终止程序运行。
- 初始化函数：异常及中断控制器的初始化函数、S3C44B0X 内部缓存的初始化函数、目标板的初始化函数。

44blib. h、target. h、def. h、44b. h、option. h 都是头文件，用来进行定义和声明。

- 44blib. h 文件为 S3C44B0X 硬件平台的通用函数的头文件，对 44blib. c 文件中的所有函数进行了声明；
- target. h 文件为 SS3C44B0X 硬件平台的目标扩展函数的头文件，对 target. c 文件中的函数进行了声明；
- def. h 文件为自定义数据类型的宏定义；
- 44b. h 文件用特殊标号为 S3C44B0X 硬件平台的特殊寄存器的地址进行定义，这些特殊寄存器包括系统寄存器、高速缓存寄存器、总线控制寄存器、存储器控制寄存器、串口寄存器(大端、小端模式)等；
- option. h 文件定义了 S3C44B0X 硬件平台所用到的 3 个不同频率的时钟，为了提高运行效率而定义了片内 Cache 和 SRAM，定义了中断向量表的起始地址。

读者可以打开这些配置文件，查看函数的定义和具体功能，也可以在自己编写程序时直接调用这些已经定义好的函数。

2）编写 main()函数

当 44binit.s 文件执行完毕后，将会跳到 C 语言所编写的 main()函数中。在此函数中对组成最小系统的其他外围模块初始化。

```
/******************头文件声明**********************/
#include "44b.h"
#include "44blib.h"
#include "target.h"
/******************函数声明************************/
void Main(void);
/******************主函数**************************/
void Main(void)
{
    Target_Init();              //系统外围模块的初始化函数
    //从这里开始，用户可以添加自己的应用程序或调用外围模块
    Uart_Printf(0,"System Ready");
    while(1);
}
```

8. 练习题

如何将本实验生成的映像文件烧写到 Flash 中？烧写时需要注意哪些参数？

3.2　存储器实验

1. 实验目的

（1）通过实验熟悉 ARM 的内部存储空间分配。
（2）熟悉用寄存器配置存储空间的方法。
（3）掌握对存储区进行访问的方法。

2. 实验设备

（1）硬件：Start S3C44B0X 实验平台，ARM Multi-ICE 仿真器，PC 机。
（2）软件：ADS1.2 集成开发环境，Multi-ICE 软件，Windows 98/2000/NT/XP。

3. 实验内容

掌握 S3C44B0X 处理器对存储空间的配置和读/写访问的方法。使用汇编和 C 语言编程实现对 RAM 的字、半字和字节的读/写。

4. 实验原理

1）存储控制器

S3C44B0X 处理器的存储控制器可以为片外存储器访问提供必要的控制信号，它主要有以下特点：

- 支持大、小端模式(通过外部引脚来选择);
- 包含8个地址空间,每个地址空间的大小为32 MB,总共有256 MB的地址空间;
- 所有地址空间都可以通过编程设置为8位、16位或32位对齐访问;
- 8个地址空间中,6个地址空间可以用于ROM、SRAM等存储器,2个用于ROM、SRAM、FP/EDO/SDRAM等存储器;
- 7个地址空间的起始地址及空间大小是固定的;
- 1个地址空间的起始地址和空间大小是可变的;
- 所有存储器空间的访问周期都可以通过编程配置;
- 提供外部扩展总线的等待周期;
- 支持DRAM/SDARM自动刷新;
- 支持地址对称或非地址对称的DRAM。

图3-6为S3C44B0X复位后的存储器地址分配图。从图中可以看出,特殊功能寄存器位于0x01C00000~0x02000000的4 MB空间内。Bank0~Bank5的起始地址和空间大小都是固定的,Bank6的起始地址是固定的,但是空间大小与Bank7一样是可变的,可以配置为2/4/8/16/32 MB。Bank6和Bank7的详细地址和空间大小的关系可以参考表3-1。

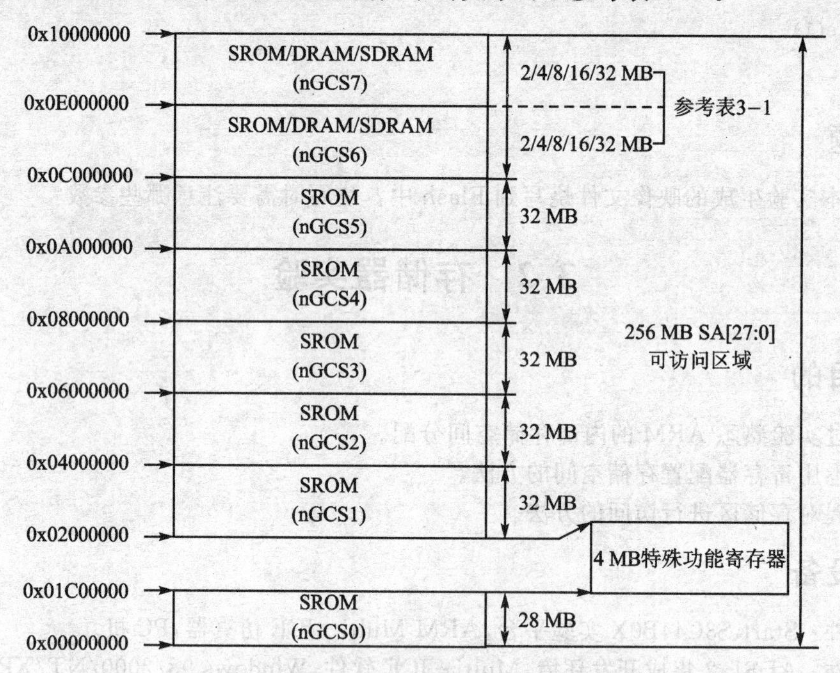

图3-6 S3C44B0X复位后的存储器地址分配

表3-1 Bank6/Bank7地址

地址/MB	2	4	8	16	32
Bank6					
起始地址	0x0C000000	0x0C000000	0x0C000000	0x0C000000	0x0C000000
结束地址	0x0C1FFFFF	0x0C3FFFFF	0x0C7FFFFF	0x0CFFFFFF	0x0DFFFFFF
Bank7					
起始地址	0x0C200000	0x0C400000	0x0C800000	0x0D000000	0x0E000000
结束地址	0x0C3FFFFF	0x0C7FFFFF	0x0CFFFFFF	0x0DFFFFFF	0x0FFFFFFF

(1) 大/小端模式选择

处理器复位时(nRESET为低),通过ENDIAN引脚选择所使用的端模式。ENDIAN引脚通过下拉电阻与VSS连接,定义为小端模式;ENDIAN引脚通过上拉电阻和VDD连接,则定义为大端模式,如表3-2所列。

表3-2 大/小端模式

ENDIAN输入@复位	端模式
0	小 端
1	大 端

(2) Bank0总线宽度

Bank0(nGCS0)的数据总线宽度可以配置为8位、16位或32位。因为Bank0为启动ROM(映射地址为0x00000000)所在的空间,所以必须在第一次访问ROM前设置Bank0数据宽度,该数据宽度是由复位后OM[1:0]的逻辑电平决定的,表3-3所列。

表3-3 数据宽度选择

OM1(操作方式1)	OM0(操作方式0)	ROM数据宽度	OM1(操作方式1)	OM0(操作方式0)	ROM数据宽度
0	0	8位	1	0	32位
0	1	16位	1	1	测试模式

(3) 存储器控制专用寄存器

存储器各控制专用寄存器如表3-4～表3-9所列。其中BWSCON寄存器在使用中比较重要,故在表3-4中做较详细描述。

表3-4 总线宽度/等待控制寄存器(BWSCON)

寄存器名:BWSCON;访问地址:0x01C80000;访问方式:R/W;复位值:0x000000

位	位名称	描 述
[7]、[11]、[15]、[19]、[23]、[27]、[31]	ST1～ST7	该位确定Bank上的SRAM是否使用UB/LB: 0=否(PIN[14:11]作为nWBE[3:0]) 1=是(PIN[14:11]作为nBE[3:0])
[6]、[10]、[14]、[18]、[22]、[26]、[30]	SW1～SW7	该位确定Bank上的SRAM存储器的等待状态(不支持DRAM或SDRAM): 0=Wait禁止　1=Wait使能
[5:4]、[9:8]、[13:12]、[17:16]、[21:20]、[25:24]、[29:28]	DW1～DW7	该两位确定Bank上的数据总线宽度: 00=8位　01=16位　10=32位
[2:1]	DW0	该两位确定Bank0上的数据总线宽度(只读):由OM[1:0]脚确定: 00=8位　01=16位　10=32位
[0]	ENDIAN	用来确定存储器模式(只读)由引脚电平确定: 0=小端模式　1=大端模式

表3-5 Bank控制寄存器(BANKCONn: nGCS0～nGCS5)

寄存器名	访问地址	访问方式	复位值	描 述
BANKCON0	0x01C80004	R/W	0x0700	Bank0控制寄存器
BANKCON1	0x01C80008	R/W	0x0700	Bank1控制寄存器
BANKCON2	0x01C8000C	R/W	0x0700	Bank2控制寄存器
BANKCON3	0x01C80010	R/W	0x0700	Bank3控制寄存器
BANKCON4	0x01C80014	R/W	0x0700	Bank4控制寄存器
BANKCON5	0x01C80018	R/W	0x0700	Bank5控制寄存器

表3-6 Bank控制寄存器(BANKCONn: nGCS6～nGCS7)

寄存器名	访问地址	访问方式	复位值	描 述
BANKCON6	0x01C8001C	R/W	0x18008	Bank6控制寄存器
BANKCON7	0x01C80020	R/W	0x18008	Bank7控制寄存器

表3-7 刷新控制寄存器(REFRESH)

寄存器名	访问地址	访问方式	复位值	描 述
REFRESH	0x01C80024	R/W	0xAC0000	DRAM/SDRAM刷新控制寄存器

表3-8 Bank大小寄存器(BANKSIZE)

寄存器名	访问地址	访问方式	复位值	描 述
BANKSIZE	0x01C80028	R/W	0x0	Bank大小寄存器

表3-9 模式设置寄存器(MRSR)

寄存器名	访问地址	访问方式	复位值	描 述
MRSRB6	0x01C8002C	R/W	xxx	Bank6模式设置寄存器
MRSRB7	0x01C80030	R/W	xxx	Bank7模式设置寄存器

以上寄存器的详细定义可以查看S3C44B0X的数据手册。

(4) 存储器地址线连接

存储器(SROM/DRAM/SDRAM)地址线连接如表3-10所列,数据宽度不同,其连接方式也不同。

表3-10 存储器地址线连接

存储器地址引脚	S3C44B0X地址 @8位数据总线	S3C44B0X地址 @16位数据总线	S3C44B0X地址 @32位数据总线
A0	A0	A1	A2
A1	A1	A2	A3
A2	A2	A3	A4
A3	A3	A4	A5
⋮	⋮	⋮	⋮

(5) 片选信号设置

Start S3C44B0X实验平台的片选信号设置如表3-11所列。

(6) 外围地址空间分配

板上外围地址空间分配如图3-12所列。

表3-11 片选信号设置

片选信号	选择的接口或器件
NGCS0	Flash
NGCS6	SDRAM

表3-12 外围地址空间分配

外围器件	片选信号	片选控制寄存器	地址空间
Flash	NGCS0	BANKCON0	0x00000000～0x01BFFFFF
SDRAM	NGCS6	BANKCON6	0x0C000000～0x0DFFFFF

2) 电路设计

Start S3C44B0X实验平台的存储系统包括一片2M×16bit的Flash(Am29LV160DB)和一片8M×16bit的SDRAM(HY57V65160B)。Am29LV160DB为NOR Flash用来固化整个系统

的BootLoader和应用程序。HY57V65160B为程序运行时所需要的内存，开发调试时的代码都是通过JTAG下载到内存里才可以正常运行。

Flash连接电路如图3-7所示，处理器通过片选nGCS0与片外Flash芯片连接。由于是16位的Flash，所以用CPU的地址线A1～A20来分别与Flash的地址线A0～A19连接。Flash的地址空间范围是0x00000000～0x01BFFFFF。

SDRAM连接电路如图3-8所示。SDRAM分成4个Bank，每个Bank的容量为1M×16bit。Bank的地址由BA1、BA0决定，00对应Bank0，01对应Bank1，10对应Bank2，11对应Bank3。在每个Bank中，分别用行地址脉冲选通RAS和列地址脉冲选通CAS进行寻址。SDRAM由MCU专用SDRAM片选信号nSCS0选通，地址空间为0x0C000000～0x0DFFFFFF。

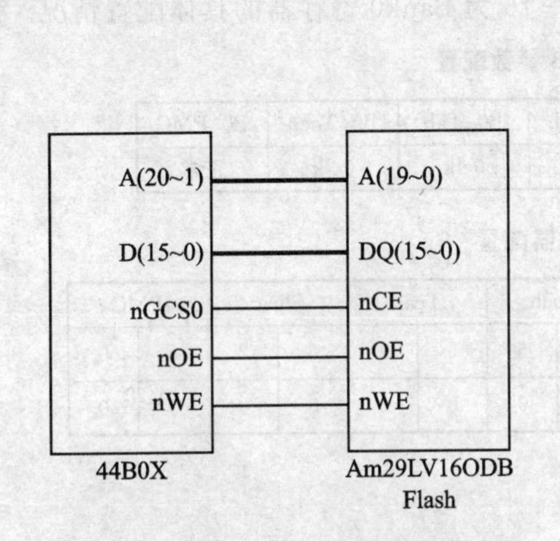

图3-7 Flash连接电路

图3-8 SDRAM连接电路

3）软件设计

嵌入式系统由于可选择多种不同类型的存储器来构建其存储系统，所以在使用时必须先对其存储系统进行配置，以使得系统正常工作。存储器的配置主要是对存储芯片的类型、数据位宽和存取时间等参数进行配置。此处以Start S3C44B0X实验平台为例，具体说明存储控制器寄存器的配置情况。

(1) 总线宽度/等待控制寄存器(BWSCON)

本实验平台各个Bank的使用情况如表3-13所列，表3-14列出了各位按具体硬件情况配置的值，转换成十六进制为0x01000002，即为所要配置的BWSCON寄存器值。

表3-13 总线宽度/等待控制寄存器配置

位名称	使用情况	值		位名称	使用情况	值	
ENDIAN	小端	0		DW3	未用	0	0
DW0	16位BOOT ROM由OM[1:0]引脚确定（可查看S3C44B0X数据手册）	0	1	DW4	未用	0	0
				DW5	未用	0	0
				DW6	16位SDRAM	0	1
				DW7	未用	0	0
DW1	未用	0	0	ST0～7	本平台未使用SRAM	0	
DW2	未用	0	0	WS0～7		0	

表 3-14 总线宽度/等待控制寄存器各位配置

位	31	30	29	28	27	26	25	24	23	22	21	20	19	18	17	16
位名称	ST7	WS7	DW7		ST6	WS6	DW6		ST5	WS5	DW5		ST4	WS4	DW4	
值	0	0	0	0	0	0	0	1	0	0	0	0	0	0	0	0
位	15	14	13	12	11	10	9	8	7	6	5	4	3	2	1	0
位名称	ST3	WS3	DW3		ST2	WS2	DW2		ST1	WS1	DW1			DW0		ENDIAN
值	0	0	0	0	0	0	0	0	0	0	0	0	0	0	1	0

(2) Bank 控制寄存器(BANKCONn:nGCS0~nGCS5)

下面以 Bank0 所接的 Flash(Am29LV160DB)为例说明 Bank 控制寄存器如何配置,表 3-15 为根据 Am29LV160DB 的数据手册所确定的参数。表 3-16 为 Bank0 寄存器的具体配置情况。

表 3-15 Am29LV160DB 参数配置

位名称	B0_Tacs	B0_Tcos	B0_Tacc	B0_Tcoh	B0_Tah	B0_Tacp	B0_PMC
值	0clk	0clk	10clk	0clk	0clk	0clk	正常

表 3-16 Bank0 寄存器配置

位名称	Tacs		Tcos		Tacc			Toch		Tcah		Tpac		PMC	
位	14	13	12	11	10	9	8	7	6	5	4	3	2	1	0
值	0	0	0	0	1	0	0	0	0	0	0	0	0	0	0

以上配置可用如下代码实现:

```
B0_Tacs     EQU     0x0     ;0clk
B0_Tcos     EQU     0x0     ;0clk
B0_Tacc     EQU     0x6     ;10clk
B0_Tcoh     EQU     0x0     ;0clk
B0_Tah      EQU     0x0     ;0clk
B0_Tacp     EQU     0x0     ;0clk
B0_PMC      EQU     0x0     ;normal(1data)
DCD
((B0_Tacs << 13) + (B0_Tcos << 11) + (B0_Tacc << 8) + (B0_Tcoh << 6) + (B0_Tah << 4) + (B0_Tacp <<
2) + (B0_PMC))
```

根据 Bank6 控制寄存器的各位参数可知,我们只用配置 3 个参数,如表 3-17 所列。

其配置方式也同样可以采用上述方式,这样程序可读性更强。

表 3-17 Bank6 控制寄存器配置

位名称	MT		Trcd		SCAN	
位	16	15	3	2	1	0
值	1	1	0	0	0	0

(3) DRAM/SDRAM 刷新控制寄存器(REFRESH)

DRAM/SDRAM 刷新控制寄存器的设置主要是设置 Trp、Trc 和 Refresh Counter 三个参数。Trp、Trc 和刷新周期可由数据手册得到。利用公式:

$$刷新周期=(2^{11}+1-\text{Refresh Counter})/时钟频率$$

可得到 Refresh Counter 的值,如表 3-18 所列。

(4) Bank 大小寄存器(BANKSIZE)

我们选择推荐的低功耗 SCLK 模式,保留位置 0,所接 SDRAM 为 4 MB,Bank 大小寄存器配置如表 3-19 所列。

表 3-18　DRAM/SDRAM 刷新控制寄存器配置

位名称	Trp	Trc	Refresh Counter
值	2clks	7clks	count=1049 (MCLK=64 MHz)

表 3-19　Bank 大小寄存器配置

位名称	SCLKEN	Reserved	BK76MAP		
位	4	3	2	1	0
值	1	0	1	0	1

(5) Bank6 /Bank7 模式设置寄存器(MRSR)

Bank6/Bank7 模式设置寄存器(MRSR)中只需要设置 CL 值即可,HY57V65160BTC-10P 推荐值为 2clks。

以下给出 Start S3C44B0X 实验平台的存储器配置代码。

```
LDR       R0, = SMRDATA                        ;把配置数据的存放地址送入
LDMIA     R0!,{R1 - R13}                       ;存入寄存器
MOV       R0,#0x01c80000                       ;加载总线控制器地址
STMIA     R0!,{R1 - R13}                       ;送入控制字到总线控制器 SMRDATA
SMRDATA DATA
;Bank0    16bit BOOT ROM Am29LV160DB
;Bank1    未用
;Bank2    未用
;Bank3    未用
;Bank4    未用
;Bank5    未用
;Bank6    16bit SDRAM
;Bank7    未用

;配置第一个寄存器 BWSCON,使用宏定义来对 BWSCON 进行配置,所用语法可参考如下:
[ 宏定义                                   #ifdef    宏定义
        语句 1                                       语句 1
|                    ⇒                    else
        语句 2                                       语句 2
]                                         #endif

  [ BUSWIDTH = 16
    DCD 0x01000002                         ;Bank0 = 16bit Boot Flash Am29LV160DB)
  ;      |||||||-------------              Bank1     = 8bit 未用
  ;      ||||||---------------             Bank2     = 8bit 未用
  ;      |||||-----------------            Bank3     = 8bit 未用
  ;      ||||-------------------           Bank4     = 8bit 未用
  ;      |||---------------------          Bank5     = 8bit 未用
  ;      ||-----------------------         Bank6     = 16bit SDRAM
  ;      |-------------------------        Bank7     = 8bit 未用
  |                                        ;BUSWIDTH = 32
      DCD 0x22222220                       ;Bank0 = OM[1:0],Bank1～Bank7 = 32bit
  ]
DCD   ((B0_Tacs << 13) + (B0_Tcos << 11) + (B0_Tacc << 8) + (B0_Tcoh << 6) + (B0_Tah << 4) + (B0_
Tacp << 2) + (B0_PMC))                     ;GCS0
```

```
DCD  ((B1_Tacs << 13) + (B1_Tcos << 11) + (B1_Tacc << 8) + (B1_Tcoh << 6) + (B1_Tah << 4) + (B1_
Tacp << 2) + (B1_PMC))                                      ;GCS1
DCD  ((B2_Tacs << 13) + (B2_Tcos << 11) + (B2_Tacc << 8) + (B2_Tcoh << 6) + (B2_Tah << 4) + (B2_
Tacp << 2) + (B2_PMC))                                      ;GCS2
DCD  ((B3_Tacs << 13) + (B3_Tcos << 11) + (B3_Tacc << 8) + (B3_Tcoh << 6) + (B3_Tah << 4) + (B3_
Tacp << 2) + (B3_PMC))                                      ;GCS3
DCD  ((B4_Tacs << 13) + (B4_Tcos << 11) + (B4_Tacc << 8) + (B4_Tcoh << 6) + (B4_Tah << 4) + (B4_
Tacp << 2) + (B4_PMC))                                      ;GCS4
DCD  ((B5_Tacs << 13) + (B5_Tcos << 11) + (B5_Tacc << 8) + (B5_Tcoh << 6) + (B5_Tah << 4) + (B5_
Tacp << 2) + (B5_PMC))                                      ;GCS5
[ BDRAMTYPE = "DRAM"
DCD  ((B6_MT << 15) + (B6_Trcd << 4) + (B6_Tcas << 3) + (B6_Tcp << 2) + (B6_CAN))
                                                            ;GCS6 check the MT value in parameter.a
DCD  ((B7_MT << 15) + (B7_Trcd << 4) + (B7_Tcas << 3) + (B7_Tcp << 2) + (B7_CAN))   ;GCS7
|                                                           ;"SDRAM"
DCD  ((B6_MT << 15) + (B6_Trcd << 2) + (B6_SCAN))   ;GCS6
DCD  ((B7_MT << 15) + (B7_Trcd << 2) + (B7_SCAN))   ;GCS7
]
DCD ((REFEN << 23) + (TREFMD << 22) + (Trp << 20) + (Trc << 18) + (Tchr << 16) + REFCNT)
            ;REFRESH RFEN = 1,TREFMD = 0,trp = 4clk,trc = 7clk,tchr = 3clk,count = 1049(MCLK = 64 MHz)
DCD 0x16     ;SCLK掉电模式,BANKSIZE 4M/4M
DCD 0x20     ;MRSR6 CL = 2clk
DCD 0x20     ;MRSR7
ALIGN
```

5. 实验操作步骤

(1) 准备实验环境。使用Multi-ICE仿真器连接目标板,使用Start S3C44B0X实验板附带的串口线连接实验板上的UART0和PC机的串口。

(2) 在PC机上运行Windows自带的超级终端串口通信程序(波特率为115 200,1位停止位,无校验位,无硬件流控制)。

(3) 读者依据第2章中所提到的创建工程步骤,在ADS1.2环境下自行创建Memory_Test.mcp例程,编译链接通过后,给目标板上电,选择Project菜单下的Debug项,出现如图3-9所示的AXD启动界面。

(4) 按F5键全速运行至main()函数处,如图3-10所示。可单步运行至函数mem_test()处,按F8键进入该函数。

(5) 单步执行程序,进入s_ram_test()函数中后,打开Memory1窗口,键入地址0x0C010000;打开Memory2窗口,键入地址0x0C020000。

(6) 单步运行s_ram_test()函数中的每条指令,从"LDR R2,=RW_BASE;"行开始单步运行程序,同时观察Memory1窗口、Memory2窗口的内容变化。结合实验介绍,分析掌握汇编语言程序访问RAM的方法。

(7) 运行至c_ram_test()函数内时,单步执行指令并观察Memory1窗口、Memory2窗口的内容变化。结合实验介绍,分析掌握C语言程序访问RAM的方法。

(8) 理解和掌握实验后,完成实验练习题。

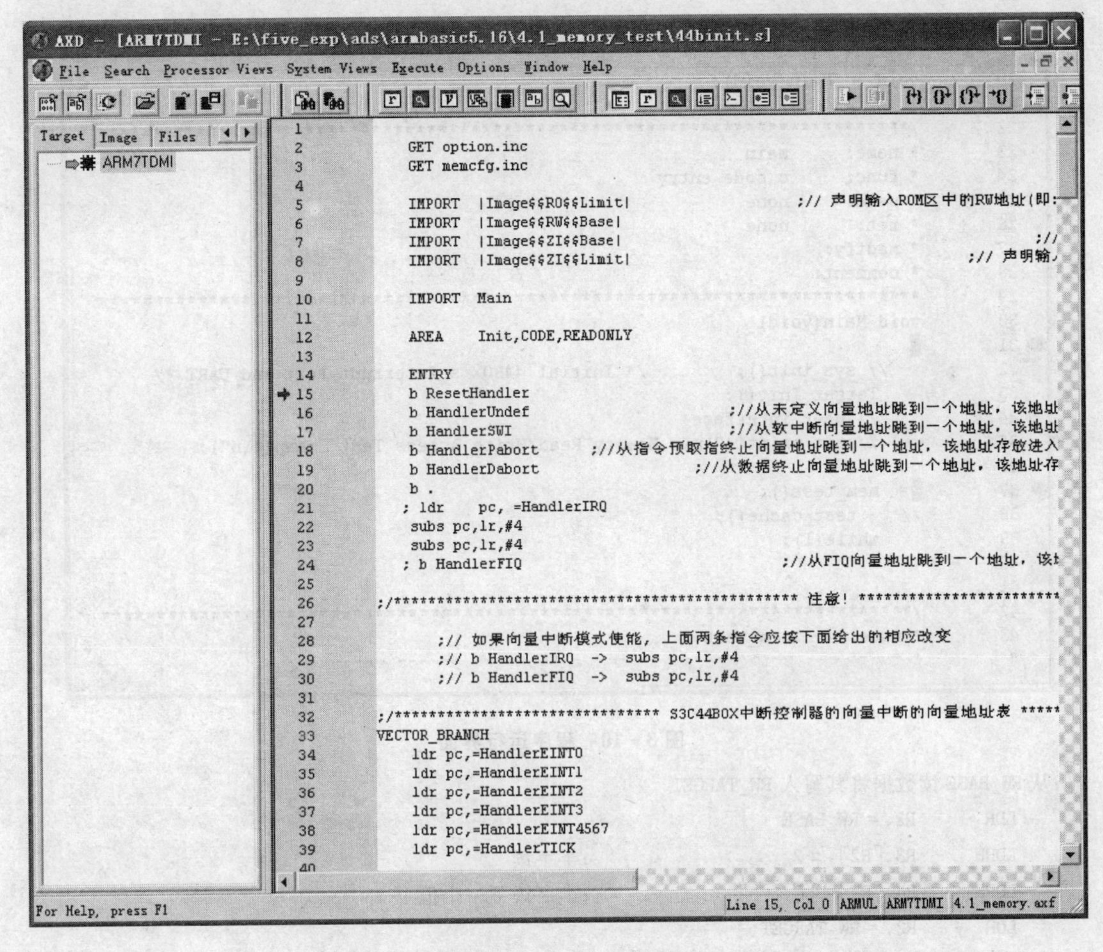

图 3-9　AXD 启动界面

6. 实验参考程序

1) 汇编参考程序

```
;****************************************************************
; 名称: s_ram_test
; 功能: 使用汇编语言读写已初始化的 RAM 区
;****************************************************************
s_ram_test
    STMDB    SP!, {R2 - R4, LR}            ; 将 R2～R4 和 LR 寄存器保存到堆栈
    BL       init_ram
;从 RW_BAS 读数据将其写入 RW_TARGET
    LDR      R2, = RW_BASE
    LDR      R3,[R2]                       ;字长读
    LDR      R2, = RW_TARGET
    STR      R3,[R2]                       ;字长写
    BL       init_ram
```

```
ARM7TDMI - E:\five_exp\ads\armbasic5.16\4.1_memory_test\main.c
20   void    Main(void);
21
22   /*****************************************************************************
23   * name:       main
24   * func:       c code entry
25   * para:       none
26   * ret:        none
27   * modify:
28   * comment:
29   *****************************************************************************
30   void Main(void)
31   {
32      // sys_init();          /* Initial 44B0X's Interrupt,Port and UART */
33       Target_Init();
34       // user interface
35       //uart_printf("\n\r Memory Read/Write Access Test Example\n");
36
37       mem_test();
38   //    test_cache();
39       while(1);
40   }
41
42   /*****************************************************************************
43   * name:      mem_test
```

图 3-10　程序运行界面

```
;从 RW_BASE 读数据将其写入 RW_TARGET
    LDR      R2, = RW_BASE
    LDRH     R3,[R2],#2                  ;半字读
    LDRH     R4,[R2]                     ;半字读下一个值
    LDR      R2, = RW_TARGET
    STRH     R3,[R2],#2                  ;半字写
    STRH     R4,[R2]                     ;半字写下一个值
;从 RW_BASE 读数据
    LDR      R2, = RW_BASE
    LDRB     R3,[R2]                     ;字节读
;将 0xDDBB2211 写入 RW_TARGET
    LDR      R2, = RW_TARGET
    LDRB     R3, = 0xDD
    STRB     R3,[R2],#1                  ;字节写
    LDRB     R3, = 0xBB
    STRB     R3,[R2],#1
    LDRB     R3, = 0x22
    STRB     R3,[R2],#1
    LDRB     R3, = 0x11
    STRB     R3,[R2]
    LDMIA    SP!, {R2 - R4, LR}          ;将 R2～R4 和 LR 从堆栈中读出
    MOV      PC,LR                       ;返回
;**********************************************************************
;名称：init_ram
```

```
;功能：初始化源地址和目标地址的内容
;*************************************************************************
init_ram
    LDR     R2, = RW_BASE
    LDR     R3, = 0x55AA55AA
    STR     R3,[R2]                     ;将 0x55AA55AA 写入 RW_BASE
    LDR     R2, = RW_TARGET
    LDR     R3, = 0x0
    STR     R3,[R2]                     ;将 0x0 写入 RW_TARGET
    MOV     PC,LR                       ;返回
    END
```

2) C 语言参考程序

```
/*************************************************************************
* 名称：c_ram_test
* 功能：使用高级语言读写 RAM 区
*************************************************************************/
#define    RW_NUM        100
#define    RW_BASE       0x0c010000
#define    RW_TARGET     0x0c020000
//RAM 访问示例
void c_ram_test(void)
{
    int i,nStep;
    //字长存取
    nStep = sizeof(int);
    for(i = 0; i<RW_NUM/nStep; i++)
        {
            (*(int *)(RW_BASE + i * nStep)) = 0x45563430;                         //字长读
            (*(int *)(RW_TARGET + i * nStep)) = (*(int *)(RW_BASE + i * nStep));  //字长写
        }
    Uart_Printf(0," Access Memory (Word) Times : %d\n",i);
    //半字存取
    nStep = sizeof(short);
    for(i = 0; i<RW_NUM/nStep; i++)
        {
            (*(short *)(RW_BASE + i * nStep)) = 0x4B4F;                               //半字读
            (*(short *)(RW_TARGET + i * nStep)) = (*(short *)(RW_BASE + i * nStep));  //半字写
        }
    Uart_Printf(0," Access Memory (half Word) Times : %d\n",i);
    //字节存取
    nStep = sizeof(char);
    for(i = 0; i<RW_NUM/nStep; i++)
        {
            (*(char *)(RW_BASE + i * nStep)) = 0x59;                                  //字节读
```

```
        (*(char *)(RW_TARGET + i * nStep)) = (*(char *)(RW_BASE + i * nStep));   //字节写
    }
    Uart_Printf(0," Access Memory (Byte) Times : %d\n",i);
}
```

7. 扩　展

1) 编写程序

(1) 实现从 Flash 向 RAM 传输数据;

(2) 实现从 RAM 中向 Flash 传输数据。

请读者参考图 3-11 所示流程图,自行完成(1)的程序设计。从 RAM 中向 Flash 传输数据流程图可参考图 3-11,但对于 Flash 的写操作一般需要先进行擦除操作,因此,应在写操作前对 Flash 进行擦除。

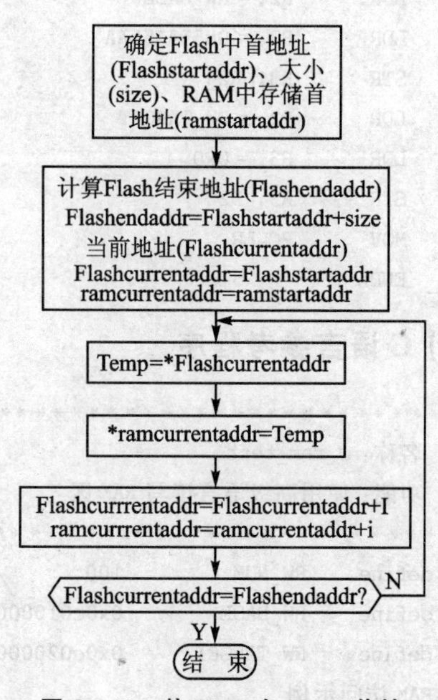

图 3-11　从 Flash 向 RAM 传输数据流程图

我们参考 Start S3C44B0X 实验平台所选用 Flash(Am29LV160DB)的技术手册来简单介绍一下如何完成对 Flash 的擦除和写入,如图 3-12 所示。Flash 的擦除操作分为整片擦除和块擦除,其擦除操作均为 6 个总线周期,选用 16 位模式,进行整片擦除操作的程序如下:

```
WriteFlash_16(FLASH_BaseAddr + 0xaaa, 0x00aa);      //整片擦除
WriteFlash_16(FLASH_BaseAddr + 0x554, 0x0055);
WriteFlash_16(FLASH_BaseAddr + 0xaaa, 0x0080);
WriteFlash_16(FLASH_BaseAddr + 0xaaa, 0x00aa);
WriteFlash_16(FLASH_BaseAddr + 0x554, 0x0055);
WriteFlash_16(FLASH_BaseAddr + 0xaaa, 0x0010);
```

完成擦除操作后,应该通过读取 Flash 的单元值是否为 0xFFFF 来判断其擦除操作是否成功。擦除成功后可进行写操作,参考手册写操作应为 4 个总线周期。

```
WriteFlash_16(FLASH_BaseAddr + 0xaaa, 0x00aa);         //16 位写
WriteFlash_16(FLASH_BaseAddr + 0x555, 0x0055);
WriteFlash_16(FLASH_BaseAddr + 0xaaa, 0x00a0);
WriteFlash_16((FLASH_BaseAddr + j * 2), * p2 ++ );
```

以下是对 Flash 进行 16 位写操作的函数定义。

```
void WriteFlash_16(unsigned int Flash_Addr,unsigned short value)
{
    unsigned short * pFlashAddr;
    pFlashAddr = (unsigned short * )Flash_Addr;
    * pFlashAddr = value;
}
```

2) 设计实现对 32 位 Flash 的读/写操作

Start S3C44B0X 实验平台所采用的 Flash 和 SDRAM 均采用一片 16 位半导体存储芯片。

命令序列			周期	总线周期											
				1		2		3		4		5		6	
				地址	数据	地址	数据	地址	数据	地址	数据	地址	数据	地址	数据
读			1	RA	RD										
复位			1	XXX	F0										
自动选择	厂家ID	字	4	555	AA	2AA	55	555	90	X00	01				
		位		AAA		555		AAA							
	设备ID顶导入模块	字	4	555	AA	2AA	55	555	90	X01	22C4				
		位		AAA		555		AAA		X02	C4				
	设备ID底导入模块	字	4	555	AA	2AA	55	555	90	X01	2249				
		位		AAA		555		AAA		X02	49				
	扇区保护校验	字	4	555	AA	2AA	55	555	90	(SA) X02	XX00 XX01				
		位		AAA		555		AAA		(SA) X04	00 01				
CFI疑问		字	1	55	98										
		位		AA											
程序		字	4	555	AA	2AA	55	555	A0	PA	PD				
		位		AAA		555		AAA							
未锁回路		字	3	555	AA	2AA	55	555	20						
		位		AAA		555		AAA							
未锁回路程序			2	XXX	A0	PA	PD								
未锁回路复位			2	XXX	90	XXX	00								
芯片擦除		字	6	555	AA	2AA	55	555	80	555	AA	2AA	55	555	10
		位		AAA		555		AAA		AAA		555		AAA	
扇区擦除		字	6	555	AA	2AA	55	555	80	555	AA	2AA	55	SA	30
		位		AAA		555		AAA		AAA		555			
擦除延迟			1	XXX	B0										
擦除恢复			1	XXX	30										

注：X=忽略；　　PA=待烧写的存储区地址；

RA=待读取的存储区地址；　　PD=PA 地址所指示的待烧写的数据；

RD=RA 地址所存储的数据；　　SA=在 autoslect 模式下待验证或擦除的块地址。

图 3-12　Am29LV160D 命令定义

在实际应用中，为了更好地发挥处理器的性能，可以选择利用两片 16 位 Flash 芯片扩展成为 32 位存储系统。

(1) 硬件设计

采用 32 位 Flash 存储系统时，首先根据其用途确定地址空间和片选信号，以 BootROM 为例。根据 S3C44B0X 存储控制器对存储空间的划分，作为 BootROM 的 Flash 应该用片选信号 nGCS0 选定，以确保其起始地址为 0x0，如表 3-20 所列。硬件连接时请注意 S3C44B0X 存储控制器对不同数据宽度芯片的地址线连接方式不同，具体方式可查看本节“4. 实验原理”中的“2) 电路设计”部分。数据线按位相接，具体电路设计如图 3-13 所示。此外还应注意，Bank0 的位宽是由 S3C44B0X 的 OM[1:0]引脚确定的，在硬件设计的同时还应该将 OM[1:0]设置为 0b10。

表 3-20 32位 Flash 地址空间分配

片选信号	选择的接口或器件	片选控制寄存器	S3C44B0 地址范围
nGCS0	Flash	BANKCON0	0x00000000～0x01BFFFFF

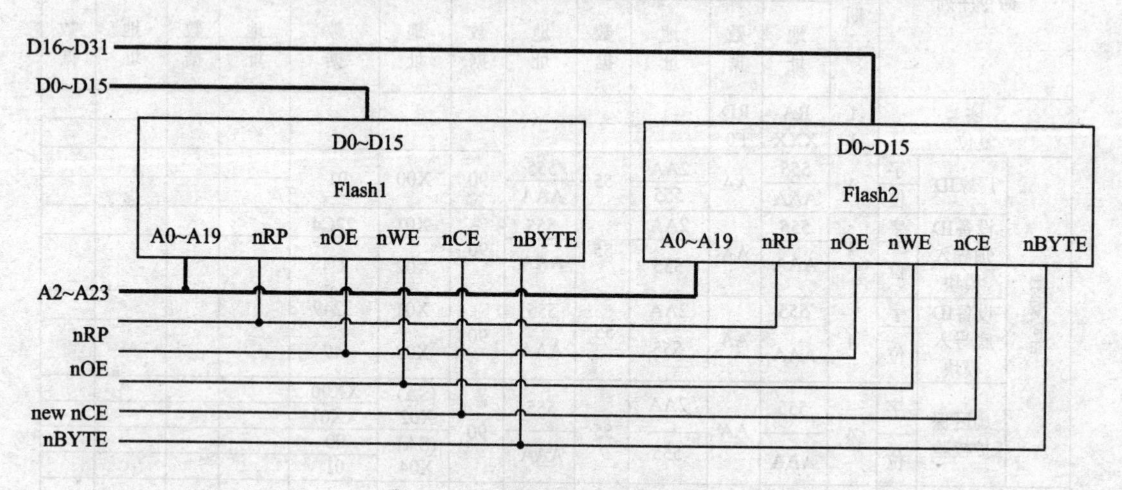

图 3-13 32位 Flash 连接示意图

(2) 软件设计

对于该软件设置主要是完成对 S3C44B0X 存储控制器的配置,具体配置情况可参考 3.2 节内容。

8. 练习题

编写程序,分别使用汇编语言及高级语言实现读/写 RAM 连续地址空间,其流程图如图 3-14 所示。

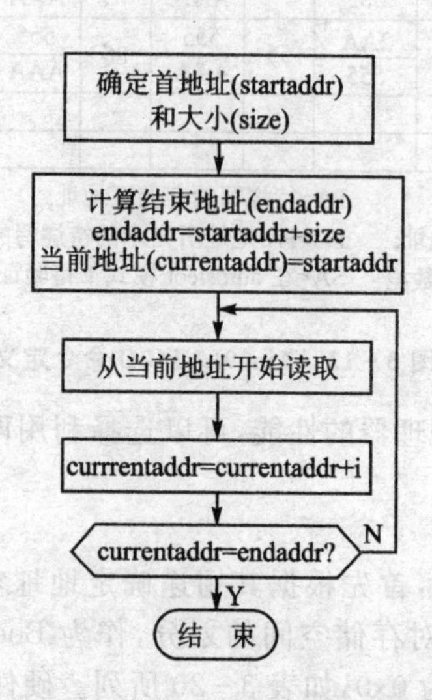

图 3-14 读/写 RAM 连续地址空间流程图

3.3 I/O接口实验

1. 实验目的

(1) 熟悉ARM芯片I/O口编程配置方法。
(2) 通过实验掌握ARM芯片的I/O口控制LED显示的方法。

2. 实验设备

(1) 硬件：Start S3C44B0X实验平台，ARM Multi - ICE仿真器，PC机。
(2) 软件：ADS1.2集成开发环境，Multi - ICE软件，Windows 98/2000/NT/XP。

3. 实验内容

ARM芯片的I/O口通常都是与其他引脚复用的，要熟悉ARM芯片I/O口的编程配置方法，熟悉S3C44B0X芯片的I/O口配置寄存器，编程实现实验板上的发光二极管LED1和LED2轮流点亮和熄灭。

4. 实验原理

1) I/O端口

S3C44B0X芯片上共有71个多功能的输入输出引脚，它们分为7组I/O端口。

- 两个9位的输入/输出端口(端口E和F)；
- 两个8位的输入/输出端口(端口D和G)；
- 一个16位的输入/输出端口(端口C)；
- 一个10位的输出端口(端口A)；
- 一个11位的输出端口(端口B)。

每组端口都可以通过软件配置寄存器来满足不同系统和设计的需要。在运行主程序之前，必须先对每一个用到的引脚功能进行设置，如果某些引脚的复用功能没有使用，可以先将该引脚设置为I/O口。在引脚配置以前，需要对引脚的初始化状态进行设定以避免一些问题的出现。表3-21是S3C44B0X I/O端口总的设置情况。

表3-21 S3C44B0X I/O端口设置表

端口		功能1	功能2	功能3	功能4
PortA	PA9～PA1	Output only	ADDR24～ADDR 16		
	PA0	Output only	ADDR0		
PortB	PB10～PB6	Output only	nGCS5～nGCS1		
	PB5	Output only	nWBE3:nBE3:DQM3		
	PB4	Output only	nWBE2:nBE2:DQM2		
	PB3	Output only	nSRAS:nCAS3		
	PB2	Output only	nSCAS:nCAS2		
	PB1	Output only	SCLK		
	PB0	Output only	SCKE		

续表 3-21

端口		功能 1	功能 2	功能 3	功能 4
PortC	PC15	Input/Output	DATA31	nCTS0	
	PC14	Input/Output	DATA30	nRTS0	
	PC13	Input/Output	DATA29	RxD1	
	PC12	Input/Output	DATA28	TxD1	
	PC11	Input/Output	DATA27	nCTS1	
	PC10	Input/Output	DATA26	nRTS1	
	PC9	Input/Output	DATA25	nXDREQ1	
	PC8	Input/Output	DATA24	nXDACK1	
	PC7～PC4	Input/Output	DATA23～DATA20	VD4～VD7	
	PC3	Input/Output	DATA19	IISCLK	
	PC2	Input/Output	DATA18	IISDI	
	PC1	Input/Output	DATA17	IISDO	
	PC0	Input/Output	DATA16	IISLRCK	
PortD	PD7	Input/Output	VFRAME		
	PD6	Input/Output	VM		
	PD5	Input/Output	VLINE		
	PD4	Input/Output	VCLK		
	PD3～PD0	Input/Output	VD3～VD0		
PortE	PE8	ENDIAN	CODECLK	Input/Output	
	PE7	Input/Output	TOUT4	VD7	
	PE6	Input/Output	TOUT3	VD6	
	PE5	Input/Output	TOUT2	TCLK	
	PE4	Input/Output	TOUT1	TCLK	
	PE3	Input/Output	TOUT0		
	PE2	Input/Output	RxD0		
	PE1	Input/Output	TxD0		
	PE0	Input/Output	Fpllo	Fout	
PortF	PF8	Input/Output	nCTS1	SIOCK	IISCLK
	PF7	Input/Output	RxD1	SIORxD	IISDI
	PF6	Input/Output	TxD1	SIORDY	IISDO
	PF5	Input/Output	nRTS1	SIOTxD	IISLRCK
	PF4	Input/Output	nXBREQ	nXDREQ0	—
	PF3	Input/Output	nXBACK	nXDACK0	
	PF2	Input/Output	nWAIT		
	PF1	Input/Output	IICSDA		
	PF0	Input/Output	IICSCL		
PortG	PG7	Input/Output	IISLRCK	EINT7	
	PG6	Input/Output	IISDO	EINT6	
	PG5	Input/Output	IISDI	EINT5	
	PG4	Input/Output	IISCLK	EINT4	
	PG3	Input/Output	nRTS0	EINT3	
	PG2	Input/Output	nCTS0	EINT2	
	PG1	Input/Output	VD5	EINT1	
	PG0	Input/Output	VD4	EINT0	

注：① 只是在复位后，才可以选择有下划线的功能名；只有当 nRESET 电平为 L 时，才会使用 ENDIAN(PE8)。

② IICSDA 和 IICSCL 引脚是开放的输出引脚，因此，这个引脚需要上拉寄存器才能当做输出端口(PF[1:0])。

S3C44B0X芯片与端口相关的寄存器有：

(1) 端口控制寄存器(PCONA～G)。在S3C44B0X芯片中，大部分引脚是多路复用的，所以要确定每个引脚的功能。PCONn(端口控制寄存器)能够定义引脚功能。

如果PG0～PG7端口作为掉电模式下的唤醒信号，则其对应的端口必须配置成中断模式。

(2) 端口数据寄存器(PDATA～G)。如果端口定义为输出口，则其输出数据可以写入PDATn中相应的位；如果端口定义为输入口，则其输入数据可以从PDATn相应的位中读入。

(3) 端口上拉寄存器(PUPC～G)。通过配置端口上拉寄存器，可以使PUPC～G端口与上拉电阻连接或断开。当寄存器中相应的位配置为0时，与其对应的引脚接上拉电阻；当寄存器中相应的位配置为1时，与其对应的引脚不接上拉电阻。

(4) 外部中断控制寄存器(EXTINT)。通过不同的信号方式可以请求8个外部中断。EXTINT寄存器可以根据外部中断的需要将中断触发信号配置为低电平触发、高电平触发、下降沿触发、上升沿触发和边沿触发几种方式。

表3-22～表3-28为Start S3C44B0X实验板上各个端口的引脚定义。在端口C的表3-24中可以看到，引脚PC8和PC9设置为输出口，并且分别与LED1、LED2连接。在端口F的表3-27中可以看到，引脚PF4和PF3设置为输出口，并且分别与LED3、LED4连接。

表3-22 端口A

端口A	引脚功能	端口A	引脚功能	端口A	引脚功能
PA0	ADDR0	PA4	ADDR19	PA7	ADDR22
PA1	ADDR16	PA5	ADDR20	PA8	ADDR23
PA2	ADDR17	PA6	ADDR21	PA9	ADDR24
PA3	ADDR18				

注：PCONA寄存器地址：0x01D20000；PDATA寄存器地址：0x01D20004；
PCONA复位默认值：0x1FF。

表3-23 端口B

端口B	引脚功能	端口B	引脚功能	端口B	引脚功能
PB0	SCKE	PB4	nWBE2	PB8	NGCS3
PB1	SCLE	PB5	nWBE3	PB9	NGCS4
PB2	nSCAS	PB6	nGCS1	PB10	NGCS5
PB3	nSRAS	PB7	NGCS2		

注：PCONB寄存器地址：0x01D20008；PDATB寄存器地址：0x01D2000C；
PCONB复位默认值：0x7FF。

表3-24 端口C

端口C	引脚功能	端口C	引脚功能	端口C	引脚功能
PC0	XMON	PC6	VD5	PC11	CTS1
C1	nXPON	PC7	VD4	PC12	TXD1
PC2	YMON	PC8	OUTPUT(LED)	PC13	RXD1
PC3	nYPON	PC9	OUTPUT(LED)	PC14	RTS0(串口)
PC4	VD7	PC10	RTS1	PC15	CTS0(串口)
PC5	VD6				

注：PCONC寄存器地址：0x01D20010；PDATC寄存器地址：0x01D20014；
PUPC寄存器地址：0x01D20018；PCONC复位默认值：0x0FF0FFFF。

表 3-25 端口 D

端口 D	引脚功能	端口 D	引脚功能	端口 D	引脚功能
PD0	VD0	PD3	VD3	PD6	VM
PD1	VD1	PD4	VCLK	PD7	VFRAME
PD2	VD2	PD5	VLINE		

注:PCOND 寄存器地址:0x01D2001C;PDATD 寄存器地址:0x01D20020;
PUPD 寄存器地址:0x01D20024;PCOND 复位默认值:0xA。

表 3-26 端口 E

端口 E	引脚功能	端口 E	引脚功能	端口 E	引脚功能
PE0	RESERVED	PE3	OUTPUT(LCD)	PE6	RESERVED
PE1	TXD0	PE4	OUTPUT(LCD)	PE7	RESERVED
PE2	RXD0	PE5	RESERVED	PE8	CODECLK

注:PCONE 寄存器地址:0x01D20028;PDATE 寄存器地址:0x01D2002C;
PUPE 寄存器地址:0x01D20030;PCONE 复位默认值:0x25529。

表 3-27 端口 F

端口 F	引脚功能	端口 F	引脚功能	端口 F	引脚功能
PF0	IICSCL	PF3	OUTPUT(LED)	PF6	OUTPUT(固态硬盘)
PF1	IICSDA	PF4	OUTPUT(LED)	PF7	IN(BootLoader)
PF2	RESERVED	PF5	OUTPUT(固态硬盘)	PF8	IN(BootLoader)

注:PCONF 寄存器地址:0x01D20034;PDATF 寄存器地址:0x01D20038;
PUPF 寄存器地址:0x01D2003C;PCONF 复位默认值:0x00252A。

表 3-28 端口 G

端口 G	引脚功能	端口 G	引脚功能	端口 G	引脚功能
PG0	EXINT0	PG3	EXINT3	PG6	EXINT6
PG1	EXINT1	PG4	EXINT4	PG7	EXINT7
PG2	EXINT2	PG5	EXINT5		

注:PCONG 寄存器地址:0x01D20040;PDATG 寄存器地址:0x01D20044;
PUPG 寄存器地址:0x01D20048;PCONG 复位默认值:0xFFFF。

2) 电路原理

本实验中 S3C44B0X 采用 PC8、PC9、PF4、PF3 四个 I/O 口。如图 3-15 所示,发光二极管 LED1~LED4 的正极通过限流电阻分别与这 4 个 I/O 口相连,负极与地线连接。这种连接方法叫共阴极。PC8 和 PC9 两个引脚属于端口 C,在端口初始化函数 Port_Init()中已经配置为输出口。通过向 PDATC 寄存器中相应的位写入 0 或 1,可以使引脚输出低电平或高电平。PF4 和 PF3 两个引脚属于端口 F,在端口初始化函数 Port_Init()中已经配置为输出口。通过向 PDATF 寄存器中相应的位写入 0 或 1,可以使引脚输出低电平或高电平。当引脚输出高电平时,LED 点亮;当引脚输出低

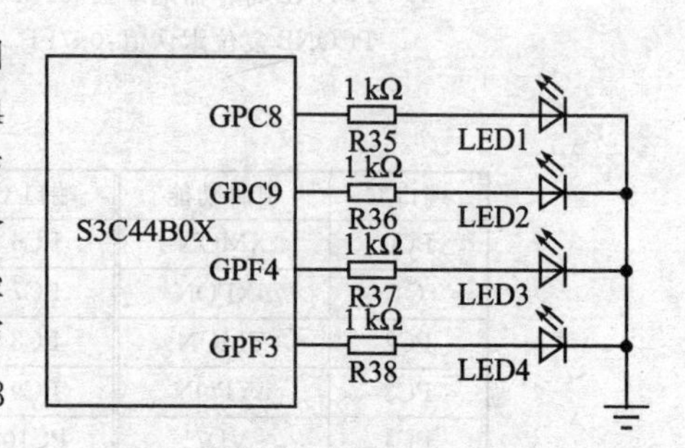

图 3-15 发光二极管控制电路

电平时,LED 熄灭。

5. 实验操作步骤

(1) 准备实验环境。使用 Multi－ICE 仿真器连接目标板,使用 Start S3C44B0X 实验板附带的串口线连接实验板上的 UART0 和 PC 机的串口。

(2) 在 PC 机上运行 Windows 自带的超级终端串口通信程序(波特率为 115 200、1 位停止位、无校验位、无硬件流控制),或者使用其他串口通信程序。

(3) 依据第 2 章中所介绍的创建工程步骤,在 ADS1.2 环境下自行创建 LED_Test.mcp 例程,编译链接通过后连接目标板,下载并运行它。

(4) 观察超级终端输出如下内容:

```
a) 44B0X Evaluation Board(Start S3C44B0X)
b) LED Test Example
```

(5) 实验系统 LED1 和 LED3 按以下循环显示:

LED1 亮→LED1 灭→LED3 亮→LED1 亮→LED3 灭→LED1 灭

(6) 理解和掌握实验后,完成实验练习题。

6. 实验参考程序

```
/*--------------------------------------------------------------------------*/
/*                              全局变量                                     */
/*--------------------------------------------------------------------------*/
int f_nLedState;                                  //LED 状态

/*--------------------------------------------------------------------------*/
/*                              功能声明                                     */
/*--------------------------------------------------------------------------*/
void led_test(void);                              //LED 测试
void leds_on(void);                               //4 个灯都亮
void leds_off(void);                              //4 个灯都灭
void led1_on(void);                               //LED1 亮
void led1_off(void);                              //LED1 灭
void led2_on(void);                               //LED2 亮
void led2_off(void);                              //LED2 灭
void led3_on(void);                               //LED3 亮
void led3_off(void);                              //LED3 灭
void led4_on(void);                               //LED4 亮
void led4_off(void);                              //LED4 灭
void led_display(int nLedStatus);                 //LED 显示函数
/**************************************************************************
* 名  称:led_test
* 功  能:LED 测试功能
* 参  数:无
* 返回值:无
**************************************************************************/
```

```
void led_test()
{
    leds_off();
    Delay(1000);
    //1亮→1灭→3亮→1亮→3灭→1灭
    led1_on();
    Delay(1000);
    led1_off();
    Delay(1000);
    led3_on();
    Delay(1000);
    led1_on();
    Delay(1000);
    led3_off();
    Delay(1000);
    led1_off();
}
/***********************************************************************
 * 名  称：leds_on,led_off
 * 功  能：所有LED亮或灭
 * 参  数：无
 * 返回值：无
***********************************************************************/
void leds_on()
{
    led_display(0xF);
}
void leds_off()
{
    led_display(0x0);
}
/***********************************************************************
 * 名  称：led1_on,led1_off
 * 功  能：LED1亮或灭
 * 参  数：无
 * 返回值：无
***********************************************************************/
void led1_on()
{
    f_nLedState = f_nLedState | 0x1;
    led_display(f_nLedState);
}
void led1_off()
{
    f_nLedState = f_nLedState&0xFE;
```

```
    led_display(f_nLedState);
}
/*****************************************************************
* 名　称：led2_on,led2_off
* 功　能：LED2 亮或灭
* 参　数：无
* 返回值：无
*****************************************************************/
void led2_on()
{
    f_nLedState = f_nLedState | 0x2;
    led_display(f_nLedState);
}
void led2_off()
{
    f_nLedState = f_nLedState&0xfd;
    led_display(f_nLedState);
}
/*****************************************************************
* 名　称：led3_on,led3_off
* 功　能：LED3 亮或灭
* 参　数：无
* 返回值：无
*****************************************************************/
void led3_on()
{
    f_nLedState = f_nLedState | 0x4;
    led_display(f_nLedState);
}
void led3_off()
{
    f_nLedState = f_nLedState&0xfb;
    led_display(f_nLedState);
}
/*****************************************************************
* 名　称：led4_on,led4_off
* 功　能：LED4 亮或灭
* 参　数：无
* 返回值：无
*****************************************************************/
void led4_on()
{
    f_nLedState = f_nLedState | 0x8;
    led_display(f_nLedState);
}
```

```
void led4_off()
{
    f_nLedState = f_nLedState&0xf7;
    led_display(f_nLedState);
}
/*********************************************************************
 * 名  称：led_display
 * 功  能：LED1,2 亮或灭
 * 参  数：nLedStatus,输入,通过 nLedStatus' bit[2:1]点亮 LED 1,2
 *        nLedStatus' bit[2:1] = 00,LED 2、1 灭;nLedStatus' bit[2:1] = 11,LED 2、1 亮
 *        nLedStatus = 1,LED 1 亮;nLedStatus = 2,LED 2 亮
 * 返回值：无
*********************************************************************/
void led_display(int nLedStatus)
{
    f_nLedState = nLedStatus;
    //change the led's current status
    if((nLedStatus&0x01) == 0x01)
        rPDATC &= 0xFEFF;                     //GPC8,LED1 (D1204) 亮
    else
        rPDATC |= (1 << 8);                   //灭
    if((nLedStatus&0x02) == 0x02)
        rPDATC &= 0xFDFF;                     //GPC9,LED2 (D1205) 亮
    else
        rPDATC |= (1 << 9);                   //灭
    if((nLedStatus&0x04) == 0x04)
        rPDATF &= 0xEF;                       //GPF4,LED3 (D1206) 亮
    else
        rPDATF |= (1 << 4);                   //灭
    if((nLedStatus&0x08) == 0x08)
        rPDATF &= 0xF7;                       //GPF3,LED4 (D1207) 亮
    else
        rPDATF |= (1 << 3);                   //灭
}
```

7. 扩 展

实现跑马灯。本实验利用控制 4 个 LED 灯的亮灭来实现跑马灯的循环。

(1) 硬件设计

本实验的硬件设计采用图 3-15 所示电路。

(2) 软件设计

```
void PLed_Test()
{
    leds_off();                       //4个 LED 都灭
    Delay(1000);
```

```
    While(1)
    {
        led3_on();                          //LED3 亮,LED1、2、4 灭
        Delay(1000);
        led3_off();
        led1_on();                          //LED1 亮,LED2、3、4 灭
        Delay(1000);
        led1_off();
        led4_on();                          //LED4 亮,LED1、2、3 灭
        Delay(1000);
        led4_off();
        led2_on();                          //LED2 亮,LED1、3、4 灭
        Delay(1000);
        led2_off();
    }
}
```

8. 练习题

(1) 使用 LED3 和 LED4 状态组合循环显示 00～11。

(2) 更改扩展中的跑马灯程序,实现跑马灯由慢到快再由快到慢的变化。

3.4　中断实验

1. 实验目的

(1) 通过实验掌握 ARM7 的中断方式和原理,能够对 S3C44B0X 的中断资源及其相关中断寄存器进行合理配置。

(2) 掌握对 S3C44B0X 中断的编程方法。

2. 实验设备

(1) 硬件:Start S3C44B0X 实验平台,ARM Multi - ICE 仿真器,PC 机。

(2) 软件:ADS1.2 集成开发环境,Multi - ICE 软件,Windows 98/2000/NT/XP。

3. 实验内容

(1) 掌握 ARM 中断工作原理,了解 S3C44B0X 的中断寄存器,掌握常用中断的编程方法。

(2) 编写中断处理程序。

(3) 使用触摸屏和键盘触发外部中断,使 LED1、LED2 亮。

4. 实验原理

1) ARM 处理器中断

S3C44B0X 的中断控制器可以接受来自 30 个中断源的中断请求。这些中断源来自 DMA、UART、SIO 等的芯片内部外围或芯片外部引脚。在这些中断源中,有 4 个外部中断(EINT4/5/

6/7)是逻辑"或"的关系,它们共用一条中断请求线。UART0 和 UART1 的错误中断也是逻辑"或"的关系。

中断控制器的任务是在片内外围和外部中断源组成的多重中断发生时,选择其中一个中断通过 FIQ 或 IRQ 向 ARM7TDMI 内核发出中断请求。

实际上最初 ARM7TDMI 内核只有 FIQ(快速中断请求)和 IRQ(通用中断请求)两种中断,其他中断都是各个芯片厂家在设计芯片时定义的,对这些中断根据其优先级高低来进行处理。例如,如果定义所有的中断源为 IRQ 中断(通过中断模式设置),并且同时有 10 个中断发出请求,这时可以通过读中断优先级寄存器来确定哪一个中断将优先执行。

一般的中断模式在进入所需的服务程序前需要很长的中断反应时间,为了解决这个问题,S3C44B0X 提供了一种新的中断模式,即向量中断模式。它具有 CISC 结构微控制器的特征,能够降低中断反应时间。换句话说,S3C44B0X 的中断控制器硬件本身直接提供了对向量中断服务的支持。

当多重中断源请求中断时,硬件优先级逻辑会判断哪一个中断将被执行,同时,硬件逻辑自动执行由 0x18(或 0x1C)地址到各个中断源向量地址的跳转指令,然后再由中断源向量进入相应的中断处理程序。与原来的软件实现方式相比,这种方法可以显著地缩短中断反应时间。

2) 中断控制器的操作

(1) 程序状态寄存器的 F 位和 I 位。如果 CPSR 程序状态寄存器的 F 位设置为 1,那么 CPU 将不接受来自中断控制器的 FIQ(快速中断请求);如果 CPSR 程序状态寄存器的 I 位设置为 1,那么 CPU 将不接受来自中断控制器的 IRQ(中断请求)。因此,为了使能 FIQ 和 IRQ,必须先将 CPSR 程序状态寄存器的 F 位和 I 位清零,并且中断屏蔽寄存器 INTMSK 中相应的位也要清零。

(2) 中断模式(INTMOD)。ARM7TDMI 提供了 2 种中断模式,FIQ 模式和 IRQ 模式。所有的中断源在中断请求时都要确定使用哪一种中断模式。

(3) 中断挂起寄存器(INTPND)。中断挂起寄存器用于指示对应的中断是否被激活。如果挂起位设置为 1,那么无论标志 I 或标志 F 是否清零,都会执行相应的中断服务程序。中断挂起寄存器为只读寄存器,因此,在中断服务程序中必须加入对 I_ISPC 和 F_ISPC 的相应位写 1 的操作来清除挂起条件。

(4) 中断屏蔽寄存器(INTMSK)。当 INTMSK 寄存器的屏蔽位为 1 时,对应的中断禁止;当 INTMSK 寄存器的屏蔽位为 0 时,则对应的中断正常执行。如果一个中断的屏蔽位为 1,在该中断发出请求时挂起位还是会被设置为 1。如果中断屏蔽寄存器的 global 位设置为 1,那么中断挂起位在中断请求时还会被设置,但所有的中断请求都不被受理。

3) S3C44B0X 中断源

在 30 个中断源中,有 26 个中断源单独提供了中断控制器,4 个外部中断(EINT4/5/6/7)是逻辑"或"的关系,它们共享同一个中断控制器。另外两个 UART 错误中断(UERROR0/1),也是共用同一个中断控制器。S3C44B0X 的 30 个中断源如表 3-29 所列。

表 3-29　S3C44B0X 的中断源

中断源	向量地址	描　述	主优先级产生模块	从单元
EINT0	0x00000020	外部中断 0	mGA	sGA
EINT1	0x00000024	外部中断 1	mGA	sGB
EINT2	0x00000028	外部中断 2	mGA	sGC

续表 3-29

中断源	向量地址	描　述	主优先级产生模块	从单元
EINT3	0x0000002C	外部中断 3	mGA	sGD
EINT4/5/6/7	0x00000030	外部中断 4/5/6/7	mGA	sGKA
INT_TICK	0x00000034	RTC 时间滴答中断	mGB	sGKB
INT_ZDMA0	0x00000040	通用 DMA 中断 0	mGB	sGA
INT_ZDMA1	0x00000044	通用 DMA 中断 1	mGB	sGB
INT_BDMA0	0x00000048	桥梁 DMA 中断 0	mGB	sGC
INT_BDMA1	0x0000004C	桥梁 DMA 中断 1	mGB	sGD
INT_WDT	0x00000050	看门狗定时器中断	mGB	sGKA
INT_UERR0/1	0x00000054	UART 错误中断 0/1	mGB	sGKB
INT_TIMER0	0x00000060	定时器 0 中断	mGC	sGA
INT_TIMER1	0x00000064	定时器 1 中断	mGC	sGB
INT_TIMER2	0x00000068	定时器 2 中断	mGC	sGC
INT_TIMER3	0x0000006C	定时器 3 中断	mGC	sGD
INT_TIMER4	0x00000070	定时器 4 中断	mGC	sGKA
INT_TIMER5	0x00000074	定时器 5 中断	mGC	sGKB
INT_URXD0	0x00000080	UART 接收中断 0	mGD	sGA
INT_URXD1	0x00000084	UART 接收中断 1	mGD	sGB
INT_IIC	0x00000088	IIC 中断	mGD	sGC
INT_SIO	0x0000008C	SIO 中断	mGD	sGD
INT_UTXD0	0x00000090	UART 发送中断 0	mGD	sGKA
INT_UTXD1	0x00000094	UART 发送中断 1	mGD	sGKB
INT_RTC	0x000000A0	RTC 告警中断	mGKA	—
INT_ADC	0x000000C0	ADC EOC 中断	mGKB	—

注：EINT4、EINT5、EINT6 和 EINT7 共享同一个中断请求线，因此 ISR(中断服务程序)通过读 EXTINPND[3:0]来区别这 4 种中断源，并且必须在 ISR 的最后通过对 EXTINPND[3:0]相应位写 1 来清除。

4) 向量中断模式(仅针对 IRQ)

S3C44B0X 含有向量中断模式，可以缩短中断的反应时间。通常情况下，ARM7TDMI 内核收到中断控制器的 IRQ 中断请求后，会在 0x0000018 地址处执行一条指令。但是在向量中断模式下，当 ARM7TDMI 从 0x00000018 地址处取指令时，中断控制器会在数据总线上加载分支指令，这些分支指令使程序计数器能够对应到每一个中断源的向量地址。这些跳转到每一个中断源向量地址的分支指令可以由中断控制器产生。例如，假设 EINT0 是 IRQ 中断，如表 3-29 所列，EINT0 的向量地址为 0x20，中断控制器必须产生从 0x18 到 0x20 的分支指令。因此，中断控制器产生的机器码为 0xEA000000。在各个中断源对应的中断向量地址中，存放着跳转到相应中断服务程序的程序代码，在相应向量地址处分支指令的机器代码是这样计算的：

向量中断模式的指令机器代码＝0xEA000000＋[(<目标地址>－<向量地址>－0x8)>>2]

例如，如果 Timer 0 中断采用向量中断模式，则跳转到对应中断服务程序的分支指令应该存放在向量地址 0x00000060 处。中断服务程序的起始地址在 0x10000 处。下面就是计算出来放在 0x60 处的机器代码：

0xEA000000+[(0x10000-0x60-0x8)>>2]=0xEA000000+0x3FE6=0xEA003FE6

通常机器代码都是反汇编后自动产生的，因此不必真正像上面这样去计算。

5）向量中断模式的程序举例

在向量中断模式下，当中断请求产生时，程序会自动进入相应的中断源向量地址。因此，在中断源向量地址处必须有一条分支指令使程序进入相应的中断服务程序。请参考本节"5. 实验设计"中的中断向量表部分程序。

6）中断控制专用寄存器

(1) 中断控制寄存器(INTCON)

中断控制寄存器的各位如表 3-30 所列。

表 3-30 中断控制寄存器(INTCON)

地址：0x01E00000；访问方式：R/W；初始值：0x7

位	位名称	描 述
[3]	保留	0
[2]	V	该位允许 IRQ 使用向量模式 0=向量中断模式；1=非向量中断模式
[1]	I	该位允许 IRQ 中断 0=允许 IRQ 中断；1=保留 注：在使用 IRQ 中断之前该位必须清零
[0]	F	该位允许 FIQ 中断 0=允许 FIQ 中断(FIQ 中断不支持向量中断模式)；1=保留 注：在使用 FIQ 中断之前该位必须置零

注意：FIQ 模式不支持向量中断模式。

从表中可以看出，INTCON 寄存器的位[0]为 FIQ 中断使能位，位[1]为 IRQ 中断使能位，位[2]是选择 IRQ 中断为向量中断模式还是普通模式。

(2) 中断挂起寄存器(INTPND)

中断挂起寄存器 INTPND 共有 26 位，每一位对应一个中断源，当中断请求产生时，相应的位设置为 1。该寄存器为只读寄存器，因此，在中断服务程序中必须加入对 I_ISPC 和 F_ISPC 写 1 的操作来清除挂起条件。

如果有几个中断源同时发出中断请求，则不管它们是否被屏蔽，相应的挂起位都会置 1。只是优先级寄存器会根据它们的优先级高低来响应当前优先级最高的中断。中断挂起寄存器的各位如表 3-31 所列。

(3) 中断模式寄存器(INTMOD)

中断模式寄存器 INTMOD 共有 26 位，每一位对应一个中断源。当中断源的模式位设置为 1 时，对应的中断会由 ARM7TDMI 内核以 FIQ 模式来处理。相反，当模式位设置为 0 时，中断会以 IRQ 模式来处理。中断模式寄存器的各位如表 3-32 所列。

(4) 中断屏蔽寄存器(INTMSK)

在中断屏蔽寄存器 INTMSK 中，除了全屏蔽位 Global mask 外，其余的 26 位都分别对应一个中断源。当屏蔽位为 1 时，对应的中断被屏蔽；当屏蔽位为 0 时，该中断可以正常使用。如果全屏蔽位 Global mask 设置为 1，则所有的中断都不执行。

表 3-31　中断挂起寄存器(INTPND)

地址：0x01E00004；访问方式：R；初始值 0x0000000

位	位名称	描　述	位	位名称	描　述
[25]	EINT0	0=无请求 1=请求	[12]	INT_TIMER1	0=无请求 1=请求
[24]	EINT1		[11]	INT_TIMER2	
[23]	EINT2		[10]	INT_TIMER3	
[22]	EINT3		[9]	INT_TIMER4	
[21]	EINT4/5/6/7		[8]	INT_TIMER5	
[20]	INT_TICK		[7]	INT_URXD0	
[19]	INT_ZDMA0		[6]	INT_URXD1	
[18]	INT_ZDMA1		[5]	INT_IIC	
[17]	INT_BDMA0		[4]	INT_SIO	
[16]	INT_BDMA1		[3]	INT_UTXD0	
[15]	INT_WDT		[2]	INT_UTXD1	
[14]	INT_UERR0/1		[1]	INT_RTC	
[13]	INT_TIMER0		[0]	INT_ADC	

表 3-32　中断模式寄存器(INTMOD)

地址：0x01E00008；访问方式：R/W；初始值：0x0000000

位	位名称	描　述	位	位名称	描　述
[25]	EINT0	0=IRQ 模式 1=FIQ 模式	[12]	INT_TIMER1	0=IRQ 模式 1=FIQ 模式
[24]	EINT1		[11]	INT_TIMER2	
[23]	EINT2		[10]	INT_TIMER3	
[22]	EINT3		[9]	INT_TIMER4	
[21]	EINT4/5/6/7		[8]	INT_TIMER5	
[20]	INT_TICK		[7]	INT_URXD0	
[19]	INT_ZDMA0		[6]	INT_URXD1	
[18]	INT_ZDMA1		[5]	INT_IIC	
[17]	INT_BDMA0		[4]	INT_SIO	
[16]	INT_BDMA1		[3]	INT_UTXD0	
[15]	INT_WDT		[2]	INT_UTXD1	
[14]	INT_UERR0/1		[1]	INT_RTC	
[13]	INT_TIMER0		[0]	INT_ADC	

如果使用了向量中断模式，在中断服务程序中改变了中断屏蔽寄存器 INTMSK 的值，这时并不能屏蔽相应的中断过程，因为该中断在中断屏蔽寄存器之前已经被中断挂起寄存器 INTPND 锁定了。要解决这个问题，就必须在改变中断屏蔽寄存器后再清除相应的挂起位(INTPND)。中断屏蔽寄存器的各位如表 3-33 所列。

(5) IRQ 向量模式相关寄存器

与 IRQ 向量模式相关的寄存器如表 3-34 所列。

S3C44B0X 中的优先级产生模块包含 5 个单元(1 个主单元和 4 个从单元)。每个从优先级产生单元管理 6 个中断源。主优先级产生单元管理 4 个从单元和 2 个中断源。

表 3-33 中断屏蔽寄存器(INTMSK)

地址：0x01E0000C；访问方式：R/W；初始值：0x07FFFFFF

位	位名称	描 述	位	位名称	描 述
[26]	Global		[12]	INT_TIMER1	
[25]	EINT0		[11]	INT_TIMER2	
[24]	EINT1		[10]	INT_TIMER3	
[23]	EINT2		[9]	INT_TIMER4	
[22]	EINT3		[8]	INT_TIMER5	
[21]	EINT4/5/6/7		[7]	INT_URXD0	
[20]	INT_TICK	0=服务允许 1=屏蔽	[6]	INT_URXD1	0=服务允许 1=屏蔽
[19]	INT_ZDMA0		[5]	INT_IIC	
[18]	INT_ZDMA1		[4]	INT_SIO	
[17]	INT_BDMA0		[3]	INT_UTXD0	
[16]	INT_BDMA1		[2]	INT_UTXD1	
[15]	INT_WDT		[1]	INT_RTC	
[14]	INT_UERR0/1		[0]	INT_ADC	
[13]	INT_TIMER0		[27]	Reserved	

表 3-34 向量模式相关寄存器

寄存器	地 址	访问方式	描 述	初始值
I_PSLV	0x01E00010	R/W	确定 slave 组的 IRQ 优先级	0x1B1B1B1B
I_PMST	0x01E00014	R/W	确定 master 寄存器的 IRQ 优先级	0x00001F1B
I_CSLV	0x01E00018	R	确定当前 slave 寄存器的 IRQ 优先级	0x1B1B1B1B
I_CMST	0x01E0001C	R	确定当前 master 寄存器的 IRQ 优先级	0x0000XX1B
I_ISPR	0x01E00020	R	中断服务挂起寄存器(同时仅能一个服务位被设置)	0x00000000
I_ISPC	0x01E00024	W	IRQ 中断服务清除寄存器	不确定
F_ISPC	0x01E0003C	W	FIQ 中断服务清除寄存器	不确定

每一个从单元有 4 个可编程优先级中断源(sGn)和 2 个固定优先级中断源(kn)。这 4 个中断源的优先级是由 I_PSLV 寄存器决定的。另外 2 个固定优先级中断源在 6 个中断源中的优先级最低。

主单元可以通过 I_PMST 寄存器来决定 4 个从单元和 2 个中断源的优先级。这 2 个中断源 INT_RTC 和 INT_ADC 在 26 个中断源中的优先级最低。

如果几个中断源同时发出中断请求，这时 I_ISPR 寄存器可以显示当前具有最高优先级的中断源。

(6) IRQ/FIQ 中断挂起清零寄存器(I_ISPC/F_ISPC)

通过对 I_ISPC/F_ISPC 相应的位写 1 来清除中断挂起位(INTPND)。其各位如表 3-35 所列。

7) 电路原理

由于 Start S3C44B0X 实验平台是针对电子词典功能而设计的，实验平台只涉及键盘和触摸屏两个外部中断，因此可以采用这两个模块来完成中断实验。我们所要实现的是通过外部中断实现控制 LED 的开关。

表 3-35 IRQ/FIQ 中断挂起清零寄存器(I_ISPC/F_ISPC)

I_ ISPC 地址：0x01E00024；访问方式：W；初始值：未定义

F_ ISPC 地址：0x01E0003C；访问方式：W；初始值：未定义

位名称	位	描 述	位名称	位	描 述
EINT0	[25]	0=不变 1=清除未响应中断请求 初始值:0	INT_TIMER1	[12]	0=不变 1=清除未响应中断请求 初始值:0
EINT1	[24]		INT_TIMER2	[11]	
EINT2	[23]		INT_TIMER3	[10]	
EINT3	[22]		INT_TIMER4	[9]	
EINT4/5/6/7	[21]		INT_TIMER5	[8]	
INT_TICK	[20]		INT_URXD0	[7]	
INT_ZDMA0	[19]		INT_URXD1	[6]	
INT_ZDMA1	[18]		INT_IIC	[5]	
INT_BDMA0	[17]		INT_SIO	[4]	
INT_BDMA1	[16]		INT_UTXD0	[3]	
INT_WDT	[15]		INT_UTXD1	[2]	
INT_UERR0/1	[14]		INT_RTC	[1]	
INT_TIMER0	[13]		INT_ADC	[0]	

Start S3C44B0X 实验平台利用外部中断 INT0 响应触摸屏，利用 INT2 响应键盘。这里设计如下实验来了解中断的响应过程。当触摸屏按下时，触发 INT0 中断，点亮 LED 灯；当键盘按下时，触发 INT2 中断，熄灭 LED 灯。这里点亮和熄灭 LED 灯的程序与 I/O 端口实验中的相同。

Start S3C44B0X 实验平台上的键盘是通过 ZLG7290 芯片与处理器相连接的。当有按键产生时，ZLG7290 向处理器发出中断信号，然后处理器通过 I^2C 总线读取键值。当触摸屏处于空闲状态时，X 和 Y 两个面电阻是断开的。当发生触摸动作时，两个面电阻导通，接在 $X+$ 端的中断信号此时由于触摸屏面电阻导通而拉低，触发中断。CPU 做出响应，通过对 4 个 MOS 管的控制，读取坐标值。关于键盘和触摸屏的详细内容请读者参考 3.9 节和 3.10 节，此处我们只关心键盘和触摸屏的外部中断信号，读者可将这两个设备当成两个触发外部中断的按键，以便于理解。如图 3-16 所示为触摸屏和键盘的电路示意图。

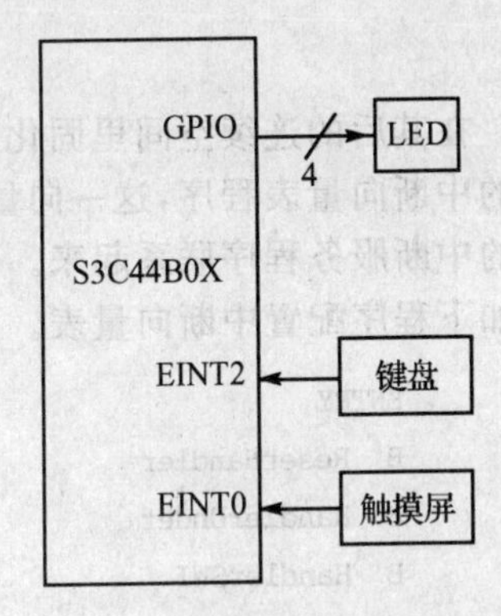

图 3-16 中断实验电路示意图

5. 实验设计

在本实验中，中断模式设置为向量中断模式，非向量中断的程序设计作为扩展内容。图 3-17 给出了 S3C44B0X 响应向量和非向量 IRQ 中断的工作流程。下面参考该流程图，重点介绍向量 IRQ 中断。

关于中断的软件设计中需要完成以下 3 个任务：中断向量表配置、中断初始化和中断服务程序设计。

1) 中断向量表配置

中断向量表固化于启动 ROM，是从地址 0x0 开始的。在从地址 0x0 开始的头 32 字节中固化的中断向量表，通常称为异常中断向量表，它用来指定各个异常中断与其处理程序之间的关

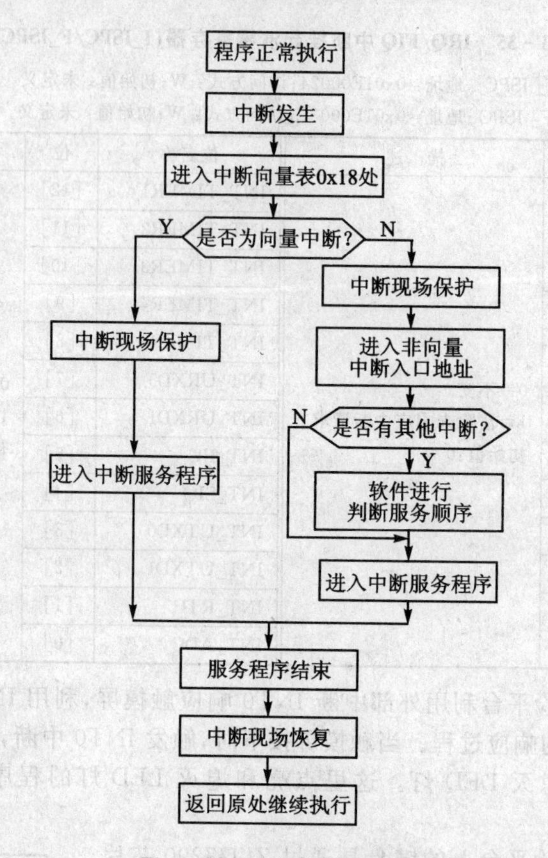

图 3-17 中断响应流程图

系。在其后的连续空间里固化的是用于向量中断的中断向量地址，其配置读者可以参考 3.1 节中的中断向量表程序，这一向量表主要是用于处理器设置成向量中断时，将各个中断源与其相对应的中断服务程序联系起来。由于本实验使用的是向量中断，所以参照参考文献[2]中的内容，按如下程序配置中断向量表。

```
    ENTRY
    B  ResetHandler                 ;0x00 复位
    B  HandlerUndef                 ;0x04 未定义的指令
    B  HandlerSWI                   ;0x08 软件中断
    B  HandlerPabort                ;0x0C 指令预取中止
    B  HandlerDabort                ;0x10 数据访问中止
    B                               ;0x14 保留
    B  HandlerIRQ                   ;0x18 外部中断请求
    B  HandlerFIQ                   ;0x1C 快速中断请求
VECTOR_BRANCH
    LDR  PC, = HandlerEINT0         ;0x20
    LDR  PC, = HandlerEINT1
    LDR  PC, = HandlerEINT2
    LDR  PC, = HandlerEINT3
    LDR  PC, = HandlerEINT4567
    LDR  PC, = HandlerTICK          ;0x34
```

```
B .
B .
LDR  PC, = HandlerZDMA0        ;0x40
LDR  PC, = HandlerZDMA1
LDR  PC, = HandlerBDMA0
LDR  PC, = HandlerBDMA1
LDR  PC, = HandlerWDT
LDR  PC, = HandlerUERR01       ;0x54
B .
B .
LDR  PC, = HandlerTIMER0       ;0x60
LDR  PC, = HandlerTIMER1
LDR  PC, = HandlerTIMER2
LDR  PC, = HandlerTIMER3
LDR  PC, = HandlerTIMER4
LDR  PC, = HandlerTIMER5       ;0x74
B .
B .
LDR  PC, = HandlerURXD0        ;0x80
LDR  PC, = HandlerURXD1
LDR  PC, = HandlerIIC
LDR  PC, = HandlerSIO
LDR  PC, = HandlerUTXD0
LDR  PC, = HandlerUTXD1        ;0x94
B .
B .
LDR  PC, = HandlerRTC          ;0xA0
B .
B .
B .
B .
B .
B .
B .
LDR  PC, = HandlerADC          ;0xC0
```

2）中断初始化

在中断初始化部分，主要完成对中断控制器的配置，同时将中断服务子程序与相应的外部中断联系起来，即将中断服务子程序的入口地址放在中断向量表中相应中断源的地址中。我们将响应键盘的中断服务子程序 INT2_int2()的入口地址放在 pISR_EINT2 所指向的地址空间中，pISR_EINT2 的定义如下：

```
#define pISR_EINT2          (*(unsigned *)(_ISR_STARTADDRESS + 0x7c))
```

使用“pISR_EINT2＝(S32)INT2_int;”这样的语句进行中断挂接之后，中断服务程序的入口地址就保存在地址为_ISR_STARTADDRESS＋0x7C 的内存单元中。这样，引用 HandleE-

INT2 就会得到中断服务子程序的入口地址。

中断初始化的程序如下：

```
void init_int(void)
{
    rINTMOD = 0x0;                                      //设置中断为 IRQ 模式
    rINTCON = 0x1;                                      //设置中断为向量中断
    pISR_EINT2 = (S32)INT2_int;                         //设置中断服务程序的入口地址
    pISR_EINT0 = (S32)INT0_int;                         //设置中断服务程序的入口地址
    rPCONC = (rPCONC & 0xffffff00) | 0x55;              //初始化触摸屏
    rPUPC = (rPUPE & 0xfff0);                           //允许上拉电阻
    rPDATC = (rPDATC & 0xfff0 ) | 0xe;                  //设置触摸屏控制 MOS 管初始状态
    rI_ISPC | = (BIT_INT2| BIT_INT0);                   //清除挂起位
    rINTMSK & = (~(BIT_GLOBAL|BIT_INT2| BIT_INT0));     //使能外部中断 INT0 和 BIT_INT2
}
```

3）中断服务程序设计

中断服务程序用来对相应中断源做出响应处理。在中断服务程序中要完成以下几个部分的内容：

- 屏蔽相同中断源的中断请求；
- 实现中断功能；
- 清除中断挂起位；
- 重新使能屏蔽掉的中断。

屏蔽相同中断源的中断请求：使得正在执行的中断服务程序，可以避免由于用户误操作或者硬件在产生中断时的不稳定引起的不必要的中断响应。

实现中断功能：需要根据实际应用来进行相应的程序设计。

清除中断挂起位：在退出中断服务程序时，清除中断挂起位以使在响应该中断后，系统可以进行下一次中断响应。

重新使能屏蔽掉的中断：功能同清除中断挂起位一样。但请读者注意，必须将清除中断挂起位的操作放在开中断之前。因为若先开中断，系统会根据中断挂起位的情况认为有新中断产生，从而造成程序混乱。

下面给出两个中断服务程序的主要部分。

```
void INT0_int (void)
{
    rINTMSK | = BIT_EINT0;                              //禁止 EINT0
    rI_ISPC = BIT_EINT0;                                //清除挂起位
    LED_off();                                          //熄灭 LED
    rINTMSK & = (~(BIT_GLOBAL | BIT_EINT0));            //重新使能 EINT0
}
void INT2_int (void)
{
    rINTMSK = rINTMSK | BIT_EINT2;                      //禁止 EINT2
    rI_ISPC = BIT_EINT2;                                //清除挂起位
```

```
    LED_on();                                         //点亮 LED
    rINTMSK &= (~(BIT_GLOBAL|BIT_EINT2));             //重新使能 EINT2
}
```

4) 向量中断执行流程

这里将以一次向量中断的响应为例来介绍中断响应流程。在中断发生时，处理器将 PC 指针指向 0x00000018 处，同时中断控制器将直接在数据总线上加载分支指令，这条分支指令使程序计数器能够对应到每一个中断源的向量地址。以本实验为例，当按下键盘时触发外部中断 2 (INT2)，中断开始按照如下步骤进行。

① PC＝0x00000018，同时加载分支指令。

② PC＝0x00000028，即 PC 指向"LDR　PC，＝HandlerEINT2"。

③ PC 指向"HandlerEINT2　VHANDLER　HandleEINT2"，在此处 VHANDLER 为一个宏定义，其定义如下：

```
MACRO
    $HandleLabel VHANDLER $HandlerLabel
    $HandleLabel
        STMDB       SP!, {R0 - R11, IP, LR}       ;保存中断现场
        LDR         R0, = $HandlerLabel
        LDR         R1, [R0]
        MOV         LR,PC
        BX          R1                            ;进入中断服务子程序
        LDMIA       SP!, {R0 - R11, IP, LR}       ;恢复中断现场
        SUBS        PC, R14, #4                   ;返回断点
        MEND
```

可以利用如上宏定义来完成中断响应过程中的中断现场保护，跳入中断服务子程序和中断现场恢复。在本实验中 HandleEINT2 为一个标号，代表外部中断 2(INT2)的中断服务程序的入口地址，宏在调用 HandleEINT2 时会在下列程序中查找，即指令：

```
LDR     R0, = $HandlerLabel
```

将内存地址_ISR_STARTADDRESS＋0x7C 放入寄存器 R0 中，通过其后的指令跳转到 R0 内地址所指向的内容里。结合中断初始化中的相关内容，可知道在地址_ISR_STARTADDRESS＋0x7C 中存放的是外部中断 2(INT2)的中断服务程序首地址。这样就实现了从相应的中断源跳入中断服务程序的功能。

```
^ _ISR_STARTADDRESS             ;_ISR_STARTADDRESS = 0x0C7FFF00
HandleReset         #     4     ;ISR_STARTADDRESS
HandleUndef         #     4     ;ISR_STARTADDRESS + 04
HandleSWI           #     4     ;ISR_STARTADDRESS + 08
HandlePabort        #     4     ;ISR_STARTADDRESS + 0C
HandleDabort        #     4     ;ISR_STARTADDRESS + 10
HandleReserved      #     4     ;ISR_STARTADDRESS + 14
HandleIRQ           #     4     ;ISR_STARTADDRESS + 18
HandleFIQ           #     4     ;ISR_STARTADDRESS + 1C
HandleADC           #     4     ;ISR_STARTADDRESS + 20
```

```
HandleRTC        #    4    ;ISR_STARTADDRESS + 24
HandleUTXD1      #    4    ;ISR_STARTADDRESS + 28
HandleUTXD0      #    4    ;ISR_STARTADDRESS + 2C
HandleSIO        #    4    ;ISR_STARTADDRESS + 30
HandleIIC        #    4    ;ISR_STARTADDRESS + 34
HandleURXD1      #    4    ;ISR_STARTADDRESS + 38
HandleURXD0      #    4    ;ISR_STARTADDRESS + 3C
HandleTIMER5     #    4    ;ISR_STARTADDRESS + 40
HandleTIMER4     #    4    ;ISR_STARTADDRESS + 44
HandleTIMER3     #    4    ;ISR_STARTADDRESS + 48
HandleTIMER2     #    4    ;ISR_STARTADDRESS + 4C
HandleTIMER1     #    4    ;ISR_STARTADDRESS + 50
HandleTIMER0     #    4    ;ISR_STARTADDRESS + 54
HandleUERR01     #    4    ;ISR_STARTADDRESS + 58
HandleWDT        #    4    ;ISR_STARTADDRESS + 5C
HandleBDMA1      #    4    ;ISR_STARTADDRESS + 60
HandleBDMA0      #    4    ;ISR_STARTADDRESS + 64
HandleZDMA1      #    4    ;ISR_STARTADDRESS + 68
HandleZDMA0      #    4    ;ISR_STARTADDRESS + 6C
HandleTICK       #    4    ;ISR_STARTADDRESS + 70
HandleEINT4567   #    4    ;ISR_STARTADDRESS + 74
HandleEINT3      #    4    ;ISR_STARTADDRESS + 78
HandleEINT2      #    4    ;ISR_STARTADDRESS + 7C
HandleEINT1      #    4    ;ISR_STARTADDRESS + 80
HandleEINT0      #    4    ;ISR_STARTADDRESS + 84
```

④ 跳入中断服务子程序。

⑤ 执行中断服务程序。

⑥ 从中断服务程序中返回。

⑦ 中断现场恢复,返回断点(参考 VHANDLER 宏定义)。

请读者按照例程中的 int_test.mcp 程序完成中断实验,参考上述步骤,并同时观察如下寄存器的变化:中断挂起寄存器(INTPND)、中断挂起服务寄存器(I_ISPR)、中断屏蔽寄存器(INTMSK)、中断挂起清除寄存器(I_ISPC)、LR 寄存器、PC 寄存器。

6. 实验操作步骤

(1) 准备实验环境。使用 ARM Multi - ICE 仿真器连接目标板和 PC 机,使用 Start S3C44B0X 实验板附带的串口线连接实验板上的 UART0 和 PC 机的串口。

(2) 在 PC 机上运行 Windows 自带的串口通信程序超级终端程序,或者其他串口通信程序,各项配置为:波特率 115 200、1 位停止位、无校验位、无硬件流控制(如:串口调试助手等)。

(3) 检查线缆连接是否可靠,若可靠,则给系统上电。

(4) 依据第 2 章中所介绍的创建工程步骤,在 ADS1.2 环境下自行创建 int_test.mcp 例程,编译链接工程。

(5) 在菜单栏选择 Project→Debug 选项后,进入 AXD。

(6) 在 AXD 中选择 Execute→GO,运行程序至主程序 main()函数入口处,在 int_test()处

设置断点，按F5键全速运行程序，程序会运行至断点处，按F8键进入int_test()，在该函数中init_int()和switch(Uart_Getch(0))处分别设置断点，如图3-18所示。

```
PowerIceArm7.DLL - E:\five_exp\expand\4.3_int_test\int_test.c
81   *****************************************************************************************/
82   void int_test(void)
83   {
84       unsigned int unSaveG,unSavePG;
85
86       init_int();
87       rINTMSK = rINTMSK | BIT_EINT4567|BIT_EINT0|BIT_EINT2;      // disable EINT2 int
88       // user interface
89       Uart_Printf(0,"\n\r External Interrupt Test\n");
90       Uart_Printf(0," Please Select the trigger:\n"
91                   "  1 - Falling trigger\n"
92                   "  2 - Rising trigger\n"
93                   "  3 - Both Edge trigger\n"
94                   "  4 - Low level trigger\n"
95                   "  5 - High level trigger\n"
96                   "  any key to exit...\n");
97
98       // save the current settings of Port G controler
99       unSaveG = rPCONG;
100      unSavePG= rPUPG;
101      rPCONG  = 0xf5ff;                                 // EINT7~0
102      rPUPG   = 0x0;                                    // pull up enable
103      switch(Uart_Getch(0))
104      {
105          case '1':
106              rEXTINT = 0x22222222;                     // Falling edge mode
107              break;
108          case '2':
109              rEXTINT = 0x44444444;                     // Rising edge mode
110              break;
111          case '3':
112              rEXTINT = 0x77777777;                     // Both edge mode
113              break;
114          case '4':
115              rEXTINT = 0x0;                            // "0" level mode
116              break;
117          case '5':
118              rEXTINT = 0x11111111;                     // "1" level mode
119              break;
120          default:
121              rPCONG = unSaveG;
122              rPUPG = unSavePG;
123              return;
124      }
125
126      Uart_Printf(0," Press the TouchScreen or Keyboard \n");
127      Uart_Printf(0," push buttons may have glitch noise problem \n");
128      rINTMSK = ~(BIT_GLOBAL |BIT_EINT0|BIT_EINT2);
129
130      while(1);                                         // waiting for the interrupt
131
132
133  }
134
```

图3-18 中断程序运行界面

(7) 按F5键运行程序，程序会运行至第一个断点init_int()处，然后按F8键进入init_int()函数，按F10键单步运行程序，分析各中断寄存器设置的值。在AXD中选择Processor Views→Memory，观察打开的Memory窗口中中断寄存器中的值是否与所设的值一致。各中断寄存器的地址可以在44b.h中查找。init_int()执行前和执行后的各中断寄存器的值如图3-19所示。

(8) 执行完init_int()函数后，按F5键全速运行程序，程序会运行至switch(Uart_Getch(0))断点处。思考端口G控制寄存器，端口G上拉寄存器的设置含义。

(9) 按F10键单步执行，超级终端会提示选择中断的触发方式，如下所示：

```
Interrupt Test program start ======
External Interrupt test
Please Select the trigger:
  1 - Falling trigger
```

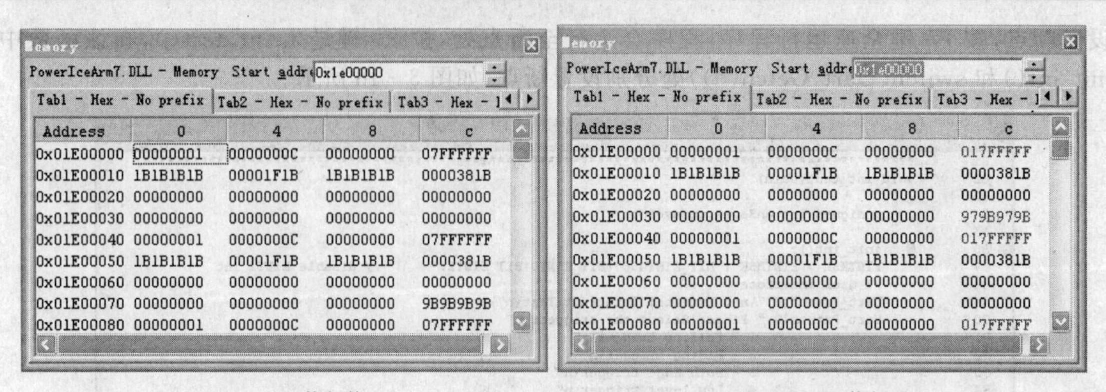

(a) init_int()执行前　　　　(b) init_int()执行后

图 3-19　init_int()执行前、后中断寄存器内容

```
2 - Rising trigger
3 - Both Edge trigger
4 - Low level trigger
5 - High level trigger
any key to exit...
```

使用PC机键盘，在超级终端窗口中输入所需设置的中断触发方式后，单步执行程序，观察外部中断控制寄存器rEXTINT的值，分析其设置的值。

(10) 全速运行至while(1)处。在AXD中选择Processor Views→Memory，在打开的Memory窗口中的Memory Start Address中键入地址0x1E00020，这是I_ISPR寄存器的地址。若要看INTPND寄存器，则键入地址0x1E00004。重点观察INTPND和I_ISPR寄存器值的变化，如图3-20所示。

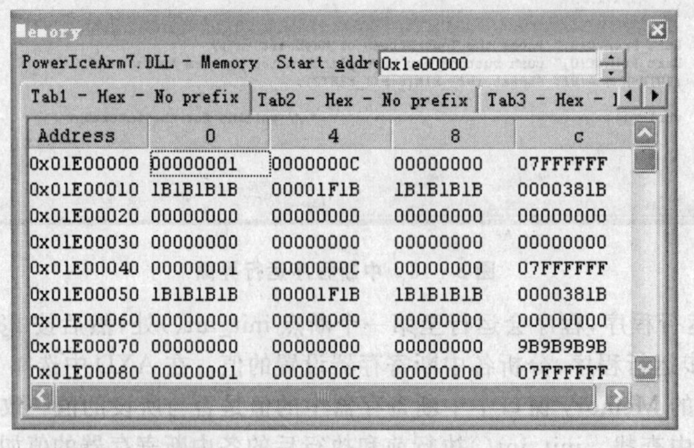

图 3-20　中断寄存器值变化

此时超级终端会有如下提示：

```
Press the TouchScreen or Keyboard
push buttons may have glitch noise problem
```

(11) 当按下触摸屏或键盘后，单步运行程序，系统按照本实验设计中的中断执行流程进行跳转。当程序停留在中断服务程序入口的断点时，再次观察中断控制寄存器的值，同时观察图3-20中I_ISPR和INTPND两个寄存器中位[21]的值(提示：中断申请标志位应该置位)。程序执行如图 3-21 所示。

单步执行程序，理解以下 3 个问题：

➤ 向量中断如何进入中断服务子程序。

➤ 程序状态寄存器如何变化。

➤ 一般进入中断服务程序后必须做哪些工作。

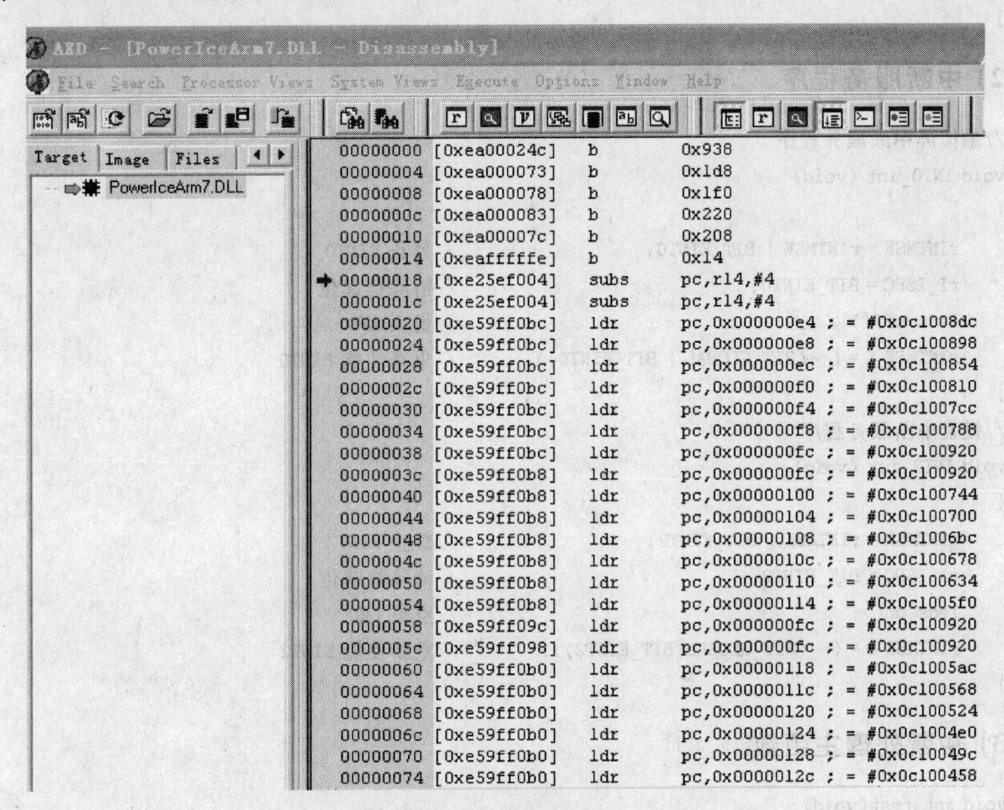

图 3-21　中断产生后跳转到中断向量表

(12) 全速运行程序，分别触摸键盘和触摸屏，观察实验板上相应 LED 的状态。

(13) 重新做该实验，结合实验内容和实验原理部分，掌握 ARM 处理器中断操作过程，如中断使能、设置中断触发方式和中断源识别等，重点理解 ARM 处理器的中断响应及中断处理的过程。

(14) 理解和掌握实验后，完成实验练习题。

7. 实验参考程序

1) 中断初始化

```
void init_int(void)
{
    rINTMOD = 0x0;                          //设置中断为 IRQ 模式
    rINTCON = 0x1;                          //设置中断为向量中断
    pISR_EINT2 = (S32)INT2_int;             //设置中断服务程序的入口地址
    pISR_EINT0 = (S32)INT0_int;             //设置中断服务程序的入口地址
```

```
    rPCONC = (rPCONC & 0xffffff00) | 0x55;              //初始化触摸屏
    rPUPC = (rPUPE & 0xfff0);                           //允许上拉电阻
    rPDATC = (rPDATC & 0xfff0 ) | 0xe;                  //设置触摸屏控制 MOS 管初始状态

    rI_ISPC |= (BIT_INT2| BIT_INT0);                    //清除挂起位
    rINTMSK &= (~(BIT_GLOBAL|BIT_INT2| BIT_INT0));      //使能外部中断 INT0 和 BIT_INT2
}
```

2) 中断服务程序

```
//触摸屏中断服务程序
void INT0_int (void)
{
    rINTMSK = rINTMSK | BIT_EINT0;              //禁止 EINT0
    rI_ISPC = BIT_EINT0;                        //清除挂起位
    leds_off();                                 //熄灭 LED
    rINTMSK &= (~(BIT_GLOBAL | BIT_EINT0));     //重新使能 EINT0
}
//键盘中断服务程序
void INT2_int (void)
{
    rINTMSK = rINTMSK | BIT_EINT2;              //禁止 EINT2
    rI_ISPC = BIT_EINT2;                        //清除挂起位
    leds_on();                                  //点亮 LED
    rINTMSK &= (~(BIT_GLOBAL|BIT_EINT2));       //重新使能 EINT2
}
```

3) 中断处理主函数

```
void int_test(void)
{
    unsigned int unSaveG,unSavePG;
    init_int();
    rINTMSK = rINTMSK | BIT_EINT0 | BIT_EINT2;  //屏蔽外部中断 0 和外部中断 2
    //用户界面
    Uart_Printf(0,"\n\r External Interrupt Test\n");
    Uart_Printf(0," Please Select the trigger:\n"
                "  1 - Falling trigger\n"
                "  2 - Rising trigger\n"
                "  3 - Both Edge trigger\n"
                "  4 - Low level trigger\n"
                "  5 - High level trigger\n"
                "  any key to exit...\n");
    //保存当前 PortG 端口控制器的值
    unSaveG = rPCONG;
    unSavePG = rPUPG;
    rPCONG = 0xf5ff;                            //配置 PortG 为外部中断 0~7
```

```
    rPUPG = 0x0;                                    //上拉电阻使能
    switch(Uart_Getch(0))
    {
        case '1':
            rEXTINT = 0x22222222;                   //下降沿触发模式
            break;
        case '2':
            rEXTINT = 0x44444444;                   //上升沿触发模式
            break;
        case '3':
            rEXTINT = 0x77777777;                   //双沿触发模式
            break;
        case '4':
            rEXTINT = 0x0;                          //低电平触发模式
            break;
        case '5':
            rEXTINT = 0x11111111;                   //高电平触发模式
            break;
        default:
            rPCONG = unSaveG;
            rPUPG = unSavePG;
            return;
    }
    Uart_Printf(0," Press the TouchScreen or Keyboard \n");
    Uart_Printf(0," push buttons may have glitch noise problem \n");
    rINTMSK = ~( BIT_GLOBAL | BIT_EINT0 | BIT_EINT2 ); //使能外部中断 0 和外部中断 2
    while(1);                                       //等待中断
}
```

8. 扩　展

1) 使用非向量中断模式完成实验任务

与向量 IRQ 中断相比，非向量 IRQ 中断在判断中断源时是利用软件来判断，而向量 IRQ 中断则是利用硬件判断。当外部中断产生时，PC 跳到 0x18 处指向非向量跳转指令，跳转到非向量 IRQ 处理程序中，进行中断源的判断和中断服务程序地址的计算。在响应中断的同时，中断挂起寄存器(INTPND)和 IRQ 中断服务挂起寄存器(I_ISPR)的相应位置 1，由此可以确定中断源。HandleXXX 地址包含每个相应的 ISR 程序的起始地址。IRQ 中断的流程图如图 3-22 所示，其程序如下。

```
ENTRY
B   ResetHandler
B   HandlerUndef
B   HandlerSWI
B   HandlerPabort
B   HandlerDabort
B
```

```
B  IsrIRQ                              ;非向量 IRQ 中断应该这样设置
B  HandlerFIQ

    IsrIRQ
    SUB    SP,SP,#4                    ;调整返回地址
    STMFD  SP!,{R8-R9}                 ;保存寄存器 R8,R9 的值
    LDR    R9,=I_ISPR
    LDR    R9,[R9]
    MOV    R8,#0x0                     ;R8 计算存放中断服务程序入口的地址的偏移量
0   MOVS   R9,R9,LSR #1                ;R9 每次右移 1 位,右移直到 C 标志位为 1 时,满足跳转条件
    BCS    %F1
    ADD    R8,R8,#4                    ;计算偏移量
    B      %B0
1   LDR    R9,=HandleADC               ;此处 HandleADC 可看做向量中断时的#STARTADDRESS
    ADD    R9,R9,R8
    LDR    R9,[R9]
    STR    R9,[SP,#8]                  ;保存中断服务程序入栈
    LDMFD  SP!,{R8-R9,PC}              ;恢复 R8 和 R9 寄存器,同时将中断服务程序程序赋给 PC
    ⋮
    HandleADC     #  4
    HandleRTC     #  4
    HandleUTXD1   #  4
    HandleUTXD0   #  4
    ⋮
    HandleEINT3   #  4
    HandleEINT2   #  4
    HandleEINT1   #  4
    HandleEINT0   #  4       ;0xC1(C7)FFF84
```

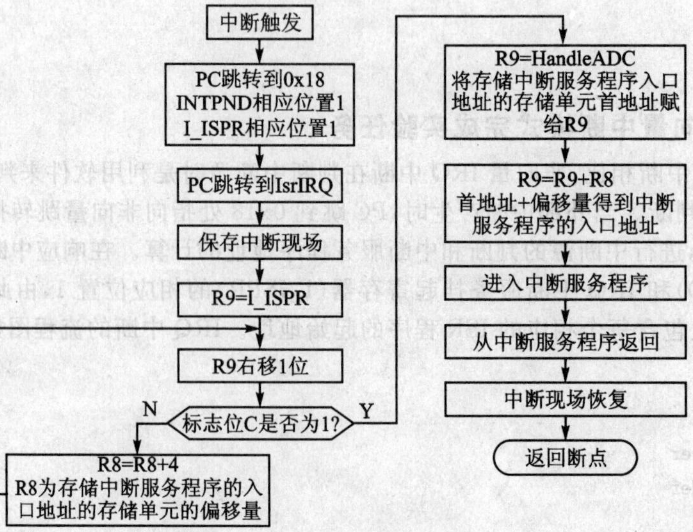

中断触发

PC跳转到0x18
INTPND相应位置1
I_ISPR相应位置1

PC跳转到IsrIRQ

保存中断现场

R9=I_ISPR

R9右移1位

标志位C是否为1?（N / Y）

R8=R8+4
R8为存储中断服务程序的入口地址的存储单元的偏移量

R9=HandleADC
将存储中断服务程序入口地址的存储单元首地址赋给R9

R9=R9+R8
首地址+偏移量得到中断服务程序的入口地址

进入中断服务程序

从中断服务程序返回

中断现场恢复

返回断点

图 3-22　IRQ 中断的流程图

在中断初始化程序中需要对中断控制寄存器(INTCON)进行配置,以使其工作在非向量中

断模式，配置如 rINTCON＝0x5。其余程序设计均可参考实验中的向量中断设置。

2）实现 FIQ 中断

(1) 基本原理

ARM 提供的 FIQ 和 IRQ 异常中断用于外部设备向 CPU 请求中断服务。这两个异常中断的引脚都是低电平有效。当前程序状态寄存器 CPSR 的 I 控制位可以屏蔽这两个异常中断请求。当程序状态寄存器 CPSR 中的 I 控制位为 1 时，FIQ 和 IRQ 异常中断被屏蔽；当程序状态寄存器 CPSR 中的 I 位为 0 时，CPU 正常响应 IRQ 和 FIQ 异常中断请求。

FIQ 异常中断为快速异常中断，它比 IRQ 异常中断优先级高，这主要表现在以下两个方面：

- 当 FIQ 和 IRQ 异常中断同时产生时，CPU 先处理 FIQ 异常中断。
- 在 FIQ 异常中断处理程序中，IRQ 异常中断被禁止。

由于 FIQ 异常中断通常用于系统中对于响应时间要求比较苛刻的任务，ARM 体系在设计上有特别的安排，以尽量缩短 FIQ 异常中断的响应时间。FIQ 异常中断的中断向量为 0x1C，位于中断向量表的最后。这样 FIQ 异常中断处理程序可以直接放在地址 0x1C 开始的存储单元，这样安排省掉了中断向量表中的跳转指令，从而也节省了中断响应时间。当系统中存在 Cache 时，可以把 FIQ 异常中断向量以及处理程序一起锁定在 Cache 中，从而大大地缩短了 FIQ 异常中断的响应时间。除此之外，与其他的异常模式相比，FIQ 异常模式还有额外的 5 个物理寄存器，这样在进入 FIQ 处理程序时，可以不用保存这 5 个寄存器，从而提高了 FIQ 异常中断的执行速度。

(2) FIQ 中断响应流程

快速中断请求 FIQ 的优先级高于 IRQ。在 IRQ 中断模式下，不同的中断有不同的入口地址；而在 FIQ 模式下，只有一个入口地址，省掉了中断向量表中的跳转指令，因此节省了中断响应时间。但此处，读者应该注意 FIQ 中断与非向量中断的区别。

FIQ 异常中断的中断向量为 0x1C，位于中断向量表的最后。这样 FIQ 异常中断处理程序可以直接放在地址 0x1C 开始的存储单元。中断向量表如下：

```
ENTRY
    B  ResetHandler        ;调试用的程序入口地址
    B  HandlerUndef        ;从未定义向量地址跳到一个地址，该地址存放进入未定义服务子程序地址
    B  HandlerSWI          ;从软中断向量地址跳到一个地址，该地址存放进入软中断服务子程序地址
    B  HandlerPabort       ;从指令预取指终止向量地址跳到一个地址，该地址存放进入指令预取指终止服
                           ;务子程序地址
    B  HandlerDabort       ;从数据终止向量地址跳到一个地址，该地址存放进入数据终止服务子程序地址
    B .                    ;系统保留
    ;LDR  PC, = HandlerIRQ
    SUBS  PC,LR,#4         ;使用向量中断方式
    SUBS  PC,LR,#4         ;从 FIQ 向量地址跳到一个地址，该地址存放进入 FIQ 服务子程序的地址
   ;B  HandlerFIQ          ;0x1C
```

中断初始化为 FIQ 中断模式后，当中断来临时，程序会自动跳转到 0x0000001C 处。

以本实验为例，当按下键盘时触发外部中断 2(INT2)，中断开始按照如下步骤进行。

① PC＝0x0000001C；

② PC＝0x000000E4，即 PC 指向 HandlerFIQ HANDLER HandleFIQ，此处为一个宏定义，其定义如下：

```
MACRO
 $HandlerLabel HANDLER $HandleLabel
 $HandlerLabel
STMDB    SP!, {R0-R11, IP, LR}           ;入栈 R0～R11, IP, LR
LDR      R0, =$HandleLabel
LDR      R1, [R0]
MOV      LR, PC
BX       R1                              ;跳转到中断服务程序
LDMIA    SP!, {R0-R11, IP, LR}           ;出栈 R0～R11, IP, LR
SUBS     PC, R14, #4                     ;中断返回
MEND
```

可以利用如上宏定义来完成中断响应过程中的中断现场保护,跳入中断服务子程序和中断现场恢复。在本实验中 HandleFIQ 为一个标号,在初始化时,中断服务程序的入口地址已经指向其所代表的内存单元地址。HandleFIQ 指向地址 0x0C7FFF1C,定义如下:

```
^_ISR_STARTADDRESS                     ;_ISR_STARTADDRESS 0x0C7FFF00
HandleReset        #     4             ;0x0C7FFF00
HandleUndef        #     4             ;0x0C7FFF04
HandleSWI          #     4             ;0x0C7FFF08
HandlePabort       #     4             ;0x0C7FFF0c
HandleDabort       #     4             ;0x0C7FFF10
HandleReserved     #     4             ;0x0C7FFF14
HandleIRQ          #     4             ;0x0C7FFF18
HandleFIQ          #     4             ;0x0C7FFF1C
```

③ 进入终端服务程序。

(3) 核心代码

① 中断初始化

```
/*********************************************************************
* 名  称: init_int
* 功  能: 初始化外部中断控制
* 参  数: 无
* 返回值: 无
*********************************************************************/
void init_int(void)
{
    //中断设置
    rI_ISPC = 0x3ffffff;                      //清除中断挂起寄存器
    rEXTINPND = 0xf;                          //清除 EXTINTPND 寄存器
    rINTMOD = 0x3ffffff;                      //所有的都是 FIQ 模式
    rINTCON = 0x6;                            //非向量中断模式,IRQ 禁止,FIQ 使能
    rINTMSK = ~( BIT_GLOBAL | BIT_EINT0 | BIT_EINT2 );    //使能中断
    pISR_FIQ = (int)FIQ_int;
    //PORT G 设置
    rPCONG = 0xffff;                          //EINT7～0
```

```
    rPUPG = 0x0;                          //上拉电阻使能
    rEXTINT = rEXTINT | 0x22220020;       //设置中断触发方式为下降沿模式
    rI_ISPC | = BIT_EINT0|BIT_EINT2;      //清除中断挂起位
    f_ucWhichInt = 0;
}
```

② 中断服务程序

此处读者可根据实际需要自行设置,但一定要注意开关中断的时序,否则中断响应会出错。

3) 利用 SWI 中断实现 LED 闪烁一次

SWI 是 ARM 提供的一条汇编指令,当程序调用该指令时会触发处理器产生软中断异常,通过 SWI 异常中断,用户模式的应用程序可以调用系统模式下的代码。在实时操作系统中,通常使用 SWI 异常中断为用户应用程序提供系统功能调用。

在 SWI 指令中包含一个 24 位的立即数,该立即数指示用户请求的特定 SWI 功能。在 SWI 异常中断处理程序要读取该 24 位立即数,这涉及 SWI 异常模式下对寄存器 LR 的读取,并且要从存储器读取该 SWI 指令。这样需要使用汇编程序来实现,通常 SWI 异常中断处理程序分为两级:

- 第 1 级 SWI 异常中断处理程序,为汇编程序,用于确定 SWI 指令中 24 位立即数;
- 第 2 级 SWI 异常中断处理程序,具体实现 SWI 的各个功能,它可以是汇编程序,也可以是 C 程序。

(1) 第 1 级 SWI 异常中断处理程序

第 1 级主要完成的工作与向量 IRQ 的中断跳转相似,都是对中断现场的保护和跳向中断服务程序。由于 SWI 中断需要向第 2 级中断处理程序传递参数,所以在针对 SWI 中断的中断跳转宏设计时,需要增加对参数传递的相关设计,参数传递规则可参考 ATPCS 的要求。下面给出 SWI 中断的宏定义,请读者在进行 SWI 中断实验前,将更改后的文件编译成映像文件烧写到 Flash 中,更新中断向量表。同时还应在中断初始化时,设置 SWI 中断的中断服务程序,可参考 IRQ 中断的初始化配置。

```
MACRO
$ HandleLabel sHANDLER $ HandlerLabel
$ HandleLabel
    STMDB   SP!, {R0 - R11, IP, LR}           ;保护中断现场
    LDR     R0, = $ HandlerLabel
    LDR     R1, [R0]
    LDR     R0,[lr, # - 4]                    ;获取含有 24 位立即数的指令
    BIC     R0,R0, # 0xff000000               ;将 24 位立即数存入 R0
    MOV     LR, PC
    BX      R1                                ;进入中断服务程序
    LDMIA   SP!, {R0 - R11, IP, LR}           ;恢复中断现场
    SUBS    PC, R14, # 4                      ;返回断点
    MEND
```

(2) 第 2 级 SWI 异常中断处理程序

在该级中详细定义处理 SWI 中断的各项功能。按照本实验的要求,在这里需要实现 LED 的闪烁。

在 main()函数中添加__asm{swi(0)},调用 0 号功能来实现 LED1 的闪烁。

```
void SWI_Handler(unsigned number)
{
        switch(number)
        {
            case 0: led1_on();
                    Delay(10000);
                    led1_off();
                    break;
            case 1: led2_on();
                    Delay(10000);
                    led2_off();
                    break;
            case 2: leds_on();
                    Delay(10000);
                    leds_off();
                    break;
            default:leds_on();
                    Delay(1000);
                    leds_off();
                    Delay(1000);
                    leds_on();
                    Delay(1000);
                    leds_off();
                    Delay(1000);
                    leds_on();
                    Delay(1000);
                    leds_off();
                    break;
        }
}
```

4) 基于非优先级的可重入性中断

如果希望在处理中断时仍能响应其他中断请求以此来缩短中断延时,就必须设计可重入性中断。本设计是基于非优先级的。基于非优先级的可重入中断的意思是说,当第一级中断发生后进行处理时,第二级中断发生了并打断第一级中断处理,CPU 先处理第二级中断,处理完后再返回来处理被打断的第一级中断,但是第二级中断并不具备比第一级中断更高的优先级。

可重入性中断是处理多个中断的一种方法,但它也同时带来新的问题。在 IRQ 中断模式中,如果直接重新允许了 IRQ 中断,此时因为执行一条 BX 指令而将子程序返回的地址保存在 LR_irq(LR_irq 是指在 IRQ 模式下的 LR 链接寄存器)中,PC 跳转到第一级中断服务子程序执行。而在执行第一级中断服务子程序期间第二级中断发生了,新来的中断会将其返回地址装入 LR_irq 中,此时旧中断子程序的返回地址必将被覆盖从而导致系统紊乱。此种情形是无法通过将 LR_irq 压栈来解决的。

```
;************************** VHANDLER 宏定义 **************************
MACRO
$HandleLabel VHANDLER $HandlerLabel

$HandleLabel
    ;保存断点,保护现场
    STMDB    SP!, {R0 - R11, IP, LR}              ;保存 R0～R11、IP、LR
    ;加载中断服务程序入口地址,跳转到中断服务程序
    LDR      R0, = $HandlerLabel                  ;0x0C7FFF7C
    LDR      R1, [R0]
    MOV      LR, PC
    BX       R1
    ;出栈,恢复现场,返回断点处继续执行
    LDMIA    SP!, {R0 - R11, IP, LR}              ;弹出 R0～R11、IP、LR
    SUBS     PC, R14, #4                          ;中断返回
    MEND
```

在前面的中断向量表配置中,介绍了中断 VHANDLER 宏定义,但这个宏定义并不能对可重入性中断恢复现场。要解决上述 LR_irq 被破坏的问题,就必须切换处理器的模式,常见的是切换到 SVC 处理模式。在 SVC 模式中,通过 BX 调用子程序时会将返回地址保存在 LR_SVC (LR_SVC 是指在 SVC 模式下的 LR 链接寄存器)之中。此时新中断发生(因为它会将返回地址保存到 LR_irq 而不是 LR_SVC),不会破坏旧中断中子程序返回地址。有了上述原理分析再来编写可重入性中断的代码就思路清晰了。但是为了保证处理的高效性,应尽可能地及早允许中断以缩短延时,在保存完 LR_irq 和 SPSR_irq (SPSR_irq 是指在 IRQ 模式下的 SPSR)后,就马上切换到 SVC 模式中,并重新允许中断,如图 3-23所示(虚线是压栈保存,实线是弹栈恢复)。

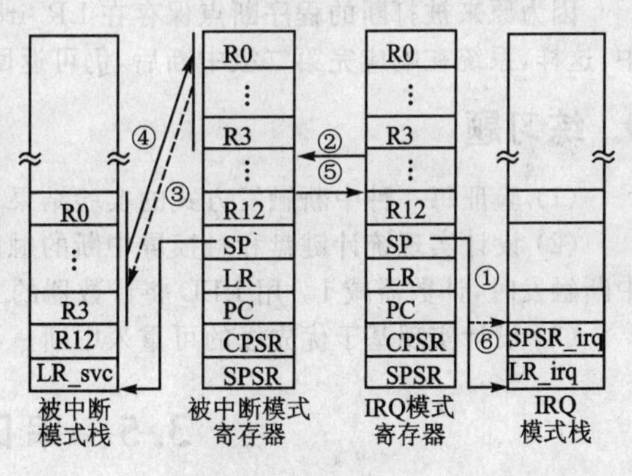

图 3-23　可重入中断处理上下文保存示意图

对图 3-23 的处理步骤说明如下:

① 将被中断任务模式的 SPSR 值保存到 IRQ 模式中的 SPSR_irq 寄存器中;将被中断任务模式的 PC 值保存到 IRQ 模式中的 LR_irq 寄存器中。

② 切换到 SVC 模式。

③ 把 R0～R3、LR 压入 SVC 模式栈保护。

④ 把 R0～R3、LR 弹出 SVC 模式栈恢复。

⑤ 切换回 IRQ 模式。

⑥ 恢复 SPSR_irq 和 LR_irq 寄存器。

结合图 3-23 中的处理步骤,可以比较清晰地写出可重入中断处理的汇编语言程序:

```
;********************** AHANDLER 宏定义 **************************
MACRO
$HandleLabel AHANDLER $HandlerLabel
$HandleLabel
```

```
        SUB     LR,LR,#4                        ;调整返回地址
        STMFD   SP!,{LR}                        ;保存 LR_irq(中断返回地址)
        MRS     LR,SPSR
        STMFD   SP!,{R12,LR}                    ;保存 SPSR_irq
        LDR     R0,=I_ISPC                      ;清除中断标志位防止再次中断
        MOV     R1,#0x8000
        STR     R1,[R0]
        MSR     CPSR_c,#(SVCMODE|EN_INT)        ;切换到 SVC 模式并允许 IRQ 中断
        STMFD   SP!,{R0-R3,R12,LR}              ;保存 R0～R3、R12、LR_svc
        LDR     R0,=$HandlerLabel
        LDR     R1,[R0]
        MOV     LR,PC
        BX      R1                              ;跳转到中断服务程序
        LDMFD   SP!,{R0-R3,R12,LR}              ;恢复 R0～R3、R12、LR_svc
        MSR     CPSR_c,#(NO_INT|IRQMODE)        ;切换回 IRQ 模式并禁止中断
        LDMFD   SP!,{R12,LR}                    ;恢复 SPSR_irq
        MSR     SPSR_cf,LR
        LDMFD   SP!,{PC}^                       ;从 IRQ 中断返回
    MEND
```

因为原来被打断的程序断点保存在 LR_irq 中，而第一级中断被打断的断点保存在 LR_svc 中，这样，系统在响应完第二级中断后，仍可返回第一级中断继续执行。

9. 练习题

(1) 验证每一种中断触发方式的实验结果与其预期结果是否相同。若不同，请说明原因。

(2) 设计实现统计键盘和触摸屏中断的触发次数。当键盘中断触发时，计数器加1；触摸屏中断触发时，计数器减1。用LED将计数器的二进制值显示出来。

(3) 设计实现基于优先级的可重入中断。

3.5 串口通信实验

1. 实验目的

(1) 了解S3C44B0X处理器的通用异步串行接口UART(Universal Asynchronous Receiver and Transmitter)的通信原理。

(2) 了解S3C44B0X处理器中UART单元的组成结构以及相关寄存器的使用方法。

(3) 熟悉S3C44B0X处理器系统硬件电路中UART接口的设计方法。

(4) 掌握S3C44B0X处理器串行通信的软件编程方法。

2. 实验设备

(1) 硬件：Start S3C44B0X实验平台，ARM Multi-ICE仿真器，PC机。

(2) 软件：ADS1.2集成开发环境，Multi-ICE软件，Windows 98/2000/NT/XP。

3. 实验内容

(1) 学习S3C44B0X中UART的工作原理及相关寄存器的功能。

(2) 熟悉 S3C44B0X 系统硬件电路中 UART 接口的设计方法。

(3) 编写 S3C44B0X 串口模块在轮询模式和中断模式的通信软件，一方面实现对串行口 UART0 的监控，另一方面将从 UART0 接收到的字符串回送显示。

4. 实验原理

1) S3C44B0X 串行通信(UART)单元

S3C44B0X 中的 UART 单元提供两个独立的异步串行通信接口，皆可工作于中断和 DMA 模式。也即 UART 能产生内部中断请求或 DMA 请求，在 CPU 和串行 I/O 口之间传送数据，其最高波特率达 115200 bps。每一个 UART 单元包含两个 16 字节的 FIFO，分别用于数据的接收和发送。

S3C44B0X 中 UART 的特性包括可编程波特率、红外发送/接收、一个或两个停止位、5 位/6 位/7 位/8 位数据宽度和奇偶校验。

2) 波特率的产生

波特率由一个专用的 UART 波特率分频寄存器(UBRDIVn)控制，计算公式如下：

$$UBRDIVn = (round\_off)[MCLK/(bps \times 16)] - 1$$

其中，bps 为波特率；MCLK 是系统时钟频率；UBRDIVn 的值必须在 $1 \sim (2^{16}-1)$ 之间。

例如：系统时钟频率为 40 MHz，当波特率为 115200 bps 时，则有

$$\begin{aligned} UBRDIVn &= (round\_off)[40\,000\,000/(115\,200 \times 16) + 0.5] - 1 \\ &= (int)(21.7 + 0.5) - 1 \\ &= 22 - 1 = 21 \end{aligned}$$

3) UART 通信操作

下面简略介绍 UART 操作，关于数据发送、数据接收、中断产生、波特率产生、回环模式、红外模式和自动流控制的详细介绍，请参照相关教材和数据手册。

(1) 数据发送。发送数据帧是可编程的。一个数据帧包含 1 个起始位、5～8 个数据位、1 个可选的奇偶校验位和 1～2 个停止位，可通过行控制寄存器 ULCONn 来配置。

(2) 数据接收。与发送类似，接收帧也是可编程的。接收帧由 1 个起始位、5～8 个数据位、1 个可选的奇偶校验和 1～2 个停止位组成，可通过行控制寄存器 ULCONn 来配置。接收器还可以发现数据溢出错误、奇偶校验错误、帧错误和断点条件，每一个错误均可以设置一个错误标志。

- 溢出错误表明新的数据在旧数据没有被读取的情况下，覆盖了旧的数据。
- 奇偶错误表明接收器发现一个不希望出现的奇偶错误。
- 帧错误表明接收到的数据没有一个有效的停止位。
- 断点条件表明接收器收到的输入保持了长于传输一帧数据时间的逻辑 0 状态。

在 FIFO 模式下，如果 RxFIFO 非空，而在 3 个字的传输时间内没有接收到数据，则产生接收超时。

4) S3C44B0X UART 特殊功能寄存器

在 UART 的操作中，主要是通过对 UART 特殊功能寄存器的设置来进行控制。UART 的特殊功能寄存器包括 UART 的控制寄存器、状态寄存器、保持寄存器、波特率分频寄存器等。

(1) UART 的行控制寄存器(ULCONn)

在 UART 模块中有 2 个 UART 行控制寄存器，ULCON0 和 ULCON1，如表 3-36 所列。

表 3-36 UART 行控制寄存器

ULCON0 地址：0x01D00000；访问方式：R/W；初始值 0x00

ULCON1 地址：0x01D04000；访问方式：R/W；初始值 0x00

位	位名称	描 述
[7]		保留
[6]	Infra-Red Mode	该位确定是否使用红外模式 0=普通操作模式；1=红外发送/接收模式
[5:3]	Parity Mode	该位确定奇偶如何产生和校验 0xx=无；100=奇校验；101=偶校验；110=强制为1；111=强制为0
[2]	Stop Bit	该位确定停止位的个数 0=每帧一位停止位；1=每帧两位停止位
[1:0]	Word Length	该位确定数据位的个数 00=5位；01=6位；10=7位；11=8位

(2) UART 控制寄存器(UCONn)

在 UART 模块中有2个 UART 控制寄存器，UCON0 和 UCON1，如表 3-37 所列。

表 3-37 UART 控制寄存器

UCON0 地址：0x01D00004；访问方式：R/W；初始值 0x00

UCON1 地址：0x01D04004；访问方式：R/W；初始值 0x00

位	位名称	描 述
[9]	Tx Interrupt Type	发送中断请求类型 0=脉冲；1=电平
[8]	Rx Interrupt Type	接收中断请求类型 0=脉冲；1=电平
[7]	Rx Time Out Enable	当 UART FIFO 使能时是否允许 Rx 超时中断 此中断为接收中断 0=禁止；1=允许
[6]	Interrupt Enable	是否允许产生 UART 错误中断 0=禁止；1=允许
[5]	Loop-Back Mode	该位为1使 UART 进入回环模式(Loop Back) 0=普通运行；1=回环模式(Loop Back)
[4]	Send Break Signal	该位为1使 UART 发送一个帧长的暂停条件，发送结束后自动清除 0=正常传送；1=发送暂停条件
[3:2]	Transmit Mode	这两位确定当前以哪种模式写 TX 数据到 UART 发送保持寄存器 00=禁止；01=中断请求或 polling 模式 10=BDMA0 请求(仅用于 UART0) 11=BDMA1 请求(仅用于 UART1)
[1:0]	Receive Mode	这两位确定当前以哪种模式从 UART 接收缓冲寄存器读数据 00=禁止；01=中断请求或 polling 模式 10=BDMA0 请求(仅用于 UART0) 11=BDMA1 请求(仅用于 UART1)

(3) UART FIFO 控制寄存器(UFCONn)

在 UART 模块中有2个 UART FIFO 控制寄存器，UFCON0 和 UFCON1，如表 3-38 所列。

表 3-38 UART FIFO 控制寄存器

UFCON0 地址：0x01D00008；访问方式：R/W；初始值 0x00

UFCON1 地址：0x01D04008；访问方式：R/W；初始值 0x00

位	位名称	描 述
[7:6]	Tx FIFO Trigger Level	这两位确定发送 FIFO 的触发条件 00＝空；01＝4 字节；10＝8 字节；11＝12 字节
[5:4]	Rx FIFO Trigger Level	这两位确定接收 FIFO 的触发条件 00＝4 字节；01＝8 字节；10＝12 字节；11＝16 字节
[3]		保留
[2]	Tx FIFO Reset	TX FIFO 复位位，该位在 FIFO 复位后自动清除 0＝正常；1＝Tx FIFO 复位
[1]	Rx FIFO Reset	Rx FIFO 复位位，该位在 FIFO 复位后自动清除 0＝正常；1＝Rx FIFO 复位
[0]	FIFO Enable	0＝FIFO 禁止；1＝FIFO 模式

(4) UART MODEM 控制寄存器(UMCONn)

在 UART 模块中有 2 个 UART MODEM 控制寄存器，UMCON0 和 UMCON1，如表 3-39 所列。

表 3-39 UART MODEM 控制寄存器

UMCON0 地址：0x01D0000C；访问方式：R/W；初始值 0x00

UMCON1 地址：0x01D0400C；访问方式：R/W；初始值 0x00

位	位名称	描 述
[7:5]		保留。这 3 位必须为 0
[4]	AFC(Auto Flow Control)	是否使能 AFC 0＝禁止；1＝允许
[3:1]		这 3 位必须为 0
[0]	Request to Send	如果 AFC 使能，该位忽略，此时 S3C44B0X 自动控制 nRTS。如果禁止，则 AFC 必须用软件来控制 nRTS 0＝高电平(nRTS 无效)；1＝低电平(nRTS 有效)

(5) UART Tx /Rx 状态寄存器(UTRSTATn)

在 UART 模块中有 2 个 UART Tx/Rx 状态寄存器，UTRSTAT 0 和 UTRSTAT 1，如表 3-40 所列。

表 3-40 UART Tx/Rx 状态寄存器

UTRSTAT0 地址：0x01D00010；访问方式：R；初始值 0x6

UTRSTAT1 地址：0x01D04010；访问方式：R；初始值 0x6

位	位名称	描 述
[2]	Transmit Shifter Empty	在发送移位寄存器没有有效数据或发送移位寄存器为空时，该位自动为 1 0＝不空；1＝发送保持和移位寄存器为空
[1]	Transmit Buffer Empty	该位在发送缓冲寄存器不包含有效的数据时为 1 0＝不空；1＝空 如果 UART 使用 FIFO，用户可以通过检查 UFSTAT 寄存器的 Tx FIFO 计数位和 Tx FIFO 满标志位代替检查该位

续表 3-40

位	位名称	描 述
[0]	Receive Buffer Data Ready	无论何时接收缓冲寄存器包含有效数据,该位都为1 0=空;1=接收缓冲寄存器中有接收数据 如果 UART 使用 FIFO,用户可以通过检查 UFSTAT 寄存器的 Rx FIFO 计数位代替检查该位

(6) UART 错误状态寄存器(UERSTATn)

在 UART 模块中有 2 个 UART 错误状态寄存器,UERSTAT0 和 UERSTAT1,如表 3-41 所列。

表 3-41 UART 错误状态寄存器

UERSTAT0 地址:0x01D00014;访问方式:R;初始值 0x0
UERSTAT1 地址:0x01D04014;访问方式:R;初始值 0x0

位	位名称	描 述
[3]	Break Detect	当检测到一个暂停信号时,该位自动置1 0=无暂停信号接收;1=暂停信号已经接收到
[2]	Frame Error	该位为1指示一个帧错误发生
[1]	Parity Error	该位为1指示在接收时一个奇偶错误发生
[0]	Overrun Error	该位为1指示一个溢出错误发生

注:当读过 UART 的错误状态寄存器之后,UERSATn[3:0]会自动清零。

(7) UART FIFO 状态寄存器(UFSTATn)

UARTn 有1个16字节的接收 FIFO 和1个6字节的发送 FIFO。

在 UART 模块中有 2 个 UART FIFO 状态寄存器,UFSTAT0 和 UFSTAT1,如表 3-42 所列。

表 3-42 UART FIFO 状态寄存器

UFSTAT0 地址:0x01D00018;访问方式:R;初始值 0x0
UFSTAT1 地址:0x01D04018;访问方式:R;初始值 0x0

位	位名称	描 述
[15:10]		保留
[9]	Tx FIFO Full	当发送 FIFO 为满时该位为1 0=0字节≤Tx FIFO 中的数据≤15;1=满
[8]	Rx FIFO Full	当接收 FIFO 为满时该位为1 0=0字节≤Rx FIFO 中的数据≤15;1=满
[7:4]	Tx FIFO Count	Tx FIFO 里的数据数量
[3:0]	Rx FIFO Count	Rx FIFO 里的数据数量

(8) UART MODEM 状态寄存器(UMSTATn)

在 UART 模块中有 2 个 UART MODEM 状态寄存器,UMSTAT0 和 UMSTAT1,如表 3-43 所列。

(9) UART 发送保持寄存器(UTXHn)

在 UART 模块中有 2 个 UART 发送保持寄存器,UTxH0 和 UTxH1,如表 3-44 所列。

(10) UART 接收保持寄存器(URXHn)

在 UART 模块中有 2 个 UART 接收保持寄存器,URxH0 和 URxH1,如表 3-45 所列。

表 3-43 UART MODEM 状态寄存器

UMSTAT0 地址：0x01D0001C；访问方式：R；初始值：0x0
UMSTAT1 地址：0x01D0401C；访问方式：R；初始值：0x0

位	位名称	描 述
[4]	Delta CTS	该位指示输入到 S3C44B0X 的 nCTS 信号自从上次读后是否已经改变状态 0=未变；1=改变
[3:1]		保留
[0]	Clear to Send	0=CTS 信号没有被激活（nCTS 引脚为高电平）； 1=CTS 信号被激活（nCTS 引脚为低电平）

表 3-44 UART 发送保持寄存器

UTXH0 地址：0x01D00020（小端模式）；访问方式：W(byte)；初始值 1
0x01D00023（大端模式）
UTXH1 地址：0x01D04020（小端模式）；访问方式：W(byte)；初始值 1
0x01D04023（大端模式）

UTXHn	Bit	描 述	初始值
TXDATAn	[7:0]	向 UARTn 传输的数据	

表 3-45 UART 接收保持寄存器

URXH0 地址：0x01D00024（小端模式）；访问方式：R(byte)；初始值 1
0x01D00027（大端模式）
URXH1 地址：0x01D00024（小端模式）；访问方式：R(byte)；初始值 1
0x01D00027（大端模式）

UTXHn	Bit	描 述	初始值
TXDATAn	[7:0]	UARTn 上接收到的数据	

注意： 当一个溢出错误发生后，URXHn 必须读出。否则，即使 USTATn 的溢出位已经清零，下一个接收到的数据也将产生溢出错误。

(11) UART 波特率分频寄存器(UBRDIVn)

UBRDIVn 的计算方法详见本节的实验原理部分，其中各位如表 3-46 所列。

表 3-46 UART 波特率分频寄存器

UBRDIV0 地址：0x01D00028；访问方式：R/W；初始值 1
UBRDIV1 地址：0x01D04028；访问方式：R/W；初始值 1

UBRDIVn	Bit	描 述	初始值
UBRDIV	[15:0]	波特率的分频值 UBRDIVn>0	

5) RS232 接口电路

Start S3C44B0X 实验板中，串口电路如图 3-24 所示，实验板上提供两个串口 DB9。其中 UART1 为主串口，可与 PC 或 MODOM 进行串行通信。由于 S3C44B0X 未提供 DCD(载波检测)、DTR(数据终端准备好)、DSR(数据准备好)、RIC(振铃指示)等专用 I/O 口，故用 MCU 的通用 I/O 口替代。UART0 只采用 2 根接线 RXD 和 TXD，因此只能进行简单的数据传输及接收功能。全接口的 UART1 采用 MAX3243E 作为电平转换器，简单接口的 UART0 则采用 MAX3221E 作为电平转换器。

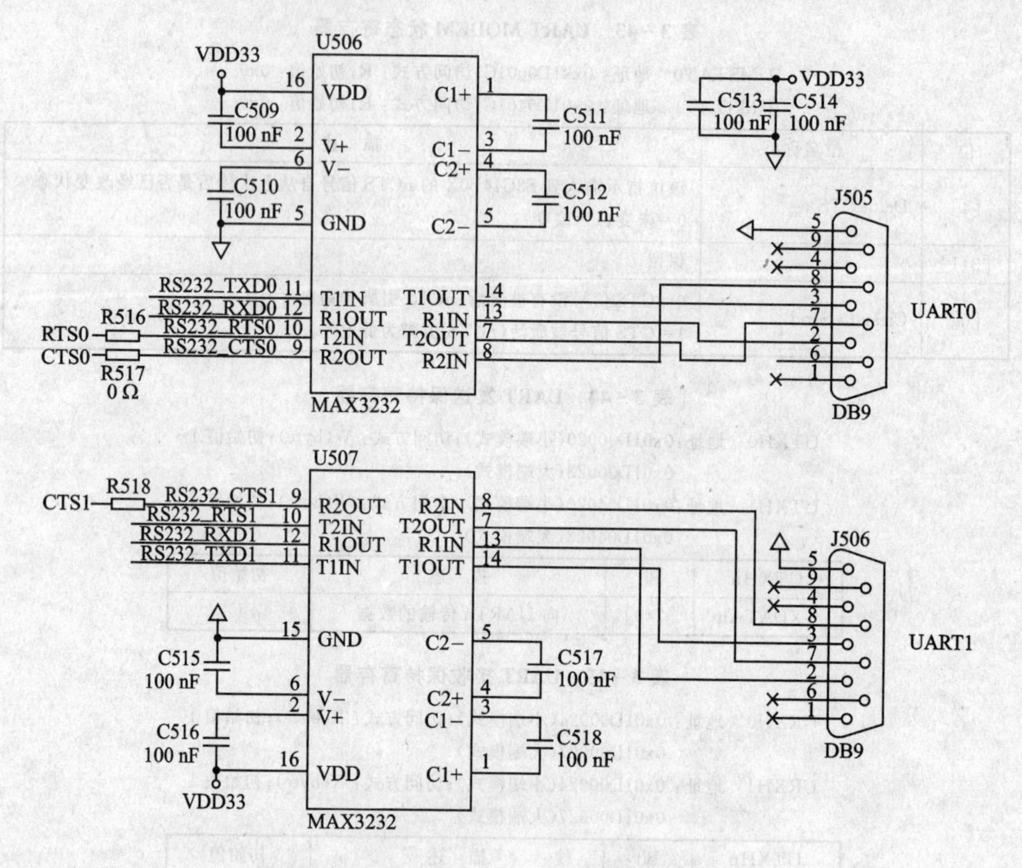

图 3-24 Start S3C44B0X 实验板中串口电路

5. 程序流程

串口测试程序流程图如图 3-25 所示。

6. 实验操作步骤

(1) 准备实验环境。使用 ARM Multi-ICE 仿真器连接目标板和 PC 机,使用 Start S3C44B0X 实验板附带的串口线连接实验板上的 UART0 和 PC 机的串口。

(2) 在 PC 机上运行 Windows 自带的串口通信程序超级终端程序,或者其他串口通信程序(如串口精灵等)。超级终端配置如图 3-26 所示。

(3) 检查线缆连接是否可靠,若可靠,给系统上电。

(4) 启动 Multi-ICE Server.exe,如图 3-27 所示。

(5) 复制光盘中 1_Experiment\chapter_3 路径下的 3.5_uart_test 文件夹到本地硬盘。

(6) 在 ADS1.2 环境下,打开 Uart_Test.mcp,编译链接工程,选择 Project→Debug 后进入 AXD。

(7) 在 AXD 中选择 Execute→GO 运行程序至主程序 main()函数入口处,如图 3-28 所示。

(8) 分别在 main()函数中的"uart_polling_test();"以及"uart_int_test();"处设置断点后,在 AXD 中选择 Execute→GO 运行程序,程序正确运行后,会在超级终端上输出如图 3-29 所示信息。

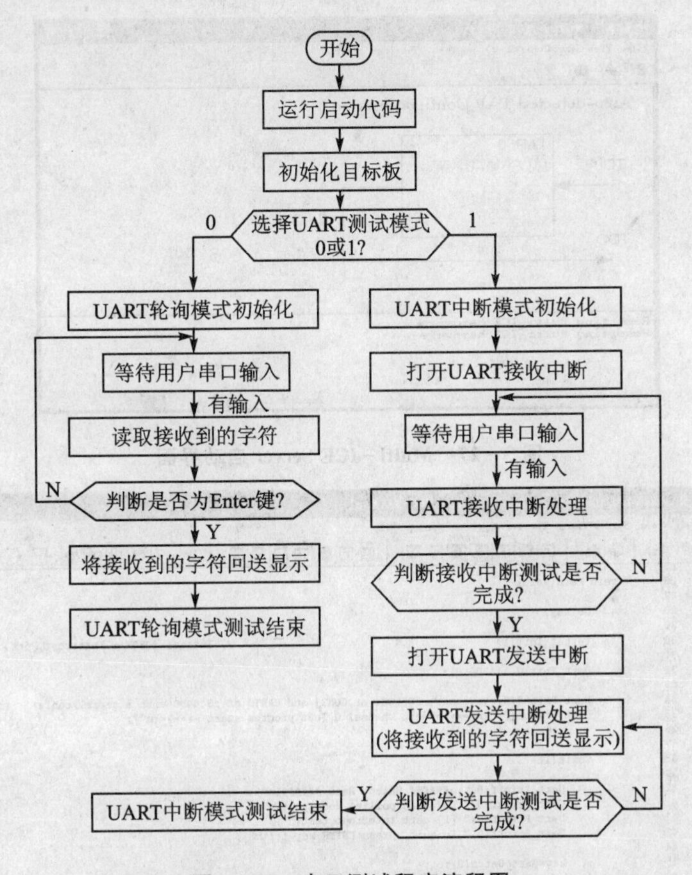

图3-25 串口测试程序流程图

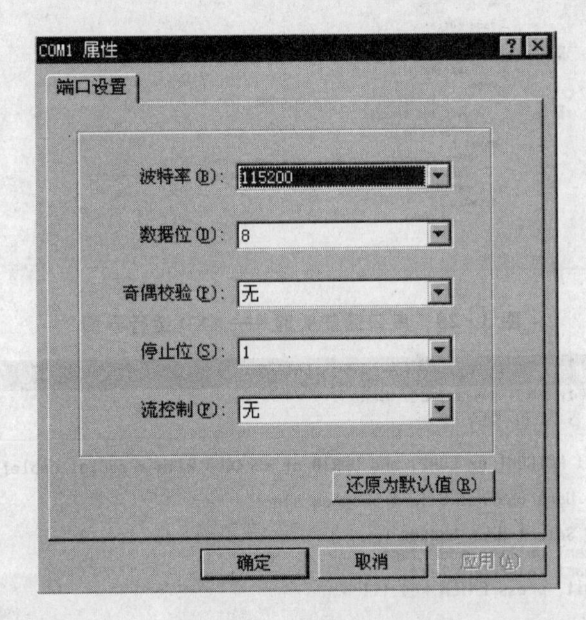

图3-26 超级终端配置

(9) 在超级终端中输入0，选择UART轮询模式测试，程序停至"uart_polling_test();"断点处，在AXD中选择Execute→Step In，进入UART轮询模式测试函数uart_polling_test()。

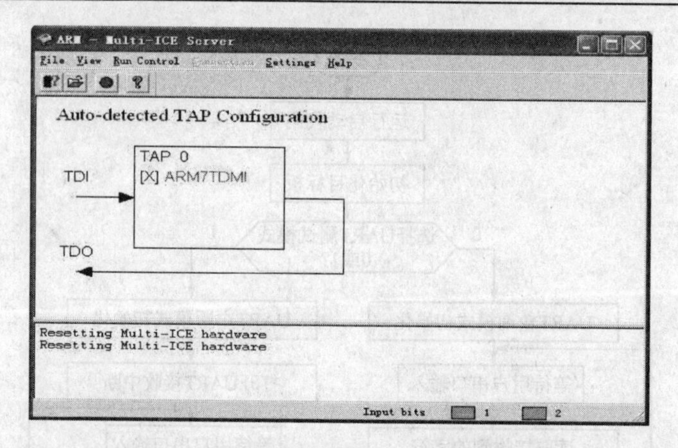

图 3-27 Multi-ICE Server 启动界面

```
AXD - [ARM7TDMI_0 - E:\4.4_uart_test\Application\SRC\MAIN.c]
File Search Processor Views System Views Execute Options Window Help

26  void Main(void)
27  {
28      U8 key;
29
30      Target_Init();                                  // Initial 44B0X's Interrupt,Port
31
32      Uart_Init(0,115200,0);
33
34      Uart_Printf(0,"\nConnect PC[COM1 or COM2] and UART0 of s3c44b0 with a serial cable!!! \n");
35      Uart_Printf(0,"\n====== Uart channel 0 Test program start ======\n");
36
37
38      while(1)
39      {
40          Uart_Printf(0,"\n###### Select Menu ######\n");
41          Uart_Printf(0," [0] uart polling mode test\n");
42          Uart_Printf(0," [1] uart interrupt test\n");
43          Uart_Printf(0," To quit, press ENTER key.!!!\n");
44
45          key=Uart_Getch(0);
46
47          switch(key)
48          {
49            case '0':
50                Uart_Printf(0," \n uart polling mode test is selected\n");
51                uart_polling_test();
52                break;
53            case '1':
54                Uart_Printf(0," \n uart interrupt test is selected\n");
55                uart_int_test();
56                break;
57            case'\r':
58                Uart_Printf(0," \n exit from uart test !!\n");
59                Uart_Printf(0,"\n====== UART Test program end ======\n");
60                return;
61            default:
62                    break;
63
64          }
```

图 3-28 串口通信实验——AXD 运行界面

```
SoC1 - 超级终端
文件(F) 编辑(E) 查看(V) 呼叫(C) 传送(T) 帮助(H)

Connect PC[COM1 or COM2] and UART0 of s3c44b0 with a serial cable!!!

====== Uart channel 0 Test program start ======

###### Select Menu ######
 [0] uart polling mode test
 [1] uart interrupt test
 To quit, press ENTER key.!!!

已连接 0:21:26 ANSIW 115200 8-N-1 SCROLL CAPS NUM 捕 打印
```

图 3-29 串口通信实验——超级终端输出主函数界面

(10) 在 uart_polling_test()函数的“uart_pollingmode_Init(0,115200,0);”、“ * pStr＝Uart_Getch(0);”以及“Uart_SendByte(* pStr,0);”处设置断点后，选择 Execute→GO 运行至“uart_pollingmode_Init(0,115200,0);”断点处，如图 3－30 所示。

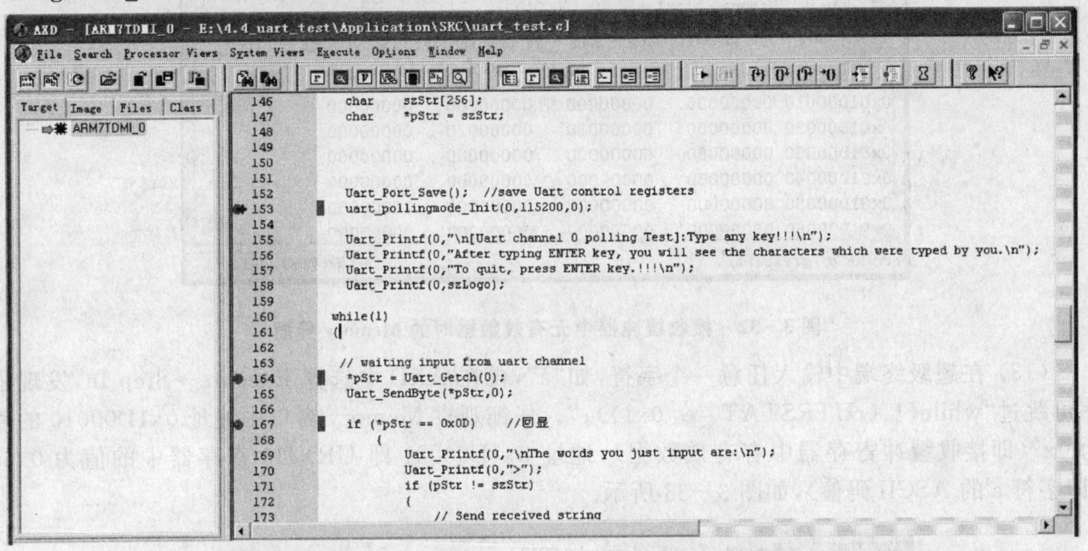

图 3－30　AXD 运行 Uart_Port_Save()函数界面

(11) 在 AXD 中选择 Execute→Step In，进入 UART 轮询模式初始化设置函数 uart_pollingmode_Init()，主要对 UFCON0、UMCON0、ULCON0、UCON0 和 UBRDIV0 寄存器进行设置。请仔细分析各寄存器值的含义。

(12) 选择 Execute→GO 运行程序至“ * pStr＝Uart_Getch(0);”断点处，选择 Execute→Step In，进入 Uart_Getch()函数，发现程序将一直停在“while(! (rUTRSTAT0 & 0x1));”处，如图 3－31 所示。

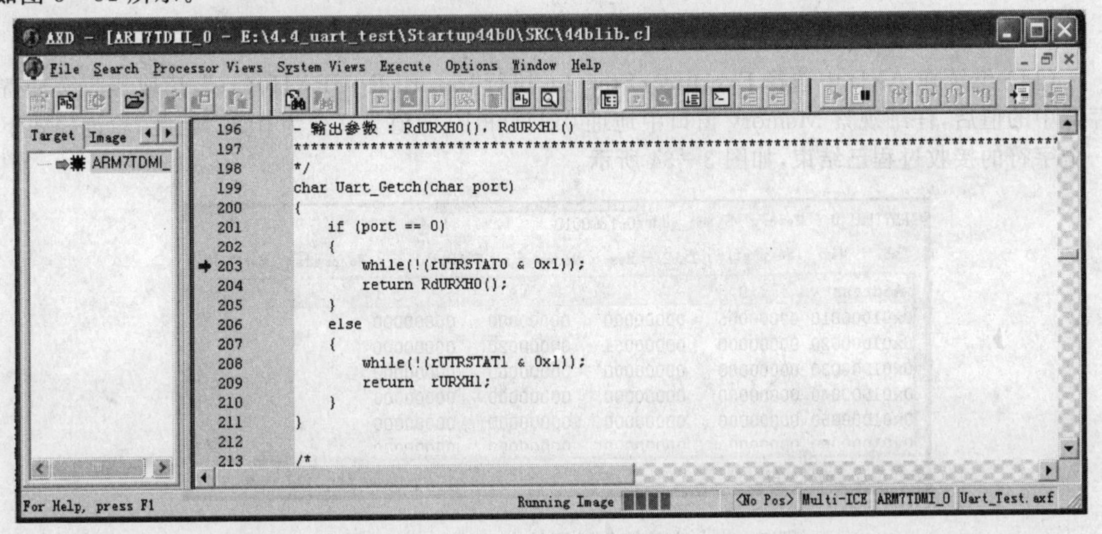

图 3－31　AXD 运行 Uart_Getch 函数界面

在 AXD 中选择 Execute→Stop，再选择 Processor Views→Memory，在打开的 Memory 窗口的 Memory Start Adress 中键入寄存器 UTRSTAT0 的地址 0x1D00010。仔细观察 0x1D00010

地址的值为0x6,即接收缓冲寄存器中无有效数据,故程序一直停留在“while(!(rUTRSTAT0 & 0x1));”处,如图3-32所示。

ARM7TDMI_0 - Memory Start addre 0x1d00010

Tab1 - Hex - No prefix | Tab2 - Hex - No prefix | Tab3 - Hex - No prefi:

Address	0	4	8	c
0x01D00010	00000006	00000000	00000000	00000000
0x01D00020	00000000	00000030	00000020	00000000
0x01D00030	00000000	00000000	00000000	00000000
0x01D00040	00000000	00000000	00000000	00000000
0x01D00050	00000000	00000000	00000000	00000000
0x01D00060	00000000	00000000	00000000	00000000

For Help, press F1 <No Pos> Multi-]

图3-32 接收缓冲器中无有效数据时的Memory界面

(13) 在超级终端中输入任意一个字符,如“a”,再在AXD中选择Execute→Step In,发现程序可跳过“while(!(rUTRSTAT0 & 0x1));”。仔细观察Memory窗口中地址0x1D00010的值为0x7(即接收缓冲寄存器中有有效数据),地址0x1D00024即URXH0寄存器中的值为0x61(即字符a的ASCII码值),如图3-33所示。

ARM7TDMI_0 - Memory Start addre 0x1d00010

Tab1 - Hex - No prefix | Tab2 - Hex - No prefix | Tab3 - Hex - No prefi:

Address	0	4	8	c
0x01D00010	00000007	00000000	00000001	00000000
0x01D00020	00000000	00000061	00000020	00000000
0x01D00030	00000000	00000000	00000000	00000000
0x01D00040	00000000	00000000	00000000	00000000
0x01D00050	00000000	00000000	00000000	00000000
0x01D00060	00000000	00000000	00000000	00000000

For Help, press F1 Line 204, Col 0

图3-33 接收缓冲器中有有效数据时的Memory界面

(14) 继续在AXD中选择Execute→Step In,执行“return RdURXH0();”,读取接收缓冲寄存器中的值后,仔细观察Memory窗口中地址0x1D00010的值为又变为0x6。至此,轮询模式下一个字符的接收过程已结束,如图3-34所示。

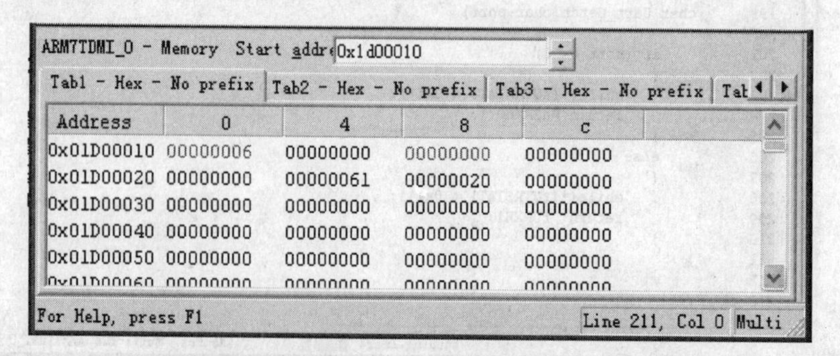

图3-34 字符接收过程结束后的Memory界面

(15) 在超级终端中键入回车键后,程序将停在断点“Uart_SendByte(*pStr,0);”处,在AXD中选择Execute→Step In,进入Uart_SendByte()函数,运行程序至“while(!(rUTRSTAT0 & 0x2));”处,程序判断发送缓冲寄存器中是否为空,仔细分析0x1D00010

(UTRSTAT0)地址的值。

(16) 执行完“WrUTXH0(data);”后,UART即完成了一次轮询发送过程。

(17) 运行程序至“if (* pStr==0x0D);”处,判断接收到的字符是否为回车键,如果不是则继续从串口接收数据,如果是则将接收到的字符回显。

(18) 在执行完 uart_polling_test()函数后,超级终端上将显示如图3-35所示的信息。

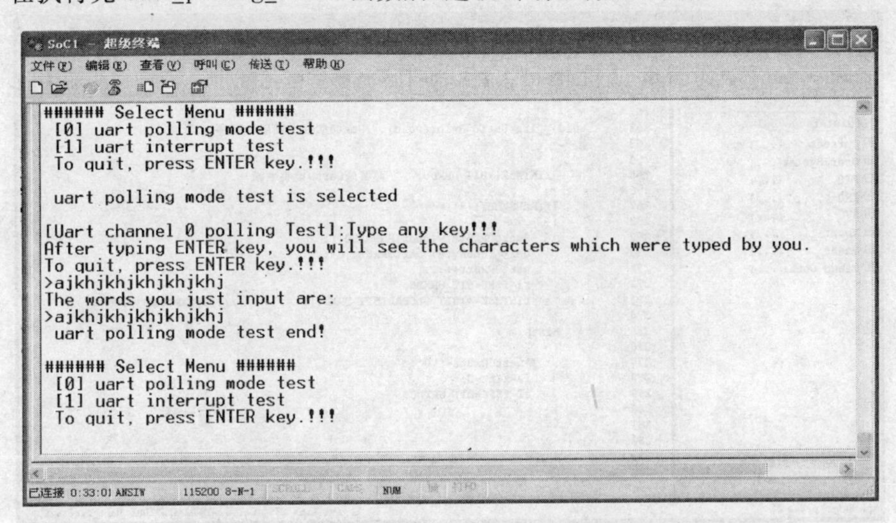

图3-35 执行完uart_polling_test()函数后的超级终端输出界面

至此UART轮询模式测试结束。

(19) 在超级终端中输入1,选择UART中断模式测试,程序将停至“uart_int_test();”断点处,在AXD中选择Execute→Step In,进入UART中断模式测试函数uart_int_test()。

(20) 在uart_int_test()函数的“uart_intmode_Init (0,115200,0);”、“rINTMSK=~(BIT_GLOBAL|BIT_URXD0);”以及“rINTMSK=~(BIT_GLOBAL|BIT_UTXD0);”处设置断点后,选择Execute→GO运行至“uart_intmode_Init(0,115200,0);”断点处,如图3-36所示。

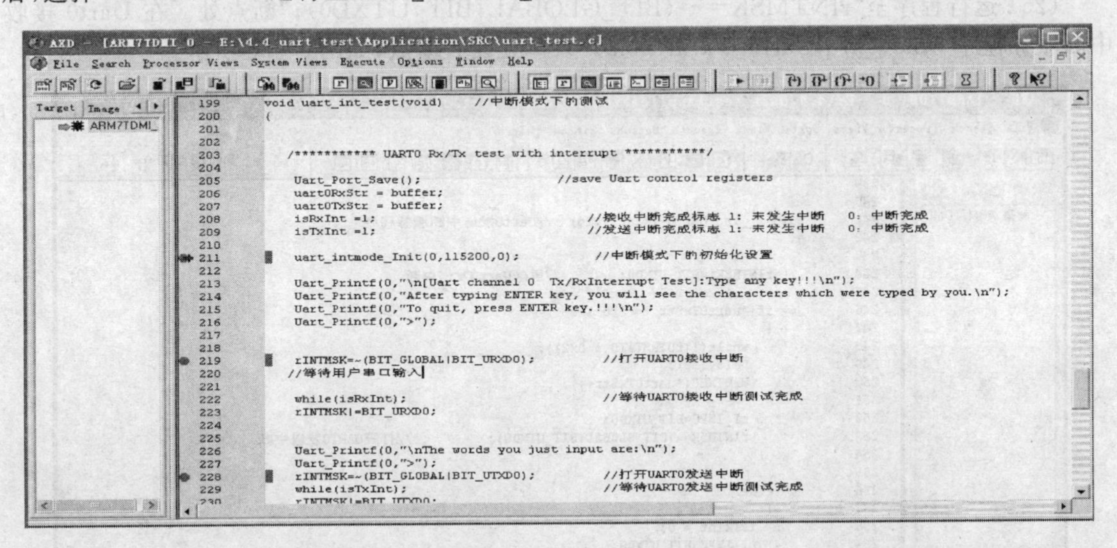

图3-36 AXD运行uart_int_test函数界面

(21) 在AXD中选择Execute→Step In,进入UART中断模式初始化设置函数uart_int-

mode_Init(),主要对 UFCON0、UMCON0、ULCON0、UCON0 和 UBRDIV0 寄存器进行设置,挂接中断服务程序。

(22) 选择 Execute→GO 运行程序至"rINTMSK=~(BIT_GLOBAL|BIT_URXD0);"断点处,如图 3-37 所示。在 UART0 接收中断服务程序"void __irq Uart0_RxInt(void)"入口处设置断点。

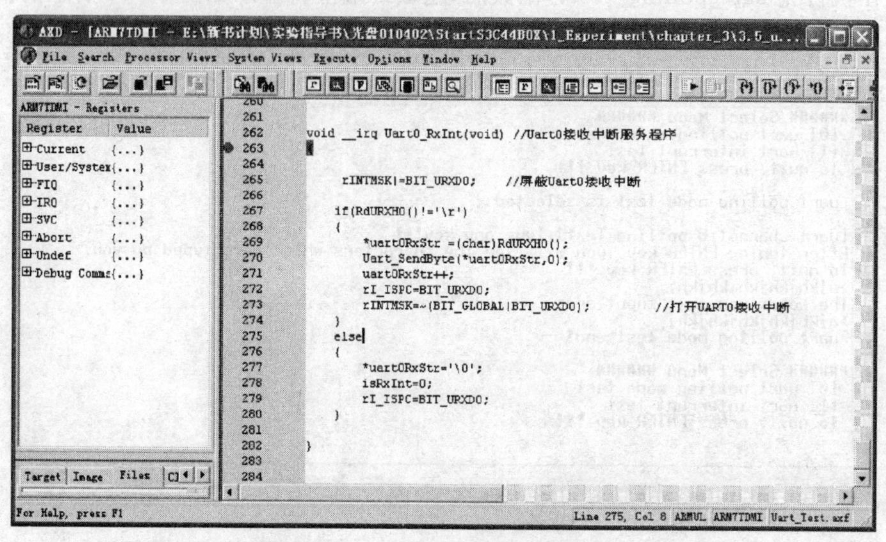

图 3-37 AXD 运行中断服务程序界面

(23) 在 AXD 中选择 Execute→Step In,执行此行代码后打开 UART0 的接收中断,之后程序一直停在"while(isRxInt);"等待接收中断测试完毕。

(24) 在超级终端中输入任意键,程序将停在 UART0 接收中断服务程序"void __irq Uart0_RxInt(void)"入口处,执行完此函数后即完成 UART 中断模式下一个字符的接收过程。当接收到的字符为回车键时,UART0 中断模式接收测试完毕。

(25) 运行程序至"rINTMSK=~(BIT_GLOBAL|BIT_UTXD0);"断点处。在 Uart0 接收中断服务程序"void __irq Uart0_TxInt(void)"入口处设置断点,如图 3-38 所示。

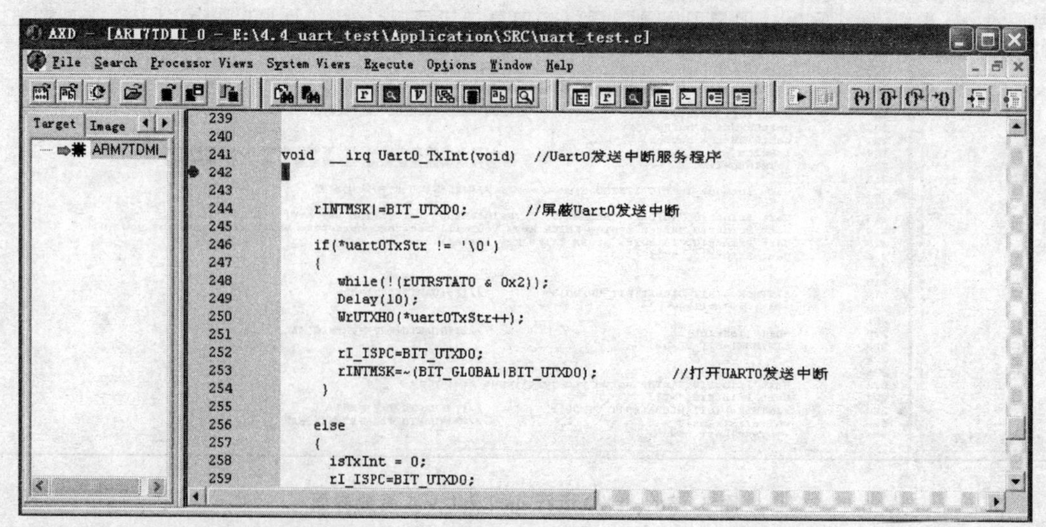

图 3-38 AXD 运行__irq Uart0_TxInt 函数界面

(26) 在 AXD 中选择 Execute→Step In,执行此行代码后打开 UART0 的发送中断。

(27) 选择 Execute→GO,程序将停在 UART0 发送中断服务程序“void __irq Uart0_TxInt(void)”入口处,执行完此函数后即完成 UART 中断模式下一个字符的发送过程。

(28) 在执行完 uart_int_test()函数后,超级终端上将显示如图 3-39 所示信息。

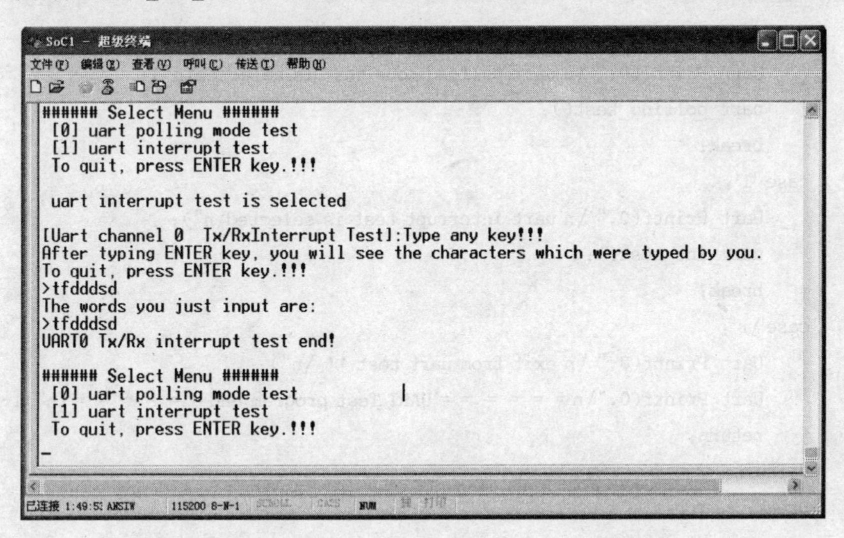

图 3-39　超级终端执行 uart_int_test()函数后输出界面

至此 UART 中断模式测试结束。

(29) 理解和掌握实验后,完成实验练习题。

7. 实验参考程序

1) 本实验内容的主函数代码

```
/*********************************************************************
- 函数名称:Main(void)
- 函数说明:系统的主程序入口
- 输入参数:无
- 输出参数:无
*********************************************************************/
void Main(void)
{
    U8 key;
    Target_Init();                                  //初始化 44B0X 中断,端口
    Uart_Init(0,115200,0);
Uart_Printf(0,"\nConnect PC[COM1 or COM2] and UART0 of s3c44b0x with a serial cable!!! \n");
    Uart_Printf(0,"\n======Uart channel 0 Test program start ======\n");
    while(1)
    {
        Uart_Printf(0,"\n###### Select Menu ######\n");
        Uart_Printf(0," [0] uart polling mode test\n");
        Uart_Printf(0," [1] uart interrupt test\n");
```

```
        Uart_Printf(0," To quit,press ENTER key.!!! \n");
        key = Uart_Getch(0);
        switch(key)
        {
          case '0':
               Uart_Printf(0," \n uart polling mode test is selected\n");
               uart_polling_test();
               break;
          case '1':
               Uart_Printf(0," \n uart interrupt test is selected\n");
               uart_int_test();
               break;
          case'\r':
               Uart_Printf(0," \n exit from uart test !! \n");
               Uart_Printf(0,"\n= = = = = = UART Test program end = = = = = = \n");
               return;
          default:
          break;
        }
    }
}
```

为使UART工作在轮询模式、中断模式,必须对其功能寄存器进行相应的初始化(请仔细阅读代码相关注释)。

2) UART轮询模式下初始化代码

```
void uart_pollingmode_Init (int mclk,int baud,char port)  //轮询模式下初始化设置
{
   int i;
    if (mclk == 0)
    {
        mclk = MCLK;
    }
    i = mclk / (baud * 16);                            //圆整 (int)[(mclk/16.)/baud + 0.5] - 1
    if (port == 0)
    {                                                  //UART0 配置各控制寄存器
        rUFCON0 = 0x0;                                 //禁用 FIFO
        rUMCON0 = 0x0;
        rULCON0 = 0x3;                                 //正常模式,无奇偶校验,1个停止位,8个数据位
        rUCON0 = 0x345;                                //RX 电平触发,TX 电平触发,禁用延时中断,使用
                                                       //RX 错误中断

        //正常操作模式,中断请求或轮询模式
        rUBRDIV0 = i;                                  //(int)(mclk/16/baud + 0.5) - 1;
    }
    else if (port == 1)
```

```
    {                                              //UART1 配置各控制寄存器
        rUFCON1 = 0x0;                             //禁用 FIFO
        rUMCON1 = 0x0;
        rULCON1 = 0x3;                             //正常模式,无奇偶校验,一个停止位,8 个数据位
        rUCON1 = 0x345;                            //RX 电平触发,TX 电平触发,禁用延时中断,使用
                                                   //RX 错误中断
        //正常操作模式,中断请求或轮询模式
        rUBRDIV1 = i;                              //(int)(mclk/16./baud + 0.5) - 1
    }
    for(i = 0;i<100;i ++ );
}
```

3) UART 中断模式下初始化代码

```
void uart_intmode_Init (int mclk,int baud,char port)      //中断模式下初始化设置
{
   int i;
    if (mclk == 0)
    {
        mclk = MCLK;
    }
    i = mclk / (baud * 16);                        //圆整(int)[(mclk/16.)/baud + 0.5] - 1
    if (port == 0)
    {                                              //UART0 配置各控制寄存器
        rUFCON0 = 0x0;                             //禁用 FIFO
        rUMCON0 = 0x0;
        rULCON0 = 0x3;                             //正常模式,无奇偶校验,一个停止位,8 个数据位
        rUCON0 = 0x345;                            //RX 电平触发,TX 电平触发,禁用延时中断,使用
                                                   //RX 错误中断
        //正常操作模式,中断请求或轮询模式
        rUBRDIV0 = i;                              //(int)(mclk/16/baud + 0.5) - 1
    }
    else if (port == 1)
    {                                              //UART1 配置各控制寄存器
        rUFCON1 = 0x0;                             //禁用 FIFO
        rUMCON1 = 0x0;
        rULCON1 = 0x3;                             //正常模式,无奇偶校验,1 个停止位,8 个数据位
        rUCON1 = 0x345;                            //RX 电平触发,TX 电平触发,禁用延时中断,使用
                                                   //RX 错误中断
        //正常操作模式,中断请求或轮询模式
        rUBRDIV1 = i;                              //(int)(mclk/16./baud + 0.5) - 1
    }
    for(i = 0;i<100;i ++ );
    if ((rINTPND&BIT_UTXD0))                       //检测 UART 发送中断是否已经挂起
    {
        rI_ISPC = BIT_UTXD0;                       //清除未决中断
```

```
    }
    if ((rINTPND&BIT_URXD0))                //检测 UART 接收中断是否已经挂起
    {
        rI_ISPC = BIT_URXD0;                //清除未决中断
    }
    pISR_URXD0 = (unsigned)Uart0_RxInt;     //将串口接收 ISR 函数的入口地址放入到相应的
                                            //中断向量跳转地址中
    pISR_UTXD0 = (unsigned)Uart0_TxInt;     //将串口发送 ISR 函数的入口地址放入到相应的
                                            //中断向量跳转地址中
}
```

4）本实验中串口 0 接收中断服务程序（用户可根据具体的应用对此修改）

```
void __irq Uart0_RxInt(void)                //UART0 接收中断服务程序
{
    rINTMSK| = BIT_URXD0;                   //屏蔽 UART0 接收中断
    if(RdURXH0()! = '\r')
    {
        * uart0RxStr = (char)RdURXH0();
        Uart_SendByte( * uart0RxStr,0);
        uart0RxStr ++ ;
        rI_ISPC = BIT_URXD0;
        rINTMSK = ~(BIT_GLOBAL|BIT_URXD0);  //打开 UART0 接收中断
    }
    else
    {
        * uart0RxStr = '\0';
        isRxInt = 0;
        rI_ISPC = BIT_URXD0;
    }
}
```

5）本实验中串口 0 发送中断服务程序（用户可根据具体的应用对此修改）

```
void   __irq Uart0_TxInt(void)              //UART0 发送中断服务程序
{
    rINTMSK| = BIT_UTXD0;                   //屏蔽 UART0 发送中断
    if( * uart0TxStr ! = '\0')
    {
        WrUTXH0( * uart0TxStr ++ );

        rI_ISPC = BIT_UTXD0;
        rINTMSK = ~(BIT_GLOBAL|BIT_UTXD0);  //打开 UART0 发送中断
    }
    else
    {
        isTxInt = 0;
```

```
        rI_ISPC = BIT_UTXD0;
    }
}
```

6) 接收和发送字符的实现函数

以下为 UART 通信过程中的两个基本函数，字符的收、发。希望读者仔细阅读，理解每一行的含义。

(1) 接收字符的实现函数

```
char Uart_Getch(void)
{
    if(whichUart == 0)
    {
        while(!(rUTRSTAT0 & 0x1));          //准备好接收数据
        return RdURXH0();
    }
    else
    {
        while(!(rUTRSTAT1 & 0x1));          //准备好接收数据
        return rURXH1;
    }
```

(2) 发送字符的实现函数

```
void Uart_SendByte(int data)
{
    if(whichUart == 0)
    {
        if(data == '\n')
        {
            while(!(rUTRSTAT0 & 0x2));
            Delay(10);                      //由于超级终端响应较慢
            WrUTXH0('\r');
        }
        while(!(rUTRSTAT0 & 0x2));          //等待，直到 THR 为空
        Delay(10);
        WrUTXH0(data);
    }
    else
    {
        if(data == '\n')
        {
            while(!(rUTRSTAT1 & 0x2));
            Delay(10);                      //由于超级终端响应较慢
            rUTXH1 = '\r';
        }
```

```
        while(! (rUTRSTAT1 & 0x2));                      //等待,直到 THR 为空
        Delay(10);
        rUTXH1 = data;
    }
}
```

7) 串口通信函数库中的其他函数

这些函数的详细代码见 44blib.c,如:

```
Uart_TxEmpty(int port)                               //等待发送移位寄存器空
char Uart_Getch(char port)                           //从串口接收一个字符
char Uart_GetKey(char port);                         //从串口接收一个字符
void Uart_GetString(char * string,char port)         //从串口接收字符串
int Uart_GetIntNum(char port)                        //从串口等到一个十进制或十六进制数
void Uart_SendString(char * pt,char port)            //从串口发送字符串
void Uart_Printf(char port,char * fmt,...)           //串口格式打印字符
```

8. 扩　展

1) 编写 UART 在 FIFO 中断模式下的测试程序

在 FIFO 模式下数据传输的过程为:每一个 UART 单元包含两个 16 字节,分别用于接收和发送数据的 FIFO(先进先出)。若要传输数据,先将要传输的数据写进 FIFO,然后复制到发送移位器,最后通过发送数据引脚(TxDn)逐位发送出去。若要接收数据,先从接收数据引脚(RxDn)逐位接收数据,然后从数据移位器复制到 FIFO 中。

表 3-47 列出了与 FIFO 相关的中断。

表 3-47　与 FIFO 相关的中断

类　型	FIFO 模式	非 FIFO 模式
Rx 中断	每次接收的数据达到接收 FIFO 的触发域值,则产生 Rx 中断 若 FIFO 为非空且在 3 字时间内没有接收到数据,也将产生 Rx 中断(接收超时)	每次接收数据变为"满",则接收移位寄存器产生一个中断
Tx 中断	每次发送的数据达到发送 FIFO 的触发域值,则产生 Tx 中断	每次发送数据变为"空",则发送保持寄存器产生一个中断
错误中断	帧错误、奇偶校验错误、发现字节为单位接收到的断点条件信号、接收 FIFO 溢出错误,都将产生一个错误中断	所有的错误立即产生一个错误中断,如果同时另一个错误中断发生,只会产生一个中断

FIFO 中断模式下,数据发送和接收程序流程图分别如图 3-40(a)和(b)所示。

2) 主要参考程序

```
void Uart0_TxFifoInt(void)
{
    rI_ISPC = BIT_UTXD0;
    int i;
    while( !(rUFSTAT0 == 16) && ( * uart0TxStr ! = '\0') )   //一直等到发送 FIFO 为满或字符串结束
```

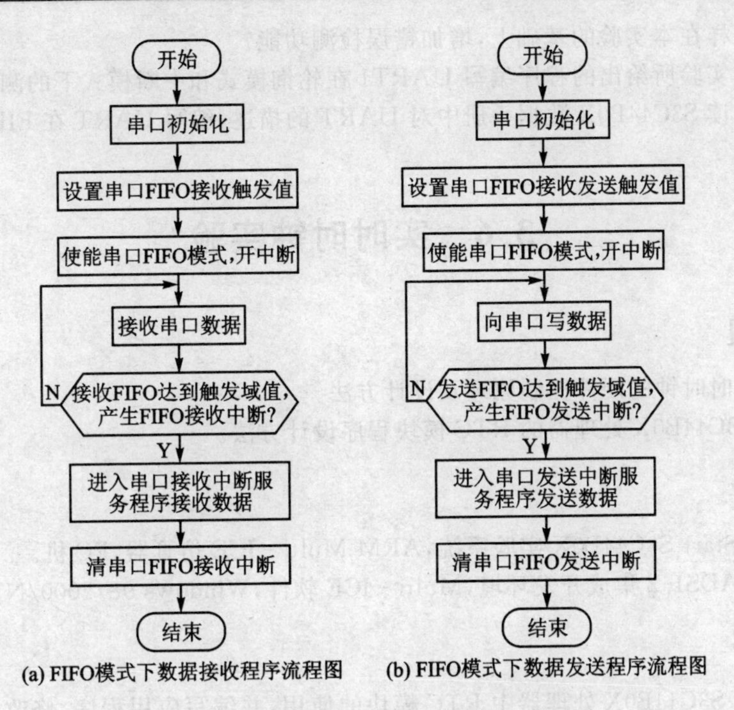

(a) FIFO模式下数据接收程序流程图　(b) FIFO模式下数据发送程序流程图

图 3-40　FIFO 模式下数据传输的程序流程图

```
    {
        rUTXH0 = * uart0TxStr ++ ;
        for(i = 0;i<700;i ++ );                          //防止 FIFO 溢出
    }
    rI_ISPC = BIT_UTXD0;
    if( * uart0TxStr == '\0')
    {
        rUCON0 & = 0x3f3;
        rI_ISPC = BIT_UTXD0;
        rINTMSK| = BIT_UTXD0;
    }
}
void Uart0_RxFifoInt(void)
{
    rI_ISPC = BIT_URXD0;
    while( (rUFSTAT0&0xf) >0 )                          //一直等到 FIFO 空
    {
        keyBuf[keyBufWrPt ++ ] = rURXH0;
        if(keyBufWrPt == KEY_BUFLEN)
        keyBufWrPt = 0;
    }
}
```

9. 练习题

(1) 比较 char Uart_GetKey(char port)和 char Uart_Getch(char port)的区别。

(2) 思考怎样在本实验的基础上,增加错误检测功能?

(3) 根据本实验所给出的程序编写 UART1 在轮询模式和中断模式下的测试程序。

(4) 仔细阅读 S3C44B0X 数据手册中对 UART 的描述,编写 UART 在 FIFO 模式下的测试程序。

3.6 实时时钟实验

1. 实验目的

(1) 了解实时时钟的硬件控制原理及设计方法。

(2) 掌握 S3C44B0X 处理器的 RTC 模块程序设计方法。

2. 实验设备

(1) 硬件:Start S3C44B0X 实验系统,ARM Multi-ICE 仿真器,PC 机。

(2) 软件:ADS1.2 集成开发环境,Multi-ICE 软件,Windows 98/2000/NT/XP。

3. 实验内容

学习和掌握 S3C44B0X 处理器中 RTC 模块的使用,并编写应用程序,修改时钟日期及时间的设置,并使用 Start S3C44B0X 实验系统的串口,在超级终端显示当前系统时间。

4. 实验原理

1) 实时时钟

实时时钟(RTC)器件是一种能提供日历/时钟、数据存储等功能的专用集成电路,常用做各种计算机系统的时钟信号源和参数设置存储电路。RTC 具有计时准确、耗电低和体积小等特点,特别是在各种嵌入式系统中用于记录事件发生的时间和相关信息,如用于通信工程、电力自动化、工业控制等自动化程度高的领域。随着集成电路技术的不断发展,RTC 器件的新品也不断推出,这些新品不仅具有准确的实时时钟,还有大容量的存储器、温度传感器和 A/D 数据采集通道等,已成为集 RTC、数据采集和存储于一体的综合功能器件,特别适用于以微控制器为核心的嵌入式系统。

RTC 器件与微控制器之间大都采用连线简单的串行接口,诸如 I^2C、SPI、MICROWIRE 和 CAN 等串行总线接口。这些串口由 2~3 根线连接,分为同步和异步。

2) S3C44B0X 实时时钟单元

S3C44B0X 实时时钟单元是处理器集成的片内外设,由实验系统的后备电池供电,可以在系统电源关闭的情况下运行。RTC 发送 8 位 BCD 码数据到 CPU。传送的数据包括秒、分、小时、星期、日期、月份和年份。RTC 单元时钟源由外部 32.768 kHz 晶振提供,可以实现闹钟(报警)功能。

S3C44B0X 实时时钟单元特性:

- BCD 数据:秒、分、小时、星期、日期、月份和年份;
- 闹钟(报警)功能:产生定时中断或激活系统;
- 自动计算闰年;
- 无 2000 年问题;

➢ 独立的电源输入；

➢ 支持毫秒级时间片中断，为 RTOS 提供时间基准。

S3C44B0X 处理器 RTC 功能框图如图 3-41 所示。

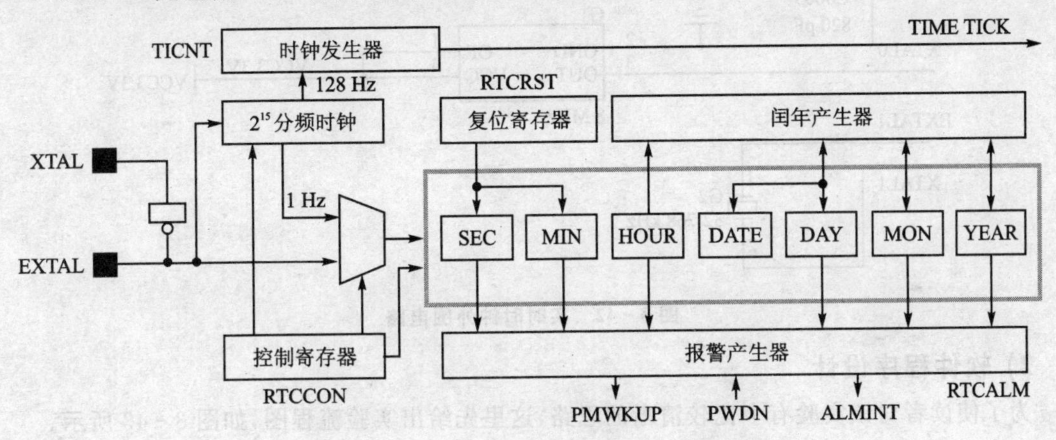

图 3-41　S3C44B0X 处理器 RTC 功能框图

(1) 读/写寄存器。访问 RTC 模块的寄存器，首先要设 RTCCON 的位[0]为 1。CPU 通过读取 RTC 模块中寄存器 BCDSEC、BCDMIN、BCDHOUR、BCDDAY、BCDDATE、BCDMON 和 BCDYEAR 的值，得到当前的相应时间值。然而，由于多个寄存器依次读出，所以有可能产生错误。比如：用户依次读取年(1989)、月(12)、日(31)、时(23)、分(59)、秒(59)。当秒数为 1～59 时，没有任何问题。但是，当秒数为 0 时，当前时间和日期就变成了 1990 年 1 月 1 日 0 时 0 分。这种情况下(秒数为 0)，用户应该重新读取年份到分钟的值(参考程序设计)。

(2) 后备电池。RTC 单元可以使用后备电池通过引脚 RTCVDD 供电。当系统关闭电源以后，CPU 和 RTC 的接口电路被阻断，后备电池只需要驱动晶振和 BCD 计数器，从而达到最低的功耗。

(3) 闹钟功能。RTC 在指定的时间产生报警信号，包括 CPU 工作在正常模式和休眠模式下。在正常工作模式，报警中断信号(ALMINT)被激活。在休眠模式，报警中断信号和唤醒信号(PMWKUP)同时被激活。RTC 报警寄存器(RTCALM)决定报警功能的使能/屏蔽和完成报警时间检测。

(4) 时间片中断。RTC 时间片中断用于中断请求。寄存器 TICNT 有一个中断使能位和中断计数。该中断计数自动递减，当达到 0 时，则产生中断。中断周期按照下列公式计算：

$$\text{Period}=(n+1)/128\ \text{s}$$

其中，n 为 RTC 时钟中断计数，可取值为(1～127)。

(5) 置零计数功能。RTC 的置零计数功能可以实现 30、40 和 50 s 步长重新计数，供某些专用系统使用。当使用 50 s 置零设置时，如果当前时间是 11:59:49，则下一秒后时间将变为 12:00:00。

注意：所有的 RTC 寄存器都是字节型的，必须使用字节访问指令(STRB、LDRB)或字符型指针访问。

5. 实验设计

1) 硬件电路设计

实时时钟外围电路如图 3-42 所示。

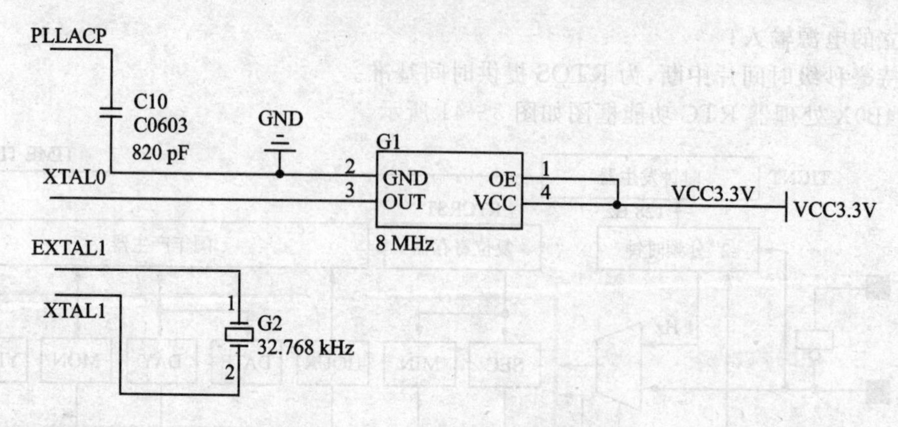

图 3-42 实时时钟外围电路

2) 软件程序设计

为了使读者对该实验有个比较清晰的思路，这里先给出实验流程图，如图 3-43 所示。

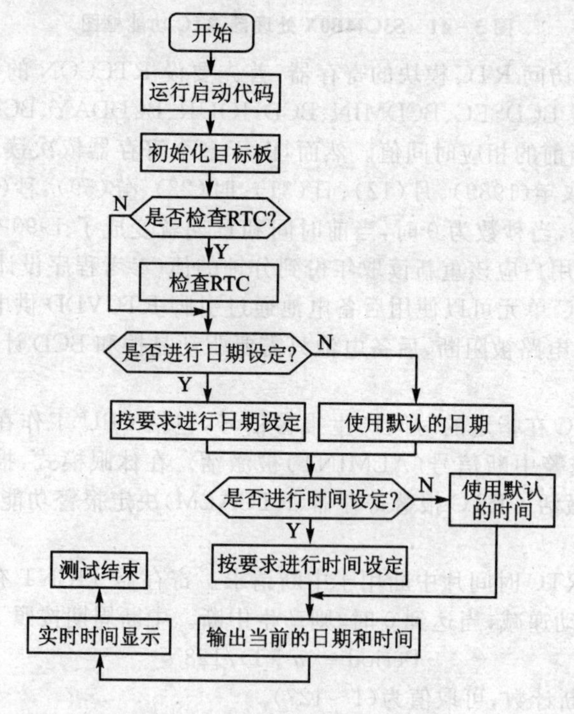

图 3-43 RTC 软件设计流程图

(1) 时钟设置

时钟设置程序必须实现时钟工作情况以及数据设置有效性检测功能。具体实现可以参考示例程序设计。

(2) 时钟显示

时钟参数通过实验系统串口 0 输出到超级终端，显示内容包括年、月、日、时、分、秒。参数以 BCD 码形式传送，用户使用串口通信函数(参见串口通信实验)将参数取出显示。

```
/*******************************************************************************
* 名  称：Display_RTC ()
```

```
* 功　能：RTC显示控制程序
* 参　数：无
* 返回值：无
***********************************************************************/
void Display_Rtc(void)
{
    int year;
    int month,day,weekday,hour,min,sec;
    rRTCCON = 0x01;                        //R/W 使能;配置：1/32 768,正常工作模式(合并),无复位
    while(1)
    {
    if(rBCDYEAR == 0x99)
        year = 0x1999;
    else
        year = 0x2000 + rBCDYEAR;
        month = rBCDMON;
        day = rBCDDAY;
        weekday = rBCDDATE;
        hour = rBCDHOUR;
        min = rBCDMIN;
        sec = rBCDSEC;
    if(sec! = 0)                           //如果当前秒值是 0 s,则要求重新读一次 RTC
        break;
    }
    Uart_Printf(" %4x, %2x, %2x, %s",year,month,day,date[weekday]);
    Uart_Printf(" %2x: %2x: %2x\r",hour,min,sec);
    rRTCCON = 0x0;                         //关闭 R/W
}
```

6. 实验操作步骤

(1) 准备实验环境。使用 ARM Multi－ICE 仿真器连接目标板和 PC 机并口，使用 Start S3C44B0X 实验系统附带的串口线连接实验板上的 UART0 和 PC 机的串口。

(2) 在 PC 机上运行 Windows 自带的超级终端串口通信工具(波特率 115 200、1 位停止位、无校验位、无硬件流控制)，或者使用其他串口通信工具。

(3) 复制光盘中 1_Experiment\chapter_3 路径下的 3.6_rtc_test 文件夹到本地硬盘。在 ADS1.2 环境下，打开 RCT_Text.mcp 编译、链接工程，选择 Project→Debug 后进入 AXD。

(4) 运行程序至 rtc_test()处，进入该函数内，在 rtc_check()、rtc_set_date(szStr)以及 rtc_set_time 处设置断点后，在 AXD 中选择 Execute→GO 运行程序，程序正确运行后，会在超级终端上输出如下信息：

```
RTC Test program start ======
```

(5) 程序会运行至 rtc_check()函数入口处，按 F8 键进入 rtc_check()函数，全速运行，超级终端会出现如下信息：

```
RTC Test program start ======
```

```
RTC Test Example
RTC Check(Y/N)?
```

(6) 可以选择是否对RTC进行检查，若检查正确，则继续执行程序；若检查不正确，也会提示是否重新检查，如果选择Y，超级终端将显示如下信息：

```
RTC Check(Y/N)? y
Set Default Time at 04 - 12 - 31 FRI 23:59:59
Set Alarm Time at 05 - 01 - 01 00:00:01
... RTC Alarm Interrupt O.K....
Current Time is 2005 - 01 - 01 SAT 00:00:12
```

(7) 继续运行，超级终端会提示如下信息，用户可以选择是否重新进行日期的设定，如果选择Y，根据提示的格式进行日期的设定。

```
RTC Working now. To set date(Y/N)?
y Current date is (2005,01,01,SAT).
input new date (yy - mm - dd w):
```

输入完日期并按下回车键后程序会运行至断点 rtc_set_date()，按F8键进入该函数，仔细阅读该函数，观察RTC的寄存器中值的变化是否与所设定的一致。

(8) 如果输入的格式有错误，超级终端的窗口会显示"wrong value"的信息，并会让用户重新设置。如果输入格式正确，超级终端会显示用户刚输入的当前日期。例如，如果输入 09 - 09 - 24 4 则显示：

```
Current date is: 2009 - 09 - 24 THU
```

(9) 继续运行到出现是否需要设置时间，这与上步中设置日期的步骤基本上一样。现设置时间为10:54:20，继续运行，超级终端出现如下信息：

```
To set time(hh:mm:ss): 10:54:20
Current time is: 10:54:20
Current Time is 2009 - 09 - 24 THU 10:54:27
10:54:38
```

(10) 理解和掌握实验后，完成实验练习题。

7. 实验参考程序

1) 时钟显示

```
/*********************************************************************
* 名  称: rtc_read
* 功  能: 从 RTC 读数据
* 参  数: 无
* 返回值: 无
*********************************************************************/
void rtc_read(void)
{
   while(1)
   {
```

```
    //从 RTC 寄存器中读数据
        if(rBCDYEAR == 0x99)
        g_nYear = 0x1999;
        else
        g_nYear = 0x2000 + rBCDYEAR;
        g_nMonth = rBCDMON;
        g_nDay = rBCDDAY;
        g_nWeekday = rBCDDATE;
        g_nHour = rBCDHOUR;
        g_nMin = rBCDMIN;
        g_nSec = rBCDSEC;
        if(g_nSec != 0)                              //当读秒数为 0 时,会出错,重新再读一次
        break;
    }
}
/**********************************************************************
* 名  称: rtc_display
* 功  能: 从 RTC 显示数据
* 参  数: 无
* 返回值: 无
**********************************************************************/
void rtc_display(void)                               //把从寄存器中读出的信息,打印到串口
{
    rtc_read();
    uart_printf("\n\rCurrentTimeis %02x - %02x - %02x %s",
    g_nYear,g_nMonth,g_nDay,f_szdate[g_nWeekday]);
    uart_printf(" %02x: %02x: %02x\r\n",g_nHour,g_nMin,g_nSec);
}
```

2) 时钟设置控制程序

```
/**********************************************************************
* 名  称: rtc_set_date
* 功  能: 获得并且检测从串口传输的数据,为了设置 RTC
* 参  数: * pString: 指向存放所要设置时钟数据的首地址
* 返回值: cN09 = 0: 无效字符串
*         cN09 = 1: 通过输入字符串,设置日期数据
**********************************************************************/
int rtc_set_date(char * pString)
{
    char  cYn,cN09 = 1;
    char  szStr[12];                                 //xxxx - xx - xx x
    int   i,nTmp;
    memcpy((void * )szStr, pString, 12);
    //check the format of the data
```

```
    nTmp = 0;
    cN09 = 1;
    for(i = 0;((i <12)&(szStr[i] != '\0')); i++)
    {
        if((szStr[i] == '-')|(szStr[i] == ' '))
            nTmp += 1;
    }
    if(nTmp<3)                                          //至少有两个"-"和一个空
    {
        cN09 = 0;
        Uart_Printf(0," InValid format!! \n\r");
    }
    else //check if number 0 - 9
    {
        nTmp = i - 1;                                   //调整计数
        //1:MON 2:TUE 3:WED 4:THU 5:FRI 6:SAT 7:SUN
        if((szStr[nTmp]<'1' | szStr[nTmp] > '7'))       //检测星期
            cN09 = 0;
        for( i = nTmp; i >= 0; i-- )
        {
            if(! ((szStr[i]=='-')|(szStr[i]==' ')))
                if((szStr[i]<'0' | szStr[i] > '9'))
                    cN09 = 0;
        }
    }
    //将数据写入 RTC 寄存器
    if(cN09)
    {
        rRTCCON = 0x01;                                 //R/W 使能, 1/32 768,没有复位
        i = nTmp;
        nTmp = szStr[i]&0x0f;
        if(nTmp == 7)
            rBCDDATE = 1;            //S3C44B0X: 周日:1;周一:2;周二:3;周三:4;周四:5;周五:6;周六:7
        else
            rBCDDATE = nTmp + 1;                        //→星期
        nTmp = szStr[i- = 2]&0x0f;
        if(szStr[--i] != '-')
            nTmp | = (szStr[i--] << 4)&0xff;
        if(nTmp > 0x31)
            cN09 = 0;
        rBCDDAY = nTmp;                                 //→天
        nTmp = szStr[--i]&0x0f;
        if(szStr[--i] != '-')
```

```
            nTmp | = (szStr[i -- ] << 4)&0xff;
        if(nTmp > 0x12)
            cN09 = 0;
        rBCDMON = nTmp;                                    //→月
        nTmp = szStr[ -- i]&0x0f;
        if(i)
            nTmp | = (szStr[ -- i] << 4)&0xff;
        if(nTmp > 0x99)
            cN09 = 0;
        rBCDYEAR = nTmp;                                   //→年
        rRTCCON = 0x00;                                    //R/W 禁止
        Uart_Printf(0," Current date is: 20 % 02x - % 02x - % 02x % s\n"
                ,rBCDYEAR,rBCDMON,rBCDDAY,f_szdate[rBCDDATE]);
        if(!cN09)
            Uart_Printf(0," Wrong value! \n");
    }
    else Uart_Printf(0," Wrong value! \n");
    return (int)cN09;
}
/*************************************************************************
* 名  称: rtc_set_time
* 功  能: 获得并且检测从串口传输的时间数据,为了设置 RTC
* 参  数: * pString: 指向存放所要设置时钟数据的首地址
* 返回值: cN09 = 0: 无效字符串
*          cN09 = 1: 通过输入字符串,设置日期数据
*************************************************************************/
int rtc_set_time(char * pString)
{
    char  cYn,cN09 = 1;
    char  szStr[8];                                        //xx:xx:xx
    int   i,nTmp;
    memcpy((void * )szStr, pString, 8);
    //检测数据格式
    nTmp = 0;
    cN09 = 1;
    for(i = 0;((i<8)&(szStr[i] ! = '\0')); i ++ )
    {
        if(szStr[i] == ':')
            nTmp + = 1;
    }
    if(nTmp ! = 2)                                         //至少 3":"
    {
        cN09 = 0;
```

```
        Uart_Printf(0," InValid format!! \n\r");
    }
    else
    {
        nTmp = i - 1;
        for( i = nTmp; i >= 0; i-- )
        {
            if(szStr[i] != ':')
                if((szStr[i]<'0' | szStr[i] > '9'))
                    cN09 = 0;
        }
    }
    //向 RTC 寄存器写数据
    if(cN09)
    {
        rRTCCON = 0x01;                                    //R/W 使能，1/32768,无复位
        i = nTmp;
        nTmp = szStr[i]&0x0f;
        if(szStr[--i] != ':')
            nTmp |= (szStr[i--] << 4)&0xff;
        if(nTmp > 0x59)
            cN09 = 0;
        rBCDSEC = nTmp;                                    //→秒
        nTmp = szStr[--i]&0x0f;
        if(szStr[--i] != ':')
            nTmp |= (szStr[i--] << 4)&0xff;
        if(nTmp > 0x59)
            cN09 = 0;
        rBCDMIN = nTmp;                                    //→分
        nTmp = szStr[--i]&0x0f;
        if(i)
            nTmp |= (szStr[--i] << 4)&0xff;
        if(nTmp > 0x24)
            cN09 = 0;
        rBCDHOUR = nTmp;                                   //→时
        rRTCCON = 0x00;                                    //R/W 禁止
        if(!cN09)
            Uart_Printf(0," Wrong value!\n");
    }else    Uart_Printf(0," Wrong value!\n");
    return (int)cN09;
}
```

8. 扩　展

利用时间片中断实现每隔 1 s LED1 和 LED2 闪烁一次。

1) 基本原理

要实现时间片中断，首先需进行相关寄存器的配置。时间片中断 INT_TICK，用于中断请求，可通过对 TICK TIME 计数寄存器 TICNT 进行配置。该寄存器有一个中断使能位和中断计数。中断计数自动内部递减，当减到零时，就会产生中断，但不能读其值。中断周期 Period 计算公式为 Period＝$(n+1)/128$ s。其中，n 为 RTC 时钟中断计数，可取值为 1～127。其次编写相应的中断服务程序，实现每隔 1 s LED1 和 LED2 闪烁一次。

2) 设计流程

中断流程图如图 3-44 所示。

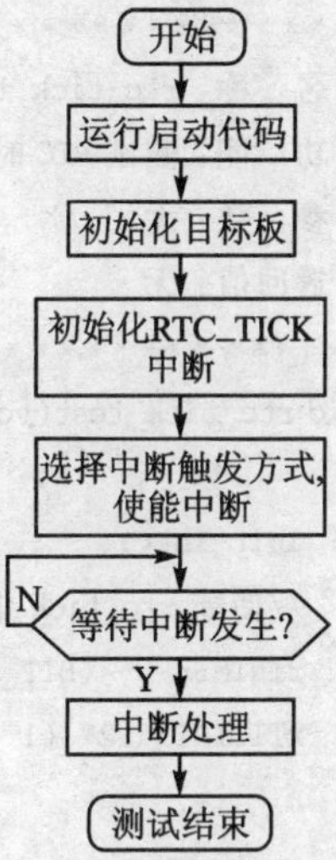

开始
运行启动代码
初始化目标板
初始化RTC_TICK中断
选择中断触发方式，使能中断
等待中断发生?（N / Y）
中断处理
测试结束

图 3-44　RTC_TICK 中断流程图

3) 软件程序设计

软件设计的核心是中断初始化和中断服务程序。中断初始化的重点是设置所要响应的中断类型，以及把中断服务程序入口地址对应到设置好的内存缓冲区地址。中断服务程序的目的是实现 LED 循环闪烁。

(1) 中断初始化

```
/**********************************************************************
 * 名   称：init_int
 * 功   能：初始化外部中断控制
 * 参   数：无
 * 返回值：无
**********************************************************************/
void init_int(void)                          //tick中断为一种外部中断，当计数归零时就自动产生中断
{
    //中断设置
    rI_ISPC = 0x3ffffff;                     //清除中断挂起寄存器
    rEXTINPND = 0xf;                         //清除外部中断挂起寄存器
    rINTMOD = 0x0;                           //全为 IRQ 模式
    rINTCON = 0x1;                           //向量中断模式，IRQ 使能，FIQ 禁止
    //rRTCCON = 0x00;                        //RTC R/W 禁止
    rINTMSK = ~(BIT_GLOBAL|BIT_TICK);
    pISR_TICK = (unsigned)rtc_tick;          //中断服务程序入口地址赋值
    rPCONG = 0xffff;                         //EINT7～0
    rPUPG = 0x0;                             //上拉电阻
    rEXTINT = rEXTINT | 0x22222222;          //下降沿触发
    rI_ISPC | = BIT_TICK;
    rEXTINPND = 0xf;                         //清除中断挂起寄存器
    f_ucWhichInt = 0;
}
```

(2) 中断服务程序

```
volatile unsigned int f_unSecTick;
f_unSecTick = 1;
/*************************************************************************
* 名  称：rtc_tick_test
* 功  能：测试 RTC 时钟中断
* 参  数：无
* 返回值：无
*************************************************************************/
void rtc_tick_test(void)
{
    init_int();
    //使能 rtc_tick 中断
    rINTMSK = ~(BIT_GLOBAL|BIT_TICK);
    rTICINT = 127|(1 << 7);                     //时钟滴答中断使能寄存器 rTICINT[7]置位
}
/*************************************************************************
* 名  称：rtc_tick
* 功  能：中断服务程序实现 LED 闪烁
* 参  数：无
* 返回值：无
*************************************************************************/
void rtc_tick(void)
{
    rINTMSK = rINTMSK | BIT_TICK;               //禁止 BIT_TICK
    rI_ISPC = BIT_TICK;                         //清除挂起位
    #if 1
    if (f_unSecTick++  % 2 == 0)
    {
        leds_on();
    }
    else
    {
        leds_off();
    }
    #endif
    rINTMSK &= (~(BIT_GLOBAL | BIT_TICK));      //重新使能 BIT_TICK
}
```

9. 练习题

(1) 编写程序检测 RTC 的闹钟(报警)功能。

(2) 使用 RTC 实现延迟函数功能。

3.7　看门狗实验

1. 实验目的

(1) 了解 S3C44B0X 处理器中看门狗(Watch－Dog)的工作原理。

(2) 了解 S3C44B0X 处理器中看门狗控制器的组成结构以及相关寄存器的使用方法。

(3) 掌握 S3C44B0X 处理器中看门狗控制器软件编程方法。

2. 实验设备

(1) 硬件：Start S3C44B0X 实验平台，ARM Multi－ICE 仿真器，PC 机。

(2) 软件：ADS1.2 集成开发环境，Multi－ICE 软件，Windows 98/2000/NT/XP。

3. 实验内容

通过使用 S3C44B0X 处理器集成的看门狗模块，对其进行以下操作：

(1) 掌握看门狗的操作方式和用途。

(2) 对看门狗模块进行软件编程，实现看门狗的定时功能和复位功能。

4. 实验原理

1) 看门狗概述

看门狗的作用是在微控制器受到干扰进入错误状态后，使系统在一定时间间隔内进行复位。因此，看门狗是保证系统长期、可靠和稳定运行的有效措施。目前大部分嵌入式芯片片内都带有看门狗定时器，以此来提高系统运行的可靠性。

2) S3C44B0X 处理器的看门狗

S3C44B0X 里面的看门狗定时器是当系统被故障(例如噪声和系统错误)干扰时，用来触发微处理器的复位操作。看门狗定时器模块为 S3C44B0X 芯片内部的一个模块，其时钟输入为 MCLK，其输出信号与 S3C44B0X 的复位信号相连，同时也可以控制看门狗定时器产生中断。因此，看门狗定时器模块没有芯片外部引脚。同时看门狗定时器也可以当做一个通用的 16 位中断定时器来请求中断服务。看门狗定时器会在每 128 个 MCLK 发出一个复位信号。其主要特性如下：

- 16 位的看门狗定时器；
- 当定时器溢出时发出中断请求或者系统复位。

看门狗的功能框图如图 3－45 所示。

看门狗模块包括预装比例因子放大器，一个 4 分频的分频器和一个 16 位计数器。看门狗的时钟信号源来自系统时钟(MCLK)，为了得到比较宽范围的看门狗时钟信号，MCLK 先经过预装比例因子放大，然后再经过分频器进行分频。其中比例因子与之后的分频值，都可以由看门狗定时器的控制寄存器(WTCON)来决定。比例因子的有效范围值是 0～255。频率预分频可以有 4 个选择，分别是 16 分频、32 分频、64 分频和 128 分频。

(1) 看门狗定时器时钟周期的计算

计算公式如下：

$$nWDTCountTime = 1/[MCLK/(Prescaler\ value+1)/Division\_factor]$$

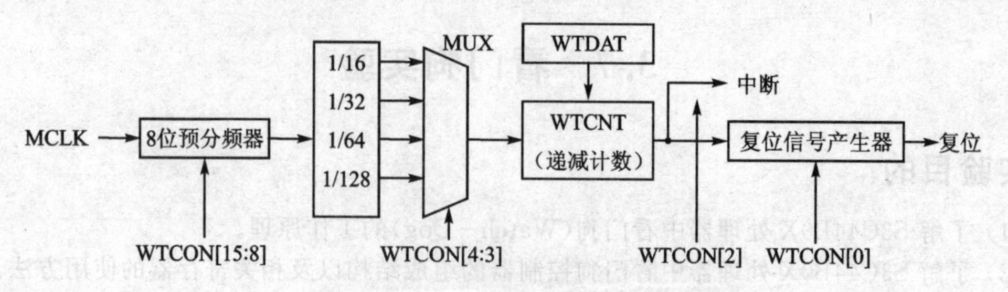

图 3-45 S3C44B0X 处理器的看门狗原理框图

其中,nWDTCountTime 为看门狗定时器时钟周期;MCLK 为系统时钟频率;Prescaler value 为比例因子取值;Division_factor 为分频值。如果 MCLK＝64 MHz,Prescaler value＝MCLK/1000000－1,Division_factor＝128,则:

$$nWDTCountTime=1/[64\ MHz/(63+1)/128]=1.28\ \mu s$$

(2) 调试环境下的看门狗

当 S3C44B0X 用嵌入式 ICE 进行调试时,看门狗定时器复位功能将不起作用。看门狗定时器能够从 CPU 内核信号中确定当前模式是否是调试模式。如果看门狗定时器确定当前模式为调试模式,尽管看门狗定时器溢出,但看门狗定时器将不再发出复位信号。

(3) S3C44B0X 处理器看门狗的寄存器

S3C44B0X 处理器集成的看门狗单元只使用 3 个寄存器,即看门狗控制寄存器(WTCON)、看门狗数据寄存器(WTDAT)和看门狗计数寄存器(WTCNT)。

① 看门狗控制寄存器(WTCON)

使用看门狗控制寄存器(WTCON),可以开启和禁止看门狗定时器,可以从分频器中选择时钟信号源,可以使能和禁止中断,可以复位使能和禁止看门狗定时器。看门狗定时器将会在系统上电后,在系统出现故障时给予复位,如果系统不要求复位,看门狗定时器将不工作。

如果用户想把看门狗定时器用做一般的定时器来产生中断,那么必须使中断使能和看门狗定时器复位禁止。看门狗控制寄存器的各位如表 3-48 所列。

表 3-48 看门狗控制寄存器

WTCON 地址:0x01D30000;访问方式:R/W;初始值:0x8021

位	位名称	描 述
[15:8]	预分频值	预分频值为 0～(28－1)
[7:6]		保留
[5]	看门狗使能禁止位	看门狗定时器的允许位: 0＝禁止看门狗定时器;1＝允许看门狗定时器
[4:3]	时钟除数因子选择位	这两位确定时钟除数因子: 00＝1/16;01＝1/32;10＝1/64;11＝1/128
[2]	看门狗中断允许位	看门狗中断允许位: 0＝禁止中断产生;1＝允许中断产生
[1]		保留,在正常状态下该位必须为 0
[0]	看门狗输出复位信号的允许位	看门狗输出复位信号的允许位: 0＝禁止;1＝允许

② 看门狗数据寄存器(WTDAT)

看门狗数据定时器(WTDAT)用于指定看门狗输出的时间。在对看门狗进行初始化操作时,看门狗数据寄存器中的内容不能自动地装载到看门狗计数器寄存器中。尽管如此,第一个看门狗的输出可以由初始值(0x8000)来决定,之后看门狗数据寄存器的值将自动装载到看门狗计数器寄存器中。看门狗数据寄存器各位如表3-49所列。

表3-49 看门狗数据寄存器

WTDAT 地址:0x01D30004;访问方式:R/W;初始值:0x8000

位	位名称	描 述
[15:0]	计数重载值	看门狗定时器重载的计数值

③ 看门狗计数寄存器(WTCNT)

看门狗计数寄存器包含看门狗定时器在操作时计数器当前的计数值。

注意: *当看门狗寄存器初始化时,看门狗数据寄存器中的值不能自动地装载到计数寄存器中,因此,在看门狗定时器使能之前,必须给看门狗计数器写上一个初始值。*

看门狗定时器计数寄存器的各位如表3-50所列。

表3-50 看门狗计数寄存器

WTCNT 地址:0x01D30008;访问方式:R/W;初始值 0x8000

位	位名称	描 述
[15:0]	计数值	看门狗定时器的当前计数值

5. 实验操作步骤

(1) 准备实验环境。使用ARM Multi-ICE仿真器连接目标板,使用Start S3C44B0X实验板附带的串口线连接实验板上的UART0和PC机的串口。

(2) 在PC机上运行Windows自带的串口通信程序超级终端程序,或者其他串口通信程序(如:串口精灵、DNW等)。超级终端配置如图3-26所示。

(3) 检查线缆连接是否可靠,若可靠,则给系统上电。

(4) 启动Multi-ICE Server.exe,如图3-27所示。

(5) 使用ADS1.2通过ARM Multi-ICE仿真器连接实验板,复制光盘中1_Experiment\chapter_3路径下的3.7_watchdog_test文件夹到本地硬盘。在ADS1.2环境下打开watchdog.mcp,编译链接工程。

(6) 选择Project→Debug进入AXD。

(7) 在AXD中选择Execute→GO运行至主程序Main()函数入口处。

(8) 如图3-46所示,在"rINTMSK=~(BIT_GLOBAL | BIT_WDT);"、"Delay(10000);"及"Uart_Printf(0,"\nI will restart after 5 sec!!! \n");"这3行前设置断点。

(9) 在AXD中选择Execute→GO运行至"rINTMSK=~(BIT_GLOBAL | BIT_WDT);"语句处,超级终端的显示如图3-47所示。

(10) 按F10键,单步运行,实现中断使能,配置看门狗定时器模块的控制寄存器。在寄存器配置之前,可以查看寄存器内容为0x0,其配置语句如下:

```
rWTCON = ((MCLK/1000000 - 1) << 8)|(3 << 3)|(1 << 2);  //配置看门狗定时器的控制寄存器
```

rWTCON的地址为0x1D30000,如图3-48所示。

配置完成后,可以查看寄存器内容。其中,寄存器rWTCON内容为0x3F1C,寄存器rWTDAT内容为0x1E84,寄存器rWTCNT内容为0x1E84,如图3-49所示。

```
PowerIceArm7.DLL - F:\Start S3C44B0X\4.7_watchdog_test\main.c
47  void wdtimer_test(void)
48  {
49    int i;
50      Uart_Printf(0,"\n\r WatchDog Timer Test Example\n");
51      // Enable interrupt
52      rINTMSK = ~(BIT_GLOBAL | BIT_WDT);                      // enable inte
53      pISR_WDT = (unsigned)wdt_int;                           // set WDT int
54      f_nWdtIntnum = 0;
55
56      //test interrupt function
57      rWTCON = ((MCLK/1000000-1)<<8) | (3<<3) | (1<<2);       // nWDTCountTi
58      rWTDAT = 7812;                                          // 1s = 7812 *
59      rWTCNT = 7812;
60      rWTCON = rWTCON | (1<<5);                               // Enable Watc
61
62      while(f_nWdtIntnum!=4);
63      //for(i=0;i<1000;i++);
64
65      //test reset function
66      rWTCON = ((MCLK/1000000-1)<<8) | (3<<3) | (1);          // 1/66/128, r
67      Uart_Printf(0,"\nI will restart after 5 sec!!!\n");
68      rWTCNT = 7812*5;                                        // waiting 5 s
```

图 3-46　添加断点

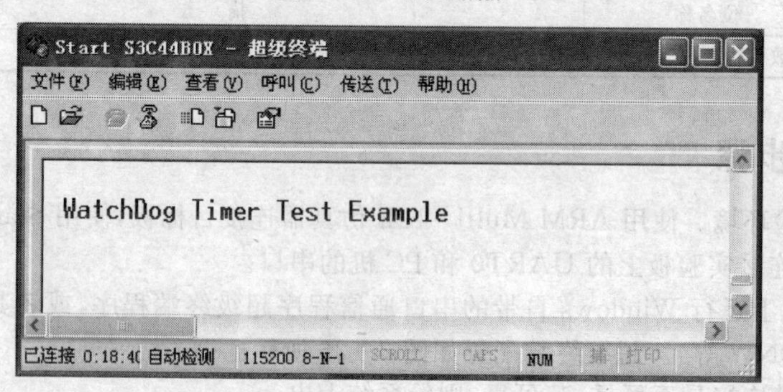

图 3-47　看门狗实验的串口输出

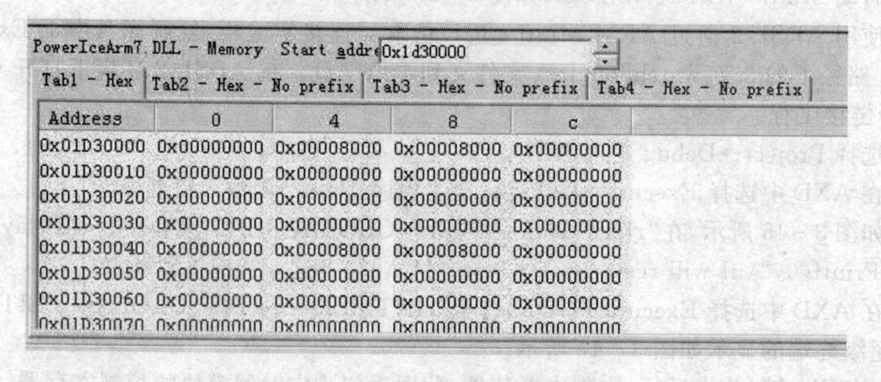

图 3-48　寄存器配置前 Memory 窗口

(11) 在 AXD 中选择 Execute→GO 运行至“Delay(10000);”语句处,启动看门狗定时器,等待 1 s 后,单步运行程序,中断发生,程序运行至 0x18 处,如图 3-50 所示。

(12) 0x18 处为 ARM 的异常中断向量表,单步运行程序,随即跳转至看门狗定时器的中断服务程序 wdt_int(void)。程序执行流程为:0x18→0x50→宏定义→中断服务程序(参考 3.4 节),如图 3-51 所示。

PowerIceArm7.DLL - Memory　Start address 0x1d30000

Tab1 - Hex | Tab2 - Hex - No prefix | Tab3 - Hex - No prefix | Tab4 - Hex - No prefix

Address	0	4	8	c
0x01D30000	0x00003F1C	0x00001E84	0x00001E84	0x00000000
0x01D30010	0x00000000	0x00000000	0x00000000	0x00000000
0x01D30020	0x00000000	0x00000000	0x00000000	0x00000000
0x01D30030	0x00000000	0x00000000	0x00000000	0x00000000
0x01D30040	0x00003F1C	0x00001E84	0x00001E84	0x00000000
0x01D30050	0x00000000	0x00000000	0x00000000	0x00000000
0x01D30060	0x00000000	0x00000000	0x00000000	0x00000000
0x01D30070	0x00000000	0x00000000	0x00000000	0x00000000

图 3-49　寄存器配置后 Memory 窗口

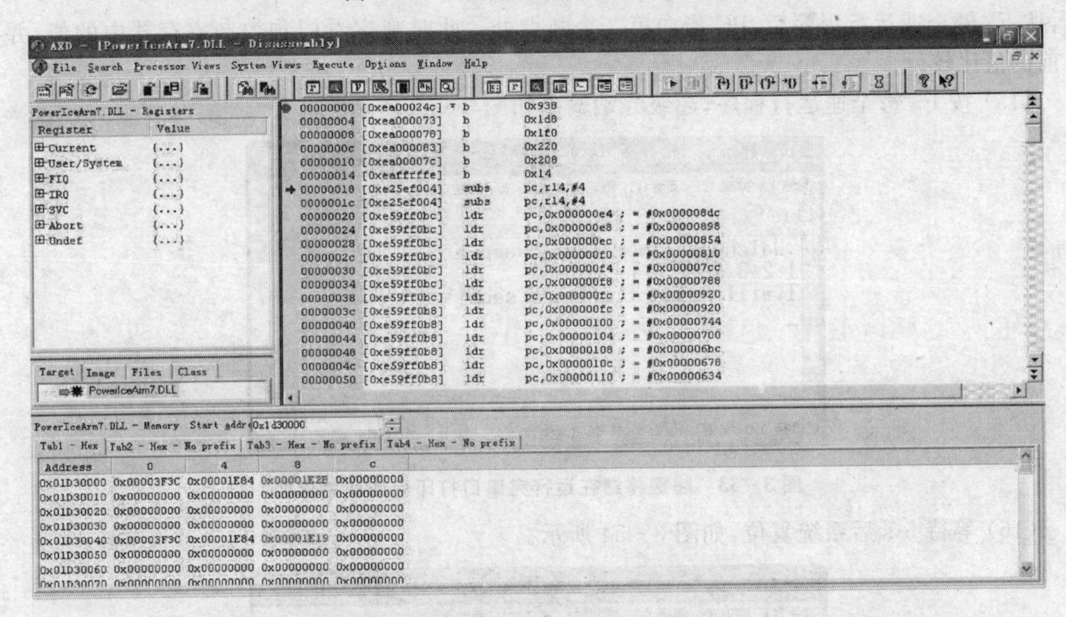

图 3-50　AXD 单步运行程序界面

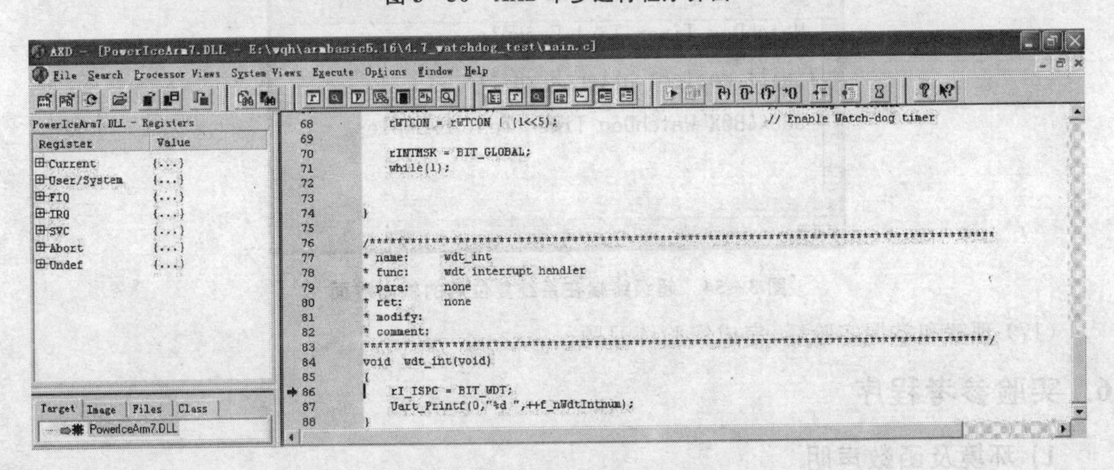

图 3-51　AXD 运行中断服务程序界面

(13) 执行中断服务程序,在超级终端上打印,如图 3-52 所示。可见,中断次数计数器加 1。

(14) 测试看门狗定时器的复位功能,其寄存器设置步骤与步骤(10)一样。取消第 2 个断

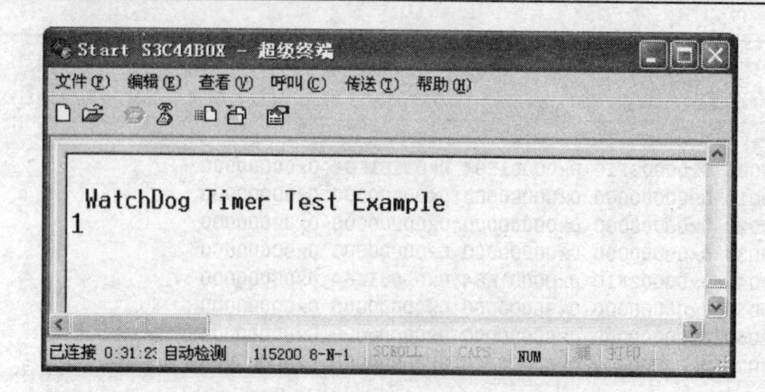

图 3-52　超级终端在执行中断服务程序后的输出界面

点,按 F5 键全速运行程序后,PC 指向第 3 个断点处。此时观察看门狗控制寄存器中的值,并与之前的值比较。

(15) 按 F5 键全速运行程序,超级终端输出如图 3-53 所示。

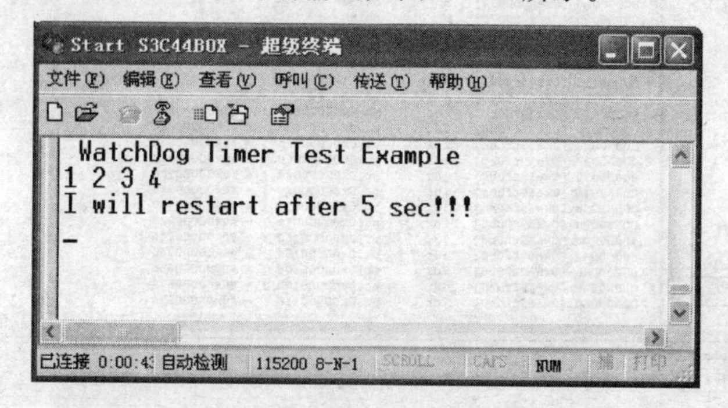

图 3-53　超级终端在运行完串口打印后的输出界面

(16) 等待 5 s 后系统复位,如图 3-54 所示。

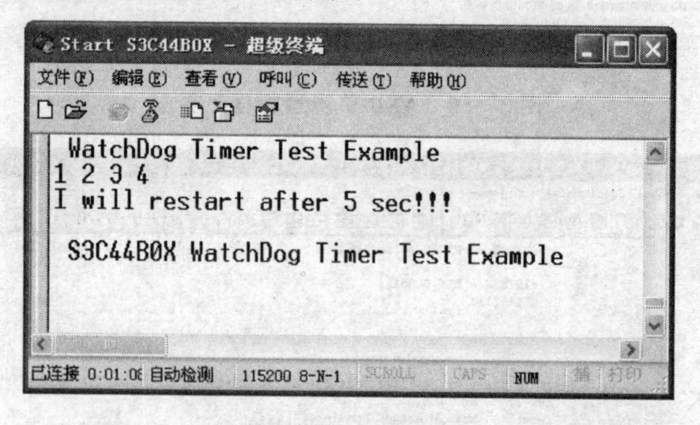

图 3-54　超级终端在系统复位后的输出界面

(17) 理解和掌握实验后,完成实验练习题。

6. 实验参考程序

1) 环境及函数声明

```
                    函数声明
/*------------------------------------------------------------------------*/
void wdtimer_test (void);
```

2）初始化程序

```
void Main(void)
{
    Target_Init();                                          //初始化 44B0X 处理器的中断、I/O 口以及串口
    //用户接口
    Uart_Printf(0,"\n S3C44B0x WatchDog Timer Test Example\n");
    wdtimer_test();                                         //启动测试
}
```

3）看门狗控制程序

```
void wdtimer_test(void)
{
    Int I;
    Uart_Printf(0,"\n\r WatchDog Timer Test Example\n");
    rINTMSK = ~(BIT_GLOBAL | BIT_WDT);                      //允许中断
    pISR_WDT = (unsigned)wdt_int;                           //设置看门狗中断处理程序入口
    f_nWdtIntnum = 0;
    //测试看门狗中断功能
    rWTCON = ((MCLK/1000000 - 1) << 8) | (3 << 3) | (1 << 2);      //时钟周期 = 1/64/128,允许中断
    rWTDAT = 7812;                                          //1 s = 7 812 × nWDTCountTime
    rWTCNT = 7812;
    rWTCON = rWTCON | (1 << 5);                             //允许看门狗定时器
    while(f_nWdtIntnum! = 5);
    //测试看门狗复位功能
    rWTCON = ((MCLK/1000000 - 1) << 8) | (3 << 3) | (1 << 2) | (1);
                                                            //时钟周期 = 1/64/128,中断禁止,复位允许
    Uart_Printf(0,"\nI will restart after 5 sec!!! \n");
    rWTCNT = 7812 * 5;                                      //等待 5 s
    rWTCON = rWTCON | (1 << 5);                             //允许看门狗定时器
    while(1);
    rINTMSK = BIT_GLOBAL;
}
```

4）看门狗中断服务程序

```
void wdt_int(void)
{
    rI_ISPC = BIT_WDT;
    Uart_Printf(0," %d ", ++ f_nWdtIntnum);
}
```

7. 扩　展

1）利用键盘中断(对应外部中断 INT2)来完成看门狗测试

本实验中看门狗的测试程序按如下结构设计：需要看门狗能在系统长时间(比如，10 s 左右)

没有响应时,对系统进行重启。周期性地检测是否有键盘中断发生,如果超过一定时长没有键盘中断发生,则认为系统无响应,会进行重启。

测试程序完成以下功能:系统初始化、看门狗初始化、响应键盘中断、响应看门狗中断。

主要参考程序如下:

```
void __irq_int 2(void)
{
    rINTMSK = rINTMSK | BIT_EINT2;                    //禁止 EINT2
    rI_ISPC = BIT_EINT2;                              //清除挂起位
    rWTCNT = 7812 * 10;
    Uart_Printf(0," %d ",rWTCNT);
    rINTMSK &= (~(BIT_GLOBAL|BIT_EINT2));             //重新允许 EINT2
}
```

参考程序流程如图 3-55 所示。

初始化完成之后等待中断发生,一旦有中断发生则复位看门狗计数器,如果其在 10 s 内都没有复位则系统重启。

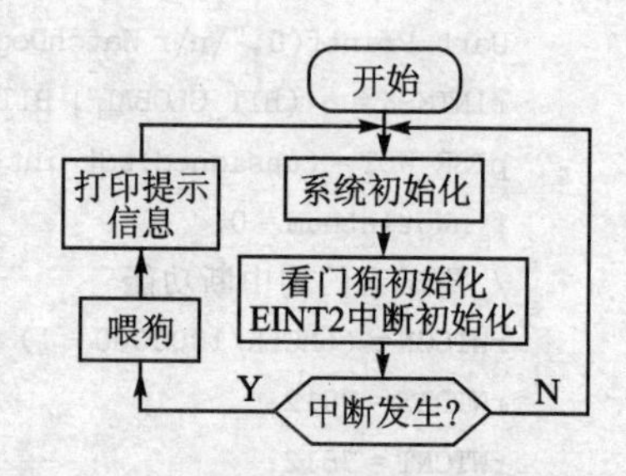

图 3-55 利用键盘中断完成看门狗测试的程序流程图

2) 利用看门狗模块设计实现延迟函数

延迟函数是嵌入式软件设计中应用比较广泛的一个函数,在前面几个模块中使用的延迟函数,都使用简单的 for 循环语句进行延迟,在对时间精度要求不高的情况下可以使用该方法。若遇到时间精度要求较高的情况,则使用 for 循环或 RTC 都不能满足要求。S3C44B0X 中提供的看门狗模块能够提供的定时精度达到微秒级,可以用来精确控制系统延迟。下面简单介绍利用看门狗实现秒级延时函数设计。

该函数可具体分为看门狗初始化、看门狗中断服务程序、看门狗延时程序。核心函数为看门狗延时函数 Delay_wdt()。在下列程序中所设置的时间精度为秒,通过改变 WTDAT 和 WTCNT 这两个寄存器的值可更改计时精度,最高可达到微秒级。

```
/************************看门狗延时初始化函数 ************************/
void Delay_wdt_init()
{
    rINTMSK = ~(BIT_GLOBAL | BIT_WDT);
    pISR_WDT = (unsigned)Delay_wdt_int;
    f_nWdtIntnum = 0;
}
/***************************看门狗延时函数 *************************/
void Delay_wdt(int time)                                    //time 单位为 s
{
    rWTCON = ((MCLK/1000000 - 1) << 8) | (3 << 3) | (1 << 2);
    rWTDAT = 7812;                                          //改变该寄存器的值可调整计时精度
    rWTCNT = 7812;                                          //改变该寄存器的值可调整计时精度
    rWTCON = rWTCON | (1 << 5);
    while( f_nWdtIntnum <= time);
    rWTCON = ((MCLK/1000000 - 1) << 8) | (3 << 3) | (0 << 2);
}
```

```
/********************* 看门狗延时中断服务程序 **********************/
void Delay_wdt_int(void)
{
    rI_ISPC = BIT_WDT;
    f_nWdtIntnum ++ ;
    Uart_Printf(0,"Watchdog_delay time is %ds\n",f_nWdtIntnum);
}
/*********************** 看门狗延时测试程序 ************************/
void Delay_wdt_test()
{
    Delay_wdt_init();
    Delay_wdt(5);
    Uart_Printf(0,"Watchdog_delay time is over\n");
    while(1);
}
```

8. 练习题

(1) 参考实验程序,重新调整看门狗定时器的分频数和计数值,5 s 产生一次中断,10 s 后产生复位。

(2) 参考实验程序,让看门狗定时器作为普通的定时器使用,5 s 产生一次中断,并在中断服务程序中重新复位该定时器。主要参考程序如下:

```
void wdt_int (void)
{
    rI_ISPC = BIT_WDT;
    rWTCNT = 7812 * 5;                          //1 s = 7 812× nWDTCountTime
    Uart_Printf(0," %d ", ++ f_nWdtIntnum);
}
```

(3) 通过看门狗设计实现计时功能函数,通过该函数可以测试任意代码段的执行时间。

3.8　液晶显示实验

1. 实验目的

(1) 初步掌握液晶屏的使用及其电路设计方法。

(2) 掌握 S3C44B0X 处理器的 LCD 控制器的使用。

(3) 通过实验掌握液晶显示文本及图形的方法与程序设计。

2. 实验设备

(1) 硬件:Start S3C44B0X 实验平台,ARM Multi-ICE 仿真器,PC 机。

(2) 软件:ADS1.2 集成开发环境,Multi-ICE 软件,Windows 98/2000/NT/XP。

3. 实验内容

(1) 使用实验板的液晶屏(320×240)进行电路设计。

(2) 掌握液晶屏作为人机接口界面的设计方法,并编写程序实现:画出多个矩形框、显示ASCII字符、显示汉字字符、显示彩色位图。

(3) 设计在LCD上显示一幅位图,同时在LCD屏的下方滚动以下字符串:

液晶屏显示实验! Welcome

4. 实验原理

1) 液晶显示屏

液晶屏LCD(Liquid Crystal Display)主要用于显示文本及图形信息。LCD具有轻薄、体积小、耗电量低、无辐射危险、平面直角显示以及影像稳定不闪烁等特点,因此在许多电子应用系统中,常使用液晶屏作为人机界面。

(1) 主要类型及性能参数

液晶显示屏按显示原理分为STN和TFT两种。

① STN(Super Twisted Nematic,超扭曲向列)液晶屏。STN液晶显示器与液晶材料、光线的干涉现象有关,因此显示的色调以淡绿色与橘色为主。STN液晶显示器中,使用*X*、*Y*轴交叉的单纯电极驱动方式,即*X*、*Y*轴由垂直与水平方向的驱动电极构成。水平方向驱动电压控制显示部分为亮或暗,垂直方向的电极则负责驱动液晶分子的显示。STN液晶显示屏加上彩色滤光片,并将单色显示矩阵中的每一像素分成3个子像素,分别通过彩色滤光片显示红、绿、蓝3原色,也可以显示出色彩。单色液晶屏及灰度液晶屏都是STN液晶屏。

② TFT(Thin Film Transistor,薄膜晶体管)彩色液晶屏。随着液晶显示技术的不断发展和进步,TFT液晶显示屏被广泛用于制作成电脑中的液晶显示设备。TFT液晶显示屏既可在笔记本电脑上应用(现在大多数笔记本电脑都使用TFT显示屏),也常用于主流台式显示器。

使用液晶显示屏时,主要考虑的参数有外形尺寸、分辨率、点宽、色彩模式等。表3-51是本实验系统所选用的液晶屏(LRH9J515XA STN/BW)的主要参数。

表3-51　LRH9J515XA STN/BW液晶屏主要技术参数

参　数	参数值	参　数	参数值
型　号	LRH9J515XA	点　宽	0.24 mm/dot
像　素	320×240	质　量	45 g
电　压	21.5 V(25℃)	色　彩	16级灰度
外形尺寸	(93.8×75.1×5) mm^3	附　加	带驱动逻辑
画面尺寸	9.6 cm(3.8 inch)		

可视屏幕的尺寸及参数示意如图3-56所示。

(2) 驱动与显示

液晶屏的显示要求设计专门的驱动与显示控制电路。驱动电路包括提供液晶屏的驱动电源和液晶分子偏置电压,以及液晶显示屏的驱动逻辑。显示控制部分可由专门的硬件电路组成,也可以采用集成电路(IC)模块,比如EPSON的视频驱动器等;还可以使用处理器外围LCD控制模块。实验板的驱动与显示系统包括S3C44B0X片内外设LCD控制器、液晶显示屏的驱动逻辑以及外围驱动电路。

2) S3C44B0X LCD控制器

S3C44B0X处理器集成了LCD控制器,支持4位单扫描、4位双扫描和8位单扫描工作方

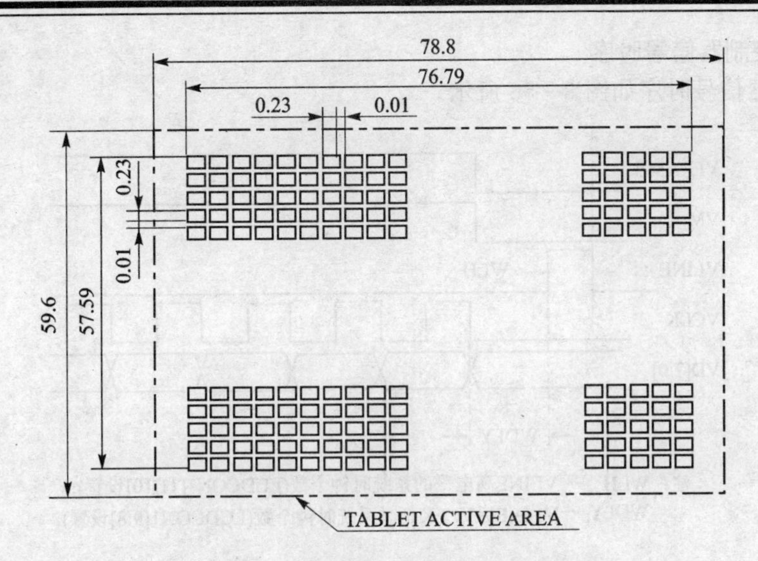

图 3-56　液晶显示屏参数示意图(图中数字单位为 mm)

式。处理器使用内部 RAM 区作为显示缓存,并支持屏幕水平和垂直滚动显示。数据的传送采用 DMA(直接内存访问)方式,以达到最短的延迟。根据实际硬件水平和垂直像素点数、传送数据位数、时间线和帧速率方式等进行编程以支持多种类型的液晶屏。可以支持的液晶类型有:

- 单色液晶;
- 4 级或 16 级灰度屏(基于时间抖动算法或帧速率控制——FRC);
- 256 色彩色液晶(STN 液晶)。

LCD 控制器主要提供液晶屏显示数据的传送、时钟和各种信号的产生与控制功能。S3C44B0X 处理器的 LCD 控制器主要部分框图如图 3-57 所示。

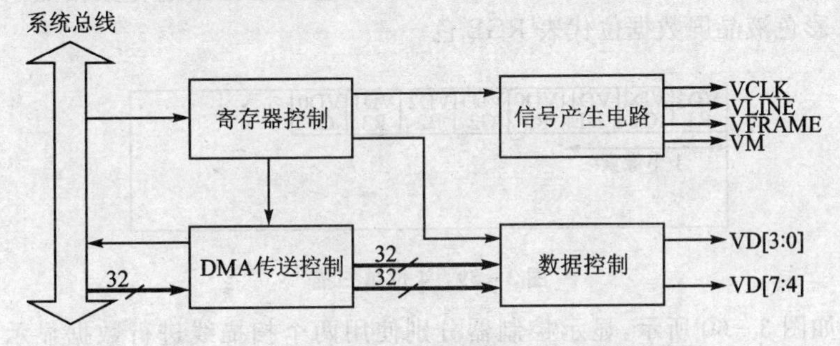

图 3-57　S3C44B0X 处理器的 LCD 控制器框图

(1) LCD 控制器接口说明

LCD 控制器接口如表 3-52 所列。

表 3-52　S3C44B0X LCD 控制器接口说明

接口信号	含　义	说　明
VCLK	刷新时钟	为数据传送提供时钟信号(低于 16.5 MHz)
VLINE	水平同步脉冲	提供行信号,即行频率
VFRAME	帧同步信号	帧显示控制信号。显示完整帧后有效
VM	交流控制电压	极性的改变控制液晶分子的显示
VD[3:0]	数据线	数据输入。双扫描时的高 4 位数据输入
VD[7:4]	数据线	数据输入。双扫描时的低 4 位数据输入

(2) LCD 控制器信号时序

LCD 控制器信号时序如图 3-58 所示。

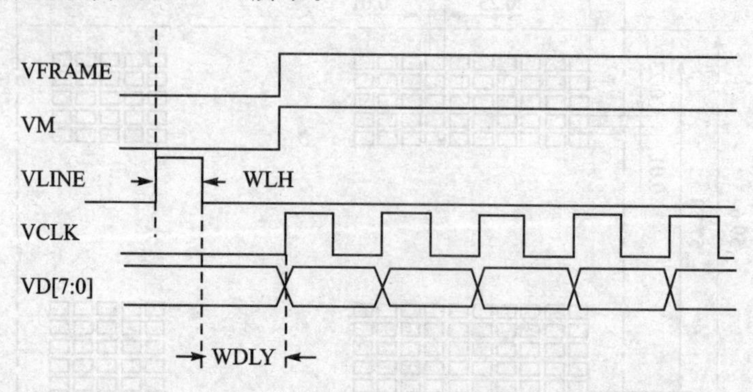

注：WLH — VLINE高电平的系统时钟个数(LCDCON1[11:10]设置)；
WDLY — VLINE后VCLK延时系统时钟个数(LCDCON1[9:8]设置)。

图 3-58 控制器信号时序(1 个 LINE)

(3) 扫描模式支持

S3C44B0X 处理器 LCD 控制器扫描工作方式通过 DISMOD(LCDCON1[6:5])设置，其设置方式如表 3-53 所列。

表 3-53 扫描模式选择

DISMOD	00	01	10	11
模式	4 位双扫描	4 位单扫描	8 位单扫描	无

4 位单扫描如图 3-59 所示，显示控制器扫描线从左上角位置进行数据显示。显示数据从 VD[3:0]获得。彩色液晶屏数据位代表 RGB 色。

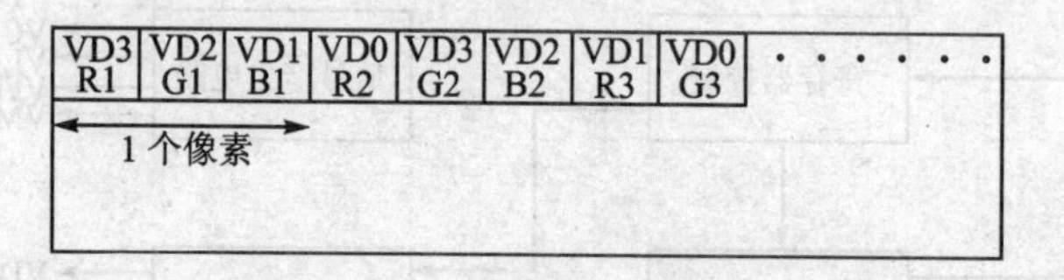

图 3-59 4 位单扫描

4 位双扫描如图 3-60 所示，显示控制器分别使用两个扫描线进行数据显示。显示数据从 VD[3:0]获得高扫描数据；从 VD[7:4]获得低扫描数据。彩色液晶屏数据位代表 RGB 色。

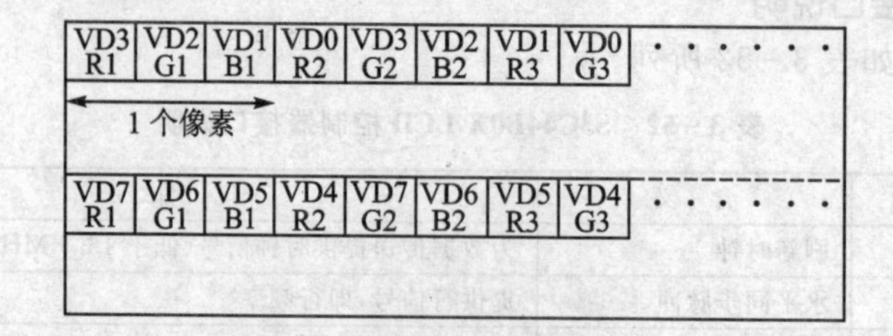

图 3-60 4 位双扫描

8 位单扫描如图 3-61 所示，显示控制器扫描线从左上角位置进行数据显示。显示数据从 VD[7:0]获得。彩色液晶屏数据位代表 RGB 色。

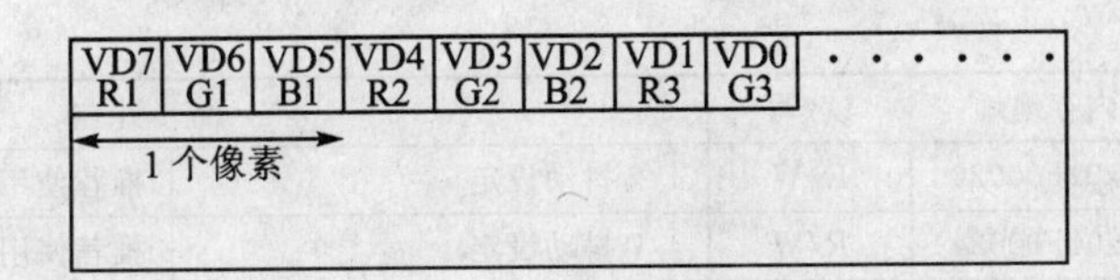

图 3-61 8位单扫描

(4) 数据的存放与显示

液晶控制器传送的数据表示一个像素的属性：4级灰度屏使用两个数据位；16级灰度屏使用4个数据位；RGB彩色液晶屏使用8个数据位(R[7:5]、G[4:2]、B[1:0])。

显示缓存中存放的数据必须符合硬件及软件设置，即要注意字节对齐方式。

在4位或8位单扫描方式时，数据的存放与显示如图3-62所示。

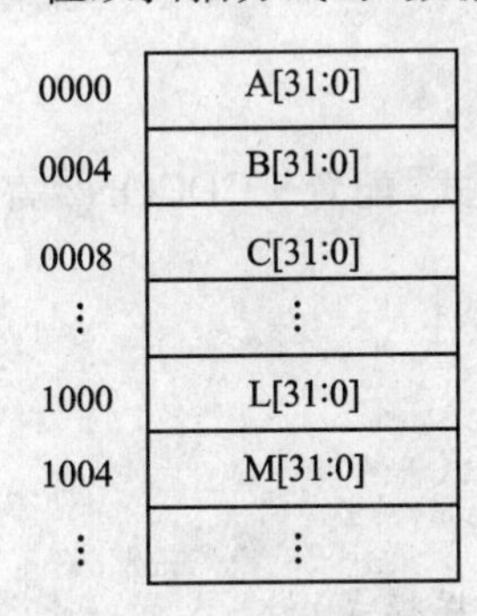

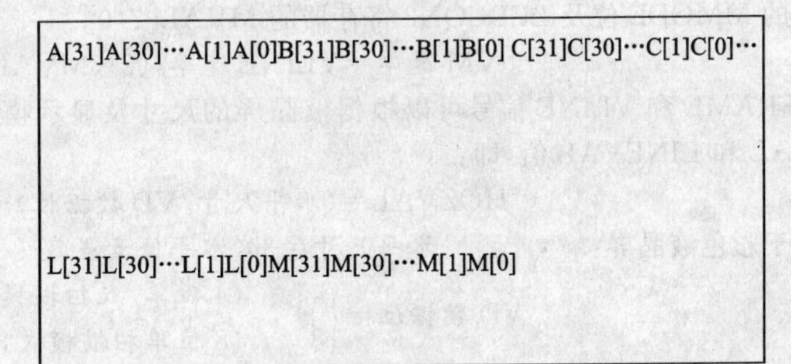

图 3-62 4位或8位单扫描数据显示

在4位双扫描方式时，数据的存放与显示如图3-63所示。

0000	A[31:0]
0004	B[31:0]
0008	C[31:0]
⋮	⋮
1000	L[31:0]
1004	M[31:0]
⋮	⋮

A[31]A[30]…A[1]A[0]B[31]B[30]…B[1]B[0] C[31]C[30]…C[1]C[0]…

L[31]L[30]…L[1]L[0]M[31]M[30]…M[1]M[0]

图 3-63 4位双扫描数据显示

(5) LCD 控制器寄存器

S3C44B0X LCD处理器所包含的可编程控制寄存器共有18个，如表3-54所列。

表 3-54 LCD 控制器寄存器列表

寄存器名	内存地址	读/写	说 明	
LCDCON1	0x01F00000	R/W	LCD 控制寄存器 1	工作信号控制寄存器
LCDCON2	0x01F00004	R/W	LCD 控制寄存器 2	液晶屏水平垂直尺寸定义
LCDCON3	0x01F00040	R/W	LCD 控制寄存器 3	自测试设定，只用到最低位
LCDSADDR1	0x01F00008	R/W	高位帧缓存地址寄存器 1	液晶类型和扫描模式定义
LCDSADDR2	0x01F0000C	R/W	低位帧缓存地址寄存器 2	设定显示缓存区信息
LCDSADDR3	0x01F00010	R/W	虚屏地址寄存器	设定虚屏偏址和页面宽度
REDLUT	0x01F00014	R/W	红色定义寄存器	定义8组红色数据查找表
GREENLUT	0x01F00018	R/W	绿色定义寄存器	定义8组红色数据查找表
BLUELUT	0x01F0001C	R/W	蓝色定义寄存器	定义4组红色数据查找表

续表 3-54

寄存器名	内存地址	读/写	说明	
DP1_2	0x01F00020	R/W	1/2 抖动设定	推荐使用 0xA5A5
DP4_7	0x01F00024	R/W	4/7 抖动设定	推荐使用 0xBA5DA65
DP3_5	0x01F00028	R/W	3/5 抖动设定	推荐使用 0xA5A5F
DP2_3	0x01F0002C	R/W	2/3 抖动设定	推荐使用 0xD6B
DP5_7	0x01F00030	R/W	5/7 抖动设定	推荐使用 0xEB7B5ED
DP3_4	0x01F00034	R/W	3/4 抖动设定	推荐使用 0x7DBE
DP4_5	0x01F00038	R/W	4/5 抖动设定	推荐使用 0x7EBDF
DP6_7	0x01F0003C	R/W	6/7 抖动设定	推荐使用 0x7FDFBFE
DITHMODE	0x01F00044	R/W	抖动模式寄存器	推荐使用 0x12210 或 0x0

表 3-54 只是简单地介绍控制寄存器的含义,详细使用请参考 S3C44B0X 处理器数据手册。

(6) LCD 控制器主要参数设定

正确使用 S3C44B0X LCD 控制器,必须设置控制器所有 18 个寄存器。

控制器信号 VFRAME、VCLK、VLINE 和 VM 要求配置控制寄存器 LCDCON1 和 LCDCON2;液晶屏的显示与控制,以及数据的存取控制要求配置其他相关寄存器,说明如下。

① 设置 VM、VFRAME 和 VLINE

VM 信号通过改变液晶行列电压的极性来控制像素的显示。VM 速率可以配置 LCDCON1 寄存器的 MMODE 位及 LCDCON2 寄存器的 MVAL[7:0]。

$$\text{VM 速率} = \text{VLINE 速率}/(2\times\text{MVAL})$$

VFRAME 和 VLINE 信号可以根据液晶屏的尺寸及显示模式,配置 LCDCON2 寄存器的 HOZVAL 和 LINEVAL 值,即:

$$\text{HOZVAL} = (\text{水平尺寸}/\text{VD 数据位}) - 1$$

对于彩色液晶屏:

$$\text{水平尺寸} = 3\times\text{水平像素点数}$$

$$\text{VD 数据位} = \begin{cases} 4 & \text{(4 位单/双扫描模式)} \\ 8 & \text{(8 位单扫描模式)} \end{cases}$$

$$\text{LINEVAL} = \begin{cases} \text{垂直尺寸} - 1 & \text{(单扫描模式)} \\ (\text{垂直尺寸}/2) - 1 & \text{(双扫描模式)} \end{cases}$$

② 设定 VCLK

VCLK 是 LCD 控制器的时钟信号,当 S3C44B0X 处理器在 66 MHz 时钟频率时,其最高频率为 16.5 MHz,这可以支持现在所有液晶屏类型。计算 VCLK 需要先计算数据传送速率,并由此设定的一个大于数据传送速率的值为 VCLKVAL(LCDCON1[21:12])。

$$\text{数据传送速率} = \text{水平尺寸}\times\text{垂直尺寸}\times\text{帧速率}\times\text{模式值(MV)}$$

有关模式值参考表 3-55。

表 3-55 模式值

液晶类型和扫描模式	4 位单扫描	8 位单扫描或 4 位双扫描
单色液晶	1/4	1/8
4 级灰度屏	1/4	1/8
16 级灰度屏	1/4	1/8
彩色液晶	3/4	3/8

帧速率可由以下公式得到：

$$VCLK(Hz)=MCLK/(CLKVAL\times 2)$$

其中，CLKVAL大于数据传送速率且不小于2。

$$帧速率(Hz)=\{[(1/VCLK)\times(HOZVAL+1)+(1/MCLK)\times(WLH+WDLY+LINEBLANK)]\times(LINEVAL+1)\}^{-1}$$

其中，LINEBANK为水平扫描信号LINE持续时间设置(MCLK个数)；LINEVAL为显示屏的垂直尺寸。

VCLK的计算还可以使用以下公式：

$$VCLK(Hz)=\frac{HOZVAL+1}{\{1/[帧速率\times(LINEVAL+1)]\}-[(WLH+WDLY+LINEBLANK)/MCLK]}$$

③ 设定数据帧显示控制(LCDBASEU、LCDBASEL、PAGEWIDTH、OFFSIZE、LCDBANK)

- LCDBASEU是设置显示扫描方式中的开始地址(单扫描方式)或高位缓存地址(双扫描方式)。
- LCDBASEL是设置双扫描方式的低位缓存开始地址。可用以下公式计算：

  LCDBASEL=LCDBASEU+(PAGEWIDTH+OFFSIZE)×(LINEVAL+1)
- PAGEWDTH是显示存储区的可见帧宽度(半字数)。
- OFFSIZE是显示存储区的前行最后半字和后行第一个半字之间的半字数。
- LCDBANK是访问显示存储区的地址A[27:22]值。ENVID=1时该值不能改变。

(7) 灰度屏的支持与设定

对于4级灰度屏(2位数据)，LCD控制器通过设置BULELUT[15:0]指定使用的灰度级，并用0～3级使用BULELUT的低4位表示4级灰度。16级灰度屏使用BULELUT的每一位来表示灰度级别。

实验板使用16级灰度屏时，LCD控制器参数的设定参考如下。

参考1 LCD液晶屏：320×240；16级灰度；单扫描模式。

数据帧首地址=0xC300000；偏移点数=2048点(512个半字)。

```
LINEVAL = 240 - 1 = 0xEF;
PAGEWIDTH = 320 * 4/16 = 0x50;
OFFSIZE = 512 = 0x200;
LCDBANK = 0xc300000 >> 22 = 0x30;
LCDBASEU = 0x100000 >> 1 = 0x80000;
LCDBASEL = 0x80000 + (0x50 + 0x200) * (0xef + 1) = 0xa2b00;
```

参考2 LCD液晶屏：320×240；16级灰度；双扫描模式。

数据帧首地址=0xC300000；偏移点数=2048点(512个半字)。

```
LINEVAL = 120 - 1 = 0x77;
PAGEWIDTH = 320 * 4/16 = 0x50;
OFFSIZE = 512 = 0x200;
LCDBANK = 0xc300000 >> 22 = 0x30;
LCDBASEU = 0x100000 >> 1 = 0x80000;
LCDBASEL = 0x80000 + ( 0x50 + 0x200 ) * ( 0x77 + 1 ) = 0x91580;
```

5. 实验设计

1) 电路设计

进行液晶屏控制电路设计时必须提供电源驱动、偏压驱动以及LCD显示控制器。由于S3C44B0X处理器本身自带LCD控制器,而且可以驱动实验板所选用的液晶屏,所以控制电路的设计可以省去显示控制电路,只需进行电源驱动和偏压驱动的电路设计即可。

(1) 液晶电路结构框图

LCD液晶电路结构框图如图3-64所示。

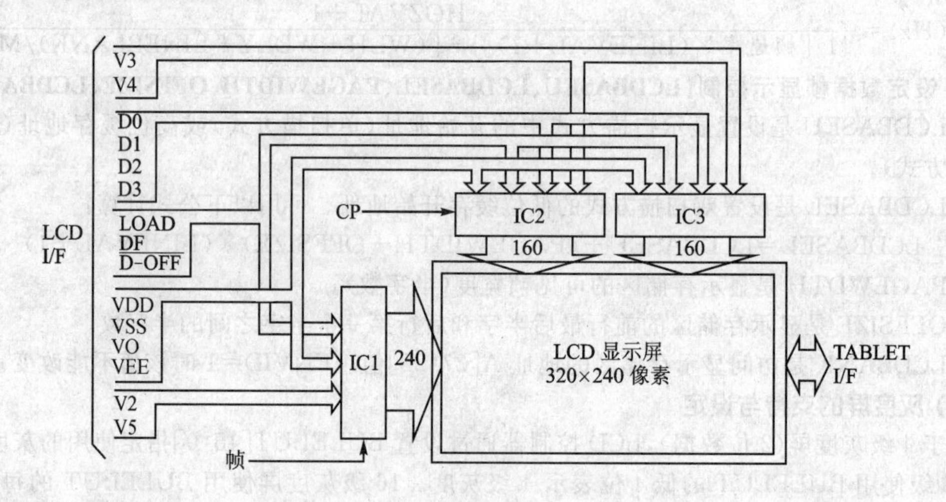

图3-64　LCD电路结构框图

(2) 引脚说明

液晶屏引脚说明如表3-56所列。

表3-56　液晶屏引脚说明

引脚号	说　明	引脚号	说　明	引脚号	说　明
1	V5　偏压5	6	VO　电源地	11	CP　时钟宽度
2	V2　偏压2	7	LOAD　逻辑控制(内部)	12	V4　偏压4
3	VEE　驱动电压	8	VSS　信号地	13	V3　偏压3
4	VDD　逻辑电压	9	DF　驱动交流信号	14~17	D3~D0　数据
5	FRAME　扫描方式	10	D-OFF　像素开关	18	NC　未定义

(3) 控制电路设计

由上述可知实验板所选用的液晶屏的驱动电源是21.5 V,因此直接使用实验系统的3 V或5 V电源时需要进行电压升压控制。实验系统采用的是MAX629电源管理模块,以提供液晶屏的驱动电源。偏压电源可由系统升压后的电源分压得到。图3-65是实验板的电源驱动和偏压驱动参考电路。

2) 程序设计

为了使读者对该实验有一个比较清晰的思路,这里先给出实验流程图,如图3-66所示。

由于实验要求在液晶显示屏上显示矩形、字符,所以实验程序设计主要包括4大部分。

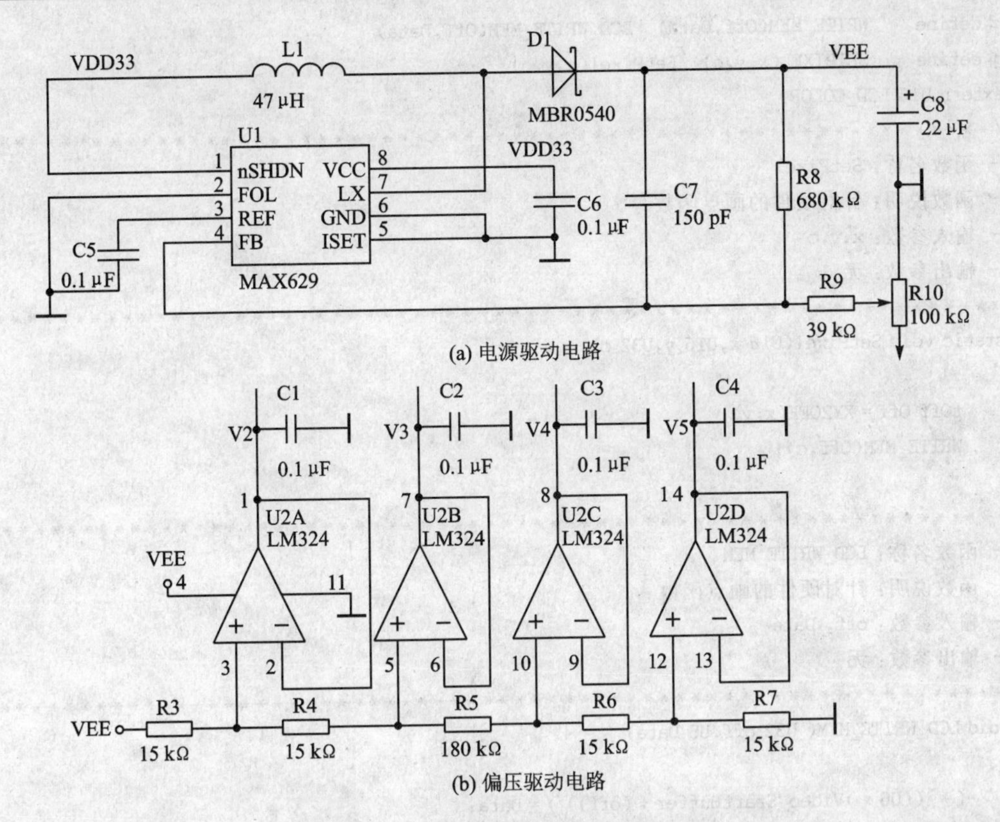

(a) 电源驱动电路

(b) 偏压驱动电路

图 3-65　电源驱动与偏压驱动电路

(1) 设计思路

使用液晶屏显示最基本的是像素控制数据的使用。像素控制数据的存放与传送形式，决定了显示的效果。这也是所有显示控制的基本程序设计思想。直接使用像素控制函数可以实现图形显示；字符显示把像素控制数据按一定形式存放即可实现，比如 ASCII 字符、汉字字符等。

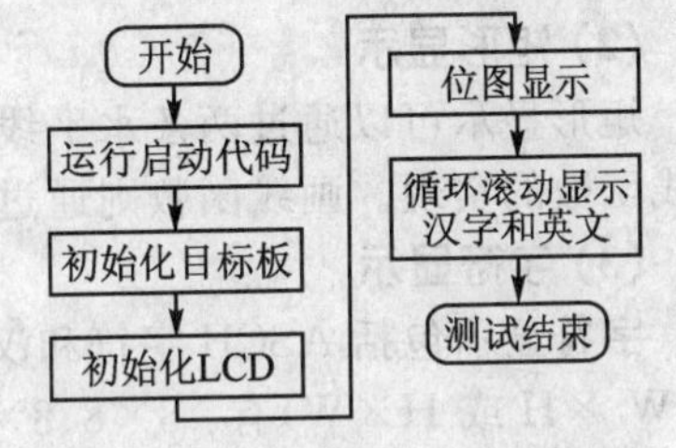

图 3-66　液晶屏显示程序流程图

像素控制函数按如下方式设计：

```
/*********************************************************************
    - 配置参数
*********************************************************************/
#define     M5D(n)          ((n) & 0x1fffff)
#define     SCR_XSIZE       (320)
#define     SCR_YSIZE       (240)
#define     LCD_XSIZE       (320)
#define     LCD_YSIZE       (240)
#define     HOZVAL_COLOR        (LCD_XSIZE * 3/8 - 1)
#define     LINEVAL             (LCD_YSIZE - 1)
#define Video_StartBuffer 0x0c340000
#define     BYTESPERLINE      (LCD_XSIZE)
#define     XY2OFF(x,y)    (tOff)((tOff)y * (tOff)BYTESPERLINE + (x))
typedef unsigned long tOff;
```

```
#define    WRITE_MEM(Off,Data)  LCD_WRITE_MEM(Off,Data)
#define    SETPIXEL(x,y,c)  SetPixel(x,y,c)
extern U16 LCD_COLOR;
/**********************************************************************
- 函数名称：SetPixel
- 函数说明：针对硬件的画点函数
- 输入参数：x,y,c
- 输出参数：无
**********************************************************************/
static void SetPixel(U16 x,U16 y,U32 c)
{
    tOff Off = XY2OFF(x,y);
    WRITE_MEM(Off,c);
}
/**********************************************************************
- 函数名称：LCD_WRITE_MEM
- 函数说明：针对硬件的画点函数
- 输入参数：off, Data
- 输出参数：无
**********************************************************************/
void LCD_WRITE_MEM( U32 off,U8 Data)
{
    ( * ((U8 *)Video_StartBuffer + (off)) ) = Data;
}
```

(2) 矩形显示

矩形显示可以通过两条水平线和两条垂直线组成，因此在液晶显示屏上显示矩形实际就是画线函数的实现。画线函数则通过反复调用像素控制函数得到水平线或垂直线。

(3) 字符显示

字符显示包括ASCII字符和汉字的显示。字符显示可以采用多种字体，其中常用的字体大小(W ×H或H×W)有：8×8、8×16、12×12、16×16、16×24、24×24等，用户可以使用不同的字库以显示不同的字体。如实验系统中使用8×16字体显示ASCII字符，使用16×16字体显示汉字。

① 字 库

不管显示ASCII字符还是点阵汉字，都是通过查找预先定义好的字符表来实现，这个存储字符的表叫做库，相应的有ASCII库和汉字库。

const INT8U g_auc_Ascii8x16[]={ //ASCII 字符查找表 }

ASCII字符的存储是把字符显示数据存放在以字符的ASCII值为下标的库文件(数组)中，显示时再按照字体的长和宽与库的关系取出作为像素控制数据显示。ASCII库文件只存放ANSI ASCII的255个字符。请参考本节“7. 实验参考程序”。

const INT8U g_auc_HZK16[]={ //点阵汉字查找表 }

点阵汉字库是按照方阵形式进行数据存放，因此汉字库的字体只能是方形的。汉字库的大小与汉字显示的个数及点阵数成正比，具体内容请参考本节“7. 实验参考程序”。

② 汉字字库原理

国家标准信息交换用汉字字符GB2312收录汉字、图形符号等共7 445个，其中汉字6 763

个。按照汉字使用的频度分为两级，一级为 3755 个，二级为 3008 个。根据汉字图形符号的位置将其分为 94 个区，每个区包含 94 个汉字字符，每个汉字字符又称为位。其中区的序号为 01～94，位的序号也是 01～94。若用横来表示位，用纵来表示区，用区和位来构成一个二维坐标，则给定一个区和位就可以唯一确定一个汉字。汉字用机内码的形式存储，每个汉字占 2 字节。其中第 1 字节为机内码的区码，汉字机内码的区内码从 0A1H（十六进制）开始，对应区位码中区码的第 1 区，而机内码的第 2 字节为机内码的位码，也是从 0A1H（十六进制）开始，对应某区中的第 1 个位码。也就是说，将汉字机内码减去 0A0AH，就得到该汉字的区位码。例如汉字“北”的机内码是 B1B1H，其中前两位 B1 表示机内码的区码，后两位 B1 表示机内码的位码，所以“北”的区位码为 0B1B1H－0A0A0H＝1111H。将区码和位码转化为十进制，得“北”的区位码为 1717，即“北”的点阵位于第 17 区的第 17 个字的位置。在文件 HZK16 中的位置为 32×[(17－1)×94＋(17－1)]＝48 640，从该位置起以后的 32 字节为“北”的显示点阵，因此，查找到缓冲区 BE00H（48 640 的十六进制表示）开始的 32 字节为：

```
0480 0480 0488 0498 04A0 7CCD
0480 0480 0480 0480 0480 0480
0480 1C82 E482 447E 0000
```

③ ASCII 字符

ASCII 码的显示与汉字的显示原理相同，在 ASCII16 文件中不存在机内码的问题，其显示点阵直接按 ASCII 码从小到大依次排序，每个 ASCII 码为 8×16 的点阵，也只占 16 字节。

(4) 位图文件显示

通过把位图文件转换成一定容量的显示数组，并按照一定的数据结构存放。位图文件的显示与字符的显示一样，对传送的数据需要设计软件控制程序。

本节“7. 实验参考程序”中位图显示的存放数据结构及控制程序如下：

```
const INT8U g_ucBitmap [] = {//位图文件数据};
```

位图显示请参考本节“7. 实验参考程序”：

```
void bitmap_view320x240x256(UINT8T * pBuffer);
```

6. 实验操作步骤

(1) 准备实验环境。使用仿真器连接目标板和 PC 机并口，使用串口线连接实验板上的 UART0 和 PC 机的串口。

(2) 在 PC 机上运行 Windows 自带的超级终端串口通信程序（波特率 115 200、1 位停止位、无校验位、无硬件流控制），或者使用其他串口通信程序。

(3) 复制光盘中 1_Experiment\chapter_3 路径下的 3.8_lcd_test 文件夹到本地硬盘。在 ADS1.2 环境下打开 Lcd_Test.mcp，编译链接通过后，选择 Project→Debug 进入 AXD。为了更好地理解可以单步执行。

(4) 在 PC 上观察超级终端程序主窗口，可以看到如下界面：

```
LCD display Test Example(please look at LCD screen)
```

当执行到“bitmap_view320x240x256((U8 *)g_ucBitmap[3]);”处时，进入函数体内打开 AXD，选择 Processor Views→Memory，在打开的 Memory 窗口的 Memery Start Adress 中键入起始地址 0x0C340000，对照位图文件，观察这部分内存的变化。仔细阅读程序，参照软件程序设计部分位图的显示，理解位图的显示流程。

(5) 程序运行至 Dis_Chinese 函数处,进入 lcd_disp_hz16 函数内。根据实验设计部分所介绍的汉字显示原理,理解如何创建汉字字库,如何在字库中取字,以及如何将所取的字在 LCD 上进行显示。仔细分析程序,重点理解 SETPIXEL 函数的作用(提示,进行点的显示)。在执行程序中,观察 LCD 屏的变化,运行完该函数后,LCD 上会显示汉字:“液晶屏显示实验!”。

(6) 执行程序到 Dis_English 函数处,进入函数 lcd_disp_ascii8x16 中。根据实验设计部分所介绍的字符显示原理,理解如何创建字符字库,如何在字库中取字符,以及如何将所取的字符在 LCD 上进行显示。仔细分析程序,重点理解 SETPIXEL 函数的作用。在执行程序中,观察 LCD 屏的变化,运行完该函数后,LCD 上会显示字符:“welcome”。

(7) 执行程序进入 Fill_Rect 函数中,理解如何进行矩形框的填充。

(8) 全速运行程序,观察液晶屏的显示变化。

(9) 理解和掌握实验后,完成实验练习题。

7. 实验参考程序

1) 初始化程序

```
/**********************************************************************
- 函数名称：LCD_Init
- 函数说明：LCD 硬件初始化函数
- 输入参数：Lcd_Bpp
- 输出参数：无
**********************************************************************/
U16 LCD_Init(U8 Lcd_Bpp)
{
    switch(Lcd_Bpp)
    {
    case 8:
        rLCDCON1 = (0x0)|(2 << 5)|(MVAL_USED << 7)|(0x3 << 8)|(0x3 << 10)|(CLKVAL_COLOR << 12);
        rLCDCON2 = (LINEVAL)|(HOZVAL_COLOR << 10)|(10 << 21);
        //256 - color,LCDBANK,LCDBASEU
        rLCDSADDR1 = (0x3 << 27) | ( ((U32)Video_StartBuffer >> 22) << 21 )| M5D((U32)Video_Start-
        Buffer >> 1);
        rLCDSADDR2 = M5D((((U32)Video_StartBuffer + (SCR_XSIZE * LCD_YSIZE)) >> 1)) | (MVAL << 21)| 1
        << 29;
        rLCDSADDR3 = (LCD_XSIZE/2) | ( ((SCR_XSIZE - LCD_XSIZE)/2) << 9 );
        rREDLUT = 0xfdb96420;                   //1111 1101 1011 1001 0110 0100 0010 0000
        rGREENLUT = 0xfdb96420;                 //1111 1101 1011 1001 0110 0100 0010 0000
        rBLUELUT = 0xfb40;                      //1111 1011 0100 0000
        rDITHMODE = 0x12210;                    //rDITHMODE = 0x0
        rDP1_2 = 0xa5a5;
        rDP4_7 = 0xba5da65;
        rDP3_5 = 0xa5a5f;
        rDP2_3 = 0xd6b;
        rDP5_7 = 0xeb7b5ed;
        rDP3_4 = 0x7dbe;
```

```
        rDP4_5 = 0x7ebdf;
        rDP6_7 = 0x7fdfbfe;
        rLCDCON1 = (0x1)|(2 << 5)|(MVAL_USED << 7)|(0x3 << 8)|(0x3 << 10)|(CLKVAL_COLOR << 12);
        rPDATE = rPDATE&0x0e;
        //rDITHMODE = 0x12210;
        //enable,8B_SNGL_SCAN,WDLY = 8clk,WLH = 8clk
        break;
        default:
        return 1;
    }
    return 0;
}
```

2) 控制函数

(1) 清　屏

```
#define LCD_D_OFF ( * (int * )0x1d20020) &= ~(1 << 6);        //rPDATD
#define LCD_D_ON ( * (int * )0x1d20020) |= (1 << 6);
/*****************************************************
- 函数名称:LCD_clear
- 函数说明:清屏
- 输入参数:无
- 输出参数:无
*****************************************************/
void LCD_clear(void)
{
    LCD_D_OFF;
    Set_Color(GUI_BLACK);
    LCD_FillRect (0,0,319,239);
    Set_Color(GUI_WHITE);
    Set_BkColor (GUI_BLACK);
    Set_Font(&GUI_Font8x16);
    LCD_D_ON;
}
/*****************************************************
- 函数名称:LCD_FillRect
- 函数说明:填充矩形函数
- 输入参数:x0,y0,x1,y1
- 输出参数:无
*****************************************************/
void LCD_FillRect(U16 x0,U16 y0,U16 x1,U16 y1)
{
    for (; y0 <= y1; y0 ++ )
    {
        LCD_DrawHLine(x0,y0,x1);
    }
```

```
}
/*****************************************************
- 函数名称：LCD_DrawHLine
- 函数说明：画水平线函数
- 输入参数：x0,y0,x1
- 输出参数：无
*****************************************************/
void LCD_DrawHLine   (U16 x0,U16 y0, U16 x1)
{
    while (x0 <= x1)
    {
        SETPIXEL(x0,y0,LCD_COLOR);
        x0 ++ ;
    }
}
```

(2) 汉字显示

```
/*****************************************************
 * 名  称：lcd_disp_hz16()
 * 功  能：用16×16点阵显示汉字
 * 参  数：x0,y0——ASCII字符串的起点坐标
 *         ForeColor——指令颜色值
 *         * s——ASCII字符串
 * 返回值：无
*****************************************************/
void lcd_disp_hz16(U16 x0,U16 y0,U32 ForeColor,S8 * s)
{
    U16 i,j,k,x,y,xx;
    S8 qm,wm;
    U32 ulOffset;
    S8 hzbuf[32];
    for( i = 0; i<strlen((const S8 *)s); i++ )
    {
        qm = *(s+i) - 161;
        wm = *(s+i+1) - 161;
        ulOffset = (U32)(qm * 94 + wm) * 32;
        for( j = 0; j<32; j++ )
        {
            //hzbuf[j] = g_ucHZK16[ulOffset + j];
            hzbuf[j] = hzdot[ulOffset + j];
        }
        for( y = 0; y<16; y++ )
        {
            for( x = 0; x<16; x++ )
            {
                k = x % 8;
```

```
                if( hzbuf[y * 2 + x / 8]  & (0x80 >> k) )
                {
                    xx = x0 + x + i * 8;
                    //LCD_PutPixel( xx,y + y0,(U8)ForeColor);
                    SETPIXEL(xx,y + y0,LCD_COLOR);
                }
            }
        }
        i ++ ;
    }
}
```

(3) ASCII 字符显示

```
/**********************************************************************
* 名  称：lcd_disp_ascii8x16()
* 功  能：用 8×16 点阵显示字符串
* 参  数：x0,y0——ASCII 字符串的起点坐标
*         ForeColor——指定颜色值
*          * s——ASCII 字符串
* 返回值：无
**********************************************************************/
void lcd_disp_ascii8x16(U16 x0,U16 y0,U32 ForeColor,S8 * s)
{
    U16 i,j,k,x,y,xx;
    S8 qm;
    U32 ulOffset;
    S8 ywbuf[16],temp[2];
    for( i = 0; i<strlen((const S8 *)s); i ++ )
    {
        if( (S8) * (s + i) >= 161 )
        {
            temp[0] = * (s + i);
            temp[1] = '\0';
            return;
        }
        else
        {
            qm = * (s + i);
            ulOffset = (U32)(qm) * 16;          //Here to be changed
            for( j = 0; j<16; j ++ )
            {
                ywbuf[j] = g_ucAscii8x16[ulOffset + j];
            }
            for( y = 0; y<16; y ++ )
            {
                for( x = 0; x<8; x ++ )
```

```
                {
                    k = x % 8;
                    if( ywbuf[y] & (0x80 >> k) )
                    {
                        xx = x0 + x + i * 8;
                        //LCD_PutPixel(xx,y + y0,(S8)ForeColor);
                        SETPIXEL(xx,y + y0,LCD_COLOR);
                    }
                }
            }
        }
    }
}
```

(4) 位图显示

```
/**************************************************************************
* 名  称：bitmap_view320x240x256
* 功  能：显示位图
* 参  数：pBuffer——输入,位图数据
* 返回值：无
**************************************************************************/
void bitmap_view320x240x256(U8 * pBuffer)
{
    U32 i,j;
    U32 * pView = (U32 * )g_unLcdActiveBuffer;
    for (i = 0; i<SCR_XSIZE * SCR_YSIZE / 4; i++ )
    {
        * pView = (( * pBuffer) << 24) + (( * (pBuffer + 1)) << 16) + (( * (pBuffer + 2)) << 8) + ( *
        (pBuffer + 3));
        pView++ ;
        pBuffer + = 4;
    }
}
```

8. 扩　展

1) 在 LCD 上显示灰度图

(1) 基本原理

对于4级灰度屏(2位数据),LCD控制器通过设置BULELUT[15:0]指定使用的灰度级,并且0～4级使用BULELUT的4个数据位。16级灰度屏使用BULELUT的每一位来表示灰度级别。

(2) 软件程序设计

在本实验设计中实现的LCD显示,是把要显示的数据存入设定好的内存缓冲区,然后直接在LCD上显示。而此处涉及两个缓冲区：LCD_ACTIVE_BUFFER和LCD_VIRTUAL_BUFFER,分别为实际缓冲区和虚拟缓冲区。在寄存器配置方面,主要用到高速缓冲寄存器和ZDMA的配置。软件设计所要解决的核心问题是：如何实现虚拟缓冲区与实际缓冲区之间信息

的传输。

① 参数定义

```
#define LCD_BUF_SIZE            (SCR_XSIZE * SCR_YSIZE/2)
#define LCD_ACTIVE_BUFFER       (0xc300000)
#define LCD_VIRTUAL_BUFFER      (0xc300000 + LCD_BUF_SIZE)
/*******************************************************************
* 名  称：Zdma0Done()
* 功  能：LCD DMA 中断处理功能
* 参  数：无
* 返回值：无
*******************************************************************/
static INT8U ucZdma0Done = 1;            //当 DMA 传输结束时,ucZdma0Done 清零
void Zdma0Done(void)
{
    rI_ISPC = BIT_ZDMA0;                 //清除挂起位
    ucZdma0Done = 0;
}
```

② 图像显示

```
void BitmapView_jpeg (INT16U x, INT16U y, INT8U * hImagData,int Width,int Height)
{
    INT32U    i, j;
    INT8U     ucColor;
    INT8U     R;
    INT8U     G;
    INT8U     B;
    Width = Width * 3;
    for (i = 0; i<Height; i ++ )
    {
        for (j = 0; j < = Width; j + = 3)
        {
            {
                R = * (INT8U * )(hImagData + 0 + i * Width + j);
                G = * (INT8U * )(hImagData + 1 + i * Width + j);
                B = * (INT8U * )(hImagData + 2 + i * Width + j);
                #if 1                //24 位～8 位
                    ucColor = R;
                if(G>R)
                    ucColor = G;
                else if(B>R)
                    ucColor = B;
                if(B>R)
                    ucColor = B;
                #if 1                //灰度处理 256～16
                if(ucColor> = 0 && ucColor<16)
```

```
            ucColor = 0x0;
        if(ucColor> = 16 && ucColor<32)
            ucColor = 0x1;
        if(ucColor> = 32 && ucColor<48)
            ucColor = 0x2;
        if(ucColor> = 48 && ucColor<64)
            ucColor = 0x3;
        if(ucColor> = 64 && ucColor<80)
            ucColor = 0x4;
        if(ucColor> = 80 && ucColor<96)
            ucColor = 0x5;
        if(ucColor> = 96 && ucColor<112)
            ucColor = 0x6;
        if(ucColor> = 112 && ucColor<128)
            ucColor = 0x7;
        if(ucColor> = 128 && ucColor<144)
            ucColor = 0x8;
        if(ucColor> = 144 && ucColor<160)
            ucColor = 0x9;
        if(ucColor> = 160 && ucColor<176)
            ucColor = 0xa;
        if(ucColor> = 176 && ucColor<192)
            ucColor = 0xb;
        if(ucColor> = 192 && ucColor<208)
            ucColor = 0xc;
        if(ucColor> = 208 && ucColor<224)
            ucColor = 0xd;
        if(ucColor> = 224 && ucColor<240)
            ucColor = 0xe;
        if(ucColor> = 240 && ucColor< = 256)
            ucColor = 0xf;
        #endif
        #endif
        LCD_PutPixel(x + j/3,y + i, ucColor); //把转换过来的信息,写入虚拟缓冲区(virtual buffer)
      }
    }
  }
}
```

③ DMA 传输函数

```
/*********************************************************************
* 名  称：Lcd_Dma_Trans()
* 功  能：从虚拟 LCD 屏 DMA 传送信息到实际 LCD 屏
* 参  数：无
* 返回值：无
```

```
************************************************************************/
void Lcd_Dma_Trans(void)
{
    INT8U err;
    ucZdma0Done = 1;
    /* 高速缓冲寄存器 */
    rNCACHBE1 = (((unsigned)(LCD_ACTIVE_BUFFER) >> 12) << 16 )|((unsigned)(LCD_VIRTUAL_BUF
    FER) >> 12);
    /* ZDMA0 寄存器 */
    rZDISRC0 = (DW << 30)|(1 << 28)|LCD_VIRTUAL_BUFFER;
    rZDIDES0 = ( 2 << 30)|(1 << 28)|LCD_ACTIVE_BUFFER;
    rZDICNT0 = ( 2 << 28)|(1 << 26)|(3 << 22)|(0 << 20)|(LCD_BUF_SIZE);
    //重新使能 ZDMA 传输
    rZDICNT0 | = (1 << 20);                 //ES3 之后
    rZDCON0 = 0x1;                          //start!!!
    Delay(500);
}
```

2) 实现 JPEG 图像解码和显示

JPEG(Joint Photographic Experts Group)标准是一个关于灰度和彩色连续静态图像压缩与解压缩的国际标准。JPEG 是一个由国际标准化组织(ISO)和国际电信电报咨询委员会(CCITT)联合组成的专家小组,其任务是制定图像数据库、彩色传真、印刷等方面的连续色调(灰度和彩色)的静止图像压缩编码的国际标准。JPEG 标准是具有连续黑白或彩色协调能力的静止图像的编解码技术,既可用于灰度图像又可用于彩色图像,还可用于电视图像序列的帧内图像的压缩。

JPEG 主要存储图像颜色变化的信息,特别是亮度的变化信息。在常用的模式中,用有损压缩方式去除冗余的图像色彩数据,在获得极高的压缩率的同时能展现丰富、生动的图像,可以用较小的磁盘空间得到较好的图像质量。JPEG 还是一种灵活的格式,具有调节图像质量的功能,允许采用不同的压缩比例对文件进行压缩。与其他具有相同图像质量的文件格式(如 BMP、GIF、TIFF)相比,JPEG 是目前静态图像中压缩率比较高的。正是这种高压缩比使得 JPEG 格式的文件尺寸较小,下载速度快,并使得 Web 页面能够以较短的下载时间提供大量的美观图像。因此,目前各类浏览器都支持 JPEG 图像格式,使得它广泛地用于多媒体和网络程序中。图 3-67 说明了 JPEG 静态图像显示的软件结构。

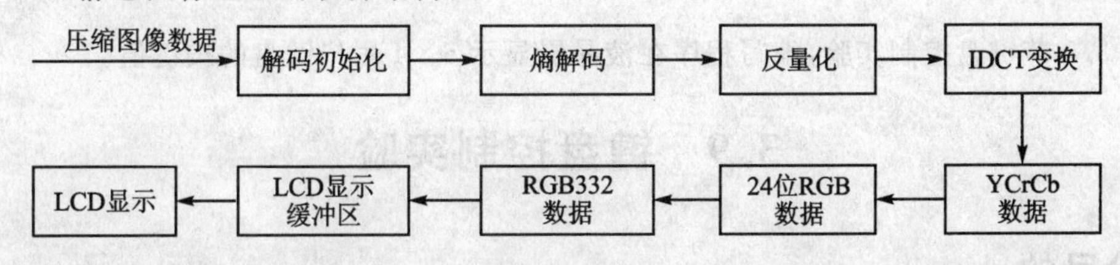

图 3-67　JPEG 静态图像显示的软件结构

(1) 解码过程

解码过程主要包括熵解码、反量化、反离散余弦变换,而熵解码的算法、反离散余弦变换的算法是解码程序设计的核心,直接决定解码的性能。实际上,解码过程的绝大部分处理时间都用于实现这些算法运算上,其算法的复杂程度和优化程度最终决定解码程序的速度。

基于嵌入式系统应用的图像显示对于解码器实时性的要求,以及可用的系统资源的限制,在解码程序的设计过程中尽量采用一些目前被广泛使用的较为成熟的算法。相对而言,这些算法实现起来复杂程度不是很高,因而对系统资源也没有太高的要求。同时,由于这些算法的成熟性,有一些比较好的可替代的快速算法可以采用。当然,从解码效率或图像的质量上来看,这些算法不一定是最好的,但从解码程序的实时性以及总体性能来综合考虑,这些算法的选择是比较合理的。

(2) 显示实现

将 IDCT 变换得到的 YCrCb 色彩模式的数据转化为 RGB 色彩模式的数据,要根据转换公式来实现。由于 S3C44B0 的 LCD 控制器不支持 24 位 RGB 真彩色显示模式,只支持 8 位 RGB332 显示,所以必须将 24 位 RGB 数据转化为 256 彩色,程序中由函数 void bitmap_view320x240x256_1(UINT8T * pBuffer)实现其功能。最后将转化之后的 256 彩色数据送入 LCD 显示缓冲区,实现 LCD 显示图像。

```
void bitmap_view320x240x256_1(UINT8T * pBuffer)
{
    UINT32T i, j;
    UINT8T * pView = (UINT32T * )g_unLcdActiveBuffer;
    for (i = 0; i< SCR_XSIZE * SCR_YSIZE; i ++ )
    {
        * pView = (( * pBuffer + 1) << 24) + (( * (pBuffer + 4)) << 16) + (( * (pBuffer + 7)) << 8) +
        ( * (pBuffer + 10));
        pView ++ ;
        pBuffer + = 12;
    }
}
```

此处用到的从 24 位 RGB 真彩色转换到 8 位 RGB332 的算法是:

在 24 位 RGB 真彩色中,首先从每个像素点提取中间 8 位,作为新的像素点,映射为 RGB332 的像素点;然后把转换后的数据信息,一个字一个字地送入 LCD 缓冲区,最终显示到 LCD 上。此算法比较简单,但显示会有失真现象,其示意图如图 3-68 所示。

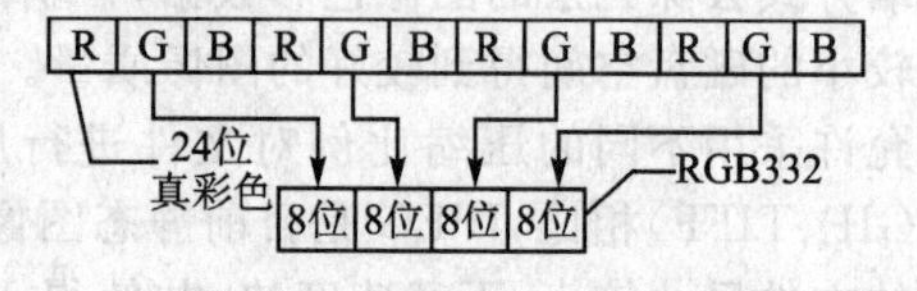

图 3-68 颜色转换图

9. 练习题

参考 3.9 节键盘控制实验,编写程序在液晶屏显示 5×4 用户键盘的按键值。

3.9 键盘控制实验

1. 实验目的

(1) 通过实验掌握键盘控制与设计方法。

(2) 掌握 S3C44B0X 处理器中 I^2C 控制器的使用方法。

(3) 复习 S3C44B0X 处理器中断的处理方法以及中断服务程序的编写。

(4) 复习 S3C44B0X 处理器串口通信程序的编写。

2. 实验设备

(1) 硬件：Start S3C44B0X 实验平台，ARM Multi-ICE 仿真器，PC 机。

(2) 软件：ADS1.2 集成开发环境，Multi-ICE 软件，Windows 98/2000/NT/XP。

3. 实验内容

(1) 使用实验板上 8×4 用户键盘，编写程序接收键盘中断。

(2) 通过 I^2C 总线读入键值，并将读到的键值发送到串口，在超级终端上显示按下的键值。

4. 实验原理

1) 键盘分类

键盘按其连接方式可分为以下 3 大类：

(1) 直连式键盘

每个按键占用一个 GPIO(通用输入/输出)端口，另一端可以接地或接高电平，当按键闭合时可以在处理器的 GPIO 上读取到 0 或 1 的信号。通常这样的键盘可以采用查询或中断的方式来获取键值。这类键盘设计简单、使用方便，缺点是占用资源过多，适用于只有几个按键的小型键盘。

(2) 矩阵式键盘

按键值由行、列两组信号确定，行列矩阵中的每个节点都可以代表一个按键。矩阵式键盘可表示的按键个数等于行数与列数之积。通过对行、列的不同操作可以获取具体的按键值，通常矩阵式键盘处理键值的形式可分为以下 3 种：

- 中断式：在键盘按下时产生一个外部中断通知 CPU，并由中断处理程序通过不同的地址读取数据线上的状态，判断哪个按键按下。
- 扫描法：对键盘上某一行送低电平，其他送高电平，然后读取列值。若列值中有一位是低，表明该行与低电平对应列的按键按下；否则扫描下一行。
- 反转法：先将所有行扫描线输出低电平，读列值。若列值有一位是低，表明有按键按下；接着所有列扫描线输出低电平，再读行值。根据读到的值组合就可以查表得到键码。

(3) I^2C 式键盘

这种键盘是在矩阵式键盘和处理器之间加入一个专用的驱动 IC，结构如图 3-69 所示。阴影部分的结构与矩阵键盘类似。驱动 IC 主要负责采集键值信息并将其通过 I^2C 总线发送给处理器。与之前的两种键盘相比，I^2C 式键盘最大的优点就是不占用处理器的 GPIO 资源，降低了系统软硬件设计的复杂性，提高了按键信息采集的可靠性。

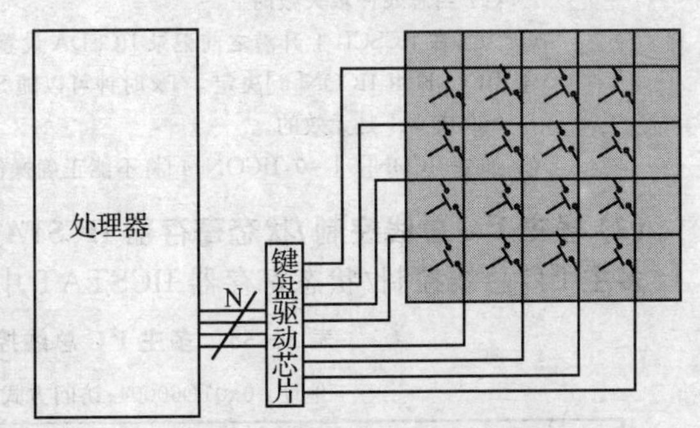

图 3-69 I^2C 式键盘结构

本实验采用的是 I^2C 键盘，如果读者对其他几种键盘感兴趣，可以查阅相关资料。

2) S3C44B0X I^2C 控制器

S3C44B0X 处理器的 I^2C 总线接口支持 I^2C 总线的所有操作模式：主传送模式、主接收模式、从传送模式、从接收模式。

S3C44B0X 处理器的 I²C 总线接口提供如下 3 个寄存器来控制 I²C 总线,它们分别是:

- 控制寄存器 IICCON:该寄存器用于定义 I²C 总线时钟以及使能传输中断和应答位。
- 控制/状态寄存器 IICSTAT:该寄存器用于选择 I²C 工作模式以及使能 I²C 接口,还包括一些表示传输状态的位。
- 地址寄存器 IICADD:该寄存器的内容为当 S3C44B0X 作为从设备时的设备地址。

S3C44B0X 处理器还提供一个 Tx/Rx 数据移位寄存器 IICDS 来保存发送接收的数据。

(1) 多主 I²C 总线控制寄存器 IICCON

多主 I²C 总线控制器 IICCON 中的各位如表 3-57 所列。

表 3-57 多主 I²C 总线控制寄存器 IICCON

地址:0x01D60000;访问方式:R/W;初始值:0x0000xxxx

位	位名称	描 述
[7]	应答允许位①	应答允许位:1=允许应答信号产生;0=禁止应答信号产生 在发送模式下,IICSDA 在 ACK 时间释放 在接收模式下,IICSDA 在 ACK 时间为低电平
[6]	时钟的预分频值选择位	I²C 总线的源时钟的预分频值选择位: 0=IICCLK=$f_{MCLK}/16$;1=IICCLK=$f_{MCLK}/512$
[5]	Tx/Rx 中断使能/禁止位⑤	I²C 总线 Tx/Rx 中断使能/禁止位: 0=禁止中断;1=允许中断
[4]	中断挂起标志②,③	I²C 总线 Tx/Rx 中断挂起标志: 当读该位为 1 时,IICSCL 为低,I²C 停止,只能向该位写 0 用以清除标志 0=读时,没有中断;写时,清除挂起条件和恢复操作 1=读时,中断挂起;写时,无操作 N/A
[3:0]	发送时钟预分频值④	I²C 总线发送时钟预分频值,发送时钟频率是由 4 位预分频值决定的,公式为:Tx clock=IICCLK/(IICCON[3:0]+1)

注:① 与 EEPROM 接口连接,在 Rx 模式下为了产生停止条件,在读最后一个数据之前 ACK 的产生可能无效。

② I²C 总线中断发生的条件:

(a) 当一个字节数据的发送和接收操作完成时;

(b) 当产生一个总线呼叫或从地址匹配发生时;

(c) 当总线仲裁失败时。

③ 为了在 IICSCL 上升沿之前记录 IICSDA 设置时间,在清除 I²C 中断挂起位之前必须写 IICDS。

④ IICCLK 由 IICON[6]决定。Tx 时钟可以随 SCL 转变时间而改变。当 IICCON[6]=0 时,IICCON[3:0]=0x0 或 0x1 是无效的。

⑤ 如果 IICON[5]=0,IICON[4]将不能正确操作。因此,即使不用 I²C 中断,也建议设置 IICCON[5]=1。

(2) 多主 I²C 总线控制/状态寄存器 IICSTAT

多主 I²C 总线控制/状态寄存器 IICSTAT 中的各位如表 3-58 所列。

表 3-58 多主 I²C 总线控制/状态寄存器 IICSTAT

地址:0x01D60004;访问方式:R/W;初始值:0x0000000

位	位名称	描 述
[7:6]	模式选择位	I²C 总线主/从 Tx/Rx 模式选择位: 00=从接收模式 01=从发送模式 10=主接收模式 11=主发送模式

续表 3-58

位	位名称	描　述
[5]	I²C 总线忙信号状态位	I²C 总线忙信号状态位： 0=读时，I²C 总线不忙；写时，I²C 总线 STOP 信号产生 1=读时，I²C 总线忙；写时，I²C 总线 START 信号产生 IICDS 上的数据自动在 START 信号后传输
[4]	串行输出使能/禁止位	I²C 总线数据输出使能/禁止位： 0=禁止 Rx/Tx；1=允许 Rx/Tx
[3]	仲裁过程状态标志位	I²C 总线仲裁过程状态标志位： 0=总线仲裁成功；1=总线仲裁失败
[2]	从地址状态标志位	I²C 总线从地址状态标志位： 0=当检测到 START/STOP 时，清除该位 1=接收到的从地址匹配 IICADD 的值
[1]	I²C 总线地址为 0 状态标志位	I²C 总线地址为 0 状态标志： 0=当检测到 START/STOP 时，清除该位 1=接收到的从地址是 00000000b
[0]	上一次接收到的状态标志位	I²C 总线上一次接收到的状态标志位： 0=最后接收位是 0（ACK 收到） 1=最后接收位是 1（ACK 未收到）

(3) 多主 I²C 总线地址寄存器 IICADD

多主 I²C 总线地址寄存器 IICADD 各位功能如表 3-59 所列。

表 3-59　多主 I²C 总线地址寄存器 IICADD

地址：0x01D60008；访问方式：R/W；初始值 0xXXXXXXXX

位	位名称	描　述
[7:0]	从地址	当 IICSTAT 中的输出允许位为 0 时，IICADD 为写允许 不论是否允许，串行输出 IICADD 中的值可都是可读的 [7:1]=从地址，[0]=无用

(4) 多主 I²C 总线发送/接收数据转移寄存器 IICDS

多主 I²C 总线发送/接收数据转移寄存器 IICDS 各位的功能如表 3-60 所列。

表 3-60　多主 I²C 总线发送/接收数据移位寄存器 IICDS

地址：0x01D6000C；访问方式：R/W；初始值 0xXXXXXXXX

位	位名称	描　述
[7:0]	数据移位	当 IICSTAT 中的串行输出允许位(serial output enable)=1 时，IICDS 为写允许。可以在任何时候读 IICDS 的值

5. 实验设计

1) 硬件设计

本实验系统采用的 S3C44B0X 处理器内部集成了 I²C 总线接口，可以采用第 3 种键盘作为其输入设备。驱动 IC 选用 ZLG7290 芯片。

(1) ZLG7290 概述

ZLG7290 是一个专用于 I²C 键盘的驱动器，具有以下特点：

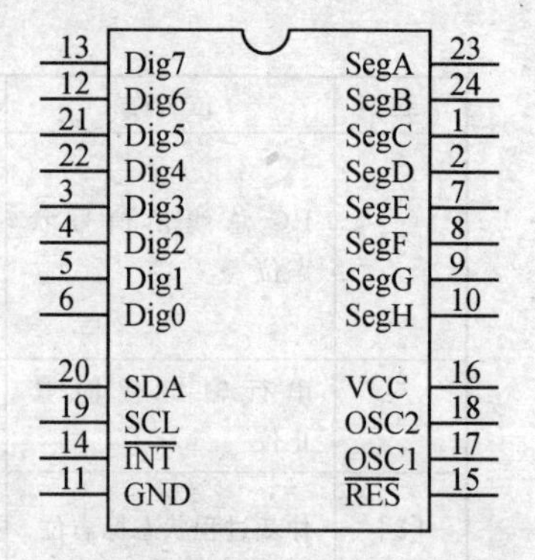

图 3-70 ZLG7290 引脚分布图

- I²C 串行接口提供键盘中断信号,方便与处理器接口的连接;
- 可驱动多达 8×8 个按键的键盘;
- 提供 8 个功能键,并可检测任一键的连击次数;
- 提供工业级器件多种封装形式(PDIP24、SO24)。

ZLG7290 采用 24 引脚封装(SO24),引脚分布如图 3-70 所示。其引脚说明如表 3-61 所列。

(2) 键盘控制电路

键盘控制电路使用芯片 ZLG7290 控制,如图 3-71 所示。

表 3-61 ZLG7290 引脚分配表

引脚号	引脚名称	引脚属性	引脚描述
13,12,21,22,3~6	Dig7~Dig0	输入/输出	LED 显示位驱动及键盘扫描线
10~7,2,1,24,23	SegH~SegA	输入/输出	LED 显示段驱动及键盘扫描线
20	SDA	输入/输出	I²C 总线接口数据/地址线
19	SCL	输入/输出	I²C 总线接口时钟线
14	$\overline{\text{INT}}$	输出	中断输出端,低电平有效
15	$\overline{\text{RES}}$	输入	复位输入端,低电平有效
17	OSC1	输入	连接晶体以产生内部时钟
18	OSC2	输出	
16	VCC	电源	电源正(3.3~5.5 V)
11	GND	电源	电源地

(3) 按键值的确定

ZLG7290 作为 I²C 键盘的驱动芯片最多可连接 8×8 个按键。键值按照 1~64 的顺序排列。Dig 和 Seg 引脚分别连在按键的两边,与 Dig0 和 SegA 相连接的按键的值为 1,Dig0 和 SegB 所确定的按键的值为 2,其他按键值以此类推。本实验使用的 8×4 键盘是从这 8×8 个按键中选取的一部分,其连接关系如图 3-71 所示。由图可以看出,本实验中使用的按键值并不是连续的,只使用了其中 132 的部分按键。每次按键按下后的结果都保存在 ZLG7290 芯片中地址为 0x01 的单元中。其复位值为 0x00,即当从中读到 0 时就表示没有有效的按键动作发生。

(4) 工作过程

由图 3-71 可以看出,键盘是通过芯片 ZLG7290 实现与 S3C44B0X 处理器之间的相互通信。键盘上任意按键按下都会引起 ZLG7290 相应引脚上电平发生变化,ZLG7290 检测到该变化后就会在其内部启动按键处理的过程,去除按键抖动,产生键值,INT 引脚产生中断触发电平,通知 S3C44B0X 处理器有按键动作发生,处理器接到通知后启动 I²C 总线的读过程,最终得到正确的按键值。

2) 软件设计

程序设计要结合实验系统中的用户键盘硬件控制电路,要编写相关的程序,包括键盘中断程序。将键盘按下标志定义为全局变量,在中断程序中将其置 1。在主流程中对该标识进行判断,当其为 1 时代表有按键动作触发,启动键值读取过程并将标志清零。程序主流程图如图 3-72 所示。

在本设计使用 I²C 作为通信接口,图 3-73 给出 I²C 接口的主模式接收数据操作流程图,关于 I²C 总线的具体工作原理可以参见参考文献[2]的 4.5.6 小节。

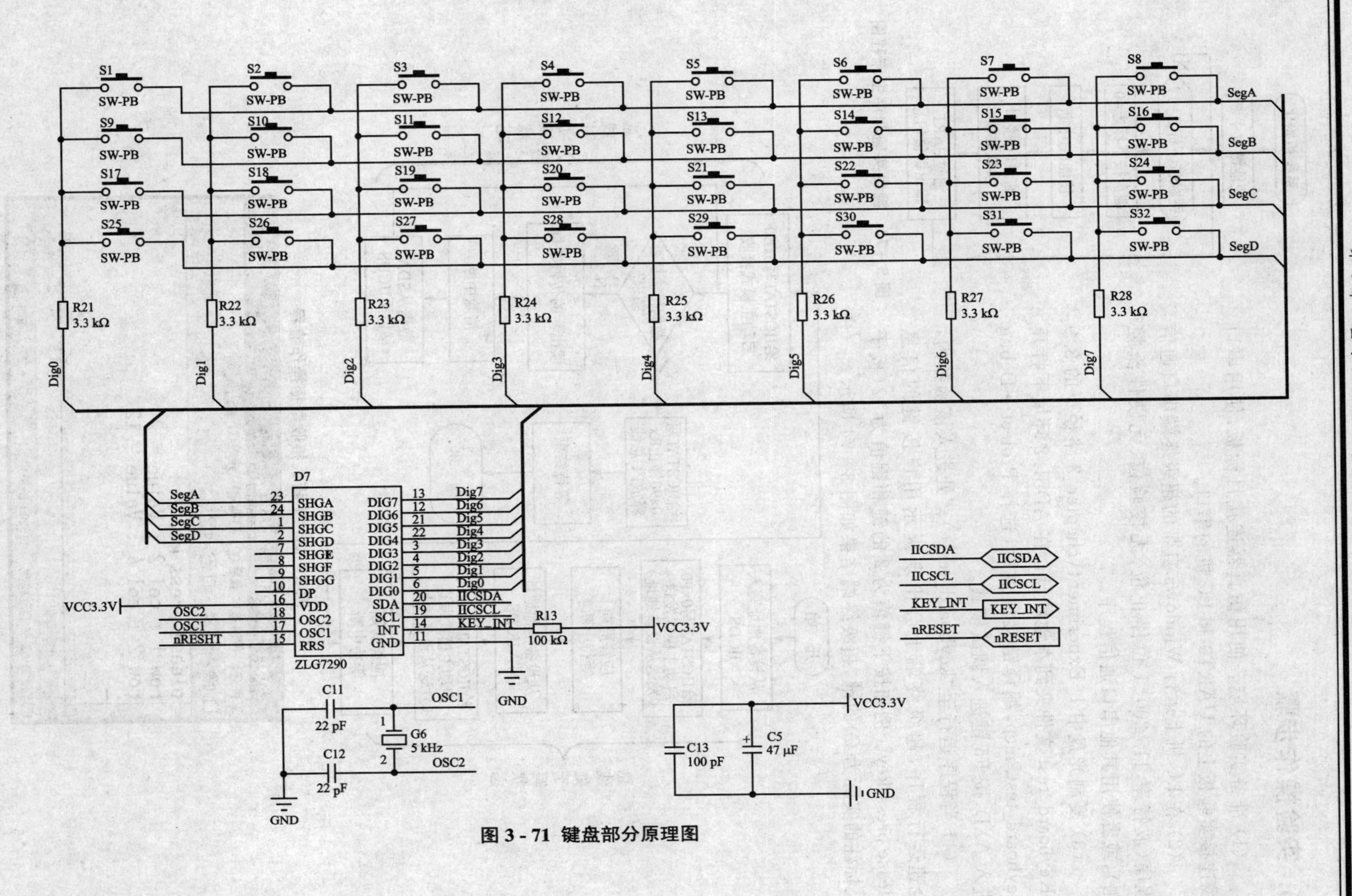

图 3-71 键盘部分原理图

6. 实验操作步骤

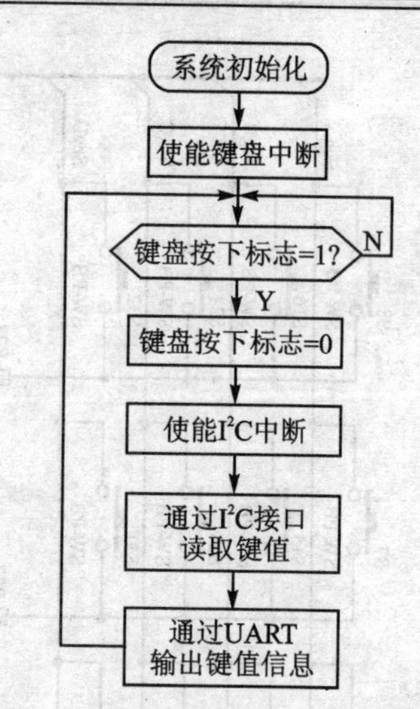

图 3-72　键盘实验程序主流程图

(1) 准备实验环境。使用仿真器连接目标板,使用串口线连接实验板上的 UART0 和 PC 机的串口。

(2) 在 PC 机上运行 Windows 自带的超级终端串口通信程序(波特率 115 200、1 位停止位、无校验位、无硬件流控制),或者使用其他串口通信程序。

(3) 复制光盘中 1_Experiment\chapter_3 路径下的 3.9_Keyboard_test 文件夹到本地硬盘。在 ADS1.2 环境下打开 keyboard_test. mcp,编译链接通过后,选择 Project→Debug 进入 AXD,按 F5 键进入调试模式。

(4) 当程序运行至"keyboard_test();"处进入该函数内,全速运行程序,超级终端上会出现提示用户按键的信息 please press key。例如按下键值为 2 的键和键值为 12(板子上标注的实际为 C)的键,超级终端结果如图 3-74 所示。

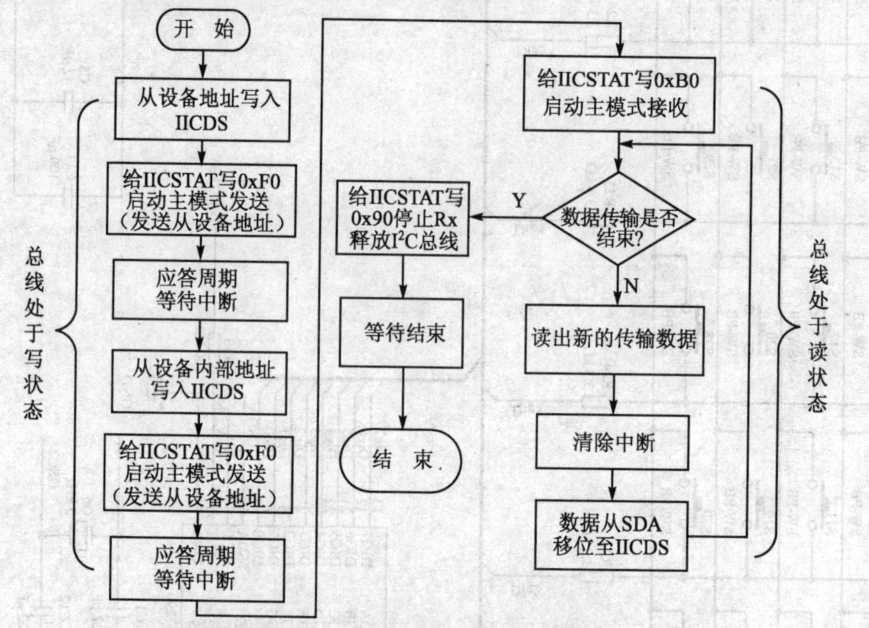

图 3-73　主模式接收数据操作流程

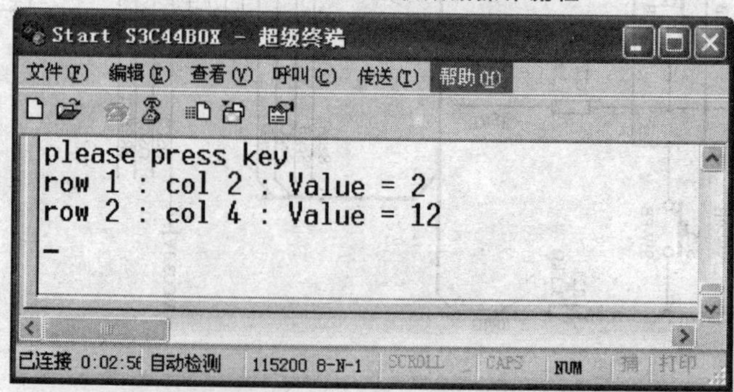

图 3-74　超级终端 keyboard_test 函数的输出界面

7. 实验参考程序

1) 初始化程序

(1) 键盘初始化程序

键盘使用外部中断 2，程序设计在环境初始化时即 Port_Init 函数中，要保证 GPIO 的端口 PG2 的 PCONG 寄存器的 5、4 两位设都置为 1，也可以在初始化代码里对这两位进行重新设置。

```
/*************************************************************
* 名  称：keyboard_init
* 功  能：键盘初始化
* 参  数：无
* 返回值：无
*************************************************************/
void keyboard_init(void)
{
    rPCONG | = (1 << 4 | 1 << 5);              //将 PG2 设置为 EINT2
    iic_init();                                //对要使用的 I²C 接口进行初始化
    pISR_EINT2 = (int)keyboard_int;            //将 EINT2 与中断服务程序相关联
}
```

(2) I²C 接口初始化程序

```
/*************************************************************
* 名  称：iic_init
* 功  能：I²C 总线初始化
* 参  数：无
* 返回值：无
*************************************************************/
void iic_init(void)
{
    f_nGetACK = 0;
    //配置中断
    rINTMOD = 0x0;
    rINTCON = 0x1;                             //向量中断
    rINTMSK = rINTMSK & (~(BIT_GLOBAL|BIT_IIC));
    pISR_IIC = (unsigned)iic_int;
    //初始化 I²C
    rIICADD = 0x10;                            //S3C44B0X 从地址
    rIICCON = 0xe5;                            //使能 ACK 和中断
    //IICCLK = MCLK/512,ACK = 64 MHz/512/(15 + 1) = 8 kHz
    rIICSTAT = 0x10;                           //使能发送或接收
}
```

2) 中断服务程序

(1) 键盘中断服务

```
/*************************************************************
* 名  称：keyboard_int
```

```
 * 功    能：键盘中断服务程序
 * 参    数：无
 * 返回值：无
****************************************************************************/
void keyboard_int(void)
{
    rINTMSK = rINTMSK | BIT_EINT2;                    //禁用 EINT2 中断
    rI_ISPC = BIT_EINT2;
    f_nKeyPress = 1;
}
```

(2) I²C 中断服务程序

```
/****************************************************************************
 * 名    称：iic_int
 * 功    能：I²C 中断服务程序
 * 参    数：无
 * 返回值：无
****************************************************************************/
void iic_int(void)
{
    rI_ISPC = BIT_IIC;                                //清除 I²C 中断
    f_nGetACK = 1;                                    //I²C 标志位值 1
}
```

3) I²C 读程序

```
/****************************************************************************
 * 名    称：iic_read
 * 功    能：从 I²C 设备中读取数据
 * 参    数：unSlaveAddr——输入，芯片从地址
 *           unAddr——输入，数据地址
 *           pData——输出，数据指针
 * 返回值：无
****************************************************************************/
void iic_read(U32 unSlaveAddr,U32 unAddr,S8 * pData)
{
    S8 cRecvByte;
    f_nGetACK = 0;
    //发送控制字
    rIICDS = unSlaveAddr;                             //给 IICDS 写从设备地址
    rIICSTAT = 0xf0;                                  //开始主模式下的 Tx 传输
    while(f_nGetACK == 0);                            //等待 ACK
    f_nGetACK = 0;
    //发送地址
    rIICDS = unAddr;
    rIICCON = 0xe5;                                   //释放 I²C 的使用权
    while(f_nGetACK == 0);                            //等待 ACK
```

```
    f_nGetACK = 0;
    //发送控制字
    rIICDS = unSlaveAddr;                     //0xa0
    rIICSTAT = 0xb0;                          //开始主模式下的Rx传输
    rIICCON = 0xe5;                           //释放I²C的使用权
    while(f_nGetACK == 0);                    //等待ACK
    f_nGetACK = 0;
    //获得数据
    rIICCON = 0x65;
    while(f_nGetACK == 0);                    //等待ACK
    f_nGetACK = 0;
    cRecvByte = rIICDS;
    //接收结束
    rIICSTAT = 0x90;                          //停止主模式下的Rx传输
    rIICCON = 0xe5;                           //释放I²C的使用权
    while(rIICSTAT & 0x20 == 1);              //等待停止条件有效
    *pData = cRecvByte;
}
```

8. 扩　展

1) 连击键

在本实验的8×4键盘上实现连击键功能。

当某个按键按下时，输出一次键值后，如果该按键还未释放，该键值连续有效，就像连续压按该键一样，这种功能称为连击。

ZLG7290芯片提供连击次数检测功能，因为它有一个连击次数计数器RepeatCnt，可区别单击（某些功能不允许连击，如开关）或连击。判断连击次数可以检测被按时间，以防止某些功能误操作（如连续按5 s进入参数设置状态）。另外，判断连击次数还可以实现功能键，如单击0键会显示键值0，而双击这个键，就会显示“#”。按键的功能可根据用户需要用软件进行添加或修改。

连击次数计数器（RepeatCnt）的地址为02H，复位值为00H。RepeatCnt＝0时，表示单击键；RepeatCnt大于0时，表示键的连击次数。该寄存器的值用于区别单击键或连击键，判断连击次数可以检测被按时间。读取此寄存器的值就是连击的次数。

2) I²C接口与EEPROM的连接

I²C接口与EEPROM连接的示意图如图3-75所示。

带I²C总线接口的EEPROM有很多型号，其中AT24CXX系列使用十分普遍，我们采用AT24C04，各引脚的功能说明如下。

A0、A1、A2：器件/页面寻址地址输入端。

WP：　读/写保护。接低电平时可对整篇空间进行读/写；接高电平时不能对受保护区进行读/写。

VCC：　＋3.3 V的工作电压。

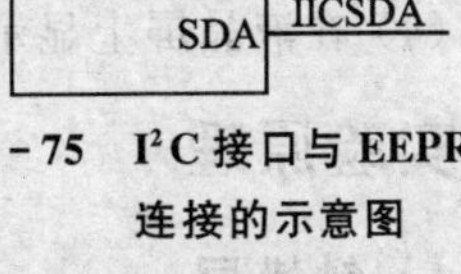

SCL
IICSCL
EEPROM
AT24C04
SDA
IICSDA

图3-75　I²C接口与EEPROM连接的示意图

SCL、SDA引脚分别与S3C44B0X内I²C接口芯片的IICSCL、IICSDA引脚连接。

可通过I²C总线对EEPROM AT24C04的内部存储单元进行写入/读出操作，并将结果在超级终端上显示出来。程序流程图如图3-76所示。

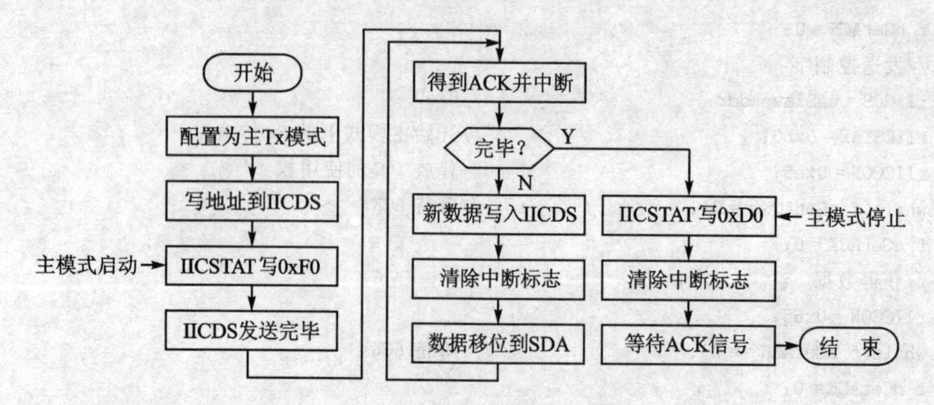

图3-76　I²C程序设计操作流程图

9. 练习题

(1) 编写程序实现双键同时按下时键盘的检测及处理。

(2) 试分析本实验共在几处地方使用了中断,将现有程序修改为不使用中断即能完成键盘功能的代码。

3.10　触摸屏控制实验

1. 实验目的

(1) 通过实验掌握触摸屏的设计与控制方法。

(2) 熟练掌握S3C44B0X处理器的A/D转换功能。

(3) 复习3.8节中的液晶屏控制与显示程序的编写。

(4) 复习S3C44B0X处理器串口通信程序的编写。

2. 实验设备

(1) 硬件:Start S3C44B0X实验平台,ARM Multi-ICE仿真器,PC机。

(2) 软件:ADS1.2集成开发环境,Multi-ICE软件,Windows 98/2000/NT/XP。

3. 实验内容

(1) 使用实验板掌握如何对触摸屏进行控制以及设计相关电路。

(2) 编写程序获得触摸屏上的触摸坐标值。

(3) 通过串口输出坐标值。

(4) 在液晶屏上显示触摸点相应的区域用以示意坐标范围。

4. 实验原理

1) 触摸屏

(1) 触摸屏的分类

触摸屏TSP(Touch Screen Panel)按其技术原理可分为五类:矢量压力传感式、电阻式、电容式、红外线式和表面声波式,其中电阻式触摸屏在嵌入式系统中用得较多。

① 表面声波触摸屏。表面声波触摸屏的边角有 X、Y 轴声波发射器和接收器,表面有 X、Y 轴横竖交叉的超声波传输。当触摸屏幕时,从触摸点开始的部分被吸收,控制器根据到达 X、Y 轴的声波变化情况和声波传输速度计算出声波变化的起点,即触摸点。

② 电容感应触摸屏。人相当于地,给屏幕表面通上一个很低的电压,当用户触摸屏幕时,手指头吸收走一个很小的电流,这个电流分别从触摸屏 4 个角或 4 条边上的电极中流出,并且理论上流经这 4 个电极的电流与手指到 4 角的距离成比例,控制器通过对这 4 个电流比例的计算,得出触摸点的位置。

③ 红外线触摸屏。红外线触摸屏,是在显示器屏幕的前面安装一个外框,外框里有电路板,在 X、Y 方向排布红外发射管和红外接收管,一一对应形成横竖交叉的红外线矩阵。当有触摸时,手指或其他物体就会挡住经过该处的横竖红外线,由控制器判断出触摸点在屏幕的位置。

④ 电阻触摸屏。电阻触摸屏是一个多层的复合膜,由一层玻璃或有机玻璃作为基层,表面涂有一层透明的导电层,上面再盖有一层塑料层。它的内表面也涂有一层透明的导电层,在两层导电层之间有许多细小的透明隔离点将它们绝缘。工业中常用 ITO(Indium Tin Oxide,氧化锡)导电层。当手指触摸屏幕时,平常绝缘的两层导电层在触摸点位置就产生一个接触,控制器检测到两导电层接通后,其中一面导电层接通 Y 轴方向的 5 V 均匀电压场,另一面导电层将接触点的电压引至控制电路进行 A/D 转换,得到电压值后与 5 V 相比即可得触摸点在 Y 轴的坐标,同理得出 X 轴的坐标。这是所有电阻技术触摸屏共同的基本原理。电阻式触摸屏根据信号线数又分为 4 线、5 线、6 线……电阻触摸屏等类型。信号线数越多,技术越复杂,坐标定位也越精确。

4 线电阻触摸屏采用国际上评价很高的电阻专利技术:包括压模成型的玻璃屏和一层透明的防刮塑料,或经过硬化、清晰或抗眩光处理的尼龙。其内层是透明的导体层,表层与底层之间夹着拥有专利技术的分离点(Separator Dots)。这类触摸屏适合于需要相对固定人员触摸的高精度触摸屏的应用场合,精度超过 4096×4096,有良好的清晰度和极微小的视差。主要优点还表现在:不漂移,精度高,响应快,可以用手指或其他物体触摸,防尘、防油污等,主要用于专业工程师和工业现场。

本实验系统采用 4 线式电阻式触摸屏,点数为 320×240,实验系统由触摸屏、触摸屏控制电路和数据采集处理 3 部分组成。

被按下的触摸屏状态如图 3-77 所示。LRH9J515XA STN/BW 触摸屏如图 3-78 所示。

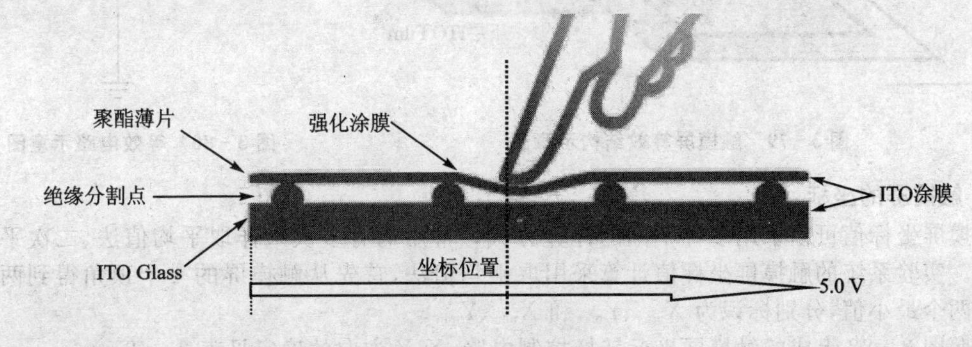

图 3-77 触摸屏按下

(2) 电阻式触摸屏

电阻式触摸屏采用一块带统一电阻外表面的玻璃板,聚酯表层紧贴在玻璃面上,通过透明的小绝缘颗粒与玻璃面分开。聚酯层外表面坚硬耐用,内表面有一个传导层。当屏幕被触摸时,传导层与玻璃面表层进行电子接触,产生的电压就是所触摸位置的模拟表示。其示意图如图 3-79、图 3-80 所示。

① **触摸屏原点**

图 3-78　LRH9J515XA STN/BW 触摸屏

电阻式触摸屏是通过电压的变化范围来判定按下触摸屏的位置,因此其原点就是触摸屏 X 电阻面和 Y 电阻面接通产生最小电压之处。随着电阻的增大,A/D 转换所产生的数值不断增加,形成坐标范围。

触摸原点的确定有很多种方法,常用的有对角定位法、4 点定位法、实验室法等。

- 对角定位法：系统先对触摸屏的对角坐标进行采样,根据数值确定坐标范围,可采样一条对角线或两条对角线的顶点坐标。这种方法简单易用,但是需要多次采样操作并进行比较,以取得定位的准确性。本实验板采用这种定位方法。
- 4 点定位法：同对角定位法一样,需要进行数据采样,只是需要采样 4 个顶点坐标以确定有效坐标范围,程序根据 4 个采样值的大小关系进行坐标定位。这种方法的定位比对角定位法可靠,因此被现在许多带触摸屏的设备终端使用。
- 实验室法：触摸屏的坐标原点、坐标范围由生产厂家在出厂前根据硬件定义好。定位方法是按照触摸屏和硬件电路的系统参数,对批量硬件进行最优处理定义取得的。这种方法适用于触摸屏构成的电路系统有较好的电气特性,且不同产品有较大相似性的场合。

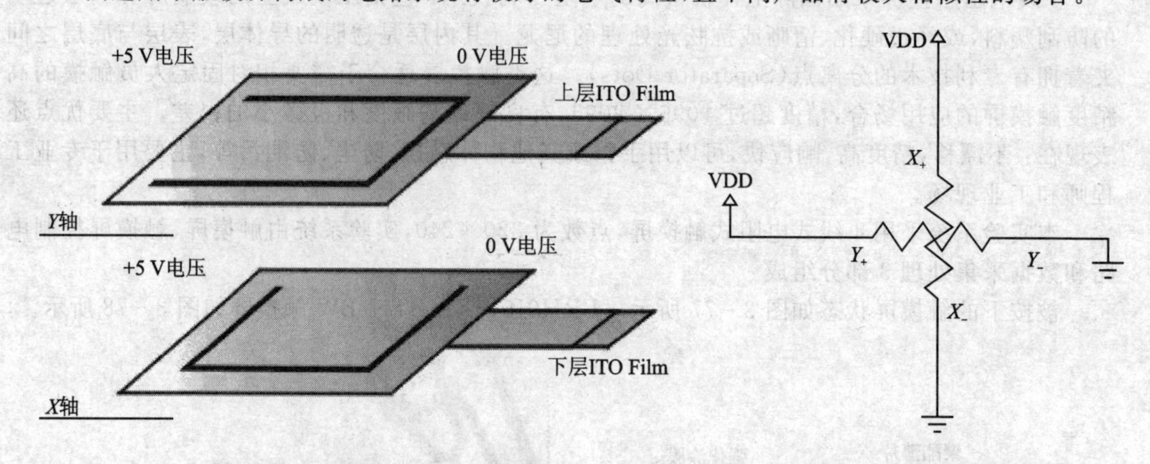

图 3-79　触摸屏等效结构示意图　　　　图 3-80　等效电路示意图

② **触摸屏的坐标**

触摸屏坐标值可以采用多种不同的计算方式。常用的有多次采样取平均值法、二次平方处理法等。实验系统的触摸屏坐标值计算采用取平均值法,首先从触摸屏的 4 个顶角得到两个最大值和两个最小值,分别标识为 X_{max}、Y_{max} 和 X_{min}、Y_{min}。

参照图 3-82 组成的触摸屏坐标转换控制电路,X、Y 方向的确定见表 3-62。

表 3-62　确定 *X*、*Y* 方向

坐标轴	A/D 通道	N-MOS	P-MOS
X	AIN5	Q3=0;Q4=1	Q1=0;Q2=1
Y	AIN7	Q3=1;Q4=0	Q1=1;Q2=0

TSP 包括两个面电阻，即 X 轴面电阻和 Y 轴面电阻。每个面电阻有两个连接端——正端和负端，即 X_+ 和 X_-，Y_+ 和 Y_-。在这 4 个端上分别连有一个用于控制电路通断的 MOSFET，即 Q1、Q2、Q3 和 Q4。在不需要进行 A/D 转换时，系统需要把 Q1、Q2、Q4 置于截止状态，Q3 置于导通状态。这样一旦触摸屏被按下，X 轴面与 Y 轴面的电阻就会被导通，在 X_+ 和 Y_- 之间形成回路，TPS_INT 处的电平就会降低，从而引发系统外部中断；系统收到中断后，通过对 I/O 口的控制使 Q1、Q4 导通，Q2、Q3 截止，AIN5 读取 X 轴坐标。然后关闭 Q1、Q4，使 Q2、Q3 导通，AEN7 读取 Y 轴坐标；系统得到坐标值后，关闭 Q1、Q2、Q4，打开 Q3，回到初始状态，等待下一次点触。触摸屏理论上可以识别 1 个单位点的变化，建议使用 10 个单位作为识别单位。

确定 X、Y 方向后坐标值的计算可通过以下方式求得：

$$X=(X_{max}-X_a)\times 240/(X_{max}-X_{min}) \qquad X_a=(X_1+X_2+\cdots+X_n)/n$$

$$Y=(Y_{max}-Y_a)\times 320/(Y_{max}-Y_{min}) \qquad Y_a=(Y_1+Y_2+\cdots+Y_n)/n$$

(3) 触摸屏接口电路

实验系统所选用的触摸屏(LRH9J515XA STN/BW)的主要参数如表 3-63 所列，其尺寸示意图、坐标转换电路图和等效电路图分别如图 3-81、图 3-82 和图 3-83 所示。

表 3-63　LRH9J515XA STN/BW 触摸屏主要技术参数

型　号	LRH9J515XA	外形尺寸	(93.8×75.1×5)mm³	质　量	45 g
像　素	320×240	画面尺寸	9.6 cm(3.8 inch)	色　彩	16 级灰度
电　压	21.5 V(25℃)	点　宽	0.24 mm/dot	电　阻	X:590 Ω,Y:440 Ω

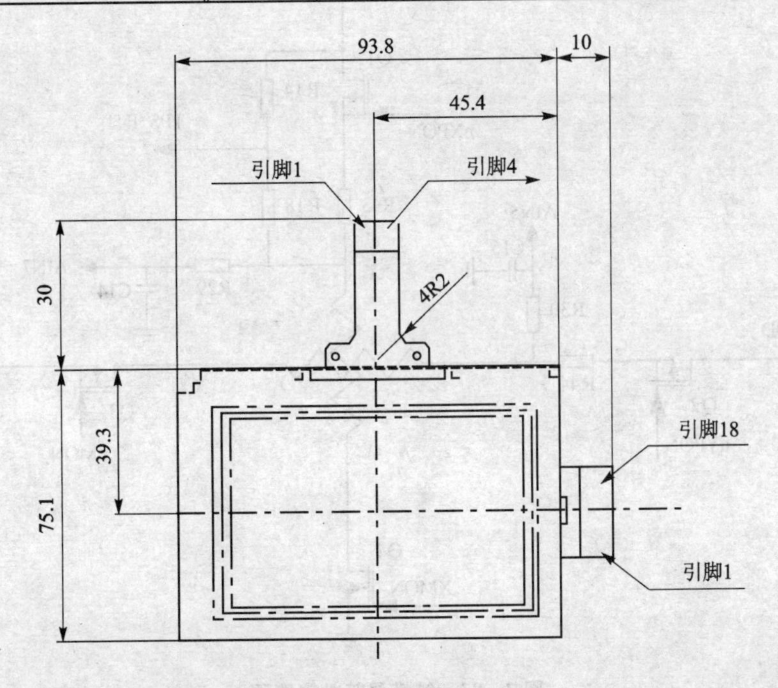

图 3-81　触摸屏的尺寸示意图(图中数字单位为 mm)

2) A/D 转换器工作原理

A/D 转换器(ADC)是将模拟信号转化为数字信号的器件，可以说它是连接模拟世界和数字世界的重要桥梁。在本系统中，A/D 转换器负责将触摸屏传来的连续的电压信号转换为系统可识别的数字信号，下面简单介绍 A/D 转换器的一些基本知识。

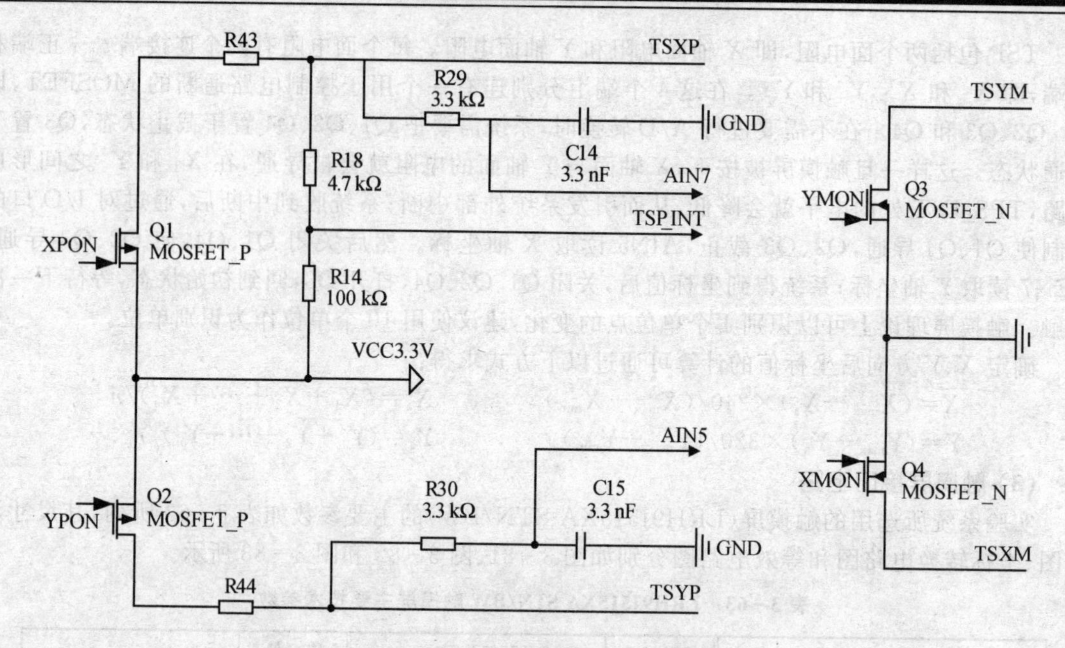

图 3-82 触摸屏坐标转换控制电路

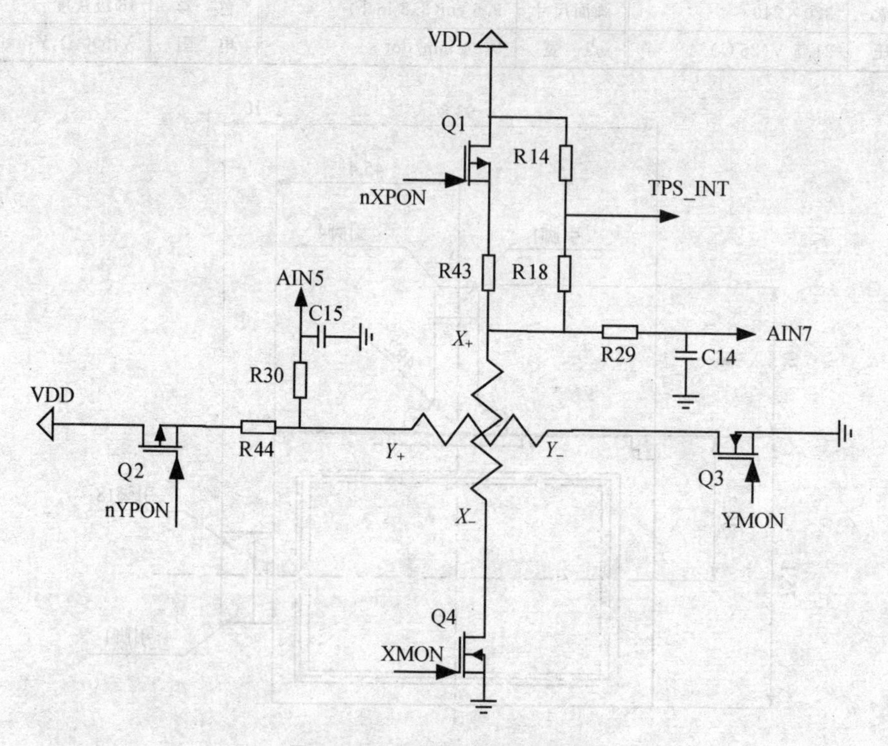

图 3-83 触摸屏等效电路图

(1) A/D 转换器的类型

A/D 转换器种类繁多,分类方法也很多,其中常见的分类如下。

按照工作原理可分为:计数式、逐次逼近式、双积分式和并行 A/D 转换式几类。

按转换方法可分为:直接 A/D 转换器和间接 A/D 转换器。所谓直接转换是指将模拟量转换成数字量;而间接转换则是指将模拟量转换成中间量,再将中间量转换成数字量。

按分辨率可分为：二进制的4位、6位、8位、10位、12位、14位、16位，以及BCD码的3位半、4位半、5位半等。

按转换速度可分为：低速（转换时间≥1 s）、中速（转换时间≤1 ms）、高速（转换时间≥1 μs）和超高速（转换时间≤1 ns）。

按输出方式可分为：并行、串行、串并行等。

(2) A/D转换器的工作原理

A/D转换器的种类很多，现仅简单介绍下面常见的两种。这两种A/D转换器工作原理相对简单易懂，便于初学者理解。

① 计数式

这种A/D转换原理最简单直观，它由D/A转换器、计数器和比较器组成，如图3-84所示。计数器由零开始计数，将其计数值送往D/A转换器进行转换，将生成的模拟信号与输入模拟信号在比较器内进行比较，若前者小于后者，则计数值加1，重复D/A转换及比较过程。因为计数值是递增的，所以D/A输出的模拟信号是一个逐步增加的量。当这个信号值与输出模拟量比较相等时（在允许的误差范围内），比较器产生停止计数信号，计数器立即停止计数。此时D/A转换器输出的模拟量就为模拟输入值，计数器的值就是转换成的相应的数字量值。这种A/D转换器结构简单、原理清楚，但是转换速度与精度之间存在严重矛盾，即若要提高转换速度，则转换器输出与输入的误差就会增大，反之亦然，所以在实际中很少使用。

② 逐次逼近式

逐次逼近式A/D转换器由一个比较器、D/A转换器、寄存器及控制逻辑电路组成，如图3-85所示。与计数式相同，逐次逼近式也要进行比较，以得到转换数字值。但逐次逼近式是用一个寄存器控制D/A转换器。逐次逼近式是从高位到低位依次开始逐位试探比较。S3C44B0X处理器集成了这种逐次逼近式A/D转换器。

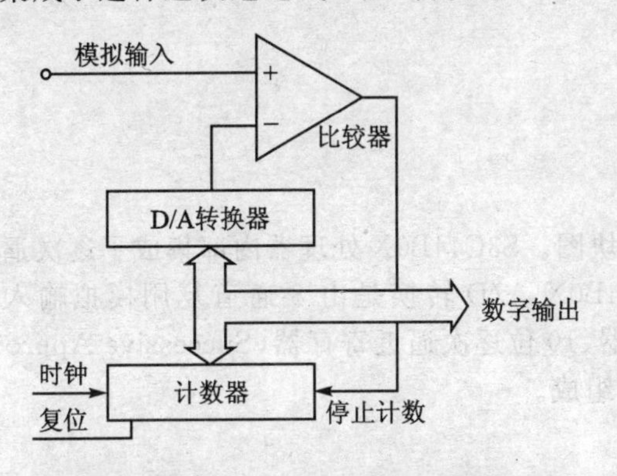

图3-84 计数式A/D转换结构图

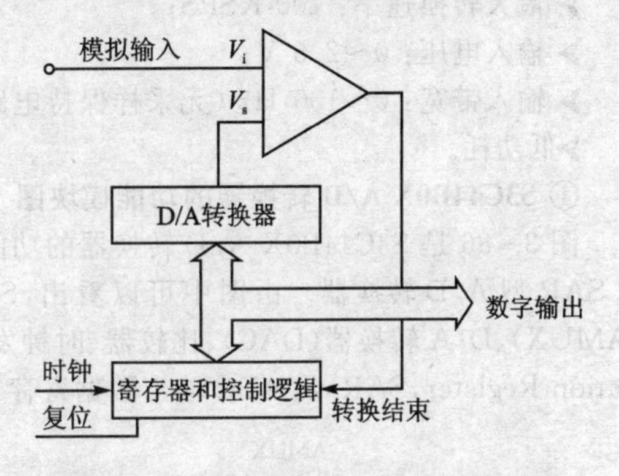

图3-85 逐次逼近式A/D转换结构图

逐次逼近式转换过程如下：初始时寄存器各位清0，转换时，先将最高位置1，送入D/A转换器，经D/A转换后生成的模拟量送入比较器中与输入模拟量进行比较。若$V_s<V_i$，该位的1保留，否则清除。然后次高位置为1，将寄存器中新的数字量送入D/A转换器，输出的V_s再与V_i比较。若$V_s<V_i$，保留该位的1，否则清除。重复上述过程，直至最低位。最后寄存器中的内容即为输入模拟值转换成的数字量。

对于n位逐次逼近式A/D转换器，要比较n次才能完成一次转换。因此，逐次逼近式A/D转换器的转换时间取决于位数和时钟周期，转换精度取决于D/A转换器和比较器的精度，一般可达0.01%，转换结果也可串行输出。逐次逼近式A/D转换器可应用于许多场合，是应用最为广泛的一种A/D转换器。

(3) A/D 转换器的主要性能指标

① 分辨率。分辨率是指 A/D 转换器能分辨的最小模拟输入量。通常用能转换成的数字量的位数来表示,如 8 位、10 位、12 位、16 位等。位数越高,分辨率越高。如分辨率为 10 位,表示 A/D 转换器能分辨满量程的 1/1024 的模拟增量,此增量亦可称为 1 LSB,或最低有效位的电压当量。

② 转换时间。转换时间是 A/D 转换完成一次转换所需的时间。即从启动信号开始到转换结束并得到稳定数字输出量为止的时间。一般来说,转换时间越短则转换速度就越快。不同的 A/D 转换器其转换时间差别较大,通常为微秒数量级。

③ 量程。量程是指所能转换的输入电压范围。

④ 绝对精度。A/D 转换器的绝对精度是指在输出端产生给定的数字代码的情况下,实际需要的模拟输入值与理论上要求的模拟输入值之差。

⑤ 相对精度。相对精度是指 A/D 转换器的满刻度值校准以后,任意数字输出所对应的实际模拟输入值(中间值)与理论值(中间值)之差。线性 A/D 转换器的相对精度就是它的线性度。精度代表电气或工艺精度,其绝对值应小于分辨率,因此常用 1 LSB 的分数形式来表示。

3) S3C44B0X 的 A/D 转换器

(1) S3C44B0X A/D 转换器介绍

处理器内部集成了逐次逼近式的 8 路 10 位 A/D 转换器,集成零比较器和内部产生的比较时钟信号;支持软件使能休眠模式,以减少电源损耗。其主要特性:

➤ 精度:10 位;

➤ 微分线性误差:± 1 LSB;

➤ 积分线性误差:± 2 LSB (Max. ±3 LSB);

➤ 最大转换速率:100 KSPS;

➤ 输入电压:0~2.5 V;

➤ 输入带宽:0~100 Hz (无采样保持电路);

➤低功耗。

① S3C44B0X A/D 转换器的功能模块图

图 3-86 是 S3C44B0X A/D 转换器的功能模块图。S3C44B0X 处理器内部集成了逐次逼近式 SAR 型 A/D 转换器。由图中可以看出,S3C44B0X A/D 转换是由 8 通道复用模拟输入端(AMUX)、D/A 转换器(DAC)、比较器、时钟发生器、10 位逐次逼近寄存器(Successive Approximation Register,SAR)及 ADC 输出数据寄存器等组成。

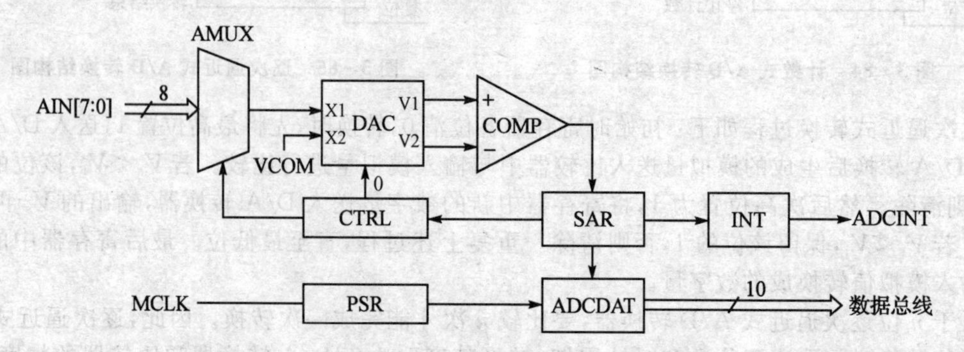

图 3-86 S3C44B0X A/D 转换器的功能模块图

ADC 组件的外部引脚除了 ADCINT 引脚、10 位 ADC 数据总线引脚、8 路模拟输入引脚

(AIN7～AIN0)及模拟公共电压引脚外，还有正向参考电压(AREFT)引脚和反向参考电压(AFREFB)引脚。为了增强电压的稳定性，在 VCOM 引脚、AREFT 引脚及 AREFB 引脚与地之间必须接旁路电容(1 个 10 μF 电容和 1 个 0.1 μF 电容并联)。

② A/D 转换时间

假设系统时钟频率为 66 MHz，比例因子为 20，那么 10 位 A/D 转换器的转换时间计算如下：

$$2\times(20+1)\times 16/66\ \text{MHz}=1/98.2\ \text{kHz}=10.2\ \mu\text{s}$$

其中，16 指的是 10 位转换操作至少需要 16 个周期。

注意： 尽管最大转换速率为 100 KSPS，但由于该 A/D 转换器没有采样保持电路，所以模拟输入频率不应该超过 100 Hz，以便能进行准确转换。

③ S3C44B0X 的 ADC 相关引脚配置

S3C44B0X 中的 VCOM、AFREFB、AREFT 必须按图 3－87 所示对地分别接入滤波电容。

④ 使用 A/D 转换器的注意事项

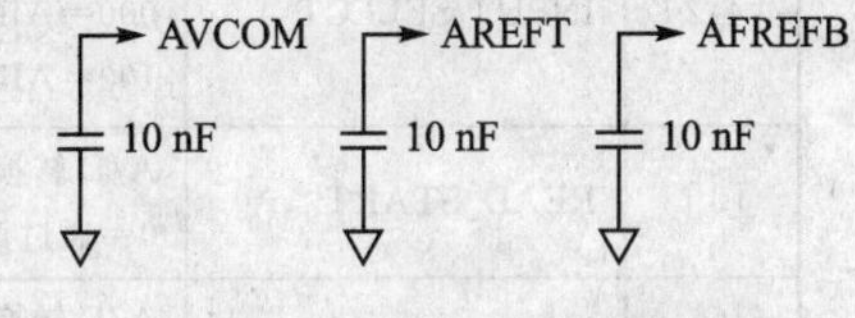

图 3－87　外部相关引脚配置

- ADC 的模拟信号输入通道没有采样保持电路，使用时可以设置较大的 ADCPSR 值，以减小输入通道因信号输出电阻过大而产生的信号电压。
- ADC 的转换频率范围为 0～100 Hz。
- 通道切换时，应保证至少 15 μs 的时间间隔。
- ADC 从 SLEEP 模式退出时，通道信号应保持 10 ms 以使 ADC 参考电压稳定。
- Start－by－read 可使用 DMA 传送转换数据。

⑤ S3C44B0X A/D 转换的休眠模式

该 ADC 休眠模式是通过设置 SLEEP 位(ADCCON[5])为 1 来完成的。在这个模式中，转换时钟不起作用，且 A/D 转换操作暂停。A/D 转换器数据寄存器保留休眠模式之前的数据。

注意： 在 ADC 退出休眠模式后(ADCCON[5]＝0)，为使 ADC 参考电平稳定，在第一次 A/D 转换时需要等待 10 ms。

⑥ S3C44B0X 的 ADC 数据读取方面的问题

ADC 转换标志状态(ADCCON[6]，FLAG 位)常常是不正确的。FLAG 错误操作一般表现在下面这些情况：

- 在 ADC 转换开始后，FLAG 位置 1 状态仅保持一个时钟周期，这是不正确的。
- FLAG 位置 1 状态仅保持到 ADC 转换结束前一个周期，这也是不正确的。
- 当 ADCPSR 足够大时，这个问题会更明显。为了正确地读取 ADC 转换数据，请参考下面的程序：

```
rADCCON = 0x1|(0x0 << 2);                //开始 A/D 转换
while(rADCCON &0x1);                     //为避免第 1 个标志位有错
                                         //(在一个时钟周期内将开始位清零)

while(! (rADCCON & 0x40));               //为避免第 2 个标志位有错
for(i = 0;i<rADCPSR;i ++ );
Uart_Printf("A0 = % 03xh ",rADCDAT);
```

(2) S3C44B0X A/D 转换器的特殊功能寄存器

S3C44B0X 的 A/D 转换是通过 A/D 转换特殊功能寄存器完成各种功能的控制与实现，处理器集成的 ADC 需要用到 3 个寄存器——A/D 转换控制寄存器(ADCCON)、A/D 转换数据寄存器(ADCDAT)、A/D转换预装比例因子寄存器(ADCPSR)。下面分别对各寄存器进行介绍。

① A/D转换控制寄存器(ADCCON)

A/D转换控制寄存器ADCCON控制A/D转换的过程和通道选择等,ADCCON的详细功能控制位见表3-64。

表3-64 A/D转换控制寄存器ADCCON

地址:0x01D40000(Li/W,Li/HW,Li/B,Bi/W);访问方式:R/W
0x01D40002(Bi/HW),0x01D40003(Bi/B);初始值:0x20

位	位名称	描 述
[6]	FLAG	A/D转换状态标志(只读): 0=正在A/D转换;1=转换结束
[5]	SLEEP	系统省电模式:0=正常运行模式;1=休眠模式
[4:2]	INPUT SELECT	输入源选择: 000=AIN0 001=AIN1 010=AIN2 011=AIN3 100=AIN4 101=AIN5 110=AIN6 111=AIN7
[1]	READ_START	A/D转换通过读启动: 0=通过读操作禁止启动转换;1=通过读操作允许启动转换
[0]	ENABLE_START	A/D转换由使能位来启动: 0=无操作;1=A/D转换开始且启动后此位清零

注:(1) 在大/小端模式下,ADCCON寄存器支持字或半字的访问形式。使用指令STRB/STRH/STR和LDRB/LDRH/LDR或者将其定义为char/short int/int类型的指针。
(2) (Li/B/HW/W):小端模式下可支持字节、半字、字的访问形式;
(Bi/B/HW/W):大端模式下可支持字节、半字、字的访问形式。

② A/D转换预置比例因子寄存器(ADCPSR)

A/D转换预装比例因子寄存器ADCPSR如表3-65所列,低8位是预装比例因子PRESCALER。该数据决定转换时间的长短,数据越大转换时间就越长。

表3-65 ADC预装比例因子寄存器ADCPSR

地址:0x01D40004 (Li/W,Li/HW,Li/B,Bi/W);访问方式:R/W
0x01D40006(Bi/HW),0x01D40007(Bi/B);初始值:0x0

位	位名称	描 述
[7:0]	PRESCALER	预定标器的值(0~255): Division factor=2(prescaler_value+1) ADC转换总时钟数=2×(prescalser_value+1)×16

③ A/D转换数据寄存器(ADCDAT)

A/D转换数据寄存器ADCDAT保存转换后的数据。在转换完成后,必须读取ADCDAT。如表3-66中所列,A/D转换数据寄存器的低10位用于存放A/D转换数据输出值。

表3-66 A/D转换数据寄存器ADCDAT

地址:0x01D40008(Li/W, Li/HW, Bi/W);访问方式:R/W
0x01D4000A(Bi/HW);初始值:1

位	位名称	描 述
[9:0]	ADCDAT	A/D转换数据输出值

5. 实验说明

1）功能描述

可以通过 Start S3C44B0X 平台来完成一个类似触摸屏手机拨号时的界面功能。首先将屏幕划分为 4×4 的块，如图 3－90 所示。当用户触击屏上任意一点时，通过触摸屏读取触点的坐标，再判断触点所属的区块，然后利用 LCD 的矩形填充函数将相应的区块填涂颜色。

2）程序设计

触摸屏的控制程序软件包括串口数据传送、触摸屏定位、中断处理程序等。根据实验原理中的触摸屏定位方法，实验系统采用对角线定位方法。中断处理程序中包括 A/D 转换和坐标存储。

3）触摸屏控制程序流程图

触摸屏测试主程序流程图、中断服务程序流程图分别如图 3－88、图 3－89 所示。

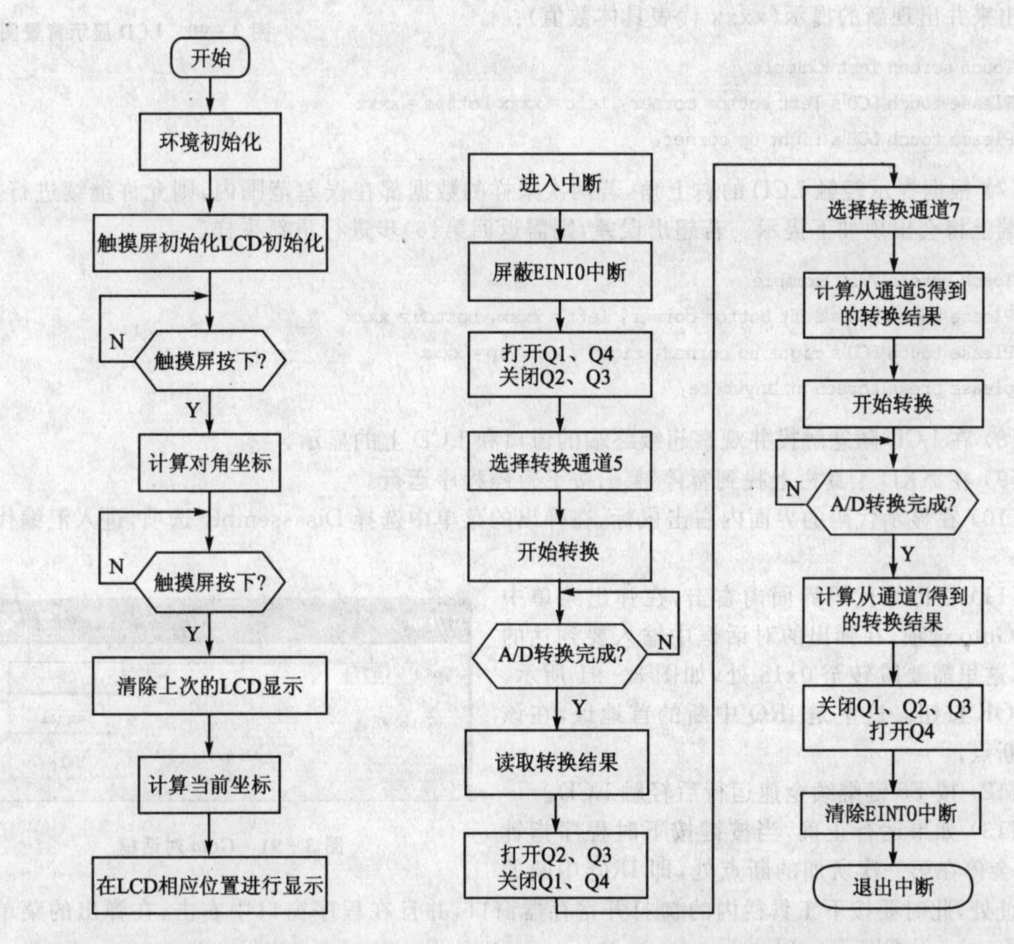

图 3－88 触摸屏测试主程序流程图

图 3－89 触摸屏中断服务程序流程图

6. 实验操作步骤

(1) 准备实验环境。使用仿真器连接目标板,使用的串口线将实验板上的 UART0 和 PC 机的串口相连接。

(2) 在 PC 机上运行 Windows 自带的超级终端串口通信程序(波特率 115 200、1 位停止位、无校验位、无硬件流控制),或者使用其他串口通信程序。

(3) 复制光盘中 1_Experiment\chapter_3 路径下的 3.10_touchscreen_test 文件夹到本地硬盘。在 ADS1.2 环境下打开 Touch Screen_Test.mcp,编译链接通过后,选择 Project→Debug 进入 AXD。

(4) 开始全速运行程序,LCD 上显示出背景图像,如图 3-90 所示。

0	1	2	3
4	5	6	7
8	9	A	B
C	D	E	F

图 3-90 LCD 显示背景图

(5) 串口会出现如下内容:

```
Touch screen Test Example
Please touch LCD's left bottom corner:
```

(6) 根据串口提示按下 LCD 的左下角,串口会将得到的结果打印出来并出现新的提示(xxxx 代表具体数值):

```
Touch screen Test Example
Please touch LCD's left bottom corner: left = xxxx bottom = xxxx
Please touch LCD's right up corner:
```

(7) 根据提示轻触 LCD 的右上角,若两次采样的数据都在误差范围内,则允许继续进行,超级终端上将会出现如下提示。若超出误差,则需返回第(6)步进行重新采样。

```
Touch screen Test Example
Please touch LCD's left bottom corner: left = xxxx, bottom = xxxx
Please touch LCD's right up corner: right = xxxx,up = xxxx
please press screen at anywhere:
```

(8) 在 LCD 随意触摸并观察超级终端的窗口和 LCD 上的显示。

(9) 在 AXD 工具栏上找到暂停键▣,按下暂停程序运行。

(10) 在显示代码的界面内右击鼠标,在弹出的菜单中选择 Disassembly 选项,进入汇编代码界面。

(11) 在汇编代码界面内右击,在弹出菜单中选择 Goto 选项,在弹出的对话框中输入要到达的地址,这里需要跳转至 0x18 处,如图 3-91 所示,单击 OK 按钮。这里是 IRQ 中断的首地址,在该处加断点。

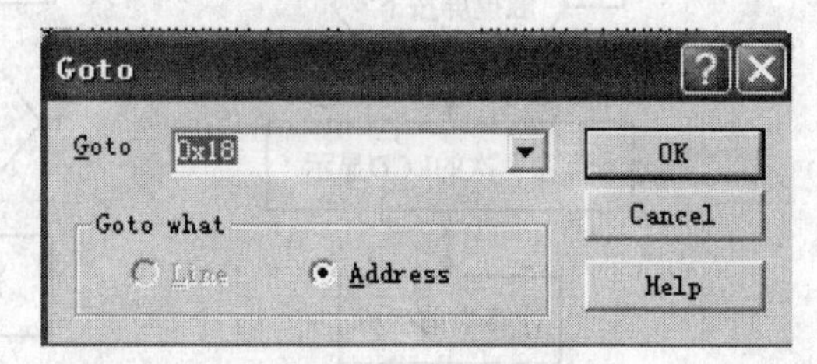

图 3-91 Goto 对话框

(12) 按 F5 键继续全速运行后轻触 LCD。

(13) 如果运行正确,当按键按下时程序指针(PC)会停在第一次所加的断点处,即 IRQ 中断的首地址处,此时要按下工具栏内的▣打开寄存器窗口,并且在程序窗口中右击,在弹出的菜单中选择 Inerleave Disassembly。

(14) 在单步执行程序之前单击工具栏上的▣打开内存观察窗口,在 Start address 栏内输入要观察的寄存器地址,就可以在单步运行过程中观察到相关寄存器的变化,如图 3-92 所示。

ARM7TDMI - Memory　Start address 0x1d20000

Tab1 - Hex - No prefix | Tab2 - Hex - No prefix | Tab3 - Hex - No prefix | Tab4 - Hex - No p

Address	0	4	8	c
0x01D20000	000003FF	00000000	00000000	00000000
0x01D20010	00000000	00000000	00000000	00000000
0x01D20020	00000000	00000000	00000000	00000000
0x01D20030	00000000	00000000	00000000	00000000
0x01D20040	00000000	00000000	00000000	00000000
0x01D20050	00000000	00000000	00000000	00000000
0x01D20060	00000000	00000000	00000000	00000000
0x01D20070	00000000	00000000	00000000	00000000
0x01D20080	00000000	00000000	00000000	00000000
0x01D20090	00000000	00000000	00000000	00000000
0x01D200A0	00000000	00000000	00000000	00000000
0x01D200B0	00000000	00000000	00000000	00000000

图 3－92　Memory Start address 窗口

(15) 单击打开变量观察窗口，在单步运行的过程中可以观察到函数所涉及变量的变化。

(16) 单步运行程序，观察中断是如何执行的，以及在运行中断程序的过程中当前各个寄存器，特别是程序状态寄存器以及 LR(R13)寄存器的状态是如何变化的，各寄存器窗口如图 3－93 所示。

(17) 不进入中断服务程序而直接单步运行至退出断点。在变量窗口中观察 f_unPosX 和 f_unPosY 的值，继续全速运行。

(18) 轻触刚才的触点，程序停在断点处，此次单步运行至中断服务子程序后，继续单步运行并观察转换的结果是否与之前的相同。

(19) 去掉 0x18 处的断点，全速运行程序，轻触之前的触点，观察得到的结果是否与前两次的相同。

(20) 停止运行退出 AXD 调试器，更改中断服务子程序 touchscreen_int 中的两个 Delay 函数的参数(即改变延时长短)，重复以上步骤观察结果是否一致。

ARM7TDMI - Registers

Register	Value
Current	{...}
r0	0x00000000
r1	0x0000000A
r2	0x01D00000
r3	0x0000000D
r4	0x00007FFC
r5	0x00007FFC
r6	0x00007FFC
r7	0x00007FFC
r8	0x00018000
r9	0x00018000
r10	0x00860459
r11	0x00000010
r12	0x01D30000
r13	0x0C7FF0F8
r14	0x0C000B78
pc	0x0C000A24
cpsr	nZCvqift_SVC
spsr	nzcvqift Res

图 3－93　寄存器窗口

(21) 停止运行退出 AXD 调试器，更改触摸屏初始化程序 touchscreen_init 中 rADCPSR 寄存器的数值(即改变 A/D 的转换时间)，重复以上步骤观察结果是否一致。

(22) 观察几次的结果，思考不一致的原因，根据以上实验完成练习题。

7. 实验参考程序

1) 初始化程序

由于实验中使用到 S3C44B0X 处理器的 LCD 控制器、串行口控制器，所以初始化部分包括对 LCD 控制器和串行口的初始化以及对触摸屏的初始化。A/D 转换器可以在工作时初始化。LCD 控制器和串行口的初始化可参考相关章节的实验。

(1) 触摸屏初始化程序

```
/*************************************************************************
 * 函数名称：touchscreen _init
 * 函数功能：触摸屏初始化
 * 参    数：无
 * 返 回 值：无
 ************************************************************************/
void touchscreen_init(void)
{
    //TSPX(GPC1_Q4(-)) TSPY(GPC3_Q3(-)) TSMY(GPC0_Q2(-)) TSMX(GPC2_Q1(+))
    //          1                1                 0                1
    rPCONC = (rPCONC & 0xffffff00) | 0x55;
    rPUPC = (rPUPE & 0xfff0);                                //上拉
    rPDATC = (rPDATC & 0xfff0 ) | 0xe;                       //应当允许
    Delay(100);
    //设置中断
    rPUPG = (rPUPG & 0xFE) | 0x1;
    pISR_EINT0 = (S32)touchscreen_int;                       //设置中断处理
    rEXTINT = (rEXTINT & 0x7FFFFFF0) | 0x2;                  //下降沿触发
    rI_ISPC |= BIT_EINT0;                                    //清除挂起位
    rINTMSK = ~(BIT_GLOBAL|BIT_EINT0);
    rCLKCON = (rCLKCON & 0x6FFF) | 0x1000;                   //激活时钟
    rADCPSR = 24;                                            //A/D 预分频值
}
```

(2) 设定坐标范围

```
/*************************************************************************
 * 函数名称：touchscreen _ load
 * 函数功能：触摸屏加载初始值
 * 参    数：无
 * 返 回 值：无
 ************************************************************************/
void touchscreen_load(void)
{
    S32 unTmpX = 0,unTmpY = 0;
    Uart_Printf(0,"Please touch LCD's left up corner: ");
    f_unTouched = 0;
    while(f_unTouched == 0);
    Uart_Printf(0,"left = %04d,up = %04d\n",f_unPosX,f_unPosY);
    unTmpX = f_unPosX;
    unTmpY = f_unPosY;
    Uart_Printf(0,"Please touch LCD's right bottom corner:");
    f_unTouched = 0;
    while(f_unTouched == 0);
    Uart_Printf(0,"right = %04d,bottom = %04d\n",f_unPosX,f_unPosY);
```

```
    f_unMaxX = f_unPosX>unTmpX? f_unPosX: unTmpX;
    f_unMaxY = f_unPosY>unTmpY? f_unPosY: unTmpY;
    f_unMinX = f_unPosX>unTmpX? unTmpX: f_unPosX;
    f_unMinY = f_unPosY>unTmpY? unTmpY: f_unPosY;}
}
```

2) 中断服务程序

```
/*********************************************************************
* 函数名称: touchscreen_int
* 函数功能: 触摸屏中断服务程序
* 参    数: 无
* 返 回 值: 无
*********************************************************************/
void touchscreen_int(void)
{
    U32 unPoint[7];
    U32 i,temp;
    rINTMSK |= BIT_EINT0;
    Delay(20);
    //<X-Position Read>
    //TSPX(GPC1_Q4(+)) TSPY(GPC3_Q3(-)) TSMY(GPC0_Q2(+)) TSMX(GPC2_Q1(-))
    //      0                 1                 1                 0
    rPDATC = (rPDATC & 0xfff0 ) | 0x9;
    rADCCON = 0x0014;                        //选择通道 5
    Delay(20);                               //选择通道所需要的延时
    for(i = 0; i<7; i++)
    {
        rADCCON |= 0x1;                      //开始该通道的转换
        while(rADCCON & 0x1 == 1);           //检查转换是否开始
        while((rADCCON & 0x40) == 0);        //检查转换是否完成
        unPoint[i] = (0x3ff&rADCDAT);
    }
    //<Y-Position Read>
    //TSPX(GPC1_Q4(-)) TSPY(GPC3_Q3(+)) TSMY(GPC0_Q2(-)) TSMX(GPC2_Q1(+))
    //      1                 0                 0                 1
    rPDATC = (rPDATC & 0xfff0 ) | 0x6;
    rADCCON = 0x001C;                        //选择通道 7
    //计算通道 5 得到的平均值
    for(i = 0;i<7;i++)
    {
        //去掉其中的最小值
        if(unPoint[0]<unPoint[i])
        {
            temp = unPoint[0];
            unPoint[0] = unPoint[i];
            unPoint[i] = temp;
```

```
        }
        //去掉其中的最大值
        if(unPoint[6]>unPoint[i])
        {
            temp = unPoint[6];
            unPoint[6] = unPoint[i];
            unPoint[i] = temp;
        }
    }
    f_unPosX = (unPoint[5] + unPoint[1] + unPoint[2] + unPoint[3] + unPoint[4])/5;
    Delay(50);                                    //选择通道所需要的延时
    for(i = 0; i<5; i ++ )
    {
        rADCCON | = 0x1;                          //开始该通道的转换
        while(rADCCON & 0x1 == 1);                //检查转换是否开始
        while((rADCCON & 0x40) == 0);             //检查转换是否完成
        unPoint[i] = (0x3ff&rADCDAT);
    }
    //计算通道 5 得到的平均值
    for(i = 0;i<7;i ++ )
    {
        //去掉其中的最小值
        if(unPoint[0]<unPoint[i])
        {
            temp = unPoint[0];
            unPoint[0] = unPoint[i];
            unPoint[i] = temp;
        }
        //去掉其中的最大值
        if(unPoint[6]>unPoint[i])
        {
            temp = unPoint[6];
            unPoint[6] = unPoint[i];
            unPoint[i] = temp;
        }
    }
    f_unPosY = (unPoint[5] + unPoint[1] + unPoint[2] + unPoint[3] + unPoint[4])/5;
    //TSPX(GPC1_Q4( - )) TSPY(GPC3_Q3( + )) TSMY(GPC0_Q2( - )) TSMX(GPC2_Q1( + ))
    //        1                 1                 1                 0
    rPDATC = (rPDATC & 0xfff0 ) | 0xe;
    f_unTouched = 1;                              //设置触摸屏按下标志
    Delay(300);
    rI_ISPC | = BIT_EINT0;
    Delay(300);                                   //清除 pending_bit
    rI_ISPC | = BIT_EINT0;
}
```

8. 扩　展

触摸屏作为鼠标的理想替代品,应在继承传统鼠标的功能上继续发挥其简单直观的优点。本实验只是简单地实现触点坐标的判断,无消抖处理,无法判断触点状态,以及没有实现触摸屏应有的双击、拖拽等功能。作为扩展内容,以下简单介绍如何改进现有触摸屏的功能,以实现上述功能。

1) 消抖处理

在本实验系统中使用中断方式响应触摸屏中断。当发生触摸动作时,触摸屏产生低电平中断信号,CPU 调用读取坐标函数来读取触点坐标。若用户在使用过程中产生误操作,也会进行触点坐标读取,从而产生不希望的结果。由此应该添加消抖处理来防止类似的误操作所造成的不希望的结果。

可以通过在触摸屏中断产生时,先启动定时器,延时 t 时间后通过判断中断信号的电平来判断此次操作是否为正确操作。若在 t 时间后触摸屏中断信号仍为低电平,则可认为此次操作为正常操作,调用触摸屏坐标读取函数,进行坐标读取。若在 t 时间后触摸屏中断信号改变为高电平,则可认为此次操作为误操作。

2) 判断触摸屏动作

触摸屏的动作可以分为按下和抬起,通过对其动作状态的判断和坐标判断,可以实现单击、双击和拖拽等功能。

按下(KeyStat=1):当用户按下触摸屏时,启动消抖处理。若此时触摸屏的中断信号仍然为低,则可认为用户按下触摸屏,如图 3-94 所示。

抬起(KeyStat=0):当用户按下触摸屏时,启动消抖处理。若此时触摸屏的中断信号为高,则可认为用户抬起,如图 3-95 所示。

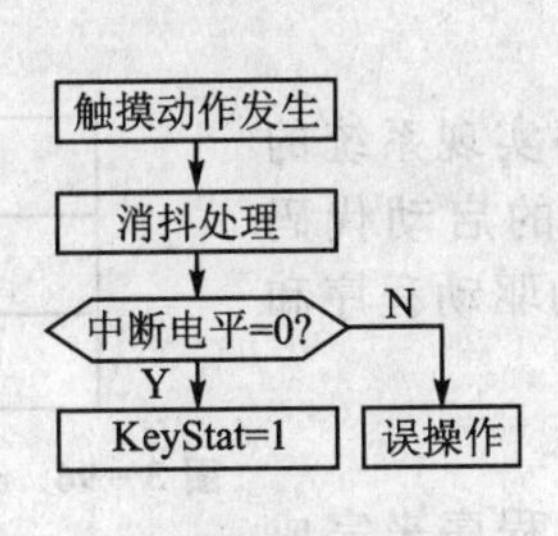

图 3-94　按下动作

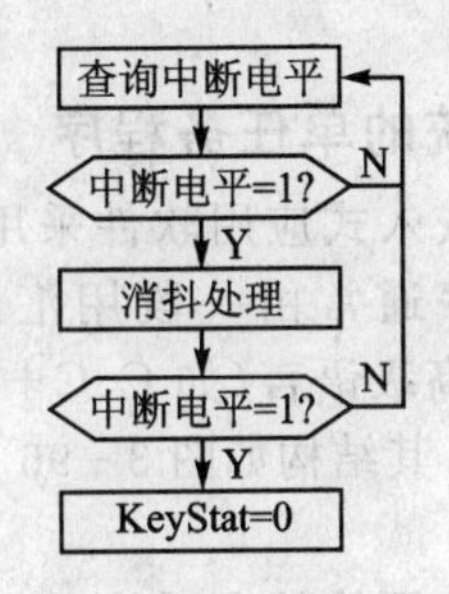

图 3-95　抬起动作

3) 实现单击、双击、拖拽等功能

当发生按下动作时,每隔 t 时间查询中断电平状态,通过对其按下状态的计时并结合以下条件,可以判断各个功能键。

- 单击:消抖时间 t＜按下时间＜双击时间;
- 双击:两次按下动作的时间间隔＜双击时间;
- 拖拽:在按下状态触点坐标的改变。

由于 4 线电阻式触摸屏只能判断一个触点的坐标,所以无法实现多点触摸。如果用户想要实现多点触摸,需要更换电容式触摸屏。

9. 练习题

(1) 结合液晶显示控制实验,编写程序获取用户输入的4个坐标位置,并在液晶上画出由用户输入坐标组成的矩形。

(2) 将实验改为只需确定 x 轴的坐标值,并在LCD上显示。

3.11 基于 Start S3C44B0X 实验教学系统的综合实验

1. 实验目的

(1) 掌握嵌入式系统开发的一般流程;

(2) 深入理解系统各个硬件模块的工作原理及应用开发;

(3) 培养嵌入式系统综合开发能力。

2. 实验设备

(1) 硬件:Start S3C44B0X实验平台,ARM Multi-ICE仿真器,PC机;

(2) 软件:ADS1.2集成开发环境,Multi-ICE软件,Windows 98/2000/NT/XP。

3. 实验内容

(1) 在实验板上设计实现一个无操作系统的简易电子词典;

(2) 设计友好的人机交互界面;

(3) 设计电子词典的基本功能:字符输入、功能选择、翻译。

4. 实验原理

1) 无操作系统的单任务程序

无操作系统的嵌入式应用软件采用单任务程序实现系统的功能,此单任务程序通常由一段用汇编语言编写的启动代码BootLoader以及用高级语言(如C、C++等)编写的驱动程序和系统应用程序组成。其结构如图3-96所示。

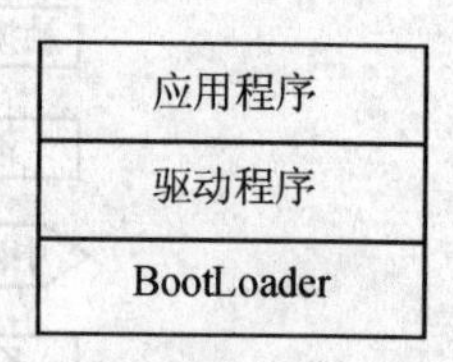

图3-96 无操作系统的嵌入式应用软件结构图

(1) 启动代码

无操作系统的应用软件在系统上电时需要一段程序来完成硬件的初始化和代码加载,这段代码就是所谓的BootLoader。在4.1节介绍的就是无操作系统的基于本实验平台的BootLoader,其主要目的就是为应用程序的加载提供一个可靠的硬件环境。

(2) 驱动程序

驱动程序顾名思义就是"驱使硬件动起来"的程序,它是直接与硬件打交道,进行内存的读/写、设备寄存器的读/写以及中断处理等一系列可以让设备工作起来的程序。驱动程序给应用软件提供有效的易接受的硬件接口,使得应用软件只需要调用这些接口就可以让硬件完成所要求的工作。

通常在没有操作系统的复杂应用中,驱动程序按以下规则进行设计:每个硬件设备的驱动程序都会被单独定义为一个软件模块,它包含硬件功能实现的.c文件和函数声明的.h文件。在应用中需要用到某设备，则只需包含其相应的.h 文件，然后调用此文件中定义的外部接口函数即可。

(3) 应用程序

无操作系统应用程序通常由一个协调所有模块功能的死循环主函数和若干功能子函数组成，结构如下：

```
void main(void)
{
    /*变量定义*/
    /*系统初始化*/
    /***********以下为具体的功能实现**********/
    while(1)
    {
      /*功能子函数
    }
}
```

2) 电子词典系统实现功能

(1) 能够通过键盘输入英文

键盘作为本系统中最主要的输入设备，需要完成 26 个英文字母的输入，并且具备需要上翻页、下翻页、上一行、下一行、翻译、退格功能。要求键盘至少要有 32 个按键，每个按键都可以被处理器及时、准确地读入。具体布局设计如图 3-97 所示。

a	b	c	d	e	f	g	h
i	j	k	l	m	n	o	p
q	r	s	t	u	v	w	x
y	z	Back space	Page up	Line up	Enter	Line down	Page down

图 3-97　键盘布局图

按键分别具有如下功能：

- a～z：实现字母输入；
- Page up/down：显示上/下一个被查询过的单词；
- Line up/down：光标移至上/下一行，在单词输入过程中，在单词翻译区会有拼写相近单词显示，用 Line up/down 按键可以上下选择这些单词；
- Enter：翻译，将当前单词与词库中的内容相比较，如果一致则显示其内容，否则给出提示；
- Back space：退格，删除单词最末尾的字母，并将光标前移一位。

(2) 提供友好的人机界面

将输入的内容和翻译的结果显示在 LCD 的相应区域内。

LCD 显示窗口布局如图 3-98 所示。

图中最上面的框内为单词输入区，中间空出的区域为翻译区。单词输入过程中，翻译区会有相近单词显示，在按下翻译键后会在此区域内显示翻译内容。

(3) 对输入的单词即时翻译

可以记忆 3 个已经查询过的单词。

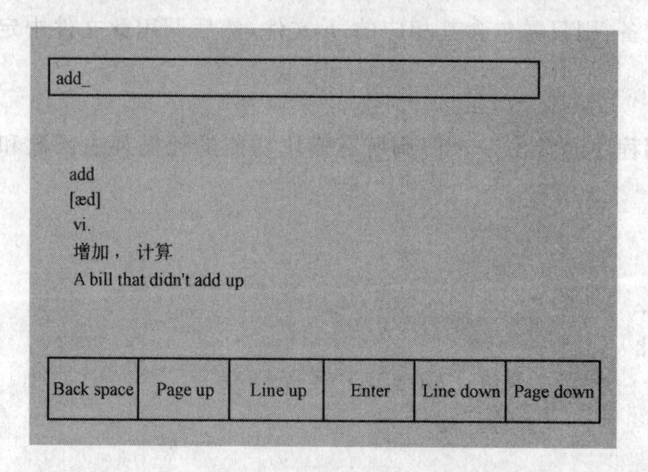

图 3-98　LCD 显示窗口布局图

在无操作系统的电子词典系统中，由于是单任务环境，所以此时系统的各个功能模块均按顺序执行。系统初始化后，即进入翻译待机状态，等待用户的输入操作。当用户输入操作发生后，系统调用键盘或触摸屏中断进行键值读取，将键值传递给主函数中的系统功能实现模块，该模块按不同的输入键值进行相对应的功能选择，最后将此次操作的结果输出到 LCD 上。详细的电子词典功能流程图可参考文献[2]的第 4 章。

5. 程序设计

在无操作系统的应用软件设计中主要包含 BootLoader、驱动程序、应用程序这 3 部分内容。其中，BootLoader 已在 3.1 节介绍，驱动程序的设计可参考之前所介绍的各个硬件模块。此处我们只使用前面所介绍的各个模块提供的应用接口，重点介绍电子词典应用程序的开发，在图 3-99 中用深色标出。

可将电子词典的软件设计分为如下几个主要模块：键值处理、翻译、词库设计和 LCD 显示。

1）键值处理

根据需求分析电子词典的输入设备为键盘和触摸屏(键值的读取请参考键盘和触摸屏的相关章节)，所要完成的功能如下：

➤ 键盘：26 个英文字母和 6 个功能键输入；

➤ 触摸屏：6 个功能键输入。

键盘和触摸屏驱动将响应按键的 ASCII 值作为返回值。当输入键值为字母时，系统将所输入字母显示在单词输入区，下方显示相应的单词列表。当输入键值为功能键时，根据键值进入相应的功能项。

2）翻　译

由于要查的英文单词有两种输入方式：一种是在文本框中输入字母；另一种是通过上一行/下一行键在列表框中显示的单词列表中进行选择。因此，用参数 Position 表示输入方式(TRUE：文本框输入，FALSE：列表框查找)，具体实现流程如图 3-100 所示。

3）词库设计

翻译功能中通过将输入单词和词库中相对应的单词进行比较得到要显示的翻译结果。为了简单起见，词库用结构体实现，此结构中包括 4 项：英文单词、词性、汉语释意以及英文例句。本实验中用结构体实现了一个小型的查找词库，见本实验的实验参考程序。

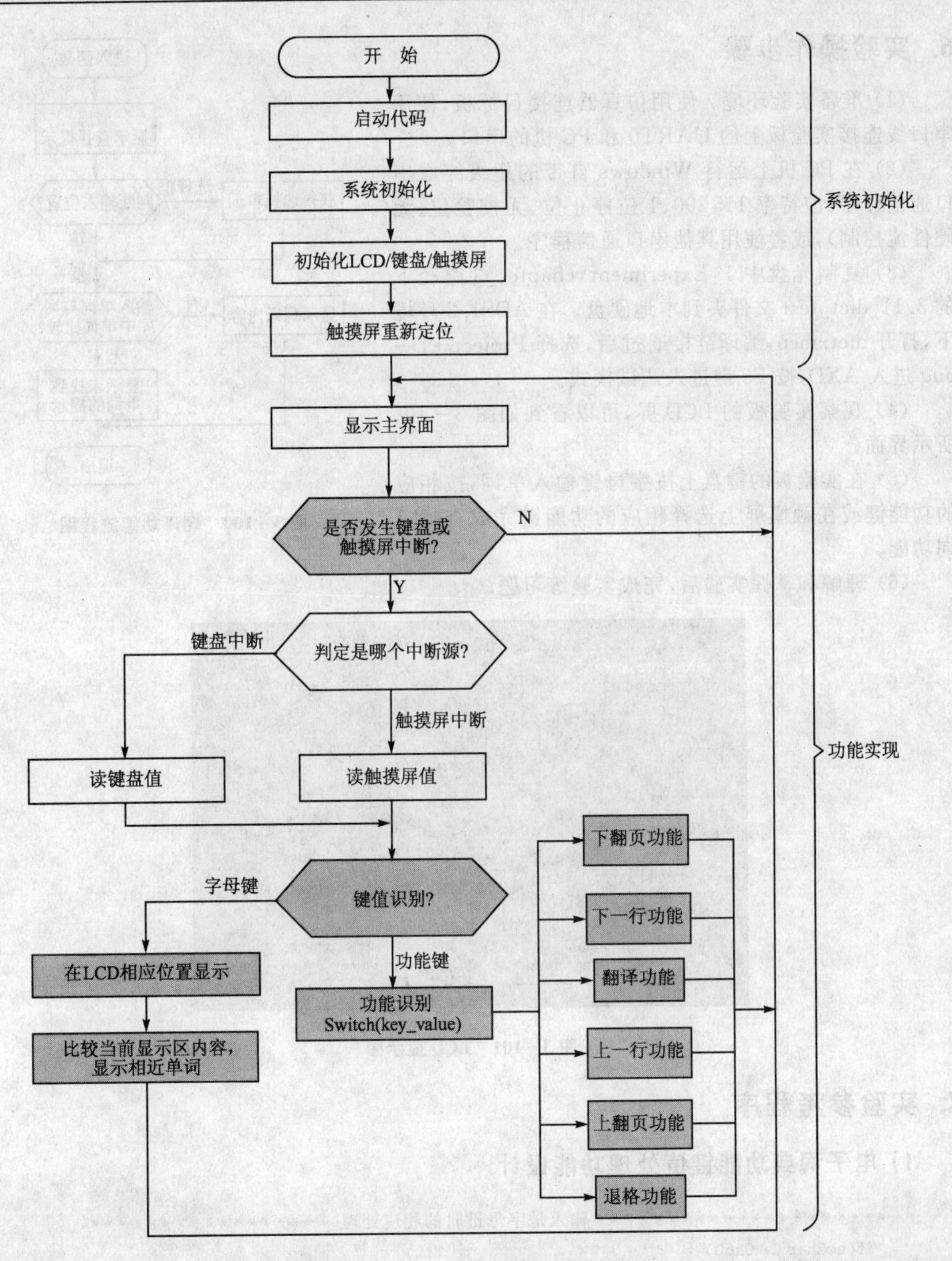

图 3-99 电子词典系统软件流程图

4) LCD 显示功能

翻页、选行及翻页结果的输出都可以归到 LCD 显示功能中，这些功能都可以通过调用 LCD 实验中的相关接口函数来完成，具体内容可参见本实验的实验参考程序。

6. 实验操作步骤

(1) 准备实验环境。使用仿真器连接目标板,使用串口线连接实验板上的UART0和PC机的串口。

(2) 在PC机上运行Windows自带的超级终端串口通信程序(波特率115 200、1位停止位、无校验位、无硬件流控制),或者使用其他串口通信程序。

(3) 复制光盘中1_Experiment\chapter_3路径下的3.11_dict_test文件夹到本地硬盘。在ADS1.2环境下,打开dict.mcp,编译链接通过后,选择Project→Debug进入AXD,按F5键进入调试模式。

(4) 观察实验板的LCD屏,可以看到如图3-101所示界面。

(5) 在实验板的键盘上按字母键输入单词,按相应的功能键或在触摸屏上选择相应的功能键完成查找单词功能。

(6) 理解和掌握实验后,完成实验练习题。

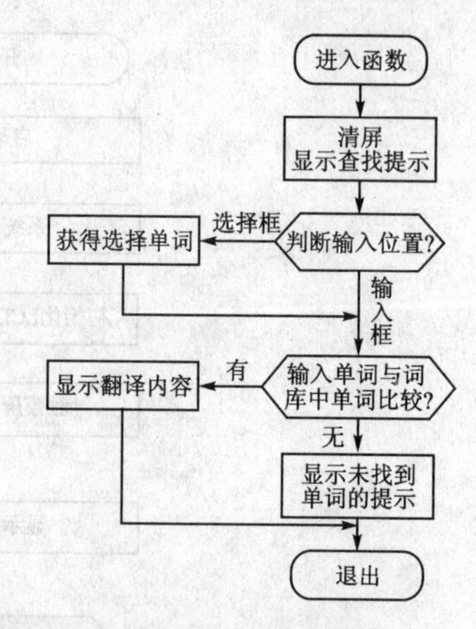

图3-100　翻译功能流程图

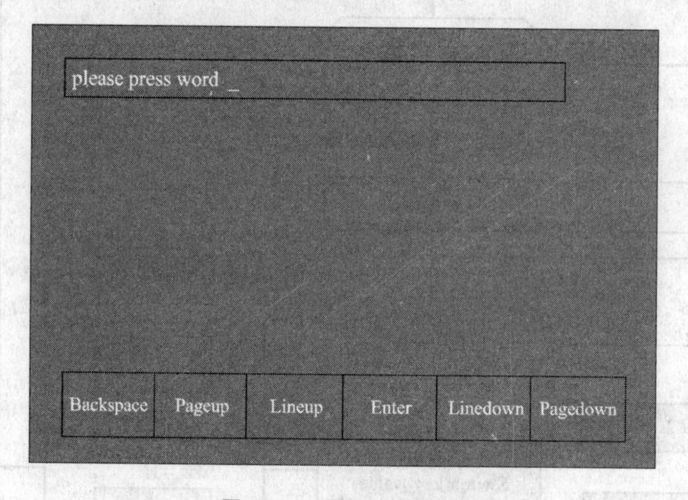

图3-101　LCD显示图

7. 实验参考程序

1) 电子词典功能键值处理功能设计

```
/********************** 输入是字母键时的相应处理 *****************/
    if(ucChar > 0x60)
    {
        if((t == 0)||(t>19))                    //t的值代表当前显示到第几个字符
//当字母显示区为满或者空的时候刷新屏幕
        {
            t = 0;
            word_clear();
```

```
            Trans_Clear();
        }
        * ((&ucChar) + 1) = '_';
        * ((&ucChar) + 2) = '\0';
        Disp_String (&ucChar,(8 * t + English_area.x0 + 5),English_area.y0 + 2);  //显示当前字母
        word[t ++ ] = ucChar;
        f_LineD = Word_List(word);                  //显示单词列表
    }
/******************* 输入是功能按键时的相应处理 *******************/
    else
    {
        ucChar  - = 14;
        switch(ucChar)
        {
            case BACKSPACE:                         /* 退格功能 */
                word[t] = '\0';
                word[ -- t] = '_';
                word_clear();
                Trans_Clear();
                Disp_String (word,English_area.x0 + 5,English_area.y0 + 2);
                f_LineD = Word_List(word);
                f_Word = TRUE;
                Count_line = 0;
                break;
            case PAGEUP:                            /* 查找上一个翻译的单词 */
                word_clear();
                Trans_Clear();
                if(old == 0)
                    old = MAX_OLD;
                strcpy(word ,oldword[ -- old]);
                Disp_String (word,English_area.x0 + 5,English_area.y0 + 2);
                f_LineD = Word_List(word);
                f_Word = TRUE;
                t = strlen(word);
                break;
            case LINEUP:                            /* 上一行功能 */
                if(t! = 0)
                {
                    if(Count_line! = 0)
                    Count_line -- ;
                    LineMove(Count_line,UP);
                    f_Word = FALSE;
                }
                break;
            case ENTER:                             /* 翻译功能 */
```

```
            word[t+1] = '\0';
            translate(word,f_Word,(f_LineD + Count_line - 1));
            if (old == MAX_OLD)
                old = 0;
            strcpy(oldword[old++],word);
            f_LineD = 0;
            Count_line = 0;
            f_Word = TRUE;
            for(;t>0;--t)
            word[t] = 0;
            break;
        case LINEDOWN:                          /*下一行功能*/
            if(t! = 0)
            {
                if(Count_line<(ALL_WNo - f_LineD))
                    Count_line++ ;
                LineMove(Count_line,DOWN);
                f_Word = FALSE;
            }
            break;
        case PAGEDOWN:                          /*下翻单词*/
            word_clear();
            Trans_Clear();
            if(old == MAX_OLD)
                old = 0;
            strcpy(word ,oldword[old++]);
            Disp_String (word,English_area.x0 + 5,English_area.y0 + 2);
            f_LineD = Word_List(word);
            f_Word = TRUE;
            t = strlen(word);
            break;
        default:
            Uart_Printf (0,"error   %d",ucChar);
            break;
        }
```

2）翻译功能设计

```
/*****************************************************
- 函数名称:translate
- 函数说明:翻译功能实现程序
- 输入参数:word——指向被翻译单词的指针
-          Position——为输入单词所在位置(TRUE为文本框,FALSE为列表框)
-          No——所在单词结构体的第几位
```

```
- 输出参数：无
************************************************************/
U8 translate (S8 *  word,U8 Position,U8 No)
{
    U8 k = 0;
    Trans_Clear();
    Dis_Chinese(20,55,GUI_WHITE,"正在查找,请等待!");
    if (! Position)
    {
        strcpy(word,vocab[No].c);
        Disp_String (word,English_area.x0 + 5,English_area.y0 + 2);
    }
        for (k = 0;k<ALL_WNo;k ++ )
        {
            if(strcmp(word,vocab[k].c) == 0)
            {
                Trans_Clear();
                Disp_String (vocab[k].d,20,55);
                Dis_Chinese(20,75,GUI_WHITE,vocab[k].e);
                Disp_String (vocab[k].f,20,95);
                return k;
            }
        }
        Trans_Clear();
        Dis_Chinese(20,55,GUI_WHITE,"查无此词!");
        return (k = ALL_WNo);
}
```

3) 词库设计

```
typedef struct{
        char c[20];                     //英文单词
        char d[10];                     //词性
        char e[20];                     //汉语意思
        char f[50];                     //例句
} str_word;
str_word vocab[16] = {
                    {"a","indef.art","不定冠词","a bit more rest"},
                    {"add","v.","增加,计算","a bill that didn't add up."},
                    {"age","n.","年龄,时代","the age of adolescence."},
                    {"aid","v.","救援,资助,援助","I aided him in his enterprise."},
                    {"all","adj.","总的,各种的","got into all manner of trouble.",},
                    {"bad","adj.","坏的,有害的","bad habits."},
                    {"bag","n.","手提包","a field bag."},
                    {"balk","v.","障碍,妨碍","The horse balked at the jump."},
```

```
        {"beam","n.","光线,梁"," a beam of light."},
        {"call","v.","命令,通话,召集","called me at nine."},
        {"can","v.","能,可以","Can you remember the war?"},
        {"cable","n.","电缆","aerial cable"},
        {"dad","n.","爸爸","Mike is Tom's dad."},
        {"die","v.","死亡,消逝","Rabbits were dying off in that county."},
        {"gad","v.","闲逛,游荡,找乐子","gad toward town."},
        {"label","vt.","标注,分类","The bottle is labelled Poison."}
    };
```

4) 电子词典主函数

```
void main(void)
{
    /************************** 系统初始化 ****************************/
    Target_Init();                          //目标板初始化
    GUI_Init();                             //图形用户接口初始化
    touchscreen_init();                     //触摸屏初始化
    keyboard_init();                        //键盘初始化
    LCD_clear();                            //LCD清屏
    touchscreen_load();                     //触摸屏校准
    Delay(1000);
    LCD_clear();
    Draw_back();                            //画电子词典背景图案
    /************************ 电子词典主功能实现 ****************************/
    While(1)
    {
        ……                                  //等待中断发生
        ……                                  //判断键盘/触摸屏中断
        ……                                  //根据中断类型获取键值
        ……                                  //根据键值做相应处理
    }
}
```

8. 练习题

(1) 完善电子词典的功能,添加单词记忆功能,记忆3个已查单词。

(2) 尝试用串口进行远程操作,完成电子词典输入查找功能。

第 4 章　基于 μC/OS－II 嵌入式开发基础实验

4.1　μC/OS－II 开发环境建立实验

1. 实验目的

(1) 掌握建立 μC/OS－II 操作系统开发环境的方法。

(2) 了解 μC/OS－II 移植条件和内核基本结构。

(3) 掌握将 μC/OS－II 内核移植到 ARM7 处理器上的方法和步骤。

2. 实验设备

(1) 硬件：Start S3C44B0X 实验平台，ARM Multi－ICE 仿真器，PC 机。

(2) 软件：ADS1.2 集成开发环境，Windows 98/2000/NT/XP。

3. 实验内容

(1) 在 ADS 环境下建立包含 μC/OS－II 源码的工程。

(2) 改写移植 μC/OS－II 内核时所涉及的 3 个源码文件。

(3) 编译并检查是否有语法错误。

4. 实验原理

1) μC/OS－II 文件体系

μC/OS－II 的文件体系结构见图 4－1，其中应用软件层是基于 μC/OS－II 上的代码，μC/OS－II 包括 3 个部分。

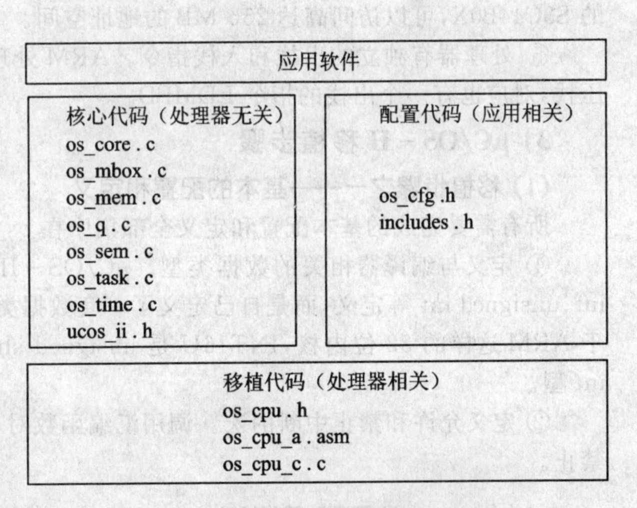

图 4－1　μC/OS－II 文件体系结构图

- 核心代码部分。这部分代码与处理器无关，包括 7 个源代码文件和 1 个头文件。这 7 个源代码文件的功能分别是内核管理、事件管理、消息队列管理、存储管理、消息管理、信号量处理、任务调度和定时管理。
- 配置代码部分。这部分包括两个头文件，用来配置事件控制块的数目以及是否包含消息管理相关代码等。
- 与处理器相关的移植代码部分。这部分包括一个头文件、一个汇编文件和一个 C 代码文件，在 μC/OS－II 的移植过程中，用户所需要关注的就是这部分文件。

2) μC/OS-II移植条件

移植μC/OS-II到处理器上必须满足以下几个条件。

① 代码必须是可重入的。可重入代码指的是可以被多个任务同时调用,且在调用时数据不会相互干扰。代码的可重入性由两部分保证:首先,目标硬件的处理器所支持的C编译器必须可以产生可重入代码,目前绝大部分C编译器都具有这样的能力;其次,用户自己编写的代码必须是可重入的。

下面列举两个函数例子,它们的区别在于保存变量temp的位置不同。左边的函数中temp作为全局变量存在,右边的函数中temp作为函数的局部变量存在。因此左边的函数是不可重入的,而右边的函数是可以重入的。

```
int temp;
void swap (int *x,int *y)
{
    temp = *x;
    *x = *y;
    *y = Temp;
}
```

```
void swap (int *x,int *y)
{
    int temp;
    temp = *x;
    *x = *y;
    *y = Temp;
}
```

② 用C语言就可以打开和关闭中断。ARM处理器核包含一个CPSR寄存器,该寄存器包括一个全局的中断禁止位,控制它可以打开和关闭中断。

③ 处理器支持中断,并且能产生定时中断。ARM处理器都支持中断并能产生定时中断。

④ 处理器支持容纳一定量数据的硬件堆栈,且需要有足够大的地址空间。ARM处理器核在不同的工作模式下有独立的SP寄存器,即在不同的工作模式下堆栈的内容也可以相互独立。对于一些只有10根地址线的8位控制器(如早期的51系列单片机),芯片最多可访问1 KB存储单元,在这样的条件下移植是比较困难的。而包含32位ARM内核的处理器,如本实验中使用的S3C44B0X,可以访问高达256 MB的地址空间。

⑤ 处理器有独立的出栈和入栈指令。ARM处理器中汇编指令STMFD可以将所有寄存器压栈,对应也有一个出栈的指令LDMFD。

3) μC/OS-II移植步骤

(1) 移植步骤之一——基本的配置和定义

所有需要完成的基本配置和定义全部集中在os_cpu.h头文件中。

① 定义与编译器相关的数据类型。μC/OS-II为了保证可移植性,程序中没有直接使用int、unsigned int等定义,而是自己定义了一套数据类型,如INT16U表示16位无符号整型。对于ARM这样的32位内核,INT16U是unsigned short型,如果是16位处理器,则是unsigned int型。

② 定义允许和禁止中断的宏。调用汇编函数对CPRS的I和F进行操作实现中断的允许或禁止。

```
#define    OS_ENTER_CRITICAL()        __asm{bl ARMDisableInt}
#define    OS_EXIT_CRITICAL()         __asm{bl ARMEnableInt}
```

③ 定义栈的增长方向。大多数微控制器和微处理器的堆栈方向是由高地址到低地址生长的。但有一些微处理器却相反。μC/OS-II通过定义符号OS_STK_GROWTH的值来确定栈的方向,使之与处理器的定义一致。

```
#define  OS_STK_GROWTH          1           //由高地址到低地址生长
#define  OS_STK_GROWTH          0           //由低地址到高地址生长
```

④ 定义OS_TASK_SW宏。OS_TASK_SW宏在系统函数OSSched()中被调用,其功能是完成从低优先级任务到高优先级任务的切换。通常采用以下两种定义方式:

- 如果处理器支持软中断,可以使用软中断将中断向量指向OSCtxSw函数;
- 在系统时钟中断中直接调用OSCrxSw函数。

(2) 移植步骤之二—— 移植OS_CPU_C.C标准C代码文件

移植μC/OS-II的第二步是修改C语言源代码文件OS_CPU_C.C中的几个函数。

首先是OSTaskStkInit()函数,它在任务创建时被调用,负责初始化任务的堆栈结构。该函数对于大部分ARM处理器而言可以采用统一的实现方式。

其次是一组Hook函数,又称为钩子函数,包括OSTaskCreateHook()、OSTaskDelHook()、OSTaskSwHook()以及OSTimeTickHook等。这些钩子函数主要用来扩展μC/OS-II的功能。必须在函数中声明这些句子函数,但并不一定要包含代码。

(3) 移植步骤之三——移植OS_CPU_A.S汇编代码文件

OS_CPU_A.ASM汇编代码文件中,有4个汇编函数需要针对不同的硬件平台进行适应性修改。

- OSStartHighRdy函数。本函数由OSStart函数调用。OSStart函数负责使就绪状态的任务开始运行,其中OSStartHighRdy负责获取新任务的堆栈指针,并从堆栈指针中恢复新任务的所有处理器寄存器。
- OSCtxSw函数。本函数由OS_TASK_SW宏调用,OS_TASK_SW宏由OSSched函数调用。OSSched函数负责实现任务级的任务切换。该函数负责将当前任务对应的处理器寄存器保存到堆栈中,并将任务中需要恢复的处理器寄存器从堆栈中恢复出来。
- OSIntCtxSw函数。本函数由OSIntExit函数调用,OSIntExit函数由OSTickISR调用。OSIntCtxSw函数负责实现中断级的任务切换。由于该函数在中断中被调用,所以在堆栈结构中除了我们需要的东西外,还有其他一些东西。那么在OSIntCtxSw()函数中必须要先清理堆栈,然后才能将当前任务对应的处理器寄存器保存到堆栈中,并完成后续的任务切换工作。
- OSTickISR函数。本函数是系统时间节拍函数,由定时中断产生。该函数主要负责在进入Tick中断时保存处理器寄存器,完成任务切换,退出时恢复寄存器并返回。

5. 实验操作步骤

1) 准备实验环境

(1) 使用μC/OS-II操作系统,不需要额外的开发工具,仍然沿用之前的ADS1.2集成开发环境。

(2) 使用仿真器连接目标板与PC机。

(3) 复制光盘中1_Experiment\chapter_4路径下的4.1_4.2_ucos_44b0文件夹到本地硬盘。

(4) 使用ADS建立一个ARM Executable Image类型的新工程,工程名为ucos_44b0.mcp,建立路径为5_ucosii\5.1_ ucos_44b0。

(5) 对工程ucos_44b0.mcp进行设置,如图4-2所示,其中,圈内为需要修改的部分,其余保持默认值即可。

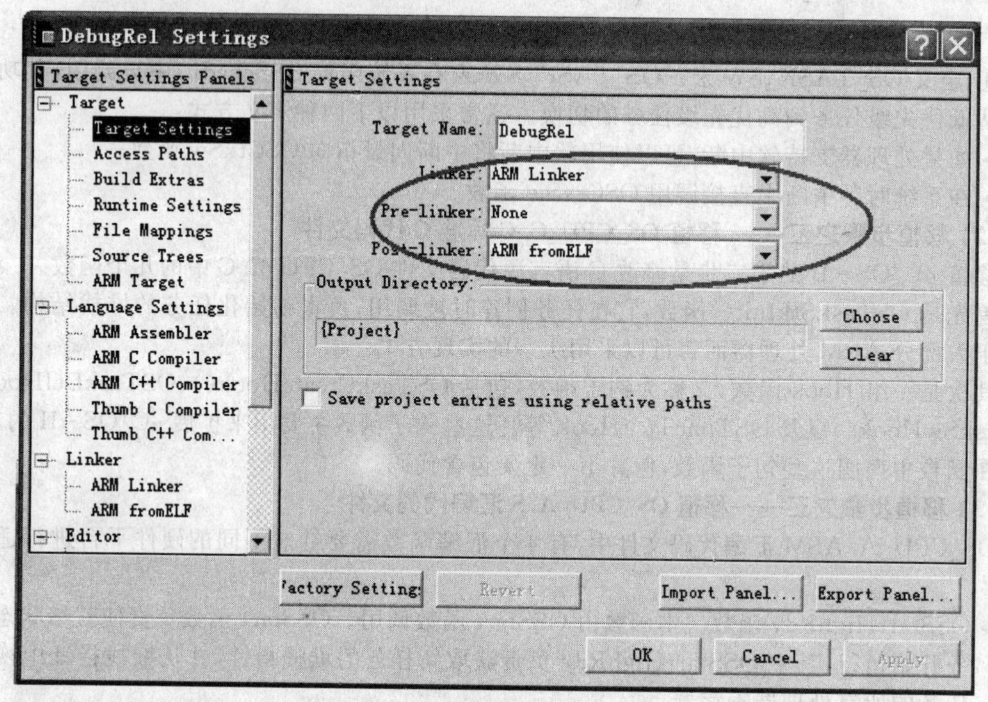

(a) Target设置

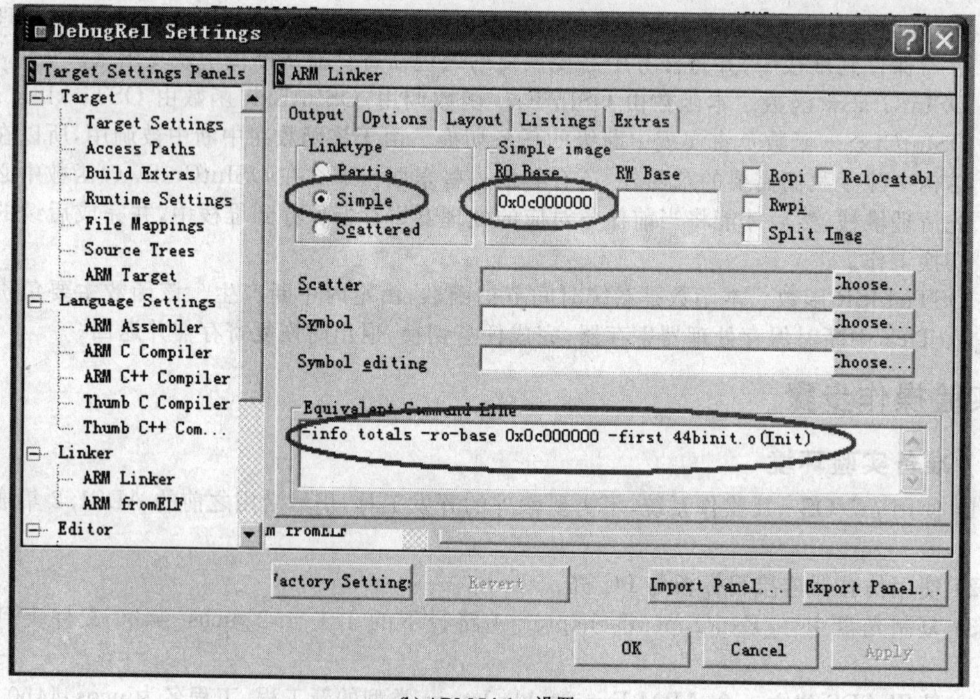

(b) ARM Linker设置

图 4-2　对 ucos_44b0. mcp 工程进行设置

2) 添加代码

(1) 在空工程中建立 os_core 文件夹,在该文件夹下添加 μC/OS-II 的内核文件。

(2) 建立 trans 文件夹,在该文件夹下添加之前修改的 3 个文件:os_cpu.h、os_cpu_a.s、os_cpu_c.c。

(3) 建立 44b0 文件夹,然后在该文件夹下添加 S3C44B0X 相关的基本库文件。

(4) 新建一个空的主文件(main.c),将其加入工程。

文件添加完成后,该工程在 ADS1.2 环境下的目录结构组成如图 4-3 所示。

(5) 在空白的 main.c 文件中添加如下代码,其中 OSInit()为系统函数,程序必须在最初予以调用,不需要输入参数。

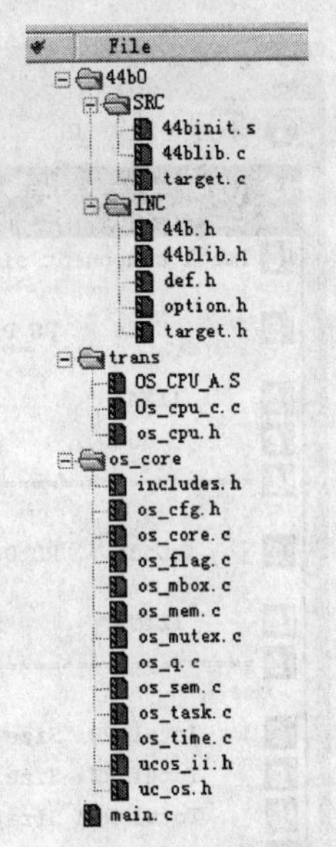

图 4-3 开发环境建立实验的工程结构

```
#include "includes.h"
/*********************************************************
- 函数名称:main
- 函数说明:系统主函数,初始化目标硬件以及系统内核并创建初始化任务
- 输入参数:无
- 输出参数:无
*********************************************************/
void main(void)
{
    char Id1 = '1';
    Target_Init();
    OSInit();
}
```

3) 编译链接程序

选中所有文件,单击编译链接工程。如果输出如图 4-4 所示的信息,则说明所有添加的文件不存在语法错误;否则根据输出的错误及警告提示信息对程序进行修改,如图 4-3 所示。从图 4-4 中,还可以看到程序编译后生成段的大小信息。

6. 实验参考程序

1) 在 os_cpu.h 文件中所需要定义的数据类型

```
typedef unsigned char BOOLEAN;
typedef unsigned char INT8U;           /*无符号字符类型*/
typedef signed char INT8S;             /*有符号字符类型*/
typedef unsigned short INT16U;         /*无符号短整型*/
typedef signed short INT16S;           /*有符号短整型*/
typedef unsigned long INT32U;          /*无符号长整型*/
```

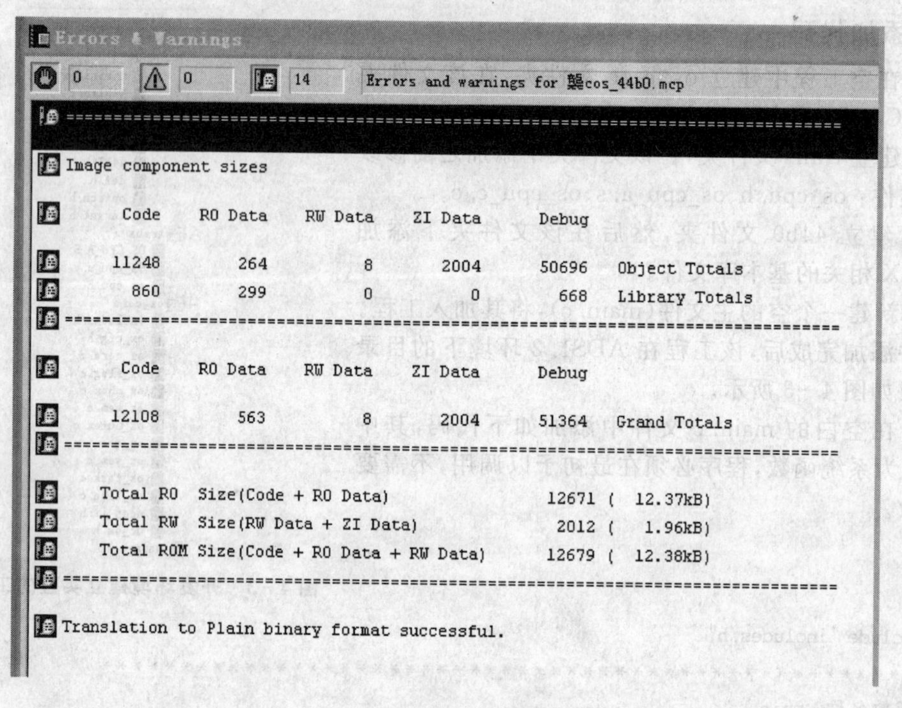

图 4-4　编译输出信息

```
typedef signed long INT32S;             /* 有符号长整型 */
typedef float FP32;                     /* 单精度浮点数 */
typedef double FP64;                    /* 双精度浮点数 */
typedef unsigned int OS_STK;            /* 每一个栈的入口是 32 位宽 */
typedef unsigned int OS_CPU_SR;         /* 定义 CPU 状态寄存器的大小(PSR = 32 位) */
typedef unsigned short OS_FLAGS;        /* 事件标志位数据类型(8、16 或 32 位) */
#define BYTE INT8S
#define UBYTE INT8U
#define WORD INT16S
#define UWORD INT16U
#define LONG NT32S
#define ULONG INT32U
```

2）在 os_cpu.c 文件中需要完成的对任务栈初始化的代码

```
OS_STK * OSTaskStkInit (void (* task)(void * pd), void * pdata, OS_STK * ptos, INT16U opt)
{
    unsigned int * stk;
    opt = opt;                          /* "opt"未使用,预防警告 */
    stk = (unsigned int *)ptos;         /* 加载栈指针 */
    /* build a context for the new task */
    * - - stk = (unsigned int) task;  /* PC */
    * - - stk = (unsigned int) task;  /* LR */
    * - - stk = 0;                      /* R12 */
    * - - stk = 0;                      /* R11 */
```

```
    * - - stk = 0;                          /* R10 */
    * - - stk = 0;                          /* R9 */
    * - - stk = 0;                          /* R8 */
    * - - stk = 0;                          /* R7 */
    * - - stk = 0;                          /* R6 */
    * - - stk = 0;                          /* R5 */
    * - - stk = 0;                          /* R4 */
    * - - stk = 0;                          /* R3 */
    * - - stk = 0;                          /* R2 */
    * - - stk = 0;                          /* R1 */
    * - - stk = (unsigned int) pdata;       /* R0 */
    * - - stk = (SVC32MODE|0x0);            /* 禁止 CPSR、IRQ、FIQ */
    * - - stk = (SVC32MODE|0x0);            /* 禁止 SPSR、IRQ、FIQ */
    return ((void *)stk);
}
```

3) 在 os_cpu_a.s 文件中所需要修改的汇编代码

(1) OSStartHighRdy

```
OSStartHighRdy
        BL          OSTaskSwHook            ;调用系统预留的钩子函数
        LDR         R4, = OSRunning         ;设置多任务已经开始的标志
        MOV         R5, #1
        STRB        R5, [R4]                ;OSRunning = true
        LDR         R4, = OSTCBHighRdy      ;获得当前就绪任务中优先级的最高任务地址
        LDR         R4, [R4]                ;得到栈指针
        LDR         SP, [R4]                ;将栈指针赋给 SP,进行任务切换
        LDMFD       SP!, {R4}               ;将新任务的 SPSR 出栈
        MSR         SPSR_C, R4
        LDMFD       SP!, {R4}               ;将新任务的 CPSR 出栈
        MSR         CPSR_C, R4
        LDMFD       SP!, {R0 - R12,LR,PC}   ;将新任务的 R0～R12、LR 和 PC 出栈
```

(2) OSCtxSw

```
OSCtxSw
        STMFD       SP!, {LR}               ;入栈 LR
        STMFD       SP!, {R0 - R12,LR}      ;入栈其余寄存器
        MRS         R4, CPSR
        STMFD       SP!, {R4}               ;保存 CPRS
        MRS         R4, SPSR
        STMFD       SP!, {R4}               ;保存 SPSR
_OSCtxSw
        BL          OSTaskSwHook            ;调用系统预留的钩子函数
        LDR         R4, = OSPrioCur         ;OSPrioCur = OSPrioHighRdy
        LDR         R5, = OSPrioHighRdy
        LDRB        R6, [R5]
```

```
        STRB     R6, [R4]
        LDR      R4, = OSTCBCur          ;获得当前任务的 TCB 地址
        LDR      R5, [R4]
        STR      SP, [R5]                ;保存当前 SP 到栈中
        LDR      R6, = OSTCBHighRdy      ;获得高优先级的 TCB 地址
        LDR      R6, [R6]
        LDR      SP, [R6]                ;获得新任务的栈指针
        STR      R6, [R4]                ;设置新任务的当前地址
        LDMFD    SP!, {R4}
        MSR      SPSR_CXSF, R4
        LDMFD    SP!, {R4}
        MSR      CPSR_CXSF, R4
        LDMFD    SP!, {R0 - R12,LR,PC}   ;按寄存器压栈顺序出栈
```

(3) OSIntCtxSw

```
OSIntCtxSw
        LDR      R0, = OSIntCtxSwFlag    ;OSIntCtxSwFlag = true
        MOV      R1, #1
        STR      R1, [R0]
        MOV      PC, LR                  ;这段程序只改变标志然后返回
```

上面这段代码简化了函数 OSIntCtxSw 的实现方式,这使得中断级的任务切换必须配合 OSTickISR 函数才能真正得以实现。

(4) OSTickISR

```
OSTickISR
        STMFD    SP!,{R0 - R3,R12,LR}    ;寄存器压栈,保存 LR 寄存器
        BL       OSIntEnter
        LDR      R0, = I_ISPC            ;中断结束清除中断挂起位
        MOV      R2, #TIMER0
        LDR      R1, [R0]
        ORR      R1, R1, R2,LSL #13
        STR      R1, [R0]
        BL       OSTimeTick
        BL       OSIntExit
        ;检查是否 OSIntCtxFlag = true,该标志在 OSIntCtxSw 函数中置位
        LDR      R0, = OSIntCtxSwFlag
        LDR      R1, [R0]
        CMP      R1, #1
        BEQ      _IntCtxSw               ;如果 OSIntCtxFlag = true 就跳转至_IntCtxSw
        ldmfd    SP!,{R0 - R3,R12,LR}    ;否则寄存器出栈,返回原任务
        subs     PC,LR,#4
_IntCtxSw
        LDR      R0, = OSIntCtxSwFlag    ;使 OSIntCtxSwFlag = flase
        MOV      R1, #0
```

```
STR      R1, [R0]
LDMFD    SP!,{R0 - R3,R12,LR}     ;恢复之前保存的寄存器
STMFD    SP!,{R0 - R3}            ;将当前的 R0～R3 入栈
MOV      R1,SP                    ;保存当前的栈指针
ADD      SP,SP,#16                ;将栈调整至入中断时的状态
SUB      R2,LR,#4
MRS      R3,SPSR
ORR      R0,R3,#NOINT
MSR      SPSR_C,R0                ;将 SPSR 设置为禁止 FIQ 与 IRQ 中断的状态
LDR      R0, =.+8                 ;"."代表当前指令所在的 PC 值
MOVS     PC,R0                    ;用 SPSR 更新 CPSR
STMFD    SP!,{R2}                 ;保存旧任务的 PC
STMFD    SP!,{R4 - R12,LR}        ;保存旧任务的 LR、R12～R4
MOV      R4,R1                    ;使用中断状态的栈指针
MOV      R5,R3
LDMFD    R4!,{R0 - R3}            ;恢复旧任务的 R3～R0
stmfd    SP!,{R0 - R3}            ;保存旧任务的 R3～R0
STMFD    SP!,{R5}                 ;保存旧任务的 CPSR
MRS      R4,SPSR
STMFD    SP!,{R4}                 ;保存旧任务的 SPSR
B        _OSCtxSw                 ;跳转至_OSCtxSw
```

7. 练习题

(1) 通过更改配置文件来对 μC/OS-II 的功能进行扩展，增加任务切换次数的统计。

(2) 改写代码中的 OSIntCtxSw 和 OSTickISR 函数中断级的任务切换，可以不用依赖系统节拍即可实现。

4.2　μC/OS-II 系统启动实验

1. 实验目的

(1) 通过实验掌握 μC/OS-II 系统的启动流程。

(2) 通过实验初步掌握 μC/OS-II 系统任务的管理。

2. 实验设备

(1) 硬件：Start S3C44B0X 实验平台，ARM Multi-ICE 仿真器，PC 机。

(2) 软件：ADS1.2 集成开发环境，Windows 98/2000/NT/XP。

3. 实验内容

(1) 编写程序创建两个任务，分别完成系统时钟的启动和 LED 指示灯的闪烁。

(2) 单步运行程序，了解 μC/OS-II 的启动流程以及多任务调度的方法。

4. 实验原理

1) 启动过程

μC/OS-II按照下面的流程启动。

① BootLoater。上电后从标识的系统初始入口点开始执行,初始化存储系统以及各个模式下的数据栈,将处理器切换为SVC模式,并将程序跳转至主函数main()。

② 在主函数中初始化关键硬件并安装系统异常处理程序。这是由于C语言的逻辑性和可读性要远远高于汇编语言,因此除了存储器这类最基本的硬件外,其他硬件基本都在主函数的开始进行初始化。

- 初始化所有I/O端口。
- 初始化处理器内部缓存。
- 允许CPSR的I位(如果需要也可以同时允许F位)。

③ 初始化μC/OS-II操作系统。

- 在程序中分配任务栈。分配任务栈的主要目的是为任务运行时的变量、堆栈提供存放和访问的空间。通过定义数组unsigned int StackX[STACKSIZE],并在任务启动时传递该数组指针,来完成任务栈的初始化。
- 建立任务函数体。函数体中包含的内容有:变量定义及初始化、功能函数或指令语句、任务挂起时间间隔的设定。
- 描述启动任务。传递任务函数地址、任务堆栈地址、任务优先级。

④ 创建第一个用户任务。在每个基于μC/OS-II操作系统的软件中,函数OSStart()调用开始、多任务调度之前,都必须创建一个用户任务。这里称其为根任务,根任务在调用OSStart()之后开始执行。通常在根任务中必须完成的工作包括:

- 创建其他任务。创建用户需要的其余任务但不一定是全部任务。
- 打开系统节拍定时器,并允许该定时器中断。系统节拍必须在调用OSStart()之后打开,否则会引起系统异常。
- 删除自身。之后这个任务就不会再被调用,所以可以在任务的最后调用系统函数OSTaskDel(OS_PRIO_SELF)将其删除。

⑤ 开始多任务切换。在创建完根任务之后,调用函数OSStart()启动多任务。OSStart()的内部执行过程如下:

- 从任务就绪表中找到用户建立的优先级最高的任务控制块。
- 调用高优先级就绪任务启动函数OSStartHighRdy()(参见OS_CPU_A.S)。
  ⓐ 将系统标量OSRunning设置为TRUE,表示系统已经开始运行。
  ⓑ 加载就绪表中优先级最高的任务指针。由于此时只有一个任务被创建,所以任务指针必然指向根任务。
  ⓒ 开始执行根任务。

2) 任务管理

μC/OS-II提供如表4-1所列函数进行任务管理。

5. 实验操作步骤

1) 准备实验环境

(1) 使用仿真器连接目标板与PC机。

表 4-1 任务管理函数

函数名	功能描述	函数名	功能描述
OSTaskCreate()	建立任务	OSTaskSuspend()	挂起任务
OSTaskCreateExt()	建立任务扩展版本	OSTaskResume()	恢复任务
OSTaskDel()	删除任务	OSTaskStkChk()	堆栈检验
OSTaskDelReq()	请求删除任务	OSTaskQuery()	获得有关任务的信息
OSTaskChangePrio()	改变任务的优先级		

(2) 加载中断向量表。由于在 S3C44B0X 处理器的地址空间定义中 0x0 地址为 SROM,为了保证中断可以正确执行,必须将中断向量表固化在 0 地址处。

① 运行 Flash 烧写工具。

② 复制光盘中 1_Experiment\chapter_4 路径下的 4.1_4.2_ucos_44b0 文件夹到本地硬盘。打开其中的 ucos_boot.bin 文件。

③ 将烧写目标地址定义为 0x0。

④ 开始烧写。

2) 打开实验例程

(1) 打开 ucos_44b0.mcp 工程。

(2) 对 main.c 文件进行如下更改:

① 在 main()函数中创建优先级为 4 的 InitTask 任务。创建任务使用 OSTaskCreate()系统函数,引用形式如下:

```
OSTaskCreate(InitTask,&Id1,&TaskStk1[99],4);
```

- 第 1 个参数 InitTask 是所创建的任务名称;
- 第 2 个参数 Id1 是任务创建时传入的参数;
- 第 3 个参数 TaskStk1 任务所需的堆栈;
- 第 4 个参数 4 是分配给任务的优先级。

② 在 main()函数中调用 OSStart()开始多任务调度。

③ 创建 InitTask 任务体,具体内容见本实验的实验参考程序部分。在 InitTask 的最后调用 OSTaskDel()对自己进行删除。OSTaskDel()是系统函数,其输入参数是想要删除任务的优先级。

④ 创建 CoursorTask 任务体,具体内容见实验参考程序部分。在 CoursorTask 内用到了系统延时函数 OSTimeDly()。这个函数是以系统的时钟节拍为延时的基本单位(输入参数为要延时多少个系统节拍),也就是说,在输入参数不变的条件下,改变系统的时钟节拍速率也会影响延时时间的长短。在所设定的延时到期之前,调用该函数的任务都会处在挂起态。

3) 编译链接程序

选中全部文件进行编译链接,如果没有错误则会输出如图 4-4 所示信息,否则根据输出的错误及警告提示信息对程序进行修改。

4) 观察实验结果

(1) 单击 ADS 的工具栏上的图标打开 AXD 调试工具进入调试模式。

(2) 在 main()函数的起始处添加断点后,单击 AXD 菜单栏上的 Execute 菜单,选择 Go 开始运行程序。

(3) 进入 main()函数后，再进入 OSInit()单步运行观察系统初始化的过程。

(4) 进入 OSTaskCreate()函数观察系统是如何创建任务的。

(5) 进入 OSStart()函数观察系统是如何进行多任务调度的。

(6) 单步执行至打开节拍定时器中断后，开始全速运行。

(7) 可以看到实验板上的 4 个 LED 灯以固定的频率进行闪烁。

(8) 修改程序中 OSTimeDly 的参数，重新编译运行可以改变 LED 灯的闪烁频率。

5) 跟踪调试程序

由于在短时间内周期性发生的定时器中断会对单步调试造成一定的影响，所以在打开节拍时钟中断后，如果仍要单步跟踪程序运行过程，就必须用容易控制的中断源来代替定时器成为系统节拍的触发条件。本实验中用外部中断 2(键盘中断)代替定时器中断，需要对程序进行如下更改。

(1) 更改 main. c 文件中的 Target_Start()函数。

```
void Target_Start(void)
{
    pISR_EINT2 = (U32)OSTickISR;                //将外部中断 2 的服务程序设置为 OSTickISR
    rINTMSK &= ~(BIT_GLOBAL | BIT_EINT2 );      //使能全局中断和外部中断 2
}
```

(2) 更改 os_cpu_a. s 文件中的 OSTickISR 函数。

```
OSTickISR
        STMFD    SP!,{R0 - R3,R12,LR}
        BL       OSIntEnter
        LDR      R0, = I_ISPC                   ;rI_ISPC = BIT_TIMER0
        MOV      R2, #TIMER0
        LDR      R1, [R0]
        ORR      R1, R1, R2,LSL # 23            ;清除外部中断 2
        STR      R1, [R0]
        BL       OSTimeTick
        BL       OSIntExit
        ⋮
```

程序中加粗的语句为修改部分。为了调试简单，还可将 CoursorTask 任务中 OSTimeDly()函数的参数减小为 1，这样只要系统节拍产生一次计数即可发生任务切换，调试完成后需要将更改的代码恢复才可正常执行。

(3) 重新编译链接，进入调试状态。

(4) 单步执行至打开外部中断 2 后，敲击键盘产生一次外部中断。

(5) 单步运行观察 OSTickISR 的中断处理过程。

(6) 观察系统在 OSIntEnter()、OSTimeTick()和 OSIntExit()函数中分别完成了什么样的工作，任务是如何进行切换的。

(7) 观察任务切换的顺序，理解优先级在这里的作用。

(8) 观察结束后将程序改回之前使用定时器作为节拍源的状态。

6. 实验参考程序

主文件 main. c 更改后的代码如下：

```
#include "includes.h"
#define LED1_OFF      rPDATF |= 0xFF;
#define LED2_OFF      rPDATB |= 0xFF;
#define LED1_ON       rPDATF &= (~(0x1<<3 | 0x1<<4));
#define LED2_ON       rPDATB &= (~(0x1<<4 | 0x1<<5));
OS_STK TaskStk1[100];
OS_STK TaskStk2[100];
void CoursorTask(void * pdata);
void InitTask(void * pdata);
void Target_Init(void);
void Timer_init(void);
void Target_Start(void);
/******************************************************************
- 函数名称：main
- 函数说明：系统主函数,初始化目标硬件以及系统内核并创建初始化任务
- 输入参数：无
- 输出参数：无
******************************************************************/
void main(void)
{
    char Id1 = '1';
    Target_Init();
    OSInit();
    OSTaskCreate(InitTask,&Id1,&TaskStk1[99],4);
    OSStart();
}
/******************************************************************
- 函数名称：CoursorTask
- 函数说明：初始化任务,用于创建用户任务并启动节拍时钟
- 输入参数：pdata
- 输出参数：无
******************************************************************/
void InitTask(void * pdata)
{
    char Id2 = '2';
    OSTaskCreate(CoursorTask,&Id2,&TaskStk2[99],7);
    Target_Start();                //在此函数内初始化系统节拍定时器并打开定时器中断
    OSTaskDel(OS_PRIO_SELF);
}
/******************************************************************
- 函数名称：CoursorTask
- 函数说明：用户任务,每隔50个节拍闪烁实验板上的4个LED
- 输入参数：pdata
- 输出参数：无
******************************************************************/
```

```
void CoursorTask(void * pdata)
{
    LED1_OFF;
    LED2_OFF;
    while(1)
    {
        LED1_OFF;
        LED2_ON;
        OSTimeDly(50);                  //OS-II系统提供的延时函数,以节拍时钟为单位
        LED1_ON;
        LED2_OFF;
        OSTimeDly(50);
    }
}
/******************************************************************
- 函数名称:Target _init
- 函数说明:初始化目标板的基本硬件
- 输入参数:无
- 输出参数:无
******************************************************************/
void Target_Init(void)
{
    Port_Init();
    Exep_S3cINT_Init();
    Cache_Init();
    StartInterrupt();                   //开中断,在此之前都是关中断状态,在44binit.s中定义
}
/******************************************************************
- 函数名称:Timer_init
- 函数说明:初始化节拍时钟
- 输入参数:无
- 输出参数:无
******************************************************************/
void Timer_init(void)
{
    rTCFG0 = 0x000000ff;                //64/256 = 0.25 MHz
    rTCFG1 = 0x00000007;                //1/32,0.25 MHz/32 = 7.8 kHz
    rTCNTB0 = 78;                       //设置T0计数值为78,即100 Hz
    rTCON = 0x00000002;                 //更新T0
    rI_ISPC = BIT_TIMER0;
    rTCON = 0x00000009;                 //T0,自动加载
    pISR_TIMER0 = (U32)OSTickISR;
}
/******************************************************************
- 函数名称:Target_Start
```

```
- 函数说明：初始化目标板，开始任务
- 输入参数：无
- 输出参数：无
***************************************************************************/
void Target_Start(void)
{
    Timer_init();
    rINTMSK &= ~(BIT_TIMER0 | BIT_GLOBAL);
}
```

7. 练习题

(1) 在配置文件中打开统计任务，观察该任务的执行过程。
(2) 在根任务中至少再创建3个不同优先级的任务，观察它们的切换过程。

4.3 μC/OS-II添加串口驱动实验

1. 实验目的

(1) 掌握在μC/OS-II操作系统下添加硬件驱动的基本方法。
(2) 掌握在μC/OS-II操作系统下使用RS232串口收发的基本方法。
(3) 学习在μC/OS-II操作系统下任务对串口的应用方法。

2. 实验设备

(1) 硬件：Start S3C44B0X实验平台，ARM Multi-ICE仿真器，PC机。
(2) 软件：ADS1.2集成开发环境，Windows 98/2000/NT/XP。

3. 实验内容

(1) 在移植好的μC/OS-II项目中添加串口的驱动程序。
(2) 在现有的任务中添加串口打印函数，输出提示信息。

4. 实验原理

μC/OS-II操作系统是一个很简单的微内核系统，该系统并没有像Linux、Windows这类复杂系统那样对硬件驱动进行独立的定义。μC/OS-II操作系统对硬件的使用方法与没有操作系统的嵌入式软件更加接近，驱动程序的添加通常分为以下几步：

(1) 添加驱动代码。如果已经有了在无操作系统的嵌入式软件中使用该硬件的代码，就可以直接将其加入现有工程。如果没有则使用与无操作系统时同样的方法开发相应软件。

(2) 注册硬件。包括：

- 添加相关头文件：将相应硬件的头文件加入系统文件includes.h中。
- 安装中断服务程序：在中断初始化函数中允许相关中断，将驱动代码中的中断服务程序与系统中断连接，申请所需要的系统资源。
- 添加相关初始化代码：在主函数中通常都会有目标板初始化函数，如本实验中的Target_Init()函数。将硬件的初始化函数添加到Target_Init中，并正确设置硬件所需的输入参数。

(3) 使用硬件。在需要使用该硬件的地方调用合适的硬件接口文件。

以上就是在 μC/OS-II 操作系统中添加硬件的基本步骤。由于引入了操作系统,代码复杂程度将会大大提高。因此,这里规定:若要向带有操作系统的应用中添加硬件驱动,则必须将硬件驱动的相关代码以单独文件夹单独文件的形式加入到工程中。

由于 μC/OS-II 的实时性特点,驱动程序的设计实现还是与无操作系统时略有不同。在实时环境中,由于关中断时间太长可能会引起中断丢失,所以要求关中断的时间应尽量短。这就是说,在驱动程序的设计中,应尽量减少中断服务函数的代码量,尽可能地将数据处理放在中断服务函数外进行。中断服务程序只需要通知系统有特定事件发生即可。

在没有引入操作系统之前,中断服务程序要想向外发送消息,通常是通过全局变量来实现的。在 μC/OS-II 中提供了诸如信号量、消息邮箱、事件标志等手段,可以进行任务与中断服务程序间的通信。

为了方便 μC/OS-II 下的驱动程序设计,这里将硬件分为被动式硬件和主动式硬件两类。

- 被动式硬件:指只有当软件提出请求时才作出响应的硬件,如 LCD。这类硬件只需直接与用户任务交换信息而不用参与到系统内核中,因此,与无操作系统下的应用没有太大的区别,可以无修改地沿用之前的代码。
- 主动式硬件:指由外部事件驱动并能够实时地对其作出响应的硬件,如键盘。这类硬件由于要主动向系统提出服务请求,所以在驱动程序的设计上与无操作系统下的稍有不同。主动式硬件驱动设计可分为初始化、中断服务及请求处理 3 类。在中断服务中使用信号量通知任务有事件发生,根据信号量的不同激活相应的任务,在被该信号量激活的任务中对发出信号的硬件进行处理。因此,在初始化具体硬件时,需要创建用于通知系统的信号量。

5. 实验操作步骤

1) 准备实验环境

(1) 使用仿真器连接实验板的 JATG 接口和 PC 机的 25 针并口。

(2) 使用串口线连接实验板和 PC 机的串口。

(3) 打开 Windows 系统自带的超级终端程序。

(4) 对超级终端进行如图 4-5~图 4-7 的设置。

图 4-5 超级终端设置——设置连接名称

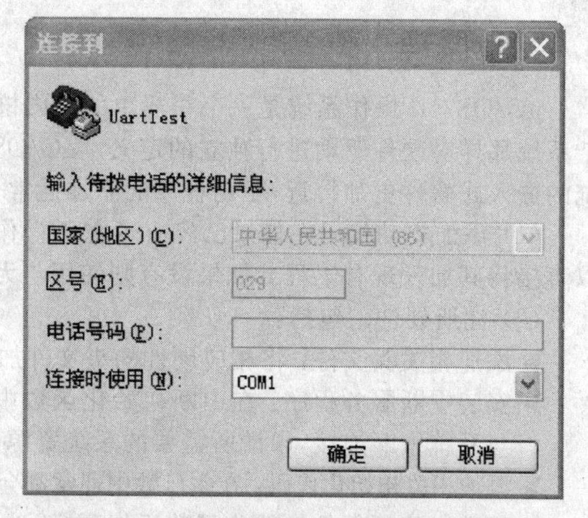

图 4-6 超级终端设置——选择连接端口

2）打开实验例程

（1）复制光盘中 1_Experiment\chapter_4 路径下的 4.3_ucos_uart 文件夹到本地硬盘。其代码结构如图 4-8 所示。

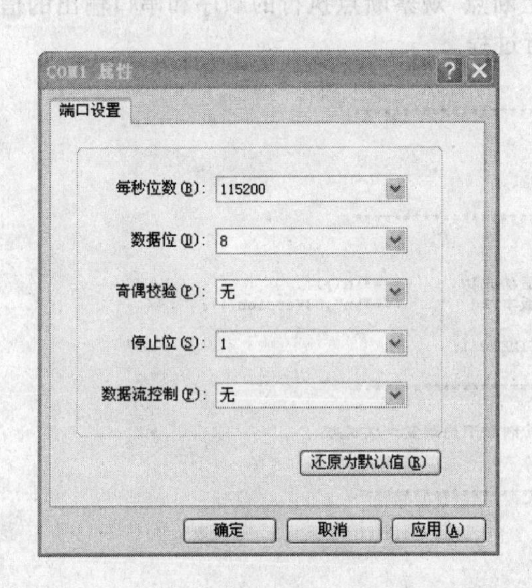

图 4-7　超级终端设置——配置端口属性

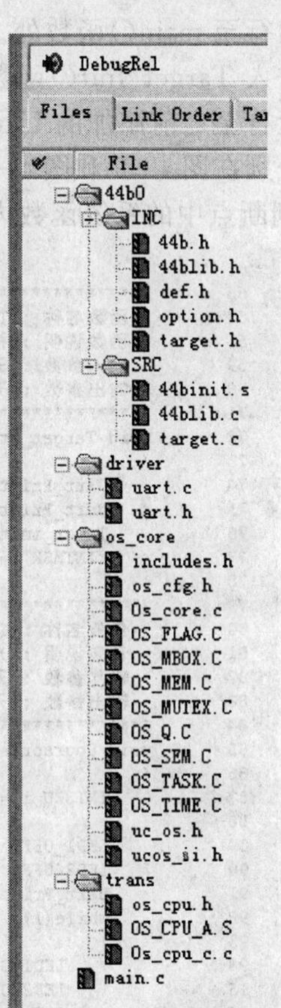

图 4-8　添加串口驱动实验的代码结构

该项目在移植好的操作系统内核基础之上添加了包含驱动程序的文件夹 driver。该文件夹中包含两个文件：一个是头文件 uart.h，对源文件中函数进行声明；另一个是源文件 uart.c，为初始化硬件及收发数据的各功能函数。文件 uart.c 中的函数与之前无操作系统下对串口的操作函数相同。

（2）打开主文件 main.c，在 main()函数调用的目标板初始化函数中添加如下代码：

```
Uart_Init(0,115200,0);          //使用系统时钟，通信速率设置为 115 200 bps，选择串口 0
```

（3）在各个创建的任务中添加串口打印函数 Uart_Printf()。

（4）在串口打印函数中可以使用系统函数 OSVersion()得到系统版本信息，OS_VERSION 是系统在文件 ucos_ii.h 中定义的版本信息常量。

（5）在空闲任务的扩展函数 OSTaskIdleHook()中添加打印提示功能，使用系统函数 OSTimeGet()获得系统时间，然后通过串口输出到超级终端上。

3）编译链接程序

选中全部文件进行编译链接，如果没有问题则会输出如图 4-4 所示信息；否则根据输出的错误及警告提示信息对程序进行修改。

4) 跟踪调试程序

(1) 进入 AXD 调试状态。

(2) 运行至 main()函数处。

(3) 进入 Target_Init()函数内单步运行,观察对函数 Uart_Init()的初始化过程。

(4) 运行至之前添加的 Uart_Printf()函数处,观察该函数的执行过程。

(5) 分别在图 4-9 和图 4-10 所示位置加上断点,观察断点执行的顺序和串口输出的信息,同时深入到断点中的系统函数内观察它们的运行过程。

```
65   }
66   /*****************************************************
67   - 函数名称 : Target_Start
68   - 函数说明 : 初始化目标板,开始任务
69   - 输入参数 : 无
70   - 输出参数 : 无
71   ******************************************************/
72   void Target_Start(void)
73   {
74       Uart_Printf(0,"*===        系统启动成功        ===*\n");
75       Uart_Printf(0,"*===        系统版本:%d         ===*\n",OSVersion());
76       Timer_init();
77       rINTMSK &= ~(BIT_GLOBAL | BIT_TIMER0 );
78   }
79   /*****************************************************
80   - 任务名称 : CoursorTask
81   - 任务说明 : 光标闪烁任务, LED每50个时钟节拍改变一次状态
82   - 输入参数 : 无
83   - 输出参数 : 无
84   ******************************************************/
85   void CoursorTask(void* pdata)
86   {
87       INT32U i = 0;
88
89       LED1_OFF;
90       LED2_OFF;
91       Uart_Printf(0,"*===      CoursorTask任务开始        ===*\n");
92       while(1)
93       {
94           LED1_OFF;
95           LED2_ON;
96           OSTimeDly(DLYTIME);
97           Uart_Printf(0,"*===      CoursorTask任务已运行 %d 次        ===*\n",i++);
98           LED1_ON;
99           LED2_OFF;
100          OSTimeDly(DLYTIME);
101      }
```

图 4-9　文件 main.c 中的断点示意图

```
184  void OSTaskIdleHook (void)
185  {
186      INT32U ticks = OSTimeGet();
187
188      if(ticks % DLYTIME == 0)
189      {
190          Uart_Printf(0,"*===  idleTask  ===*\n");
191          Uart_Printf(0,"*===  OS Tick:%d  ===*\n,ticks");
192      }
193  }
194
```

图 4-10　文件 os_cpu_c.c 中的断点位置示意图

(6) 全速运行,观察在超级终端中输出的调试信息。

6. 实验参考程序

主程序文件 main.c 如下：

```
#include "includes.h"
#define LED1_OFF   rPDATF |= 0xFF;
#define LED2_OFF   rPDATB |= 0xFF;
#define LED1_ON  rPDATF &= (~(0x1<<3 | 0x1<<4));
#define LED2_ON  rPDATB &= (~(0x1<<4 | 0x1<<5));
OS_STK TaskStk1[100];
OS_STK TaskStk2[100];
/***********************************************************
- 函数名称：Target _init
- 函数说明：初始化目标板的基本硬件
- 输入参数：无
- 输出参数：无
***********************************************************/
void Target_Init(void)
{
    Port_Init();
    Uart _Init(0,115200,0);
    Exep_S3cINT_Init();
    Cache_Init();
    StartInterrupt();          //开中断，在此之前都是关中断状态，在 44binit.s 中定义
}
/***********************************************************
- 函数名称：Target_Start
- 函数说明：初始化目标板，开始任务
- 输入参数：无
- 输出参数：无
***********************************************************/
void Target_Start(void)
{
    Uart_Printf(0," * ===          系统启动成功          ===*\n");
    Uart_Printf(0," * ===          系统版本：%d           ===*\n",OSVersion());
    Timer_init();
    rINTMSK &= ~(BIT_GLOBAL | BIT_TIMER0 );
}
/***********************************************************
- 任务名称：CoursorTask
- 任务说明：光标闪烁任务，LED 每 50 个时钟节拍改变一次状态
- 输入参数：* pdata
- 输出参数：无
***********************************************************/
void CoursorTask(void * pdata)
{
```

```
    INT32U i = 0;
    LED1_OFF;
    LED2_OFF;
    Uart_Printf(0," * ===       CoursorTask 任务开始         ===* \n");
    while(1)
    {
        LED1_OFF;
        LED2_ON;
        OSTimeDly(DLYTIME);                    //使系统将 CoursorTask 任务挂起至 DLYTIME 节拍之后
        Uart_Printf(0," * ===       CoursorTask 任务已运行 %d 次      ===* \n",i++);
        LED1_ON;
        LED2_OFF;
        OSTimeDly(DLYTIME);                    //参数 DLYTIME 是在 includes.h 中定义的常量
    }
}
/**********************************************************************
- 任务名称：InitTask
- 任务说明：初始化光标闪烁任务,创建用户任务,启动节拍时钟
- 输入参数：* pdata——指向 void 的指针,用以允许用户向任务传递任何类型的参数
- 输出参数：无
**********************************************************************/
void InitTask(void * pdata)
{
    char Id2 = '2';
    Uart_Printf(0,"\r\n * ===        进入根任务 InitTask      ===* \n");
    OSTaskCreate(CoursorTask,&Id2,&TaskStk2[99],7);
    Uart_Printf(0,"\r\n * ===        创建 CoursorTask  任务 ===* \n");
    Uart_Printf(0,"\r\n * ===        开始多任务调度           ===* \n");
    Target_Start();
    OSTaskDel(OS_PRIO_SELF);                   //删除初始任务 InitTask
}
/**********************************************************************
- 函数名称：main
- 函数说明：主函数,初始化目标硬件和操作系统
- 输入参数：无
- 输出参数：无
**********************************************************************/
void Main(void)
{
    char Id1 = '1';
    Target_Init();
    Uart_Printf(0,"\r\n============= 开始测试 UART 驱动 =================\n");
    OSInit();
    OSTaskCreate(InitTask,&Id1,&TaskStk1[99],4);
    OSStart();
```

```
}
```

系统文件 os_cpu_c.c 中需更改部分如下：

```
void OSTaskIdleHook (void)                    //该函数在系统空闲任务中被调用
{
    INT32U ticks = OSTimeGet();               //获得系统时间
    if(ticks % DLYTIME == 0)
    {
        Uart_Printf(0," * ===  idleTask   === * \n");
        Uart_Printf(0," * ===  OS Tick: %d   * * \n,ticks");
    }
}
```

7. 练习题

(1) 本实验中使用的是查询形式的串口驱动，试将其改为中断形式重新添加至系统中，并在其中添加从 PC 机获得字符的应用。

(2) 试将对 LED 的操作改为驱动文件形式添加到该实验中，然后再进行实验，观察实验结果。

4.4　μC/OS-II 简单应用实验

1. 实验目的

(1) 深入学习 μC/OS-II 下驱动程序的添加方法。

(2) 学习任务间同步和通信的方法。

(3) 掌握信号量和消息邮箱的基本使用。

2. 实验设备

(1) 硬件：Start S3C44B0X 实验平台，ARM Multi-ICE 仿真器，PC 机。

(2) 软件：ADS1.2 集成开发环境，Windows 98/2000/NT/XP。

3. 实验内容

(1) 在移植好的 μC/OS-II 项目中添加键盘驱动程序。

(2) 创建用于捕获键值的键盘任务，该任务当有键盘按下时，由驱动程序发出的信号量激活。在键盘捕获任务被激活后启动 I^2C 读程序，将读到的内容通过邮箱发送给串口通信任务。

(3) 将之前的光标闪烁任务更改为串口通信任务，在该任务中通过消息捕获键值，并将捕获到的内容通过串口显示在 PC 机的超级终端上。

4. 实验原理

任务是操作系统运行应用的基本单位，是区别于无操作系统应用的主要特征之一。系统要求将应用分解为若干个任务，但是各个任务间不可能是完全孤立的。为了使其协调有序地工作，任务之间或者任务和中断服务之间必然需要进行信息交换。如果交换的信息是标志事件是否发生,发生的都是哪些事件(这些事件可以是I/O事件,也可以是数据访问事件),则就是任务间的同步。若交换的信息包含数据内容(比如,计算结果或者接收的数据流等),则称之为任务通信。μC/OS-II操作系统通常提供表4-2所列的函数来完成任务间的同步和通信工作。

表4-2 任务间通信和同步——信号量、邮箱、消息队列

类 型	函数名	功能描述
信号量	OSSemCreate()	建立一个信号量
	SSemPend()	等待一个信号量
	OSSemPost()	发送一个信号量
	OSSemAccept()	无等待地请求一个信号量
	OSSemQuery()	查询一个信号量的当前状态
邮箱	OSMboxCreate()	建立一个邮箱
	OSMboxPend()	等待一个邮箱中的消息
	OSMboxPost()	发送一个消息到邮箱中
	OSMboxAccept()	无等待地从邮箱中得到一个消息
	OSMboxQuery()	查询一个邮箱的状态
消息队列	OSQCreate()	建立一个消息队列
	OSQPend()	等待一个消息队列中的消息
	OSQPost()	向消息队列发送一个消息
	OSQAccept()	无等待地从一个消息队列中取得消息
	OSQFlush()	清空一个消息队列
	OSQQuery()	查询一个消息队列的状态

信号量和消息邮箱的使用方法如下:

① 创建信号量。信号量在使用之前必须先创建。信号量不可以在中断服务程序中创建。创建信号量的代码形式如下:

```
OS_EVENT * f_Key;              //在使用信号量之前必须声明一个OS_EVENT类型的指针变量
⋮
f_Key = OSSemCreate(0);        //当用信号量表示时间是否发生时,使用0作为其输入参数
```

② 等待信号量。该函数也不可以在中断服务程序中调用。

```
INT8U err = 0;                 //保存返回状态
⋮
OSSemPend(f_Key,0,&err);       //第1个参数是要等待的信号量
                               //第2个参数表示等待的节拍数,此参数为0表示一直等待
                               //最后一个参数用于保存该函数执行后的状态
```

③ 发出信号量。可以在中断服务程序中调用。

```
INT8U err;                     //保存返回状态
⋮
OSSemPost(f_Key);              //发送信号量
```

④ 创建消息邮箱。消息邮箱在使用之前必须先创建,但不可以在中断服务程序中创建。创建代码形式如下:

```
OS_EVENT * key_value;          //在使用消息邮箱之前必须声明一个OS_EVENT类型的指针变量
```

```
:
key_value = OSMboxCreate((void * )0);    //创建消息邮箱
                                         //该函数的输入参数是一个消息指针,通常情况下赋值为 NULL
```

⑤ 等待邮箱中的消息更新。该函数也不可以在中断服务程序中调用。

```
INT8S ucChar = 0;                    //保存返回消息的变量,在本实验中消息是一个字符,所以定义
                                     //为 INT8S
INT8U err = 0;                       //保存返回状态
 :
ucChar = *(INT8S *)OSMboxPend( key_value, 0, &err);  //等待获得消息
//          |                |         |_______等待时间,为 0 表示无限期等待,直到邮箱中
//                                             有消息更新
//          |                |___________使用的邮箱
//          |_____________返回消息的类型
```

⑥ 向邮箱中发出消息。可以在中断服务程序中调用。

```
OSMboxPost(key_value,(void *)&ucChar);    //将消息放入邮箱中
//              |              |________放入的消息
//              |____________使用的邮箱
```

5. 实验操作步骤

1) 准备实验环境

(1) 使用仿真器连接实验板的 JATG 接口和 PC 机的 25 针并口。

(2) 使用串口线连接实验板和 PC 机的串口。

(3) 打开 4.3 节中建立的超级终端程序。

2) 打开实验例程

(1) 复制光盘中 1_Experiment\chapter_4 路径下的 4.4_ucos_sampletest 文件夹到本地硬盘。其中,工程代码结构如图 4-11 所示。该工程在前一个工程的基础上,在 driver 文件夹下添加了与键盘相关的驱动程序。

(2) 分别打开新添加的代码。读者会发现在 Keyboard.c 文件中的代码与之前无操作系统下的代码稍微有了一些区别。

① 定义了用来报告时间发生与否的信号量。

```
OS_EVENT * f_Key;
```

② 在键盘中断处理函数中加入与系统有关的 3 个函数:

```
OSIntEnter();            //关中断
:
OSSemPost(f_Key);        //发送信号量
OSIntExit();             //开中断
```

细心的读者可以发现,在基于操作系统的软件中所有中断服务

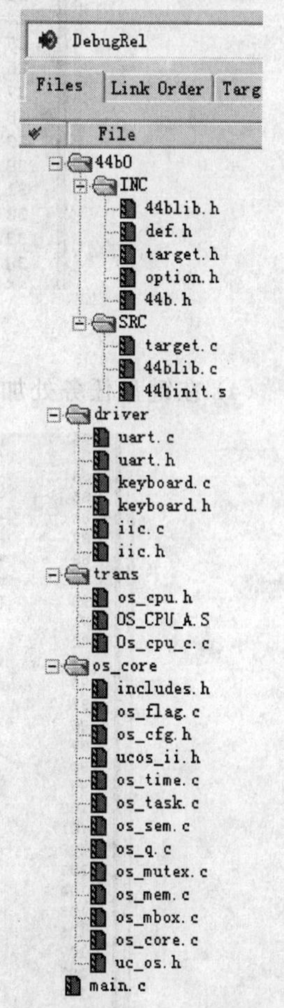

图 4-11　μC/OS-II 简单应用实验的代码结构

子程序中都会出现OSIntEnter()和OSIntExit()这样一对函数。在做基于μC/OS-II操作系统的应用时,对于中断等临界段代码(即处理时不可分割的代码)都需要进行这样的保护。

③ 打开主文件main.c会发现,在这个文件中多了一个键盘任务KeyboardTask,并且在函数Target_Start()添加了创建信号量、创建邮箱等一系列与键盘相关的内容,而且之前的CoursorTask任务也多了获得按键值的功能。

键盘是第3章提到的主动式硬件的典型代表,分析以上这些不同之处,学会如何将此类硬件的驱动加入到应用中。

3) 编译链接程序

选中全部文件编译链接,如果没有问题则会输出如图4-4所示信息,否则根据输出的错误及警告提示信息对程序进行修改。

4) 跟踪调试程序

(1) 进入AXD调试状态。

(2) 运行至main()函数处。

(3) 在键盘中断处理函数处加入断点,如图4-12所示。

```
22  * modify:
23  * comment:
24  ***************************************************
25  void __irq keyboard_int(void)
26  {
27      INT8U err;
28      OSIntEnter();                      //关中断进入I
29      rINTMSK |= BIT_EINT2;              // 禁止 EINT2
30      rI_ISPC = BIT_EINT2;               //清EINT2中断
31      OSSemPost(f_Key);                  //发送键盘中断
32      OSIntExit();                       //开中断退出I
33  }
34
35  /**************************************************
```

图4-12 中断函数断点

(4) 在键盘任务处加入断点,如图4-13所示。

```
82  }
83  /*************************************************
84  - 任务名称 : KeyboardTask
85  - 任务说明 : 键值获取任务, 获得键值并将其发送给其他任务
86  - 输入参数 : 当有按键按下时激活该任务
87  - 输出参数 : 将获得的按键值放入邮箱发送给其他等待该消息的任务
88  *************************************************/
89  void KeyboardTask(void* pdata)
90  {
91      S8 ucChar;
92      INT8U err;
93
94      Uart_Printf(0,"*===      keyboardTask Start     ===*\n");
95      rINTMSK = rINTMSK & (~(BIT_GLOBAL|BIT_EINT2|BIT_IIC));
96
97      while(1)
98      {
99          OSSemPend(f_Key,0,&err);               //等待按键信号量
100         Uart_Printf(0,"*===keyboardRecieve===*\n");
101         rINTMSK &= (~(BIT_GLOBAL|BIT_EINT2|BIT_IIC));
102         keyboard_read(0x70, 0x1, &ucChar);     //发起IIC读过程
103         /*  将键盘中前14个按键值转换成ASCII码, 之后的转换为从零开始的 */
104         ucChar = key_set(ucChar);
105         if(ucChar!=0xFE)
106         {
107             if(ucChar<14)
108             {
109                 ucChar += 0x61;
```

图4-13 键盘任务断点

(5) 在串口通信任务处加上断点，如图 4-14 所示。

(6) 运行程序，观察 PC 会首先停在所加的哪个断点处。

(7) 分别进入断点处的系统函数内部，单步运行程序，观察系统函数的运行过程。

(8) 按下键盘上的任意键，运行程序，观察 PC 会停在所加的哪个断点处。

(9) 再次分别进入断点处的系统函数内部，单步运行程序，观察系统函数的运行过程与之前的是否一致。

(10) 去掉所有断点，全速运行程序，观察在超级终端中输出的调试信息。

```
116 }
117 /*******************************************************
118 - 任务名称 : CoursorTask
119 - 任务说明 : 光标闪烁任务, LED每50个时钟节拍改变一次状态
120 - 输入参数 : *pdata
121 - 输出参数 : 无
122 *******************************************************/
123 void CoursorTask(void* pdata)
124 {
125 
126     S8 ucChar = 0;
127     INT8U err = 0;
128 
129     LED1_OFF;
130     LED2_OFF;
131     Uart_Printf(0,"please input any key!\n");
132     while(1)
133     {
134         LED1_OFF;
135         LED2_ON;
136         ucChar = *(S8 *)OSMboxPend(key_value,0,&err);        //等待获得
137         Uart_Printf(0,"press key: -- %x -- \n",ucChar);
138         LED1_ON;
139         LED2_OFF;
140 
141     }
142 }
143 
```

图 4-14　闪烁任务断点

6. 实验参考程序

1) 主文件 main.c

```
#include "includes.h"
#define LED1_OFF       rPDATF |= 0xFF;
#define LED2_OFF       rPDATB |= 0xFF;
#define LED1_ON        rPDATF &= (~(0x1<<3 | 0x1<<4));
#define LED2_ON        rPDATB &= (~(0x1<<4 | 0x1<<5));
#define TASKSTACKSIZE 200
#define MAXTASKSTACKSIZE 1024
#define MINTASKSTACKSIZE 100
OS_STK TaskStk1[TASKSTACKSIZE];
OS_STK TaskStk2[MINTASKSTACKSIZE];
OS_STK TaskStk3[MAXTASKSTACKSIZE];
OS_EVENT *f_Key;                          //声明用于信号量的事件型变量
OS_EVENT *key_value;                      //声明用于消息邮箱的事件型变量
/*********************************************************
- 函数名称：Target_init
```

```
- 函数说明：初始化目标板的基本硬件
- 输入参数：无
- 输出参数：无
****************************************************/
void Target_Init(void)
{
    ⋮
}
/****************************************************
- 函数名称：Timer_init
- 函数说明：初始化节拍时钟
- 输入参数：无
- 输出参数：无
****************************************************/
void Timer_init(void)
{
    ⋮
}
/****************************************************
- 函数名称：Target_Start
- 函数说明：初始化目标板,开始任务
- 输入参数：无
- 输出参数：无
****************************************************/
void Target_Start(void)
{
    f_Key = OSSemCreate(0);                          //创建一个信号量
    key_value = OSMboxCreate((void *)0);             //创建消息邮箱
    keyboard_init();

    Timer_init();
    Uart_Printf(1," * ===        OS Success Start        === * \n");
    Uart_Printf(1," * ===        OS Version: %d           === * \n",OSVersion());
    rINTMSK &= ~(BIT_TIMER0|BIT_GLOBAL|BIT_EINT2|BIT_EINT0);  //使能键盘中断和定时器中断
}
/****************************************************
- 任务名称：KeyboardTask
- 任务说明：键值获取任务,获得键值并将其发送给其他任务。当有按键按下时激活该任务
- 输入参数：* pdata
- 输出参数：无
****************************************************/
void KeyboardTask(void * pdata)
{
    S8 ucChar;
    INT8U err;

    Uart_Printf(0," * = = =        keyboardTask Start        = = = * \n");
    rINTMSK = rINTMSK & (~(BIT_GLOBAL|BIT_EINT2|BIT_IIC));

    while(1)
    {
```

```
        OSSemPend(f_Key,0,&err);                                  //等待按键信号量
        Uart_Printf(0,"*===keyboardRecieve===*\n");
        rINTMSK &= (~(BIT_GLOBAL|BIT_EINT2|BIT_IIC));
        keyboard_read(0x70, 0x1, &ucChar);                        //发起 I²C 读过程
        /*  将键盘中前 14 个按键值转换成 ASCII 码,之后的转换为从零开始 */
        ucChar = key_set(ucChar);
        if(ucChar!= 0xFE)
        {
            if(ucChar<14)
            {
                ucChar += 0x61;
            }
            else
                ucChar -= 14;
            Uart_Printf(0,"press key: -- %x --\n",ucChar)
            OSMboxPost(key_value,(void *)&ucChar);             //将转换完的键值放入消息邮箱中
        }
    }
}
/***********************************************************
- 任务名称:CoursorTask
- 任务说明:光标闪烁任务,每 50 个时钟节拍 LED 改变一次状态
- 输入参数:*pdata
- 输出参数:无
***********************************************************/
void CoursorTask(void* pdata)
{
    S8 ucChar = 0;
    INT8U err = 0;
    Uart_Printf(0,"please input any key! \n");
    while(1)
    {
        LED1_OFF;
        LED2_ON;
        OSTimeDly(50);
        ucChar = *(S8 *)OSMboxPend(key_value,0,&err);         //等待获得消息
        Uart_Printf(0,"press key: -- %x --\n",ucChar);        //将获得的消息打印到 PC 机上
        LED1_ON;
        LED2_OFF;
        OSTimeDly(50);
    }
}
/***********************************************************
- 任务名称:InitTask
- 任务说明:初始化闪烁任务,创建用户任务,启动节拍时钟
- 输入参数:*pdata
- 输出参数:无
***********************************************************/
void InitTask(void* pdata)
```

```
{
    char Id2 = '2';
    char Id3 = '3';
    OSTaskCreate(CoursorTask,&Id2,&TaskStk2[MINTASKSTACKSIZE - 1],8);
    OSTaskCreate(KeyboardTask,&Id3,&TaskStk3[TASKSTACKSIZE - 1],7);    //创建键盘任务
    Target_Start();
    OSTaskDel(OS_PRIO_SELF);
}
/*************************************************************
- 函数名称：Main
- 函数说明：主函数,初始化目标硬件和操作系统
- 输入参数：无
- 输出参数：无
*************************************************************/
void Main(void)
{
    char Id1 = '1';
    Target_Init();
    Uart_Printf(0,"\r\n 开始测试键盘打印测试程序  \n");
    OSInit();
    OSTaskCreate(InitTask,&Id1,&TaskStk1[TASKSTACKSIZE - 1],4);
    OSStart();
}
```

2) 键盘程序源文件 Keyboard.c 中与无操作系统不同的部分

```
/* ---------------------------- 全局变量 ---------------------------- */
extern OS_EVENT *f_Key;
/*************************************************************
* 函数名称：keyboard_int
* 函数功能：键盘中断服务程序
* 参    数：无
* 返 回 值：无
*************************************************************/
void __irq keyboard_int(void)
{
    INT8U err;
    OSIntEnter();                         //关中断进入临界代码区
    rINTMSK |= BIT_EINT2;                 //禁止 EINT2 中断
    rI_ISPC = BIT_EINT2;                  //清 EINT2 中断
    OSSemPost(f_Key);                     //发送键盘中断产生的信号量
    OSIntExit();                          //开中断,退出临界代码区
}
```

7. 练习题

(1) 分析在跟踪调试过程中没有发生按键动作之前的断点执行顺序的原因,试更改该顺序。

(2) 尝试在本实验中添加一个可以让 LED 周期闪烁的任务。

4.5 μC/OS-II复杂应用实验

1. 实验目的

(1) 综合应用本章介绍的μC/OS-II相关知识。

(2) 进一步掌握驱动程序的添加方法。

(3) 熟练应用任务间同步和通信的系统函数。

(4) 实现一个简单的电子词典功能。

2. 实验设备

(1) 硬件：Start S3C44B0X实验平台，Multi-ICE仿真器，PC机。

(2) 软件：ADS1.2集成开发环境，Windows 98/2000/NT/XP。

3. 实验内容

基于之前的程序，添加LCD的驱动程序，添加中英文字库和图形用户接口函数库。

(1) 使用根任务创建按键值获取任务和翻译任务。

(2) 按键值获取任务负责在按键按下后获取按键值，并将其转换为相应的ASCII码或功能键。

(3) 翻译任务负责把显示的英文单词译成中文。

4. 实验原理

要设计一个好的实时系统，核心工作就是如何将要解决的问题划分成多个任务，并使其能够协调一致地工作。本节以电子词典为例，将本章的内容进行综合应用。关于电子词典系统实验功能详见3.11节的实验原理部分。

电子词典是一个典型的由外部输入驱动的开环系统，由键盘输入信息，处理器根据输入的信息在LCD显示屏上显示相应内容，显示完成之后系统进入空闲状态等待下一次输入。根据这一处理器过程，将电子词典应用分为两个主任务——处理任务和键盘任务。

1) 任务功能描述

在电子词典设计中，键盘任务负责采集输入信号，并将其转换为键值告知主处理任务。主处理任务负责根据读到的键值启动相应功能。

2) 任务的优先级分配

系统中的优先级分配按照最经常发生的优先级最高这一原则进行分配，具体分配如下：

- 优先级0～3：分配优先级时将最高的4个优先级留给系统用户；
- 优先级5：主处理任务优先级最高，为5级；
- 优先级6：键盘的优先级为6级；
- 最低优先级－1：系统统计任务(可选)；
- 最低优先级：系统空闲任务。

3) 任务间同步与通信的规则

需要传递消息的任务是键盘与主执行任务，因此使用一个消息邮箱即可。由于任务间不存在共享互斥资源的问题，所以不需要进行任务间的同步。

键盘事件由外界事件触发,在驱动程序的设计遵循中断中处理的时间尽量短,将更多的事情交给任务去完成这一原则。驱动程序的中断只用来启动相应任务,由任务来调用驱动程序中的具体处理程序。这里分别使用两个不同的信号量来定义键盘事件和触摸屏事件。

5. 实验操作步骤

1) 准备实验环境

(1) 使用仿真器连接实验板的 JATG 接口和 PC 机的 25 针并口。

(2) 使用串口线连接实验板和 PC 机的串口。

(3) 打开 4.3 节中建立的超级终端。

2) 打开实验例程

(1) 复制光盘中 1_Experiment\chapter_4 路径下的 4.5_ucos_edict 文件夹到本地硬盘。其中工程代码结构如图 4-15 所示。

(2) 该工程在前一个应用的基础上添加了如下文件夹:

➢ GUI 文件夹:包括 LCD 驱动、英汉字库和所有的图形用户接口函数。该文件夹的内容与之前无操作系统下的内容相同,同时把将要用到的头文件加入 includes.h 中。加入过程与 4.3 节中介绍的驱动文件加入过程一致。

➢ app 文件夹:包括一个简单的词库文件(dict.h)和应用程序组成的源文件。这是由于应用变得更加复杂,致使主文件中需要完成内容变多了。为了使程序结构不至于混乱不清,将主程序中用到的所有函数提取出来独立形成一个文件,另外将主程序中用到的常量也独立定义,从而形成 application.c 和 application.h 这两个文件。

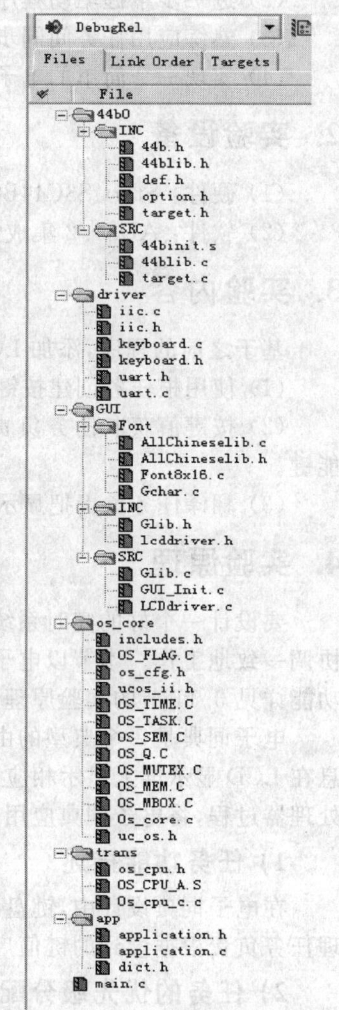

图 4-15 复杂应用实验的代码结构

(3) 该工程在前一个应用的基础上更改了以下内容:

➢ 程序结构:该文件中只包含一个函数,即主函数 main(),其余均为用户创建的任务。这是因为随着应用复杂度的提高,在程序主体中涉及的函数的数量也会同步提高。为了使程序结构简单清晰,在这里将所有函数提取出来组织成一个独立的 application.c 文件,同时将主文件中用到的常量定义及函数声明也提取出来组织成 application.h。

➢ 任务栈声明:在具体的应用中,通常不同的任务所使用的栈的大小也不尽相同。该工程中翻译任务 ExecutTask 的程序负载度要远大于其余两个任务,为了满足 ExecutTask 的栈空间需要,同时为了减少对系统存储资源的浪费,在这里定义了大小不同的 4 个栈。

```
⋮
OS_STK TaskStk1[TASKSTACKSIZE];
OS_STK TaskStk2[MINTASKSTACKSIZE];
OS_STK TaskStk3[MAXTASKSTACKSIZE];
OS_STK TaskStk4[TASKSTACKSIZE];
⋮
```

- 更改任务：CoursorTask 仍然提供 LED 闪烁功能，作为系统开始正常运行的提示。
- 添加任务：添加了翻译任务 ExecutTask。该任务负责接收键盘任务 KBRecieveTask 发送的消息，将接收到的字母显示在恰当的位置，并根据输入要求作出正确的动作响应。在这个任务中用到 4.4 节 CoursorTask 任务中用过的 OSSemPend 系统函数来接收 KBRecieveTask 任务发来的消息。

3) 编译链接程序

选中全部文件进行编译链接，如果没有问题则会输出如图 4-4 所示信息，否则根据输出的错误及警告提示信息对程序进行修改。

4) 观察实验结果

(1) 进入 AXD 调试状态。

(2) 运行至 main()函数处后全速运行程序。

(3) 在 LCD 屏幕上显示如图 4-16 所示界面，同时在 PC 机的超级终端上会打印出“开始测试”和“请按键”等用户添加的提示语句。

(4) 按下键盘上的任意字母键，该屏蔽一次最多只显示 6 个单词，如输入字母 a，则显示词库中的以字母 a 开头的 5 个单词，还会显示一个以字母 b 开头的单词，如图 4-17 所示。按上下键可以在这 6 个单词中进行选择，将单词下的光标移动到要选的单词后按 Enter 键。

图 4-16　LCD 屏幕显示

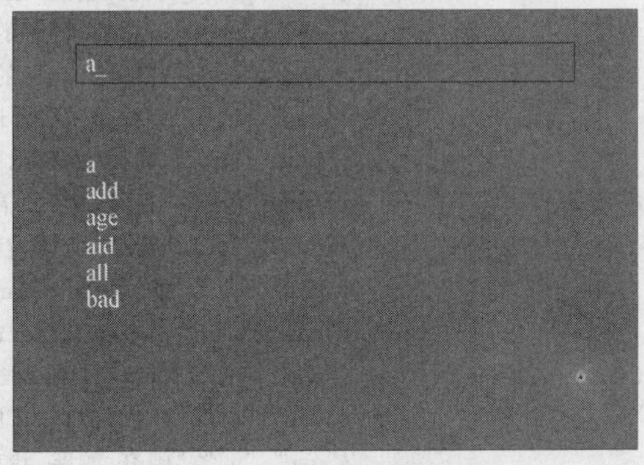

图 4-17　显示 6 个单词

(5) 单词翻译的结果显示如图 4-18 所示，按下退出键回到图 4-16 所示界面。

(6) 如果输入单词在 dict.h 文件中没有定义，则会显示如图 4-19 所示界面，按下退出键回到图 4-16 所示界面。

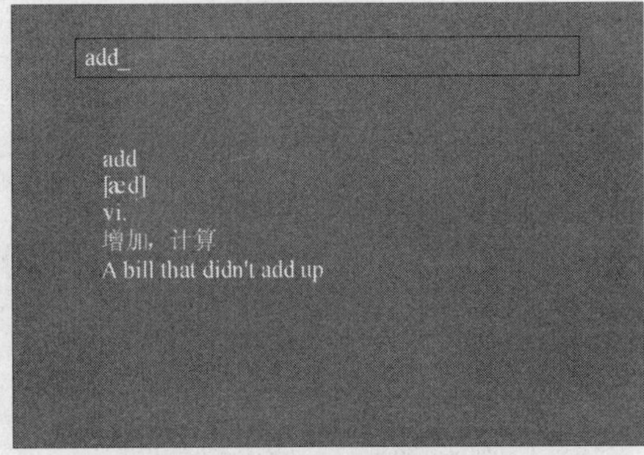

图 4-18　翻译结果

图 4-19　输入错误单词

6. 实验参考程序

1) 词库文件 dict. h

```
#ifndef __DICT_H__
#define __DICT_H__
//定义字典内容
typedef struct{
    char c[20];
    char d[10];
    char e[20];
    char f[50];
} str_word;
str_word vocab[16] = {
                {"a","indef.art","不定冠词","A bit more rest"},
                {"add","v.","增加,计算","A bill that didn't add up."},
                {"age","n.","年龄,时代","The age of adolescence."},
                {"aid","v.","救援,资助,援助","I aided him in his enterprise."},
                {"all","adj.","总的,各种的","Got into all manner of trouble.",},
                {"bad","adj.","坏的,有害的","Bad habits."},
                {"bag","n.","手提包","A field bag."},
                {"balk","v.","障碍,妨碍","The horse balked at the jump."},
                {"beam","n.","光线,梁"," A beam of light."},
                {"call","v.","命令,通话,召集","Called me at nine."},
                {"can","v.","能,可以","Can you remember the war?"},
                {"cable","n.","电缆","Aerial cable"},
                {"dad","n.","爸爸","Mike is Tom's dad."},
                {"die","v.","死亡,消逝","Rabbits were dying off in that county."},
                {"gad","v.","闲逛,游荡,找乐子","Gad toward town."},
                {"label","vt.","标注,分类","The bottle is labelled Poison."}
};
#endif
```

2) 主文件 main. c

```
#include "includes.h"
OS_STK TaskStk1[TASKSTACKSIZE];
OS_STK TaskStk2[MINTASKSTACKSIZE];
OS_STK TaskStk3[MAXTASKSTACKSIZE];
OS_STK TaskStk4[TASKSTACKSIZE];
extern GUI_RECT English_area;
extern GUI_RECT Chinese_area;
extern OS_EVENT *f_Key;
extern OS_EVENT *key_value;
/**************************************************************************
- 任务名称:KBRecive Task
```

```
- 任务说明：键值获取任务,获得键值并将其发送给其他任务
- 输入参数：* pdata
- 输出参数：无
*****************************************************************/
void KBRecieveTask(void * pdata)
{
    S8 ucChar;
    INT8U err;
    Uart_Printf(0," * ===       keyboardTask Start        ===* \n");
    rINTMSK = rINTMSK & (~(BIT_GLOBAL|BIT_EINT2|BIT_IIC));
    while(1)
    {
        OSSemPend(f_Key,0,&err);
        Uart_Printf(0," * ===keyboardRecieve===* \n");
        rINTMSK &= (~(BIT_GLOBAL|BIT_EINT2|BIT_IIC));
        keyboard_read(0x70, 0x1, &ucChar);
        ucChar = key_set(ucChar);
        if(ucChar! = 0xFE)
        {
            if(ucChar<14)
            {
                ucChar + = 0x61;
            }
            else
            ucChar - = 14;
            Uart_Printf(0,"press key: - -  %x - - \n",ucChar);
            OSMboxPost(key_value,(void * )&ucChar);
        }
    }
}
/*****************************************************************
- 任务名称：ExecutTask
- 任务说明：翻译任务,该任务在收到按键值时激活,根据按键值完成相应动作
- 输入参数：* pdata
- 输出参数：无
*****************************************************************/
void ExecutTask(void * pdata)
{
    INT8U err;
    INT8U t = 0;                  //表示当前显示到第几个字符
    INT8U Count_line = 0;         //选择的行数
    INT8U i = 0;                  //临时变量
    INT8U old = 0;                //记忆的单词标号
    INT8U f_LineD = 0;            //列表开始的单词序号
    INT8U f_Word = TRUE;          //表示当前是否激活单词输入区。true为激活单词区,false为
```

```
                                    //激活输入区
    INT8S word[20] = "";            //保存当前输入的单词
    INT8S oldword[MAX_OLD][20];     //保存之前查询过的单词
    INT8S ucChar = 0;
    for(i = 0;i<MAX_OLD;i++)
    oldword[i][0] = '\0';
    while(1)
    {
        ucChar = *(S8 *)OSMboxPend(key_value,0,&err);
        /********************** 输入是字母键时的相应处理 *****************/
        if(ucChar > 0x60)
        {
            if((t == 0)||(t>19))          //当字母显示区为满或者空的时候刷新屏幕
            {
                t = 0;
                word_clear();
                Trans_Clear();
            }
            *((&ucChar) + 1) = '_';
            *((&ucChar) + 2) = '\0';
            Disp_String (&ucChar,(8 * t + English_area.x0 + 5),English_area.y0 + 2);
            word[t++] = ucChar;
            f_LineD = Word_List(word);    //显示单词列表
        }
        /*********************输入是功能按键时的相应处理*****************/
        else
        {
            switch(ucChar)
            {
                /************************退格功能***********************/
                case BACKSPACE:
                word[t] = '\0';
                word[--t] = '_';
                word_clear();
                Trans_Clear();
                Disp_String (word,English_area.x0 + 5,English_area.y0 + 2);
                f_LineD = Word_List(word);
                f_Word = TRUE;
                Count_line = 0;
                break;
                /************************查找上一个翻译的单词***********/
                case PAGEUP:
                word_clear();
                Trans_Clear();
                if(old == 0)
```

```
old = MAX_OLD;
strcpy(word ,oldword[ - - old]);
Disp_String (word,English_area.x0 + 5,English_area.y0 + 2);
f_LineD = Word_List(word);
f_Word = TRUE;
t = strlen(word);
break;
/**********************上一行功能************************/
case LINEUP:
if(t! = 0)
{
    if(Count_line!  = 0)
    Count_line - - ;
    LineMove(Count_line,UP);
    f_Word = FALSE;
}
break;
/**********************翻译功能***********************/
case ENTER:
word[t + 1] = '\0';
translate(word,f_Word,(f_LineD + Count_line - 1));
if (old == MAX_OLD)
old = 0;
strcpy(oldword[old ++ ],word);
f_LineD = 0;
Count_line = 0;
f_Word = TRUE;
for(;t>0; - - t)
word[t] = 0;
break;
/**********************下一行功能*********************/
case LINEDOWN:
if(t! = 0)
{
    if(Count_line < (ALL_WNo - f_LineD))
    Count_line ++ ;
    LineMove(Count_line,DOWN);
    f_Word = FALSE;
}
break;
/**********************下翻单词**********************/
case PAGEDOWN:
word_clear();
Trans_Clear();
if(old == MAX_OLD)
```

```
                old = 0;
                strcpy(word ,oldword[old ++ ]);
                Disp_String (word,English_area.x0 + 5,English_area.y0 + 2);
                f_LineD = Word_List(word);
                f_Word = TRUE;
                t = strlen(word);
                break;
                /**********************输入错误处理**********************/
                default:Uart_Printf (0,"error   %d",ucChar);
                break;
            }
        }
    }
}
/*******************************************************************
- 任务名称:CoursorTask
- 任务说明:光标闪烁任务,LED每50个时钟节拍改变一次状态
- 输入参数:*pdata
- 输出参数:无
*******************************************************************/
void CoursorTask(void * pdata)
{
    LED1_OFF;
    LED2_OFF;
    while(1)
    {
        LED1_OFF;
        LED2_ON;
        OSTimeDly(50);
        LED1_ON;
        LED2_OFF;
        OSTimeDly(50);
    }
}
/*******************************************************************
- 任务名称:InitTask
- 任务说明:初始化闪烁任务,创建用户任务,启动节拍时钟
- 输入参数:*pdata
- 输出参数:无
*******************************************************************/
void InitTask(void * pdata)
{
    char Id2 = '2';
    char Id3 = '3';
    char Id4 = '4';
```

```
    OSTaskCreate(CoursorTask,&Id2,&TaskStk2[MINTASKSTACKSIZE - 1],4);
    OSTaskCreate(ExecutTask,&Id3,&TaskStk3[MAXTASKSTACKSIZE - 1],5);
    OSTaskCreate(KBRecieveTask,&Id4,&TaskStk4[TASKSTACKSIZE - 1],6);
    Target_Start();
    OSTaskDel(OS_PRIO_SELF);
}
/**************************************************************
- 函数名称：main
- 函数说明：主函数,初始化目标硬件和操作系统
- 输入参数：无
- 输出参数：无
**************************************************************/
void main(void)
{
    char Id1 = '1';
    Target_Init();
    Uart_Printf(0,"start test \n");
    OSInit();
    OSTaskCreate(InitTask,&Id1,&TaskStk1[TASKSTACKSIZE - 1],4);
    OSStart();
}
/**************************** 结束文件 ************************/
```

7. 练习题

将本项目扩展为带触摸屏输入的电子词典,在触摸屏上划分出6个区域,分别对应键盘上的6个功能键。重新将LCD屏幕进行如图3-98所示的划分。

第 5 章　基于 μCLinux 嵌入式开发基础实验

5.1　μCLinux 实验环境建立实验

1. 实验目的

(1) 了解 μCLinux 实验环境的搭建。
(2) 了解 μCLinux 的源码架构。
(3) 掌握将 μCLinux 内核移植到 ARM7 处理器上的方法和步骤。
(4) 掌握 μCLinux 的编译运行方法。

2. 实验设备

(1) 硬件：Start S3C44B0X 实验平台，ARM Multi-ICE 仿真器，PC 机，仿真器电缆，串口电缆；

(2) 软件：Cygwin Unix 模拟平台，μCLinux 交叉编译工具链，Windows 98/2000/NT/XP 操作系统。

3. 实验内容

(1) 搭建 μCLinux 的开发环境。
(2) 安装 μCLinux 内核源码和交叉编译工具链。
(3) 移植 Blob。
(4) 移植 μCLinux。
(5) 配置编译运行 μCLinux。

4. 实验操作步骤

1) 构建 μCLinux 开发环境和安装 Cygwin

Cygwin 可以从其网站 http://www.cygwin.com 上下载并安装最新版本，也可以直接使用本书附带光盘中 1_Experiment\chapter_5\tool\Cygwin 路径下的 Cygwin1.5.1.rar 文件。

(1) 运行 Cygwin 安装程序 setup.exe，在打开的界面中选择 Install from Local Directory，然后选择“下一步”，如图 5-1 所示。

(2) 选择 Cygwin 的安装目录。注意 Cygwin 的安装目录必须位于硬盘 NTFS 分区，否则会影响文件属性和权限操作，导致错误的结果。选择 Unix 文本文件类型，然后选择“下一步”，如图 5-2 所示。

(3) 选择 Cygwin 安装程序包所在的本地目录，然后选择“下一步”，如图 5-3 所示。

(4) 选择安装项目。单击图 5-4 左侧 Category 栏的 Default，可以调整该项目的安装设置，可选择全部安装。开发 μCLinux 必须选择全部安装以下项目：

Admin——包括启动服务 cygrunsrv 等工具，NFS 启动必备；

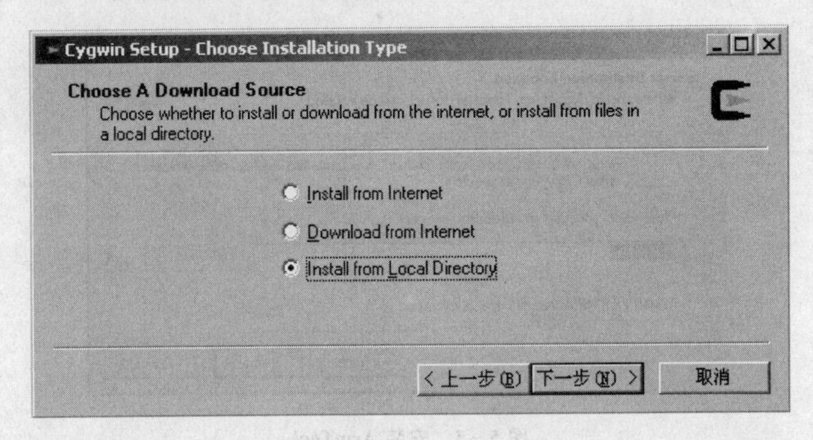

图 5-1　Cygwin 安装

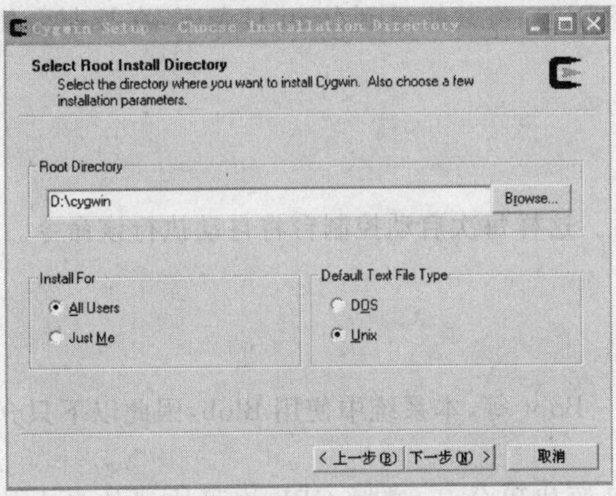

图 5-2　选择 Cygwin 安装目录

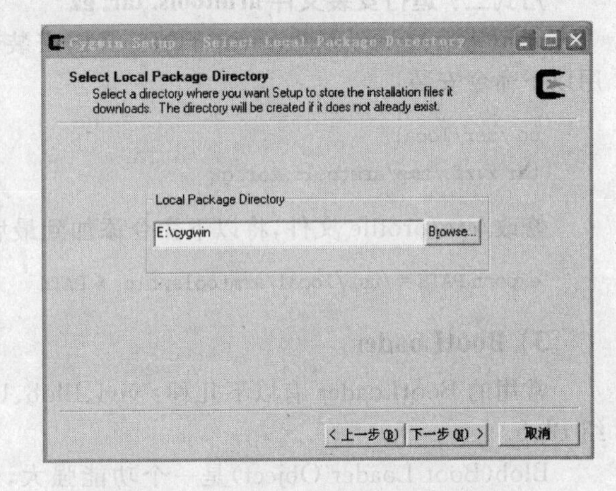

图 5-3　选择下载软件包存放目录

Archive——压缩解压工具集；

Base——基本的 Linux 工具集；

Devel——开发工具集，包括 gcc、make 等开发工具；

Libs——函数库；

Net——网络工具集；

Shells——常用 Shell 工具集；

Utils——包括 bzip2 等实用工具集。

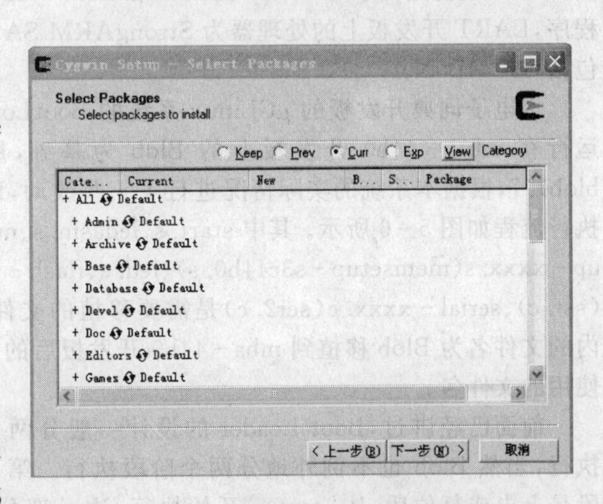

图 5-4　选择 Cygwin 的安装项目

2) 建立交叉编译环境

方式一：运行安装文件 ArmTool. exe

双击 ArmTool. exe 直接安装该文件，安装过程中需要进行安装路径选择，如图 5-5 所示。

在图 5-5 中单击 Browse 选择 Cygwin 的安装目录，安装时会弹出 Cygwin 目录已存在，是否要安装文件夹的提示对话框，单击“是”，软件自动将工具链安装 Cygwin/usr/loca/armtools 目录。

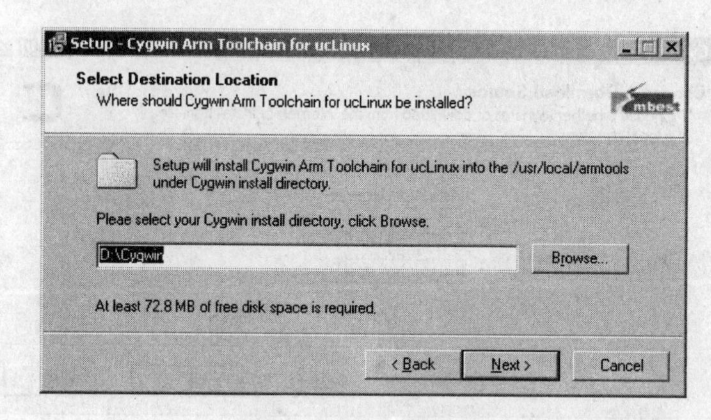

图 5-5 安装 ArmTool

方式二：运行安装文件 armtools. tar. gz

armtools. tar. gz 是 Cygwin 下的工具链安装解压包，将其拷贝到/tmp 目录下，在控制台使用以下命令安装：

```
cd /usr/local/
tar xvzf /tmp/armtools.tar.gz
```

修改/etc/profile 文件，将以下命令添加到最后。这样每次启动控制台将自动执行该命令。

```
export PATH = /usr/local/armtools/bin: $ PATH
```

3) BootLoader

常用的 BootLoader 有以下几种：vivi、Blob、U-Boot 等，本系统中使用 Blob，因此以下只介绍 Blob。

Blob(Boot Loader Object)是一个功能强大，且源代码公开，遵循 GPL 许可协议的自由软件。Blob 最初是由 Jan-Derk Bakker 和 Erik Mouw 为 LART 开发板编写的 Linux BootLoader 程序，LART 开发板上的处理器为 StrongARM SA-1100，后来 Blob 被移植到其他的处理器上，包括 S3C44B0X。

本电子词典开发板的 μCLinux 系统的 BootLoader 以运行在 mba-44b0 开发板上的 Blob 为基础，版本为 blob1.7，根据本系统的实际情况进行了一些改动，Blob 的执行流程如图 5-6 所示。其中 start. s、ledasm. s、memsetup-xxxx. s(memsetup-s3c44b0. s)、led. c、flash-xxxx. c(sst. c)、serial-xxxx. c(ser2. c)是需要移植的文件，括号内的文件名为 Blob 移植到 mba-44b0 开发板后的版本所使用的文件名。

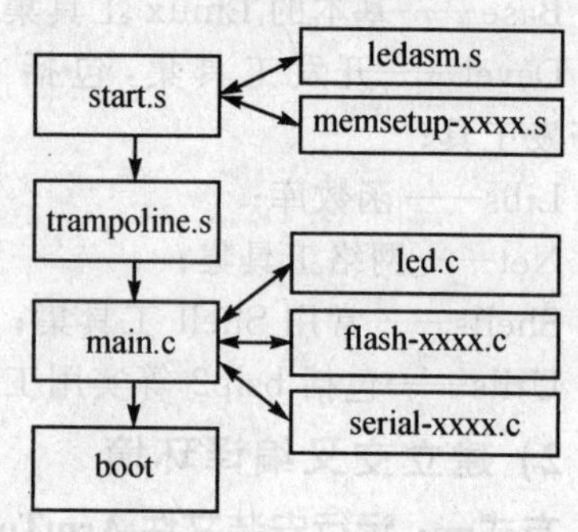

图 5-6 Blob 的执行流程

前面已经讲过，Boot Loader 的设计一般分两个阶段执行，当然 Blob 也不例外地分两个阶段执行。第一个阶段是上电或复位后，从 start. s 开始执行，这一部分代码在 Flash 中执行。start. s 完成以下初始化：

(1) 定义 Cache 非 Cache 地址范围空间；

(2) 初始化 I/O 口和中断控制寄存器；

(3) 初始化系统时钟频率;

(4) 调用 ledini()初始化板上 LED;

(5) 调用 memsetup()初始化存储器;

(6) 复制 Blob 到 SDRAM 中;

(7) 复制二级异常向量表到 SDRAM 中;

(8) 复制完成后,跳到 SDRAM 去执行 Blob 第二阶段代码。

第二阶段在 SDRAM 中执行,执行的第一个文件是 trampoline. s。tramepoline. s 初始化 Blob 的 BSS 段和堆栈,然后进入 main. c 文件,开始执行 main()函数。在 main()函数中,完成以下操作:

(1) 初始 Blob 子系统;

(2) 初始化 Blob 状态,包括 Flash 驱动和串行通信波特率;

(3) 初始化串行口输入/输出;

(4) 分配 SDRAM 存储器空间(存储器空间布局随后介绍);

(5) 从 Flash 中加载操作系内核到 SDRAM 中;

(6) 最后与用户交互,处理 Blob 用户输入命令。

注意:

① 以上的初始化 Blob 状态,包括 Flash 驱动和串行通信波特率;

② 移植到 mba-44b0 的 Blob 是跳过了处理用户命令行输入,直接执行 boot 命令引导启动 μCLinux。

在/blob-1.7/include/arch/目录下,定义了存储器空间的布局,如图 5-7 所示。移植时,根据开发板上的存储器地址和空间大小不同,需要对此文件中的宏定义进行相应修改。

2 MB 的 Flash 空间分别分配给了 Blob、kernel、ramdisk。系统上电后,先执行第一阶段代码,进行相应的初始化后,将 Blob 第二阶段代码复制到 RAM 地址 blob_abs_ base,然后跳转到第二阶段开始执行。

在 SDRAM 的存储器空间分配图中,可以看到有 blob_base 和 blob_abs_base 两部分。blob_abs_base 大家已经知道了,是 Blob 将自身的第二阶段代码复制到 SDRAM 所在的区域,而 blob_base 则是从 Blob 进行自升级或调试的区域。举例说明,假如 Blob 已经能正常运行,但是对于 Flash 的擦写还不能支持得很好,就可以使用已经运行的 Blob,通过串口将新编译好的 Blob 下载到 SDRAM 中进行运行调试。调试通过后,可以通过 Blob 烧写进 Flash,覆盖原来的 Blob 进行升级。这样就不必因为对 Blob 做了一点小的改动就重新烧写 Flash,从而减少了烧写 Flash 的次数。

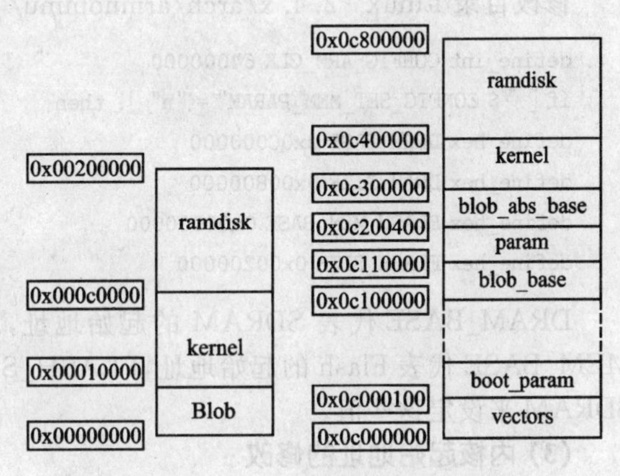

图 5-7 存储器空间的布局

4) 安装源码

首先将光盘中 1_Experiment\chapter_5\source\μClinux Source 路径下的 uClinux-dist-20040408. tar 文件复制到 Cygwin\tmp\目录下,运行 Cygwin,在其命令窗口下解压 μCLinux 源代码包,执行如下命令:

```
cd /usr/local/src
```

```
tar xvzf /tmp/μCLinux-dist-20040408.tar.gz
```

命令执行结束时若提示：

```
tar：Error exit delayed from previous errors
```

则为正常现象，可以忽略。解压完毕后，在/usr/local/src下面会有一个文件夹μCLinux-dist存放源代码，以后的操作均在此目录下进行。

5）源码修改

安装完μCLinux源代码，为了在Start S3C44B0X上运行，需要按照特定的硬件电路板修改源代码。以下就是针对硬件的主要改动部分。

(1) 压缩内核代码起始地址的修改

修改目录Linux-2.4.x/arch/armnommu/boot/下的文件Makefile，添加如下代码：

```
ifeq ($(CONFIG_BOARD_MBA44),y)
ZTEXTADDR = 0x0c300000
ZRELADDR = 0x0c008000
Endif
```

ZTEXTADDR代表内核自解压代码的起始地址，ZRELADDR代表内核解压后代码输出起始地址。

(2) 处理器配置选项的修改

修改目录Linux-2.4.x/arch/armnommu/下文件config.in里的如下代码：

```
define_int CONFIG_ARM_CLK 64000000
if [ "$CONFIG_SET_MEM_PARAM" = "n" ]; then
define_hex DRAM_BASE 0x0C000000
define_hex DRAM_SIZE 0x00800000
define_hex FLASH_MEM_BASE 0x00000000
define_hex FLASH_SIZE 0x00200000
```

DRAM_BASE代表SDRAM的起始地址，DRAM_SIZE代表SDRAM的大小；FLASH_MEM_BASE代表Flash的起始地址，FLASH_SIZE代表Flash的大小。要根据自己的Flash和SDRAM来设定这些值。

(3) 内核起始地址的修改

修改目录Linux-2.4.x/arch/armnommu/下文件Makefile里的如下代码：

```
ifeq ($(CONFIG_BOARD_MBA44),y)
    TEXTADDR = 0x0c008000
    MACHINE = S3C44B0X
    INCDIR = $(MACHINE)
    CORE_FILES := $(CORE_FILES) #romfs.o
    Endif
```

TEXTADDR代表内核起始地址，与image.rom自解压后代码输出起始地址(ZRELADDR)相同。

(4) ROM文件系统的定位修改

如果将内核和文件系统合并为一个image，则要修改目录Linux-2.4.x/drivers/block下文件blkmem.c里的如下代码：

```
#ifdef CONFIG_BOARD_MBA44
extern char romfs_data[];
extern char romfs_data_end[];
#endif
⋮
// added
#ifdef CONFIG_BOARD_MBA44
extern char romfs_data[];
extern char romfs_data_end[];
#endif
#ifdef CONFIG_BOARD_MBA44
//{0,0x00100000,-1},
{0,romfs_data,-1}
#endif
```

romfs_data是文件系统的定位地址，其中引入了romfs_data符号定义，因此，在链接脚本μCLinux-dist\Linux-2.4.x\arch\armnommu\vmlinux-armv.lds.in中必须进行相应修改：

```
⋮
*(.got) /*Global offset table */
romfs_data = .;
romfs.o
romfs_data_end = .;
```

本实验中移植采用μCLinux的文件系统ROM file system，将内核和文件系统合并为一个image，文件系统在启动时被复制到内存中运行。

(5) 定义μCLinux异常中断向量表的起始地址

修改目录Linux-2.4.x/include/asm-armnommu/proc/下的文件system.h，添加如下代码：

```
#ifdef CONFIG_BOARD_MBA44
#undef vectors_base()
/*Bootloader use "add pc,pc,#0x0c000000"*/
//#define vectors_base() (0x0c000000)
#define vectors_base() (DRAM_BASE + 0x08)
#endif
```

vectors_base()定义了μCLinux异常中断向量表的起始地址。μCLinux启动之后，一旦发生中断，处理器会自动跳转到从0x0地址开始的第一级中断向量表中的某个表项，再跳转到从vectors_base()开始的μCLinux异常中断向量表中的某个表项，执行中断服务程序。

(6) 定义CPU体系结构和交叉编译器

修改目录Linux-2.4.x/下文件Makefile里的如下代码：

```
KERNELRELEASE = $(VERSION).$(PATCHLEVEL).$(SUBLEVEL)$(EXTRAVERSION)
ARCH := armnommu
HOSTCFLAGS = -Wall -Wstrict-prototypes -O2 -fomit-frame-pointer
CROSS_COMPILE = arm-elf-
```

ARCH := armnommu定义了CPU的体系结构。S3C44B0X采用的内核为无内存管理单元的ARM7TDMI,因此体系结构定义为armnommu。CROSS_COMPILE=arm-elf-定义了交叉编译器名称,这里采用的交叉编译器为arm-elf-gcc,因此名称定义为arm-elf-。

(7) 初始化节拍定时器

修改文件μCLinux-dist/Linux-2.4.x/include/asm-armnommu/arch-S3C44B0X/time.h。

(8) 修改处理器的起动代码

μCLinux-dist/Linux-2.4.x/arch/armnommu/boot/compressed目录下是Linux对不同处理器的起动代码,需修改head.s、makefile和misic.c。

以上仅为μCLinux启动的最主要的修改。

(9) 其他需修改的文件

μCLinux-dist/Linux-2.4.x/include/asm-armnommu/arch-S3C44B0X/memory.h

μCLinux-dist/Linux-2.4.x/include/asm-armnommu/arch-S3C44B0X/uncompress.c

μCLinux-dist/Linux-2.4.x/arch/armnommu/mm/init.c

μCLinux-dist/user/busybox/busybox.sh

μCLinux-dist/user/sash/sash.c

μCLinux-dist/user/mtd-utils.bak/Makefile

还要根据自己的应用在此基础上增加必要的驱动,这里我们提供了源码修改的补丁文件μCLinux090708.44b0.patch。这个补丁文件位于本书附带光盘μCLinux Source目录下。将补丁文件μCLinux090708.44b0.patch复制到cygwin\tmp目录下,执行命令:

```
cd /usr/local/src/μCLinux-dist
patch -p1 </tmp/μCLinux090708.44b0.patch
```

6) 配置μCLinux

登录到工作目录下,对μCLinux进行配置。

```
cd μCLinux-dist
make xconfig
```

(1) 在弹出的配置窗口中,选择Vendor/Product Selection进入目标平台,单击SnapGear选项,在弹出的下拉菜单选择Samsung→Samsung Products→SmartStart;然后单击Next按钮,在弹出Kernel/Library/Defaults Selection配置界面里选择Linux-2.6.x;选中Customize Kernel Settings、Customize Vendor/User Settings、Update Default Vendor Settings三项左边的单选项"y",对内核及用户程序进行配置,选择Save and Exit返回主菜单。

(2) 在弹出的内核配置窗口中,选择File systems→Network file systems→NFS File system support;File systems→Network file systems→Provide NFSv3 client support,并保存退出。这些配置是为NFS调试做准备的。

(3) 在弹出的用户程序配置窗口中,去掉Network Applications→tftp,选择Network Applications→ftp、ftpd,用于FTP调试;选择BusyBox→ifconfig,用于目标板IP设置;选择BusyBox→tftp、tftp:get、tftp:put,用于TFTP调试;保存退出。

7) 编译μCLinux

配置完成后开始编译μCLinux,在工作目录下依次执行以下命令:

```
make dep
make clean
```

```
make lib_only
make user_only
make romfs
make image
```

准备实验环境，使用实验板附带的串口线连接目标板上的 UART0 和 PC 机的串口，将仿真器的 JTAG 接口与实验板的 JTAG 接口相连，将仿真器的 PARALLEL 接口与 PC 机的并口相连。

用烧写工具软件进行烧写，将 BootLoader（Blob. Start S3C44b0. bin）烧写到 Flash 地址 0x000000～0x00FFFF，将内核映像文件 zImage 烧写到 Flash 地址 0x010000～0x01FFFFF。

8）运行 μCLinux

在 PC 机上运行 Windows 自带的超级终端串口通信程序（波特率 115 200、8 位数据位、无奇偶校验、1 位停止位、无数据流控制），或者使用其他串口通信程序。

启动目标板，运行 μCLinux，启动界面如图 5-8 所示。

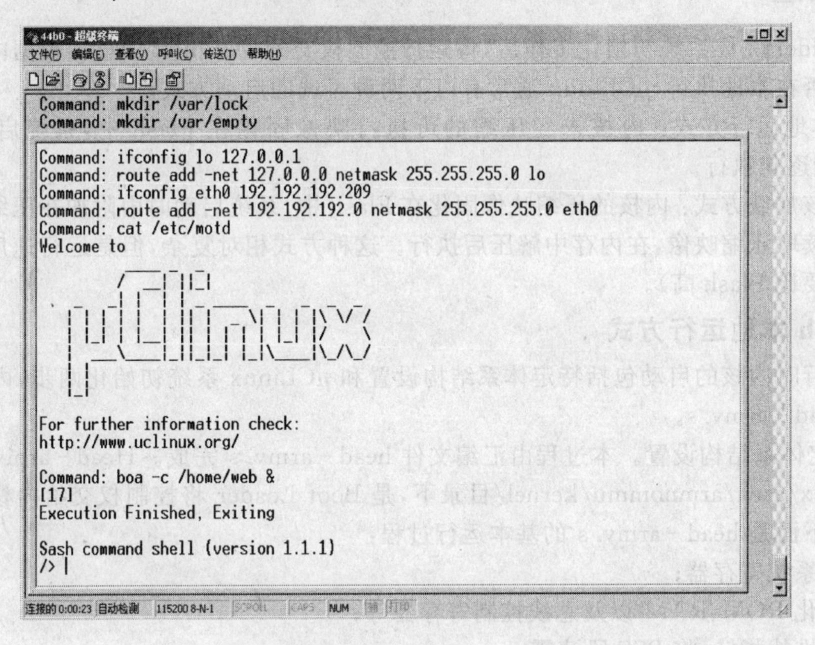

图 5-8　运行 μCLinux 启动界面

5. 练习题

(1) 按照本节的实验步骤搭建 μCLinux 的开发环境。

(2) 理解 Blob 中需要完成的操作。

(3) 阅读 μCLinux 的源码，理解 μCLinux 源码的框架和移植。

5.2　μCLinux 内核实验

1. 实验目的

(1) 通过实验分析 μCLinux 内核的启动过程。

(2) 通过实验了解 μCLinux 内核的调试。

2. 实验设备

(1) 硬件：Start S3C44B0X 实验平台，ARM Multi - ICE 仿真器，PC 机，仿真器电缆，串口电缆。

(2) 软件：Cygwin Unix 模拟平台，μCLinux 交叉编译工具链，Windows 98/2000/NT/XP 操作系统。

3. 实验内容

(1) 理解 μCLinux 内核的 Flash 本地运行方式的启动过程。

(2) 理解 μCLinux 内核的压缩内核加载方式的启动过程。

(3) 编译生成 μCLinux 内核的映像，并使用 AXD 调试。

4. 实验原理

BootLoader 完成系统初始化工作后，将运行控制权交给 μCLinux 内核。根据内核是否压缩以及内核是否在本地执行，μCLinux 通常有以下两种可选的启动方式。

Flash 本地运行方式：内核未经压缩的可执行映像固化在 Flash 中，系统启动时内核在 Flash 中开始逐句执行。

压缩内核加载方式：内核的压缩映像固化在 Flash 中，系统启动时由附加在压缩映像前的解压复制程序读取压缩映像，在内存中解压后执行。这种方式相对复杂，但是运行速度更快(RAM 的存取速率要比 Flash 高)。

1) Flash 本地运行方式

本地运行时内核的启动包括特定体系结构设置和 μCLinux 系统初始化两步，内核启动的入口文件是 head - armv. s。

(1) 特定体系结构设置。本过程由汇编文件 head - armv. s 完成。Head - armv. s 文件位于 Linux - 2. 4. x/arch/armnommu/kernel/目录下，是 Boot Loader 将控制权交给内核后执行的第一个程序。下面是 head - armv. s 的基本运行过程：

① 配置系统寄存器；

② 初始化 ROM、RAM 以及总线控制寄存器等；

③ 设置堆栈指针，将 BSS 段清零；

④ 修改 PC 指针，跳转到 Linux - 2. 4. x/init/main. c 中的 start_kernel 函数，开始 μCLinux 系统的初始化。

(2) μCLinux 系统初始化。程序跳转到 start_kernel 函数执行，在这里主要完成以下工作：

① 初始化处理器结构；

② 初始化中断；

③ 初始化定时器；

④ 初始化进程相关；

⑤ 初始化内存等；

⑥ 初始化 proc 文件系统等；

⑦ 最后内核创建一个 init 线程，在该线程中调用 init 进程，完成系统的启动。

2) 压缩内核加载方式

在压缩内核加载方式中，μCLinux 系统的启动过程可分为以下几个阶段：

(1) PC指向复位地址入口处，即0x0地址处，开始执行BootLoader代码。BootLoader是系统加电之后，操作系统内核或者用户应用程序运行之前所必须执行的一段代码。该代码对一些基本的硬件设备进行初始化，建立内存空间的映射图(有的CPU没有内存映射功能，如44B0)，将系统的软硬件环境带到一个合适的状态，以便为最终调用操作系统内核，运行用户应用程序准备好正确的环境。

(2) BootLoader将控制权交给操作系统内核的引导程序后，开始μCLinux内核的加载。

(3) μCLinux内核加载引导完成，启动init进程，完成系统的引导过程。

当BootLoader将控制权交给内核的引导程序时，第一个执行的文件是head.s，该文件位于μCLinux-dist/Linux-2.4.x/arch/armnommu/boot/compressed/目录下。在此文件中主要完成以下工作：

① 配置S3C44B0X的系统寄存器SYSCFG；

② 初始化系统的Flash、SDRAM以及总线控制寄存器；

③ 重新定义中断优先级以及I/O口的配置；

④ 复制Flash中的内核映像到SDRAM中；

⑤ 系统的存储器重映射；

⑥ 根据链接器参数(_bss_start和_end)，初始化BSS为0；

⑦ 重新设置系统的Cache；

⑧ 执行decompress_kernel函数，解压内核；

⑨ 转入start_kernel函数。

内核函数decompress_kernel位于μCLinux-dist/Linux-2.4.x/arch/armnommu/boot/compressed/目录下的misc.c文件中，该文件提供加载内核所需要的子程序。

内核函数start_kernel位于μCLinux-dist\Linux-2.4.x\init目录下的main.c文件中。该函数完成的功能包括处理器结构的初始化、中断的初始化、定时器的初始化、进程相关的初始化以及内存的初始化等工作。最后内核创建一个init线程，在该线程中调用init进程，完成系统的启动。

5. 实验操作步骤

(1) 按照μCLinux实验环境搭建部分的步骤准备实验环境，并使用实验板附带的串口线连接实验板上的UART0和PC机的串口，将仿真器的JTAG接口与实验板的JTAG接口相连，将仿真器的PARALLEL接口与PC机的并口相连。

(2) 在PC机上运行Windows自带的超级终端串口通信程序(波特率115 200、1位停止位、无校验位、无硬件流控制)，或者使用其他串口通信程序。

(3) 使用仿真器和烧写工具将BootLoader映像文件Blob. Start S3C44b0.bin烧写到Flash地址0x000000～0x00FFFF(如已烧写，跳过该操作)。

(4) 修改内核，如在Linux-2.4.x/init/main.c的start_kernel函数中的mem_init函数前加入一句“printk("This is mem_init............................/n");”。

(5) 在Cygwin中依次执行以下命令，完成μCLinux的编译，生成映像文件。如已经编译过内核，只是修改了start_kernel函数，可直接使用make image编译内核。

```
cd /usr/local/src/μCLinux-dist
make dep
make clean
make lib_only
```

```
make user_only
make romfs
make image
```

(6) 编译出 μCLinux 内核,进入 μCLinux 目录下的 Linux-2.4.x 目录,对 elf 格式的 Linux 文件执行以下命令,生成可执行文件 image.ram。

```
cd /usr/local/src/μCLinux-dist/linux-2.4.x
arm-elf-objcopy -O binary -R.note -R.comment -S linux image.ram
```

(7) 使用 AXD 下载映像 image.ram 到开发板 0x0C008000 的地址空间并运行。

6. 练习题

(1) 分析 μCLinux 的两种启动方式的不同。

(2) 分析编译 μCLinux 所生成的 zmage 格式、ram 格式和 ram 格式映像的不同。

5.3 μCLinux LED 驱动实验

1. 实验目的

(1) 通过实验了解 μCLinux 设备驱动程序的编写。

(2) 通过实验掌握 μCLinux 下简单驱动程序的编写和添加。

2. 实验设备

(1) 硬件:Start S3C44B0X 实验平台,ARM Multi-ICE 仿真器,PC 机,仿真器电缆,串口电缆。

(2) 软件:Cygwin Unix 模拟平台,μCLinux 交叉编译工具链,Windows 98/2000/NT/XP 操作系统。

3. 实验内容

(1) 学习 μCLinux 下编写驱动程序的基本步骤。

(2) 编写 LED 的驱动程序。

(3) 将编写的驱动程序添加到内核。

4. 实验原理

1) μCLinux 设备驱动

μCLinux 设备驱动程序是为特定的硬件提供给用户程序的一组标准化接口,它隐藏了设备工作的细节。用户程序通过标准化系统调用,这些调用与特定的硬件无关,再由 μCLinux 内核调用特定的设备驱动程序来操作和控制特定的实际的硬件设备。

μCLinux 系统的设备分为 3 种类型,分别是字符设备(Charater Device)、块设备(Block Device)和网络接口(Network Interface)。

(1) 字符设备是能够像字节流一样被访问的设备,一般不使用缓存技术。字符设备驱动程序最少应实现 open、close、read 和 write 系统调用。典型的字符设备例子是终端设备(/dev/console)和串口(/dev/ttyS0)。

(2) 块设备是可寻址的以块为单位访问的设备。大多数块设备允许随机访问，并且使用缓存技术，另外块设备必须支持挂接(Mount)文件系统。典型的块设备例子是磁盘驱动器和光盘驱动器。

(3) 网络接口是一个能够与其他主机交换数据的设备，它是 μCLinux 网络系统的一部分。典型的网络接口有网卡和回环接口(Loop Back)。

μCLinux 系统为每一个设备分配一个主设备号和次设备号，主设备号标识设备对应的驱动程序，次设备号标识具体设备的实例。例如一块开发板上有两个串口终端(/dev/ttyS0、/dev/ttyS1)，它们的主设备号都是 4，次设备号分别是 0 和 1。

每一类设备使用的主设备号是独一无二的，大部分常见的设备都静态分配了一部分主设备号，但位于 60～63、120～127 和 240～254 范围内的主设备号保留给本地或实验目的使用，不会有实际设备采用这些设备号。在实验里就采用这些保留的设备号来注册驱动程序。本实验中 LED 采用的设备号是 60。

2) LED 驱动程序设计

根据 μCLinux 下的驱动程序设计规则，首先定义一个 struct unit 的结构，这个结构作为一个 LED 控制器(控制 4 个 LED)的抽象对象。在驱动程序中，对 LED 控制器的访问通过读/写结构对象中的数据来实现。结构定义如下：

```
struct unit {
    struct semaphore lock;
    u32 *PCONC;                /*PCONC 寄存器*/
    u32 *PDATC;                /*PDATC 寄存器*/
    u32 *PCONF;                /*PCONF 寄存器*/
    u32 *PDATF;                /*PDATF 寄存器*/
    u32 *PUPF;                 /*PUPF 寄存器*/
    u32 b;                     /*保存 LED 1 和 LED 2 的值*/
    u32 f;                     /*保存 LED 3 和 LED 4 的值*/
}    ;
```

- lock 为内核使用的信号量，当多个用户程序同时访问同一个 LED 控制器时，使用 lock 来进行同步。
- PCONC 为 I/O 端口 C 的配置寄存器，初始化时使用此寄存器配置 PDATC. 8 和 PDATC. 9 为输出口。
- PDATC 为 I/O 端口 C 的数据寄存器，其中 PDATC8 连接 LED1，PDATC9 连接 LED2。
- PCONF 为 I/O 端口 F 的配置寄存器，初始化时使用此寄存器配置 PDATF3 和 PDATF4 为输出口。
- PDATF 为 I/O 端口 F 的数据寄存器，其中 PDATF4 连接 LED3，PDATF3 连接 LED4。
- PUPF 为 I/O 端口 F 的上拉电阻配置，PDATF3 和 PDATF4 在 Start S3C44B0X 开发板上没有接上拉电阻，因此初始化时要使用 PUPF 禁止这两位的上拉电阻配置。
- b 用于保存 PDATC8 和 PDATC9 的值。
- f 用于保存 PDATF3 和 PDATF4 的值。

根据驱动程序框架，LED 字符设备驱动程序必须实现的函数有 led_open、led_release、led_read 和 led_write，把这些函数分别赋值给 struct file_opeations 结构中对应的成员变量，并注册 struct file_opeations 结构。这样当用户程序打开设备时 led_open 被调用，关闭设备时 led_release被调用,读/写LED状态时led_read和led_write分别被调用。LED设备驱动程序的struct file_opeations结构声明方法如下:

```
struct file_operations led_ops = {
    owner: THIS_MODULE,
    read: led_read,
    write: led_write,
    open: led_open,
    release: led_ release,
};
```

(1) led_open

在用户程序程序打开设备时,led_open把LED控制单元赋值给文件描述符的私用数据,并增加用户打开句柄计数。

```
static int led_open(struct inode * inode,struct file * file)
{
    TRACE("open\n");
    file->private_data = &led_unit;
    MOD_INC_USE_COUNT;
    return 0;
}
```

(2) led_release

当用户关闭设备时,减去用户计数即可。

```
static int led_release(struct inode * inode,struct file * file)
{
    TRACE("release\n");
    MOD_DEC_USE_COUNT;
    return 0;
}
```

(3) led_read

读取LED状态时,先锁定LED控制单元,防止另一进程同一时刻改变LED状态。然后从控制单元获得状态值,并复制到用户缓冲区。完作操作后解锁,并返回读取字节数。

```
static ssize_t led_read(struct file * file,char * buf,size_t count,loff_t * offset)
{
    u8 temp;
    int ret;
    struct unit * unit = (struct unit *)file->private_data;
    TRACE("read\n");
    if(count > 1)
    count = 1;
    LED_LOCK(unit);
    temp = led_get_value(unit);
    ret = copy_to_user(buf,&temp,count) ? -EFAULT : count;
    LED_UNLOCK(unit);
```

```
    return ret;
}
```

(4) led_write

写 LED 状态时，先锁定 LED 控制单元，防止另一进程同一时刻改变 LED 状态。然后从用户缓冲区读取数据并写到控制单元中，同时也改变 LED 亮或灭的状态。完成操作后解锁，并返回写的字节数。

```
static ssize_t led_write(struct file * file,const char * buf,size_t count,loff_t
* offset)
{
    u8 temp;
    int ret;
    struct unit * unit = (struct unit * )file->private_data;
    TRACE("write\n");
    if(count > 1)
    count = 1;
    LED_LOCK(unit);
    ret = copy_from_user(&temp,buf,count) ? -EFAULT : count;
    if(ret)
    led_set_value(unit,temp);
    LED_UNLOCK(unit);
    return ret;
}
```

(5) 模块初始化

当内核启动时，使用 module_init 宏指定驱动程序初始化函数。

```
module_init(led_init_module);
```

在模块初始化时，要进行设备的注册。LED_MAJOR 为主设备号，在系统内是唯一标识设备类型的，在这里定义为先前所描述的保留给本地或实验用途的主设备号。LED_DEVNAME 为设备名称，用户程序使用这个名称来打开设备。Led_ops 为 struct file_operations 结构，内核使用此结构定位驱动程序的操作函数。

```
/* module init */
int __init led_init_module(void)
{
    int res;
    TRACE("init_module\n");
    /* print version information */
    printk(KERN_INFO "%s",version);
    /* register led device */
    res = register_chrdev(LED_MAJOR,LED_DEVNAME,&led_ops);
    if(res < 0) {
        printk("led.o: unable to get major %d for led device.\n",LED_MAJOR);
        return res;
    }
```

```
    /* then call led_init() */
    led_init(&led_unit);
    return 0;
}
```

在模块初始化的同时,也初始化LED控制单元。这里需要做的工作首先是初始化LED控制单元的同步锁,然后初始化I/O配置寄存器和LED初始状态。

```
/* led device init */
static void __init led_init(struct unit * unit)
{
    u32 temp;
    /* init device lock */
    init_MUTEX(&unit->lock);
    /* init io port */
    temp = *unit->PCONC;
    temp &= ~((3 << 18) | (3 << 16));
    temp |= ((1 << 18) | (1 << 16));
    *unit->PCONC = temp;
    temp = *unit->PCONF;
    temp &= ~((3 << 8) | (3 << 6));
    temp |= ((1 << 8) | (1 << 6));
    *unit->PCONF = temp;
    temp = *unit->PUPF;
    temp |= (3 << 3);
    *unit->PUPF = temp;
    /* init data and turn on led */
    led_set_value(unit,0x0f);
    /* delay some time */
    mdelay(100);
    /* turn off led */
    led_set_value(unit,0x00);
}
```

(6) 模块卸载

使用module_exit宏指定驱动程序的卸载函数。模块卸载时,需要注销设备。注销设备使用注册时的主设备号和设备名称。作为嵌入式操作系统的μCLinux不会在运行中动态注销设备,因此驱动模块卸载函数几乎不会被调用,是遵循linux驱动程序编程规范的。

```
/* module cleanup */
void __exit led_cleanup(void)
{
    int res;
    TRACE("cleanup\n");
    /* unregister led device */
    res = unregister_chrdev(LED_MAJOR,LED_DEVNAME);
    if(res < 0)
```

```
printk("led.o: unable to release major %d for led device.\n",LED_MAJOR);
}
```

5. 实验操作步骤

(1) 按照 μCLinux 实验环境搭建部分的步骤准备实验环境，使用实验板附带的串口线将实验板上的 UART0 与 PC 机的串口相连，将仿真器的 JTAG 接口与实验板的 JTAG 接口相连，将仿真器的 PARALLEL 接口与 PC 机的并口相连。

(2) 在 PC 机端运行 Windows 自带的超级终端串口通信程序(波特率 115200、1 位停止位、无校验位、无硬件流控制)，或者使用其他串口通信程序。

(3) 复制光盘中 1_Experiment\chapter_5\driver\5.3_led_driver 路径下的 led 文件夹到\usr\local\src\μCLinux-dist\Linux-2.4.x/drivers 目录下。

(4) 修改/μCLinux-dist/Linux-2.4.x/drivers/makefile 文件，在 makefile 中添加如下加粗代码。

```
# 15 Sep 2000,Christoph Hellwig <hch@infradead.org>
# Rewritten to use lists instead of if-statements.
#
mod-subdirs := dio hil mtd sbus video macintosh usb input telephony ide \
message/i2o message/fusion scsi md ieee1394 pnp isdn atm \
fc4 net/hamradio i2c acpi bluetooth usb/gadget
subdir-y := parport char block net sound misc media cdrom hotplug
subdir-y += led
subdir-m := $(subdir-y)
```

(5) 修改/μCLinux-dist/Linux-2.4.x/makefile 文件，在“DRIVERS-y :=”之后，添加如下加粗代码，这样在链接 μCLinux 内核映像文件时，能把 led.o 链接进去。

```
DRIVERS-n :=
DRIVERS-y :=
DRIVERS-m :=
DRIVERS- :=
DRIVERS-$(CONFIG_ACPI_BOOT) += drivers/acpi/acpi.o
DRIVERS-$(CONFIG_PARPORT) += drivers/parport/driver.o
DRIVERS-y += drivers/char/char.o \
drivers/block/block.o \
drivers/misc/misc.o \
drivers/net/net.o
DRIVERS-y += drivers/led/led.o
```

(6) 修改/μCLinux-dist/vendors/samsung/smart/makefile 文件，在“DRIVERS=”后，添加如下加粗代码“led0,c,60,0”。

```
DEVICES = \
tty,c,5,0 console,c,5,1 cua0,c,5,64 cua1,c,5,65 \
\
led0,c,60,0 \
```

其中 led0 为设备名称，c 代表字符设备，60 为主设置号，最后一个 0 为次设备号。主设备号与驱动程序注册时的主设备号要求一致，否则用户程序用设备文件名称请求打开设备时，内核无法根据主设备号找到对应的设备驱动程序。

(7) 完成以上修改后，重新构造 romfs 和内核映像文件，并烧录到目标开发板的 Flash 上。

6. 实验参考程序

```
/*
 * linux/driver/led/ led.c
 * led driver for Start S3C44B0
 */
#include <linux/module.h>
#include <linux/init.h>
#include <linux/sched.h>
#include <linux/kernel.h>
#include <linux/fs.h>
#include <linux/errno.h>                    // error codes
#include <linux/types.h>                    // size_t
#include <linux/delay.h>                    // mdelay
#include <asm/uaccess.h>
#include <asm/arch-S3C44B0X/s3c44b0x.h>
#undef DEBUG
#ifdef DEBUG
#define TRACE(str,args...) printk("led: " str,## args)
#else
#define TRACE(str,args...)
#endif
#define LED_MAJOR 60
#define LED_DEVNAME "led"
#define GPC_MASK (3 << 8)
#define GPF_MASK (3 << 3)
#define GET_DATA(b,f) ((u8)( ((~b&0x200) >> 9) | ((~b&0x100) >> 6) | ((~f&0x08) >> 2) |
((~f&0x10) >> 1) ))
#define SET_DATA(t,b,f) ( b = (((~t&0x01) << 9) | ((~t&0x04) << 6)),f = (((~t&0x02) << 2)
| ((~t&0x08) << 1)) )
#define LED_LOCK(u) down(&u->lock);
#define LED_UNLOCK(u) up(&u->lock);
struct unit {
    struct semaphore lock;
    u32 *PCONC;              /*PCONC 寄存器*/
    u32 *PDATC               /*PDATC 寄存器*/
    u32 *PCONF;              /*PCONF 寄存器*/
    u32 *PDATF;              /*PDATF 寄存器*/
    u32 *PUPF;               /*PUPF 寄存器*/
    u32 b;                   /*保存 LED 1 和 LED 2 的值*/
```

```
    u32 f;                    /*保存 LED 3 和 LED 4 的值*/
};
static char *version = " Start S3C44B0 led driver version 1.0 (2009-04-18)
<www.embedinfo.com>\n";
static struct unit led_unit = {
    .PCONC = (u32 *)S3C44B0X_PCONC,
    .PDATC = (u32 *)S3C44B0X_PDATC,
    .PCONF = (u32 *)S3C44B0X_PCONF,
    .PDATF = (u32 *)S3C44B0X_PDATF,
    .PUPF = (u32 *)S3C44B0X_PUPF,
};
static void led_set_value(struct unit *unit,u8 val)
{
    u32 temp;
    SET_DATA(val,unit->b,unit->f);
    temp = *unit->PDATC;
    temp &= ~GPC_MASK;
    temp |= unit->b;
    *unit->PDATC = temp;
    temp = *unit->PDATF;
    temp &= ~GPF_MASK;
    temp |= unit->f;
    *unit->PDATF = temp;
}
static u8 led_get_value(struct unit *unit)
{
    u8 temp = GET_DATA(unit->b,unit->f);
    return temp;
}
static int led_open(struct inode *inode,struct file *file)
{
    TRACE("open\n");
    file->private_data = &led_unit;
    MOD_INC_USE_COUNT;
    return 0;
}
static int led_release(struct inode *inode,struct file *file)
{
    TRACE("release\n");
    MOD_DEC_USE_COUNT;
    return 0;
}
static ssize_t led_read(struct file *file,char *buf,size_t count,loff_t *offset)
{
    u8 temp;
```

```
    int ret;
    struct unit * unit = (struct unit * )file - >private_data;
    TRACE("read\n");
    if(count > 1)
    count = 1;
    LED_LOCK(unit);
    temp = led_get_value(unit);
    ret = copy_to_user(buf,&temp,count) ? - EFAULT : count;
    LED_UNLOCK(unit);
    return ret;
}
static ssize_t led_write(struct file * file,const char * buf,size_t count,loff_t * offset)
{
    u8 temp;
    int ret;
    struct unit * unit = (struct unit * )file - >private_data;
    TRACE("write\n");
    if(count > 1)
    count = 1;
    LED_LOCK(unit);
    ret = copy_from_user(&temp,buf,count) ? - EFAULT : count;
    if(ret)
    led_set_value(unit,temp);
    LED_UNLOCK(unit);
    return ret;
}
static struct file_operations led_ops = {
    owner: THIS_MODULE,
    read: led_read,
    write: led_write,
    open: led_open,
    release: led_release,
};
/*
 * led device init
 */
static void __init led_init(struct unit * unit)
{
    u32 temp;
    /* init device lock */
    init_MUTEX(&unit - >lock);
    /* init io port */
    temp = * unit - >PCONC;
    temp &= ~((3 << 18) | (3 << 16));
    temp |= ((1 << 18) | (1 << 16));
```

```
    *unit->PCONC = temp;
    temp = *unit->PCONF;
    temp &= ~((3 << 8) | (3 << 6));
    temp |= ((1 << 8) | (1 << 6));
    *unit->PCONF = temp;
    temp = *unit->PUPF;
    temp |= (3 << 3);
    *unit->PUPF = temp;
    /* init data and turn on led */
    led_set_value(unit,0x0f);
    /* delay some time */
    mdelay(100);
    /* turn off led */
    led_set_value(unit,0x00);
}
/*
 * module init
 */
int __init led_init_module(void)
{
    int res;
    TRACE("init_module\n");
    /* print version information */
    printk(KERN_INFO "%s",version);
    /* register led device */
    res = register_chrdev(LED_MAJOR,LED_DEVNAME,&led_ops);
    if(res < 0) {
        printk("led.o: unable to get major %d for led device.\n",LED_MAJOR);
        return res;
    }
    /* then call led_init() */
    led_init(&led_unit);
    return 0;
}
/*
 * module cleanup
 */
void __exit led_cleanup(void)
{
    int res;
    TRACE("cleanup\n");
    /* unregister led device */
    res = unregister_chrdev(LED_MAJOR,LED_DEVNAME);
    if(res < 0)
    printk("led.o: unable to release major %d for led device.\n",LED_MAJOR);
```

```
}
module_init(led_init_module);
module_exit(led_cleanup);
MODULE_DESCRIPTION("Start S3C44B0 led driver");
MODULE_AUTHOR("Start ");
MODULE_LICENSE("GPL");
```

7. 练习题

(1) 整理出 μCLinux 下的驱动程序框架。

(2) 理解 μCLinux 下的驱动程序如何实现对硬件的读/写操作。

(3) 查找相关驱动的动态加载资料,理解驱动的动态加载方法,并分析 μCLinux 下是否可进行驱动的动态加载。

5.4 μCLinux 基于 Framebuffer 的 LCD 驱动实验

1. 实验目的

(1) 通过实验了解 S3C44B0X 的 LCD 控制器的使用。

(2) 通过实验掌握 Framebuffer 的显示机制。

(3) 通过实验掌握 μCLinux 下 LCD 驱动程序的设计和添加。

2. 实验设备

(1) 硬件:Start S3C44B0X 实验平台,ARM Multi - ICE 仿真器,PC 机,仿真器电缆,串口电缆。

(2) 软件:Cygwin Unix 模拟平台,μCLinux 交叉编译工具链,Windows 98/2000/NT/XP 操作系统。

3. 实验内容

(1) 学习 Framebuffer 的显示机制。

(2) 根据 μCLinux 下的驱动程序的基本步骤,编写 LCD 的驱动程序。

(3) 将编写的驱动程序添加到内核中。

4. 实验原理

1) Framebuffer 介绍

Framebuffer 帧缓冲是出现在 Linux2. 2. xx 及其以后版本内核中的一种驱动程序接口,是一种显存抽象后能够提取图形的硬件设备,它屏蔽了图像硬件的底层差异,是用户进入图形界面的很好接口。它允许上层应用程序在图形模式下直接对显示缓冲区进行读/写操作。这种操作是抽象的,用户不必关心物理显存的位置、换页机制等具体细节,这些都是由 Framebuffer 设备驱动来完成的。采用 Framebuffer 用户的应用程序不需要对底层驱动深入了解,可以将它看成是显示内存的一个映像,将其映射到进程地址空间之后,就可以直接进行读/写操作。显示器将根据相应指定内存块的数据来显示对应的图形界面。在屏幕上绘图 Framebuffer 中内存块分布如图 5-9 所示。

当用户使用 MicroWindows、MiniGUI 等用户图形接口时，LCD 的设备驱动程序必须以 Linux Framebuffer 设备驱动形式实现。

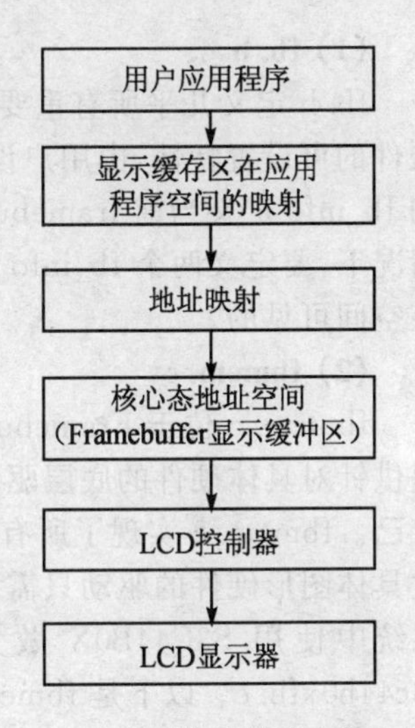

图 5－9　内存块分布图

2）Framebuffer 设备的使用

对于使用者来说，Framebuffer 设备与/dev 目录下的其他设备大体相同，Framebuffer 设备是主编号为 29 的字符设备，尾编号指定同一类设备的顺序。

通常约定使用如下的设备节点：

0＝/dev/fb0 第 1 个 Framebuffer；

1＝/dev/fb1 第 2 个 Framebuffer；

⋮

31＝/dev/fb31 第 32 个 Framebuffer。

Framebuffer 设备类似一般的存储区设备，用户可以读或写该设备，比如要快速保存屏幕上的内容，可以使用以下命令：

cp　/dev/fb0 myfile

对于针对 Framebuffer 设备开发应用程序的程序员来说，Framebuffer 设备与存储设备（如/dev/mem）具有同样的特征，可以读、写、定位到指定位置和进行 mmap()操作，区别在于文件中所出现的存储区不是整个存储区域，而是图形设备的帧缓冲区。/dev/fb＊设备允许部分 ioctls 操作，通过这些操作查询和设置硬件信息，颜色表的处理也包括在这些操作当中。具体包含那些操作以及相关的数据结构可以查看头文件 Linux/fb. h。

3）Framebuffer 设备驱动程序结构

图 5－10 为 Framebuffer 设备驱动程序结构图，μCLinux 实现 Framebuffer 驱动主要基于两个文件：

Linux/include/Linux/fb. h

Linux/drivers/video/fbmem. c

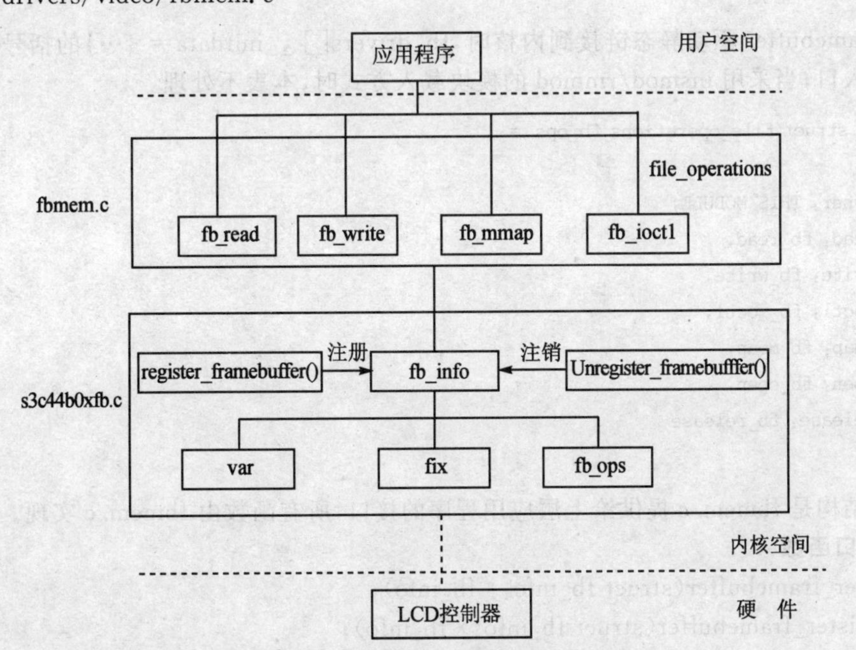

图 5－10　Framebuffer 设备驱动程序结构

(1) fb.h

fb.h 定义几乎所有重要的结构,有 3 个结构较值得关注。结构 fb_var_screeninfo 描述图形硬件的可设置特性,由用户设置;结构 fb_fix_screeninfo 定义图形硬件的固定特性,不能修改;结构 fb_info 定义当前 framebuffer 设备的独立状态。一个图形硬件可能有两个 Framebuffer,这种情况下,要定义两个 fb_info 结构。fb_info 结构是所有 Framebuffer 相关结构中,唯一一个在内核空间可见的。

(2) fbmem.c

fbmem.c 位于 Framebuffer 驱动结构的中间层,由它提供上层应用软件编程调用接口,同时提供针对具体硬件的底层驱动接口。通过这个接口,底层驱动程序可以在操作系统内核中注册自己。fbmem.c 实现了所有 Framebuffer 驱动程序中相同的部分,避免用户重复工作。用户开发具体图形硬件的驱动只需要针对 fbmem.c 提供的底层驱动接口函数分别实现。在电子词典系统中使用 S3C44B0X 做为处理器时,对应实现该驱动的文件分别是 s3c44b0xfb.h 和 s3c44b0xfb.c。以下是 fbmem.c 文件中需要理解的部分。

① 全局变量

```
struct fb_info *registered_fb[FB_MAX];
int num_registered_fb;
```

以上两个全局变量记录当前 fb_info 结构使用实例。fb_info 描述图形硬件的当前状态,所有的 fb_info 结构全部在数组中。增加一个新的 Framebuffer 到内核时,数组中增加一个新的 fb_info 结构,同时 num_registered_fb 加 1。

```
static struct {
    const char *name;
    int (*init)(void);
    int (*setup)(void);
} fb_drivers[] __initdata = {…};
```

当 Framebuffer 驱动静态链接到内核时,fb_drivers[] __initdata= {…}的括号中必须增加对应的新入口;当采用 insmod/rmmod 的模块载入方式时,本表不处理。

```
static struct file_operations fb_ops =
{
    owner: THIS_MODULE,
    read: fb_read,
    write: fb_write,
    ioctl: fb_ioctl,
    mmap: fb_mmap,
    open: fb_open,
    release: fb_release
};
```

上述结构是 fbmem.c 提供给上层应用程序的接口,所有函数由 fbmem.c 实现。

② 接口函数

register_framebuffer(struct fb_info *fb_info);

unregister_framebuffer(struct fb_info *fb_info);

以上两个函数为 fbmem.c 提供给底层 Frambuffer 驱动程序的接口函数,底层驱动程序必须使用这两个函数登记或注销自己。

底层驱动程序所要做的大部分工作就是填充 fb_info 结构并登记或注销。

4）驱动程序设计

由于在 μCLinux 的源码包中，已经完成了 Framebuffer 驱动的大部分工作，而我们只要在 s3c44b0xfb.c 完成以下 3 项工作：

- 分配显存的大小；
- 初始化 LCD 控制寄存器；
- 设置修改硬件设备相应的 var 信息和 fix 信息。

下面就是这 3 项工作的实现过程。

(1) 定义两个结构

```
static struct s3c44b0xfb_info fb_info;
static struct s3c44b0xfb_par current_par;
```

s3c44b0xfb_info 结构中定义了 Framebuffer 操作 fb_info 及相关部分；

s3c44b0xfb_par 结构中保存硬件相关数据，唯一定义了视频模式。

(2) 实现初始化函数

```
int s3c44b0xfb_init(void);
int s3c44b0xfb_setup(char * );
```

上述函数在启动时处理图形硬件。s3c44b0xfb_init 函数设置图形硬件的初始状态；s3c44b0xfb_setup 函数用来设置启动时传递的图形硬件可选项。

在 fbmem.c 中，使用以下方式挂接函数 s3c44b0xfb_init 和函数 s3c44b0xfb_setup。

```
#ifdef CONFIG_FB_S3C44B0X
{ "s3c44b0xfb",s3c44b0xfb_init,s3c44b0xfb_setup },
#endif
```

(3) 实现硬件相关函数

```
static void s3c44b0xfb_detect()
static int s3c44b0xfb_encode_fix()
static int s3c44b0xfb_decode_var()
static int s3c44b0xfb_encode_var()
static void s3c44b0xfb_get_par()
static void s3c44b0xfb_set_par()
static int s3c44b0xfb_getcolreg()
static int s3c44b0xfb_setcolreg()
static int s3c44b0xfb_pan_display()
static int s3c44b0xfb_blank()
static void s3c44b0xfb_set_disp()
struct fbgen_hwswitch s3c44b0xfb_switch = {
    s3c44b0xfb_detect,
    s3c44b0xfb_encode_fix,
    s3c44b0xfb_decode_var,
    s3c44b0xfb_encode_var,
    s3c44b0xfb_get_par,
```

```
    s3c44b0xfb_set_par,
    s3c44b0xfb_getcolreg,
    s3c44b0xfb_setcolreg,
    s3c44b0xfb_pan_display,
    s3c44b0xfb_blank,
    s3c44b0xfb_set_disp
    };
```

以下是对上面所列硬件相关函数的功能描述：

s3c44b0xfb_detect	检测当前视频设置模式并保存为缺省模式；
s3c44b0xfb_encode_fix	根据输入参数填充硬件固定信息结构；
s3c44b0xfb_decode_var	从参数中获取硬件设置信息并检查该设置是否可用；
s3c44b0xfb_encode_var	根据输入参数填充硬件可设置信息，部分信息直接访问硬件获取；
s3c44b0xfb_get_par	填充硬件相关数据结构；
s3c44b0xfb_set_par	根据输入参数设置硬件相关数据；
s3c44b0xfb_getcolreg	读取颜色寄存器并返回16位颜色表值；
s3c44b0xfb_setcolreg	根据16位颜色表值设置颜色寄存器；
s3c44b0xfb_pan_display	根据输入结构中的偏移坐标调整显示；
s3c44b0xfb_blank	根据输入模式清空屏幕；
s3c44b0xfb_set_disp	设置帧缓冲区虚拟地址指针以及适合低级文本控制台的指针。

5. 实验操作步骤

(1) 按照μCLinux实验环境搭建部分的步骤准备实验环境，使用实验板附带的串口线将实验板上的UART0与PC机的串口相连，将仿真器的JTAG接口与实验板的JTAG接口相连，将仿真器的PARALLEL接口与PC机的并口相连。

(2) 在PC机端运行Windows自带的超级终端串口通信程序(波特率115 200、1位停止位、无校验位、无硬件流控制)，或者使用其他串口通信程序。

(3) 在内核中添加驱动程序：将编写好的驱动程序s3c44b0xfb.c和s3c44b0xfb.h一起添加到μCLinux-dist/Linux-2.4.x/drivers/video/目录下。

(4) 在μCLinux-dist/Linux-2.4.x/drivers/video/目录下的Makefile文件中合适位置添加下面这样一行，就可以在编译时将自己的驱动程序编译进内核。

```
obj-$(CONFIG_FB_S3C44B0X) += s3c44b0xfb.o fbgen.o
```

(5) 在配置文件中增加选项：在μCLinux-dist/Linux-2.4.x/drivers/video/config.in中增加一个新的选项，在合适位置添加：

```
if [ "$CONFIG_CPU_S3C44B0X" = "y" ]; then
tristate 'Samsung S3C44B0X built-in LCD controller frame buffer support'
CONFIG_FB_S3C44B0X
```

(6) 修改Vendors厂商配置目录下的Makefile文件中DEVICE赋值的最后一行增加：

```
\fb0,c,29,0
```

(7) 编译好romfs文件系统后在/dev目录下将增加一个fb0设备，它的主设备号为29，次设备号为0。

6. 实验参考程序

实验参考程序见光盘中 1_Experiment\chapter_5\driver\5. 4_lcd_driver\led 文件夹下的 s3c44b0xfb. c。

7. 练习题

(1) 编写程序操作 fb0,实现在屏幕上绘制五角星。

(2) 编写非使用 Framebuffer 的 LCD 的驱动程序。

5.5　μCLinux I²C 驱动实验

1. 实验目的

(1) 通过实验了解 μCLinux 内核的 I²C 总线驱动程序体系结构。

(2) 通过实验掌握 S3C44B0X 的 I²C 总线接口控制器的使用。

(3) 通过实验掌握 μCLinux 下 I²C 驱动程序的设计。

2. 实验设备

(1) 硬件：Start S3C44B0X 实验平台,ARM Multi - ICE 仿真器,PC 机,仿真器电缆,串口电缆。

(2) 软件：Cygwin Unix 模拟平台,μCLinux 交叉编译工具链,Windows 98/2000/NT/XP 操作系统。

3. 实验内容

(1) 学习理解 μCLinux 下 I²C 总线驱动体系结构。

(2) 分析 μCLinux 下 I²C 的算法驱动程序功能。

(3) 根据 μCLinux 下驱动程序的基本步骤,编写 S3C44B0X 的 I²C 总线接口的 μCLinux 算法驱动程序

(4) 将编写的算法驱动编译进内核中。

4. 实验原理

在 μCLinux 源代码中,有一些 I²C 总线及设备的驱动程序,但由于嵌入式系统的多样性,对具体使用的系统还需要专门开发驱动程序。与 μCLinux 系统其他驱动程序类似,μCLinux 的 I²C 驱动程序采用模块化设计,部分与硬件相关,部分与硬件无关。

在 μCLinux 系统中,对于一个给定的 I²C 总线硬件配置系统,I²C 总线驱动程序体系结构由 I²C 总线驱动和 I²C 设备驱动组成。其中 I²C 总线驱动包括一个具体的控制器驱动和 I²C 总线的算法驱动。一个算法驱动适用于一类总线控制器,而一个具体的总线控制器驱动要使用某一种算法。对于 I²C 设备,基本上每种具体设备都有自己的基本特性,其驱动程序一般都需要特别设计。对于 I²C 总线控制器部分,主要是根据硬件对 Algorithm 和 Adapter 进行设计。通过实现一个 Adapter 结构体并初始化,使 i2c - core 能找到 I²C 总线,并利用其找到 Algorithm 来具体操作总线。从设备的特性、功能互不相同,而 I²C 设备驱动,即 Client 和 Driver 部分主要也是根据从设备的硬件功能定义结构体 Client 和 Driver,并完成初始化及实现其成员函数。对于设备驱动程序必须提供的各种各样的硬件控制,一般可以通过 ioctl 方法来实现。

μCLinux 内核的 I^2C 总线驱动程序体系结构如图 5-11 所示。

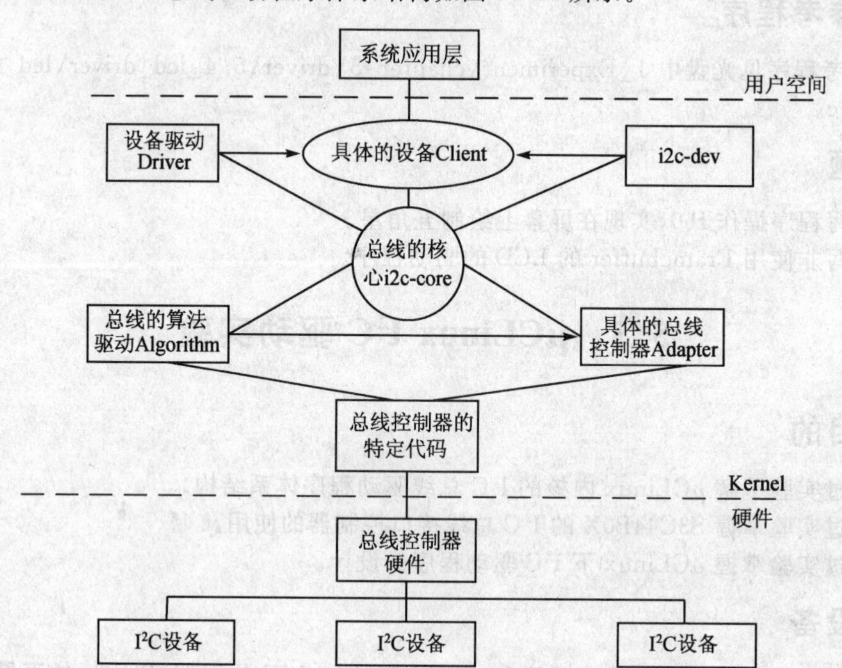

图 5-11　μCLinux 内核的 I^2C 总线驱动程序体系结构

1) I^2C 总线驱动程序体系结构

μCLinux 下的 I^2C 驱动采用了模块化的体系结构。

(1) 数据结构 Driver 用来表示 I^2C 设备驱动,数据结构 Client 表示一个具体的设备。Driver 和 Client 是与硬件相关的。

(2) 中间部分的 i2c-core 是 I^2C 总线的核心模块,它一方面定义了对总线及其设备进行操作的各种调用接口,以及添加、删除总线驱动的方法;另一方面将主控制器和从设备分离。它与硬件无关。

(3) I^2C 总线驱动是对 I^2C 硬件体系结构中适配器端的实现。数据结构 Algorithm 描述了使用主控制器来进行数据传输、控制的操作过程,提供了利用总线进行数据传输的函数。数据结构 Adapter 表示总线控制器,与 Algorithm 一起构成 I^2C 总线驱动。一个 Algorithm 可以适用于多个 I^2C 总线上的不同 Adapters,但具体的每个 Adapter 只能对应于一个 Algorithm。Algorithm 和 Adapter 是与硬件相关的。

由 μCLinux 的 I^2C 驱动程序结构可以看到,与硬件相关的是 Adapter、Algorithm、Client 、Driver 这几个模块。对于具体的嵌入式系统,I^2C 驱动程序的设计主要是对这几个模块的设计。

在 μCLinux-dist/Linux-2.4.x/drivers/i2c 的驱动程序目录下,已经有一些 I^2C 的驱动程序,其中包括 μCLinux 中 I^2C 的字符设备驱动程序(i2c-dev.c)和 I^2C 主驱动程序(i2c-core.c)。分析一下 i2c-dev.c 和 i2c-core.c 源程序发现,i2c-dev.c 已实现了字符设备系统调用的过程和 I^2C 适配器的管理,i2c-core.c 实现了 I^2C 接口操作的抽象层。分析其他更底层的驱动程序,发现驱动程序的一般调用过程为如图 5-12 所示。

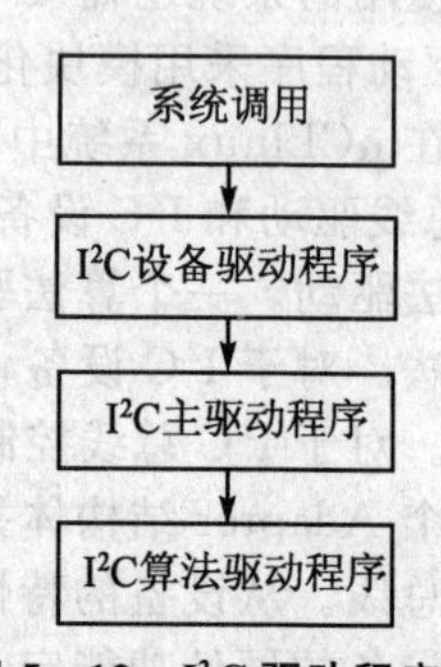

图 5-12　I^2C 驱动程序的一般调用过程

2）程序设计

在I^2C驱动程序目录下，没有对应S3C44B0X I^2C总线接口的驱动程序，因此需要为S3C440B0X I^2C总线接口编写专用的算法驱动程序，以下对算法驱动程序设计进行详细介绍。

（1）定义S3C44B0X I^2C总线接口单元的数据结构，描述接口控制器单元拥有的寄存器和中断向量号。

```
struct i2c_s3c44b0x_unit {
    u32 * IICCON;                  /* S3C44B0X I²C总线控制寄存器 */
    u32 * IICSTAT;                 /* S3C44B0X I²C总线控制/状态寄存器 */
    u32 * IICADD;                  /* S3C44B0X I²C控制器本身的从设备地址寄存器 */
    u32 * IICDS;                   /* 数据接收/发送寄存器 */
    u32 irq;                       /* I²C接口的中断向量号 */
};
```

（2）定义总线接口算法驱动程序的私有数据，用来保存在驱动程序运行时控制数据传输和操作接口控制器的数据和参数。

```
struct i2c_s3c44b0x_algo_data {
    spinlock_t lock;               /* 同步使用的自旋锁 */
    u32 slave_addr;                /* 将要传输数据的从设备地址 */
    u32 data_addr;                 /* 从设备内部数据访问地址 */
    u32 clock_val;                 /* 总线时钟频率因子 */
    int ack;                       /* ACK响应标志 */
    int timeout;                   /* 数据传输超时值 */
    struct i2c_s3c44b0x_unit * unit;  /* S3C44B0X I²C总线接口单元 */
};
```

（3）定义了以上两个数据结构后，下面开始编写算法驱动程序。μCLinux的I^2C字符设备驱动程序(i2c - dev. c)可以管理多个I^2C总线接口，要把S3C44B0X I^2C总线接口算法驱动程序加到设备驱动程序中，需声明如下数据结构。

```
/* 算法驱动程序对象 */
static struct i2c_algorithm s3c44b0x_i2c_algo = {
    .name = "S3C44B0X IIC - Bus algorithm"  /* 驱动程序名称 */
    .id = I2C_ALGO_S3C44B0X                 /* 驱动程序ID */
    .master_xfer = master_xfer              /* 主传输回调函数，响应系统调用read()、write()操作 */
    .algo_control = algo_control            /* 控制传输回调函数，设置自定义传输参数，响应系统调用
                                               ioctl() 操作 */
    .functionality = iic_func               /* 上层I²C设备驱动程序调用此函数来识别算法驱动程序
                                               的功能 */

};
/* S3C44B0X I²C总线接口单元，声明并初始化其地址 */
static struct i2c_s3c44b0x_unit s3c44box_i2c_unit = {
    .IICCON = (u32 *)S3C44B0X_IICCON
    .IICSTAT = (u32 *)S3C44B0X_IICSTAT
    .IICADD = (u32 *)S3C44B0X_IICADD
    .IICDS = (u32 *)S3C44B0X_IICDS
```

```
    .irq = S3C44B0X_INTERRUPT_IIC
};
/*算法驱动程序私有数据结构,初始化为默认值*/
static struct i2c_s3c44b0x_algo_data s3c44b0x_i2c_algo_data = {
    .slave_addr = 0,
    .data_addr = 0,
    .clock_val = IIC_CON_TX_CLK_VAL,
    .ack = 0,
    .timeout = 2 * HZ,
    .unit = &s3c44box_i2c_unit
};
/* I2C适配器对象,因为上层设备驱动程序对底层算法驱动程序是按适配器进行管理的,所以要实现此结
构*/
static struct i2c_adapter s3c44b0x_i2c_adapter = {
    .name = "S3C44B0X IIC - Bus interface"          /*适配器名称*/
    .id = I2C_HW_S3C44B0X                           /*适配器ID*/
    .algo_data = &s3c44b0x_i2c_algo_data            /*私有数据*/
};
```

(4) μCLinux的驱动程序以模块化组织,在系统启动时初始化各模块。初始化算法驱动程序操作也应放在模块初始化时进行。在模块卸载时,也进行算法驱动程序的反初始化。该算法驱动程序原型为 static int_izc_s3c44b0x_init(void)。

(5) 数据传输操作函数。

① 在I^2C总线上写数据的操作,如图5-13所示。

(a) 首先启动START信号,接着写一个字节的设备地址。地址字节的高7位是设备有效地址,地址字节的最低一位代表准备写(低电平),然后等待ACK。

(b) 继续写一个字节的I^2C设备内部数据访问地址,等待ACK。

(c) 开始发送数据,可以是发送一个字节,或连续发送N个字节,每发送完一个字节的数据,都需要等待一个ACK应答。

(d) 最后发送一个STOP信号,结束发送操作。

② 在I^2C总线上读取数据的操作,如图5-14所示。

(a) 首先启动START信号,接着写一个字节的设备地址。地址字节的高7位是设备有效地址,地址字节的最低一位代表准备写(低电平),然后等待ACK。

(b) 继续写一个字节的I^2C设备内部数据访问地址,等待ACK。

(c) 前两步与数据发送操作一样,执行完这两步以后,再启动START信号,此时再写一个字节的设备地址。与前面稍有不同的是,这个设备地址字节的最低一位为高电平,代表准备接收数据。

(d) 开始接收数据,可以是接收一个字节,或连续接收N个字节,在接收前面$(N-1)$个字节数据时,每接收一个字节数据,生成一个ACK应答。

(e) 在接收最后一个字节数据之前,先禁止控制器生成ACK信号。然后等待最后一个字节的数据就绪后,再读取。

(f) 最后发送一个STOP信号,结束接收操作。

③ 数据传输的5个函数。以上数据传输过程,将通过如下5个函数分别实现:

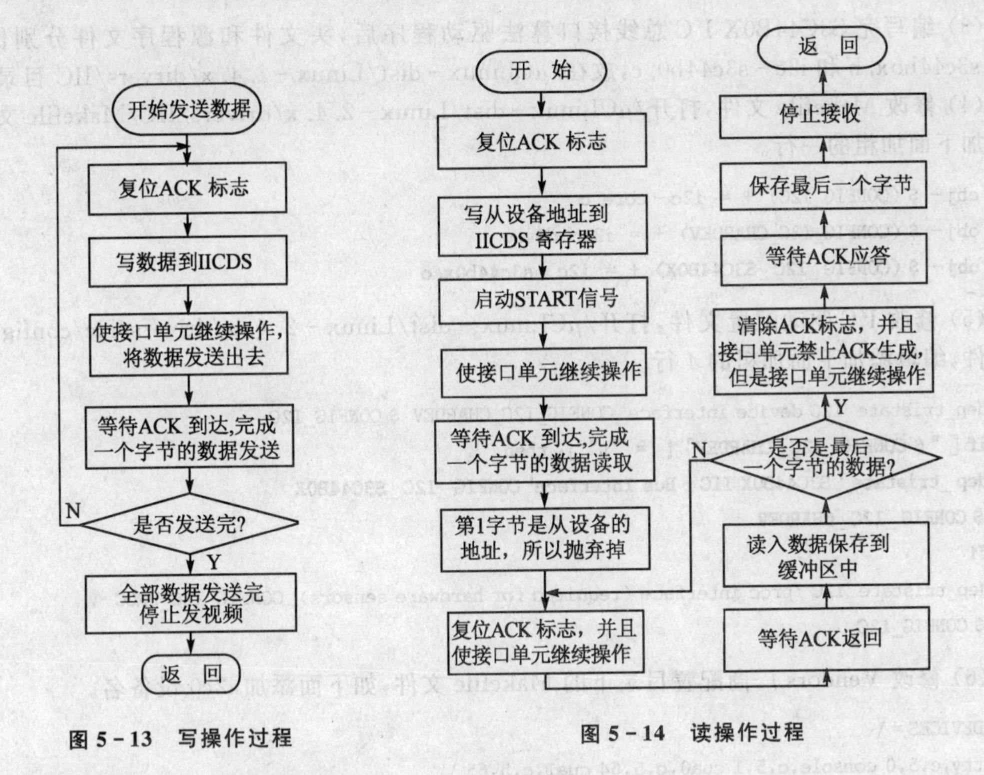

图 5-13　写操作过程　　　　图 5-14　读操作过程

master_xfer()——主传输程序。

i2c_s3c44b0x_send_slave_addr ()——发送从设备地址和从设备内部数据访问地址。

i2c_s3c44b0x_writebytes ()——写操作过程。

i2c_s3c44b0x_readbytes ()——读操作过程。

i2c_s3c44b0x_xfer_stop ()——停止数据传输。

这部分函数通过 s3c44box I^2C 总线接口完成数据的收发。上层设备驱动程序调用 master_xfer()来响应系统 read()/write()调用。

(6) 中断服务程序和 ACK 复位程序的作用。每个 ACK 应答或生成时，I^2C 接口单元控制器中断产生，中断服务程序被调用，中断服务程序就是置 ACK 标志。在读/写每个字节前，也应该要清除 ACK 标志，一个字节数据读/写的完成是根据 ACK 标志是否置位来判断的。

(7) 控制数据传输自定义参数设置过程函数，完成两部分参数设置。一是从设置内部访问地址设置；二是数据传输时，时钟频率设置。此函数响应系统 ioctl()自定义参数设置的调用。

(8) 上层设备驱动获取算法驱动程序所实现的功能函数。

```
static u32 iic_func(struct i2c_adapter * adap)
{return IIC_FUNC_IIC | IIC_FUNC_SMBUS_EMUL;}
```

5. 实验操作步骤

(1) 按照 μCLinux 实验环境搭建部分的步骤准备实验环境，使用实验板附带的串口线将实验板上的 UART0 与 PC 机的串口相连，将仿真器的 JTAG 接口与实验板的 JTAG 接口相连，仿真器的 PARALLEL 接口与 PC 机的并口相连。

(2) 在 PC 机端运行 Windows 自带的超级终端串口通信程序(波特率 115 200、1 位停止位、无校验位、无硬件流控制)，或者使用其他串口通信程序。

(3) 编写完 S3C44B0X I²C 总线接口算法驱动程序后，头文件和源程序文件分别保存为 i2c-s3c44box.h 和 i2c-s3c44b0.c，放在/μCLinux-dist/Linux-2.4.x/dirvers/IIC 目录下。

(4) 修改 Makefile 文件，打开/μCLinux-dist/Linux-2.4.x/drivers/IIC/Makefile 文件，编辑添加下面加粗的一行。

```
obj-$(CONFIG_I2C) += i2c-core.o
obj-$(CONFIG_I2C_CHARDEV) += i2c-dev.o
obj-$(CONFIG_I2C_S3C44B0X) += i2c-s3c44b0x.o
```

(5) 修改 I²C 驱动配置文件，打开/μCLinux-dist/Linux-2.4.x/drivers/i2c/config.in 脚本文件，编辑添加下面加粗的 4 行。

```
dep_tristate 'I2C device interface' CONFIG_I2C_CHARDEV $CONFIG_I2C
if [ "$CONFIG_I2C_CHARDEV" != "n" ]; then
dep_tristate 'S3C44B0X IIC-Bus Interface' CONFIG_I2C_S3C44B0X
$CONFIG_I2C_CHARDEV
fi
dep_tristate 'I2C /proc interface (required for hardware sensors)' CONFIG_I2C_PROC
$CONFIG_I2C
```

(6) 修改 Vendors 厂商配置目录下的 Makefile 文件，如下面添加 i2c0 设备名。

```
DEVICES = \
tty,c,5,0 console,c,5,1 cua0,c,5,64 cua1,c,5,65 \
\
:
\
i2c0 ,c,89,0
```

6. 实验参考程序

```
#include <linux/spinlock.h>
#include <linux/interrupt.h>
#include <linux/kernel.h>
#include <linux/module.h>
#include <linux/delay.h>
#include <linux/slab.h>
#include <linux/init.h>
#include <linux/errno.h>
#include <linux/sched.h>
#include <linux/ioport.h>
#include <linux/i2c.h>

#include <asm/arch-S3C44B0X/s3c44b0x.h>
#include <asm/arch-S3C44B0X/irqs.h>
#include "i2c-s3c44b0x.h"

#define I2C_ADDR_S3C44B0X (0x80 << 1)
#define I2C_HW_S3C44B0X 0x00
```

```
#define I2C_ALGO_S3C44B0X (0x00 << I2C_ALGO_SHIFT)

#define H_CLK_DIV 16
#define L_CLK_DIV 512
static void i2c_s3c44b0x_isr_handler(int irq,void * dev_id,struct pt_regs * regs)
{
    struct i2c_s3c44b0x_algo_data * algo_data = dev_id;
    algo_data->ack = 1;
}
static inline void i2c_s3c44b0x_reset_ack(struct i2c_s3c44b0x_algo_data * algo_data)
{
    spin_lock_irq(&algo_data->lock);
    algo_data->ack = 0;
    spin_unlock_irq(&algo_data->lock);
}
static int i2c_s3c44b0x_wait_ack(struct i2c_s3c44b0x_algo_data * algo_data)
{
    volatile int ack;
    int i;
    for(i = 0; i < algo_data->timeout; i++)
    {
        udelay(10);
        ack = algo_data->ack;
        if(ack)
            return 0;
    }
    return -ETIMEDOUT;
}
static int i2c_s3c44b0x_xfer_stop(struct i2c_s3c44b0x_algo_data * algo_data,int rd)
{
    volatile u32 busy;
    int i;
    u32 cr;
    if(rd) {
        /*停止 rx*/
        cr = (IIC_STA_MOD_MAS_RX | IIC_STA_SO_E);
    }else {
        /*停止 tx*/
        cr = (IIC_STA_MOD_MAS_TX | IIC_STA_SO_E);
    }
    *algo_data->unit->IICSTAT = cr;
    /*清除挂起位*/
    cr = (IIC_CON_ACK_E | IIC_CON_TX_RX_INT_E | algo_data->clock_val);
```

```
    *algo_data->unit->IICCON = cr;

    /*等待,直到 stop 状态有效 t*/
    for(i = 0; i < algo_data->timeout; i++) {
        busy = *algo_data->unit->IICSTAT;
        if(!(busy & IIC_STA_BS_SS))
            return 0;
    }

    return -ETIMEDOUT;
}
static int i2c_s3c44b0x_send_slave_addr(struct i2c_s3c44b0x_algo_data *algo_data)
{
    u32 cr;
    int rs;
    /*允许 rx/tx*/
    cr = (IIC_CON_ACK_E | IIC_CON_TX_RX_INT_E | algo_data->clock_val);
    *algo_data->unit->IICCON = cr;
    /*复位 ACK 标志*/
    i2c_s3c44b0x_reset_ack(algo_data);
    /*设备从地址*/
    cr = ((algo_data->slave_addr << 1) & 0xfe);
    cr |= ((algo_data->data_addr >> 7) & 0x0e);
    *algo_data->unit->IICDS = cr;
    /*开始 tx*/
    cr = (IIC_STA_MOD_MAS_TX | IIC_STA_BS_SS | IIC_STA_SO_E);
    *algo_data->unit->IICSTAT = cr;
    /*等待 tx 结束*/
    rs = i2c_s3c44b0x_wait_ack(algo_data);
    if(rs < 0)
        return rs;
    /*内部数据地址*/
    cr = (algo_data->data_addr) & 0xff;
    *algo_data->unit->IICDS = cr;
    /*复位 ACK 标志*/
    i2c_s3c44b0x_reset_ack(algo_data);
    /*恢复操作*/
    cr = (IIC_CON_ACK_E | IIC_CON_TX_RX_INT_E | algo_data->clock_val);
    *algo_data->unit->IICCON = cr;
    /*等待 tx 结束*/
    rs = i2c_s3c44b0x_wait_ack(algo_data);

    return rs;
}

static int i2c_s3c44b0x_writebytes(struct i2c_s3c44b0x_algo_data *algo_data,const char *buf,int
len)
```

```
{
    u32 cr;
    int i,rs;
    /*传输数据*/
    for(i = 0; i < len; i++) {
        /*复位 ACK 标志*/
        i2c_s3c44b0x_reset_ack(algo_data);
        cr = buf[i];
        *algo_data->unit->IICDS = cr;
        /*恢复操作*/
        cr = (IIC_CON_ACK_E | IIC_CON_TX_RX_INT_E | algo_data->clock_val);
        *algo_data->unit->IICCON = cr;
        /*等待 ACK 结束*/
        rs = i2c_s3c44b0x_wait_ack(algo_data);
        if(rs < 0)
            return rs;
    }
    /*停止 tx*/
    rs = i2c_s3c44b0x_xfer_stop(algo_data,0);
    if(rs < 0)
        return rs;
/*    set_current_state(TASK_UNINTERRUPTIBLE); */
    /*写非易失存储单元延时*/
/*    schedule_timeout(10 * HZ / 1000); */
    return len;
}
static int i2c_s3c44b0x_readbytes(struct i2c_s3c44b0x_algo_data *algo_data,char *buf,int len)
{
    u32 cr;
    int i,rs;
    /*复位 ACK 标志*/
    i2c_s3c44b0x_reset_ack(algo_data);
    /*设备从地址*/
    cr = ((algo_data->slave_addr << 1) & 0xfe);
    cr |= ((algo_data->data_addr >> 7) & 0x0e);
    *algo_data->unit->IICDS = cr;
    /*开始 rx*/
    cr = (IIC_STA_MOD_MAS_RX | IIC_STA_BS_SS | IIC_STA_SO_E);
    *algo_data->unit->IICSTAT = cr;
    /*恢复操作*/
    cr = (IIC_CON_ACK_E | IIC_CON_TX_RX_INT_E | algo_data->clock_val);
    *algo_data->unit->IICCON = cr;
    /*等待 rx 结束*/
    rs = i2c_s3c44b0x_wait_ack(algo_data);
```

```
    if(rs < 0)
        return rs;
    /*读设备从地址*/
    *buf = *algo_data->unit->IICDS;
    /*接收数据*/
    for(i = 0; i < len-1; i++) {
        /*复位ACK标志*/
        i2c_s3c44b0x_reset_ack(algo_data);
        /*恢复操作*/
        cr = (IIC_CON_ACK_E | IIC_CON_TX_RX_INT_E | algo_data->clock_val);
        *algo_data->unit->IICCON = cr;
        /*等待rx结束*/
        rs = i2c_s3c44b0x_wait_ack(algo_data);
        if(rs < 0)
            return rs;
        /*保存数据*/
        buf[i] = *algo_data->unit->IICDS;
    }
    /*复位ACK标志*/
    i2c_s3c44b0x_reset_ack(algo_data);
    /*停止ACK,恢复操作*/
    cr = (IIC_CON_TX_RX_INT_E | algo_data->clock_val);
    *algo_data->unit->IICCON = cr;
    /*等待rx结束*/
    rs = i2c_s3c44b0x_wait_ack(algo_data);
    if(rs < 0)
        return rs;
    /*保存最后一个数*/
    buf[i] = *algo_data->unit->IICDS;
    /*停止rx*/
    rs = i2c_s3c44b0x_xfer_stop(algo_data,1);
    if(rs < 0)
        return rs;
    return len;
}
/*主读/写入口*/
static int master_xfer(struct i2c_adapter *adap,struct i2c_msg msgs[],int num)
{
    int i,rs;
    struct i2c_msg *msg;
    struct i2c_s3c44b0x_algo_data *algo_data = adap->algo_data;
    for(i = 0; i < num; i++)
    {
        msg = &msgs[i];
        /*获取从地址*/
```

```
        algo_data->slave_addr = msg->addr;
        /*发送设备从地址*/
        rs = i2c_s3c44b0x_send_slave_addr(algo_data);
        if(rs < 0)
            return rs;
        if(msg->flags & I2C_M_RD)
         {
            /*从缓冲区中读字节*/
            rs = i2c_s3c44b0x_readbytes(algo_data,msg->buf,msg->len);
            if(rs < 0)
                return rs;
        }
         else
         {
            /*向缓冲区中写字节*/
            rs = i2c_s3c44b0x_writebytes(algo_data,msg->buf,msg->len);
            if(rs < 0)
                return rs;
        }
    }
    return num;
}
static int algo_control(struct i2c_adapter *adap,unsigned int cmd,unsigned long arg)
{
    int i;
    struct i2c_s3c44b0x_algo_data *algo_data = adap->algo_data;
    switch(cmd)
    {
    case I2C_SET_DATA_ADDR:
        if(arg > 0x7ff)
            return -EINVAL;
        algo_data->data_addr = arg;
        return 0;
    case I2C_SET_BUS_CLOCK:
        if(arg < (CONFIG_ARM_CLK / L_CLK_DIV / 16))
         {
            algo_data->clock_val = (IIC_CON_TX_CLK_SEL | 15);
        }
         else if(arg < (CONFIG_ARM_CLK / H_CLK_DIV / 16))
         {
            for(i = 15; i > 0; i--)
            {
                if(arg < (CONFIG_ARM_CLK / L_CLK_DIV / i))
                {
                    algo_data->clock_val = (IIC_CON_TX_CLK_SEL | i);
```

```
                    return 0;
                }
            }
            algo_data->clock_val = (IIC_CON_TX_CLK_SEL);
        }
        else
        {
            for(i = 15; i > 2; i--)
            {
                if(arg < (CONFIG_ARM_CLK / H_CLK_DIV / i))
                {
                    algo_data->clock_val = i;
                    return 0;
                }
            }
            algo_data->clock_val = 2;
        }
        return 0;
    }
    return 0;
}
static u32 iic_func(struct i2c_adapter * adap)
{
    return I2C_FUNC_I2C | I2C_FUNC_SMBUS_EMUL;
}
static struct i2c_algorithm s3c44b0x_i2c_algo = {
    .name = "S3C44B0X IIC-Bus algorithm",
    .id = I2C_ALGO_S3C44B0X,
    .master_xfer = master_xfer,
    .algo_control = algo_control,
    .functionality = iic_func,
};
static void i2c_s3c44box_setup(struct i2c_s3c44b0x_algo_data * algo_data)
{
    u32 cr;
    /* IICADD */
    cr = I2C_ADDR_S3C44B0X;
    *algo_data->unit->IICADD = cr;
    /* IICCON */
    cr = (IIC_CON_ACK_E | IIC_CON_TX_RX_INT_E | IIC_CON_TX_CLK_VAL);
    *algo_data->unit->IICCON = cr;
    /* IICSTAT */
    cr = (IIC_STA_SO_E);
```

```
    *algo_data->unit->IICSTAT=cr;
}

/*在运行时,给加载算法注册函数*/
static int i2c_s3c44b0x_add_bus(struct i2c_adapter *adap)
{
    struct i2c_s3c44b0x_algo_data *algo_data=adap->algo_data;
    spin_lock_init(&algo_data->lock);
    if(request_irq(
            algo_data->unit->irq,
            i2c_s3c44b0x_isr_handler,
            0,/*SA_INTERRUPT,*/
            adap->name,
            algo_data)) {
        return -ENODEV;
    }
    /*向I2C模块注册新的iic_adapter*/
    adap->id |= s3c44b0x_i2c_algo.id;
    adap->algo=&s3c44b0x_i2c_algo;
    adap->timeout=100;              /*默认值*/
    adap->retries=3;                /*被定义替换*/
    i2c_s3c44box_setup(algo_data);
    i2c_add_adapter(adap);
    return 0;
}

static void i2c_s3c44b0x_cleanup(struct i2c_s3c44b0x_algo_data *algo_data)
{
    /*IICCON*/
    *algo_data->unit->IICCON=0;
    /*IICSTAT*/
    *algo_data->unit->IICSTAT=0;
}
static int i2c_s3c44b0x_del_bus(struct i2c_adapter *adap)
{
    struct i2c_s3c44b0x_algo_data *algo_data=adap->algo_data;
    i2c_s3c44b0x_cleanup(algo_data);
    free_irq(algo_data->unit->irq,algo_data);
    return i2c_del_adapter(adap);
}
static struct i2c_s3c44b0x_unit s3c44box_i2c_unit={
    .IICCON=(u32 *)S3C44B0X_IICCON,
    .IICSTAT=(u32 *)S3C44B0X_IICSTAT,
    .IICADD=(u32 *)S3C44B0X_IICADD,
    .IICDS=(u32 *)S3C44B0X_IICDS,
    .irq=S3C44B0X_INTERRUPT_IIC,
```

```
};
static struct i2c_s3c44b0x_algo_data s3c44b0x_i2c_algo_data = {
    .slave_addr = 0,
    .data_addr = 0,
    .clock_val = IIC_CON_TX_CLK_VAL,
    .ack = 0,
    .timeout = 2 * HZ,
    .unit = &s3c44box_i2c_unit,
};
static struct i2c_adapter s3c44b0x_i2c_adapter = {
    .name = "S3C44B0X IIC - Bus interface",
    .id = I2C_HW_S3C44B0X,
    .algo_data = &s3c44b0x_i2c_algo_data,
};
static int __init i2c_s3c44b0x_init (void)
{
    return i2c_s3c44b0x_add_bus(&s3c44b0x_i2c_adapter);
}
static void __exit i2c_s3c44b0x_exit(void)
{
    i2c_s3c44b0x_del_bus(&s3c44b0x_i2c_adapter);
}
module_init (i2c_s3c44b0x_init);
module_exit (i2c_s3c44b0x_exit);
MODULE_DESCRIPTION("Start S3C44B0 led driver");
MODULE_AUTHOR("Start ");
MODULE_LICENSE("GPL");
MODULE_PARM(i2c_debug,"i");
MODULE_PARM_DESC(i2c_debug,"debug level - 0 off; 1 normal; 2,3 more verbose; 9 bit - protocol");
```

7. 练习题

(1) 理解 I^2C 总线的数据传输格式和数据传输流程。

(2) 理解 i2c - core、i2c - dev 与算法驱动程序之间的关系。

5.6 μCLinux 应用基础实验

1. 实验目的

通过实验掌握 μCLinux 下应用程序的编写和调试方法。

2. 实验设备

(1) 硬件：Start S3C44B0X 实验平台，ARM Multi - ICE 仿真器，PC 机，仿真器电缆，串口电缆。

(2) 软件：Cygwin Unix 模拟平台，μCLinux 交叉编译工具链，Windows 98/2000/NT/XP 操作系统。

3. 实验内容

(1) 学习和掌握 μCLinux 下的应用程序开发的基本步骤，编写 LED 的应用程序。LED 应用程序首先需要完成测试单个 LED 是否可点亮，最后一次点亮所有的 LED。

(2) 使用 3 种方法调试运行该应用程序。

4. 实验原理

1) LED 应用程序编写

在 μCLinux 下，应用程序对硬件的操作通过系统调用来完成，如 open、close、read、write、ioctl，这些函数都是在设备驱动中实现的。设备驱动程序实现对设备的抽象处理。系统中每个设备都用一个设备文件来表示。设备文件与普通文件的操作方法一样，可以使用文件操作的标准调用，如用 open、close、read、write、ioctl 等实现控制。

对 LED 的测试只需要给控制 LED 的 I/O 赋相应的值，在 μCLinux 下也是通过驱动给 I/O 赋值。应用程序首先使用系统调用 open 函数是打开 LED 设备文件，然后循环使用系统调用 write 函数。在 write 函数中，驱动使用 copy_from_user()将用户空间的数据写入内核空间，逐个对 LED 写数，接着使用应用程序 read 函数读取驱动的返回值，最后使用 close 系统调用来关闭设备，具体内容可参考本节的实验"6. 实验参考程序"。

2) 应用程序的调试运行

在 μCLinux 调试运行应用程序有以下几种方法：将应用文件添加到文件系统；使用 nfs；使用 TFTP/FTP。

(1) 将应用程序添加到文件系统

① 在/usr 目录下新建 app 目录作为应用程序的存放位置。

```
$ :mkdir -p /usr/local/src/μCLinux-dist/user/app
```

② 复制 led. c 和 Makefile 到 app 目录下。

③ 修改配置相关文件。修改配置相关文件则将应用程序信息添加到配置选项中，将此程序当做文件系统自带的用户应用程序来对待。修改. /config/config. in，在最后面增加菜单：

```
###########################################################
mainmenu_option next_comment
comment 'User Application'
bool 'Led' CONFIG_USER_LED
comment "User Application"
endmenu
###########################################################
```

将会在用户程序配置界面中出现 User Application 菜单。或者在合适的菜单块中增加一行：

```
bool 'Led' CONFIG_USER_LED
```

在某个配置选项菜单块中增加一个布尔变量，用于确定是否选择加载 LED 程序，LED 将出现在该菜单中。

修改./config/Configure.help,Configure.help 包含配置时显示的描述文本,在文件中增加:

```
CONFIG_USER_LED
This program control the Led output.
```

注意:描述文本必须缩进两空格,不能包括空行且必须少于70个字符。

④ 修改用户程序工程管理文件。修改用户程序工程管理文件则增加用户工程目录到待编译工程目录列表中,即修改/user/makefile,这样完成了应用程序的添加。在../user/Makefile中,增加行:

```
dir_$(CONFIG_USER_LED) + = app
```

通常按照目录名称的字母顺序插入该行,编译器会自动访问新添加程序的 Makefile 文件,取得编译所需要的信息。

(2) 使用 NFS

NFS(Network FileSystem)由 SUN 公司于 1984 年推出的 RPC service,主要设计目的是为了在不同的系统中共享文件。NFS 所使用的通讯协议设计与主机和操作系统无关。

用户在 Linux 系统可以通过 mount 命令将远端文件系统安装在自己的文件系统之下,此时操作远端的文件与操作本地机器的文件完全相同。在 μCLinux 应用程序的开发过程中,使用 NFS 映射可以将主机上的文件当作本地文件使用,使开发和调试变得更为方便。

① 主机上安装 NFS 服务

在 WinXP 操作系统的主机上提供 NFS 服务有以下几种方法:一是使用微软公司提供的 Windows Service for UNIX(SFU),SFU 中的一个组件提供 NFS 服务,但是该软件件相当庞大,安装版本多于 200 MB;二是使用一些商业的 NFS 软件,如 nfsAxe 2.2;三是使用 Cygwin 下的 NFS 服务。本节只介绍如何安装 Cygwin 下的 NFS 服务。

Cygwin 最新的发布版本没有提供 NFS 服务程序,用户需要进行手工安装。

(a) 解压 NFS 服务程序包 nfs - server - 2.2.47 - 2.tar.bz2。

cd/一定要回到根目录下解压安装 NFS 服务器。

$> tar xvjf /tmp/nfs - server - 2.2.47 - 2.tar.bz2

(b) 配置 NFS Server:

$> /usr/bin/nfs - server - config

执行 nfs - server - config 命令后会显示安装信息。

(c) 设置主机访问控制:

- 编辑文件/etc/hosts.allow:当设置任何用户都可以访问 NFS 服务时,在文件中增加行:nfsd:ALL。
  设置某个 IP 地址的用户访问 NFS 服务时,增加行如:nfsd:192.192.192.100。
  设置某个子网地址的用户访问 NFS 服务时,增加行如:nfsd:192.192.0.0/255.255.0.0。
- 编辑文件/etc/hosts.deny:如果 Cygwin 中没有其他网络服务,则注释本文件中的所有行。

(d) 设置主机共享目录:编辑文件/etc/ exports,增加行:/home/app 192.192.192.0/255.255.255.0(rw,no_root_squash),表示在 192.192.192 子网上共享/home/app 目录,该目录可读写(rw)。

(e) 启动 NFS 服务:用户可以在 Cygwin 下执行以下命令启动服务:

```
$ > cygrunsrv  - S portmap
```

```
$> cygrunsrv -S nfsd
$> cygrunsrv -S mountd
```

也可以直接在的控制面板中的启动服务。启动之后可以使用$>/usr/sbin/showmount 命令检查服务是否成功运行。

② 配置 μCLinux 支持 NFS

在内核配置中选择：

- Networking options→TCP/IP Networking，其他使用缺省配置；
- Network device support→Network device support，其他使用缺省值；
- File systems→Network file systems→NFS File system support；
- File systems→Network file systems→Provide NFSv3 client support。

在用户配置中选择：

- Network Applications→portmap；
- BusyBox→mount：support NFS mounts。

配置后编译 μCLinux 内核和文件系统映像文件。

③ 在 μCLinux 映射主机硬盘

μCLinux 系统启动后，在串口终端执行以下命令：

```
$> ifconfig eth0 192.192.192.180      配置目标板 IP 地址
$>mkdir  /var/nfs
$>portmap&
$>mount -t nfs 192.192.192.31:/home/app /var/nfs -o nolock
```

本命令将主机上共享的/home/app 目录映射到 μCLinux 系统下/var/nfs 目录。映射之后，用户可以直接在主机上编译生成 μCLinux 系统下可执行程序，复制到/home/app 目录，然后通过 μCLinux 的串行口终端切换到/var/nfs 目录，直接在该目录下执行程序。

(3) 使用 TFTP

在 XP 操作系统下需要建立 TFTP 服务器，使用 TFTP 下载应用程序的流程如下。

① 运行 TFTP 服务器程序 tftpd32.exe，对 TFTP 服务器程序进行各种工作状态、权限以及本地 TFTP 工作目录的设置，默认状态下可以直接进行工作。在如图 5-15 所示的图中要进行服务器 IP 的设置、客户端 IP 的设置，指定所要传送的文件的路径以及文件名。

② 采用 TFTP 方式传送调试程序。在 μCLinux 的超级终端窗口执行 TFTP 客户端命令连接服务器程序 tftpd32，直接下载文件到 var 目录，修改权限后运行。假如要传送的文件为 LED，步骤如下：

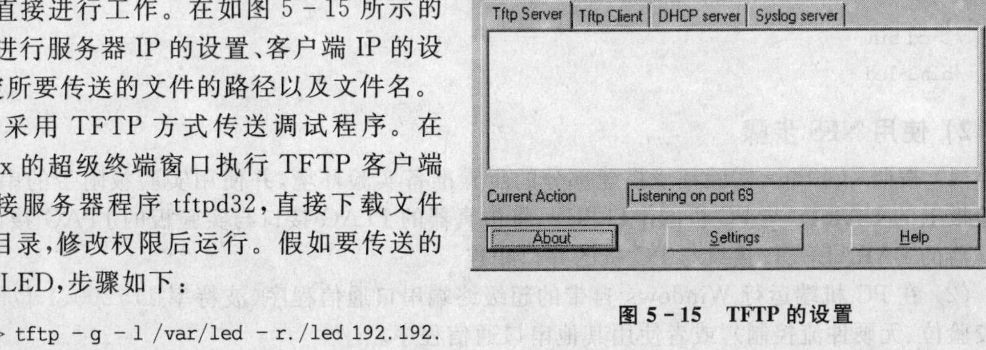

图 5-15　TFTP 的设置

```
/> tftp -g -l /var/led -r./led 192.192.
192.31                    ——主机 IP
/> cd /var
/var> chmod 777 led       ——更改文件属性为可执行
/var> ./led               ——执行文件
```

5. 实验操作步骤

1) 将应用程序添加到文件系统运行步骤

(1) 按照 μCLinux 实验环境搭建部分的步骤准备实验环境,并使用实验板附带的串口线将实验板上的 UART0 与 PC 机的串口相连,将仿真器的 JTAG 接口与实验板的 JTAG 接口相连,仿真器的 PARALLEL 接口与 PC 机的并口相连。

(2) 在 PC 机端运行 Windows 自带的超级终端串口通信程序(波特率 115200、1 位停止位、无校验位、无硬件流控制),或者使用其他串口通信程序。

(3) 编写 led.c 和相应的 makefile。makefile 的作用是对要添加的应用程序工程进行管理,对目标文件、编译工具、参数、路径以及清除规则等进行详细的描述。关于 makefile 的编写本书不进行详细介绍,可查阅相关资料及参考例程 makefile 文件,掌握 makefile 的编写。

(4) 按照本节实验原理所介绍,进行相应的文件修改。

(5) 重新编译 μCLinux,将新的用户应用程序加载到文件系统中,并重新将文件系统烧写至 Flash 相应扇区,启动运行。

```
make xconfig
make dep
make lib_only
make user_only
make romfs
make image
```

其中在 make xconfig 命令中必须选择 LED!

如果修改了应用程序重新编译,从 make user_only 开始执行命令即可。

(6) 用烧写工具进行烧写,将 BootLoader(blob. Start S3C44b0. bin)烧写到 Flash 地址 0x000000~0x00FFFF,将内核映像文件 zImage 烧写到 Flash 地址 0x010000~0x01FFFFF。

(7) 在目标板上运行 μCLinux,在 PC 机上观察超级终端程序主窗口,可以看到如下界面:

```
Sash command shell (version 1.1.1)
/>
```

进入 bin 目录运行 LED 程序,观察 LED 管的闪烁变化。

```
/>cd bin
/bin>led
```

2) 使用 NFS 步骤

(1) 按照 μCLinux 实验环境搭建部分的步骤准备实验环境,并使用实验板附带的串口线将实验板上的 UART0 与 PC 机的串口相连,将仿真器的 JTAG 接口与实验板的 JTAG 接口相连,仿真器的 PARALLEL 接口与 PC 机的并口相连。

(2) 在 PC 机端运行 Windows 自带的超级终端串口通信程序(波特率 115200、1 位停止位、无校验位、无硬件流控制),或者使用其他串口通信程序。

(3) 编写 led.c 和相应的 makefile。

(4) 按照本节讲述的 NFS 环境建立步骤,首先在主机上安装 NFS 服务,其次配置 μCLinux 支持 NFS,最后进行 μCLinux 映射主机硬盘。

(5) 编译 μCLinux 内核并将生成的 zImage 烧到 Flash 的 0x010000~0x01FFFFF,将 Boot-

Loader(blob. Start S3C44b0. bin)烧写到 Flash 地址 0x000000～0x00FFFF。

(6) 将编写好的 led. c 放到/home/app 下，使用 make 命令进行编译。复位目标开发板，然后从串口终端看到 μCLinux 的启动界面如下所示：

```
Sash command shell (version 1.1.1)
/>
```

使用如下命令观察运行结果：

```
/>cd /var/nfs
/var/nfs>./led
```

3) 使用 TFTP 步骤

(1) 按照 μCLinux 实验环境搭建部分的步骤准备实验环境，并使用实验板附带的串口线将实验板上的 UART0 与 PC 机的串口相连，将仿真器的 JTAG 接口与实验板的 JTAG 接口相连，仿真器的 PARALLEL 接口与 PC 机的并口相连。

(2) 在 PC 机端运行 Windows 自带的超级终端串口通信程序(波特率 115200、1 位停止位、无校验位、无硬件流控制)，或者使用其他串口通信程序。

(3) 编译 μCLinux 内核，并将生成的 zImage 烧到 Flash 的 0x010000～0x01FFFFF，将 BootLoader(blob. Start S3C44b0. bin)烧写到 Flash 地址 0x000000～0x00FFFF。

(4) 编写 led. c 和相应的 makefile 文件。

(5) 按照本节 TFTP 的使用方法，对 TFTP 服务器程序 tftpd32. exe 进行服务器 IP 和客户端 IP 的设置，指定 led. c 文件在 PC 机上的存储路径。

(6) 复位目标开发板，在 PC 机串口终端看到 μCLinux 的启动界面如下所示：

```
Sash command shell (version 1.1.1)
/>
```

在该界面下执行 TFTP 客户端命令，链接服务器程序 tftp32. exe，直接下载文件到 rar 目录，修改权限运行：

```
……主机 IPD
……更改文件属性为可执行
……执行文件
```

使用如下命令行进行 led 文件的获取和运行。

```
/> tftp -g -l /var/led -r./led 192.192.192.31 -
/> cd /var
/var> chmod 777 led
/var> ./led
```

6. 实验参考程序

```
#include <unistd.h>
#include <stdio.h>
#include <stdlib.h>
#include <linux/fcntl.h>
#define LED_NUM 4
```

```
int main(int argc,char * * argv)
{
int i,j,wval,rval,fd;
printf("Test LED...\n");
/ * open led device * /
fd = open("/dev/led0",O_RDWR);
/ * 测试单个 LED * /
for(i = 0; i<3; i ++ )
{
for(j = 0; j<LED_NUM; j ++ )
{
wval = 1 << j;
write(fd,&wval,1);
read(fd,&rval,1);
printf("Turn on LED % d,readback val = 0x % 02X\n",j + 1,rval);
/ * 延时 500 ms * /
usleep(500 * 1000);
}
}
/ * 测试所有 LED * /
for(i = 0; i<6; i ++ )
{
if(i % 2)
{
wval = 0x00;
write(fd,&wval,1);
read(fd,&rval,1);
printf("Turn off all LEDs,readback val = 0x % 02X\n",rval);
}
else
{
wval = 0x0f;
write(fd,&wval,1);
read(fd,&rval,1);
printf("Turn on all LEDs,readback val = 0x % 02X\n",rval);
}
/ * 延时 1 s * /
sleep(1);
}
/ * 关闭 LED 设备 * /
close(fd);
return 0;
}
```

7. 练习题

(1) 改写 LED 的应用程序,实现使用 4 个 LED 组合显示数字 0~16。

(2) 按照实验操作步骤的 3 种方法调试该 LED 应用程序,调试成功后将其加入文件系统中。

5.7　μCLinux 网络应用程序实验

1. 实验目的

(1) 掌握 μCLinux 下的网络接口编程。

(2) 掌握用 NFS 方式调试应用程序的方法。

2. 实验设备

(1) 硬件：Start S3C44B0X 实验平台,ARM Multi - ICE 仿真器、PC 机、仿真器电缆、串口电缆。

(2) 软件：Cygwin Unix 模拟平台,μCLinux 交叉编译工具链,Windows 98/2000/NT/XP 操作系统。

3. 实验内容

基于 μCLinux 下的网络接口编写应用程序,实现一个简单的客户/服务器应用。服务器端程序在 μCLinux 下运行,客户机程序在 PC 机上运行。服务器程序接收客户机发送过来的字符串并回传给客户端,同时将接收到的字符串打印到串口终端。在 μCLinux 系统下映射主机目录进行程序的调试。

4. 实验原理

在 TCP/IP 网络应用中,通信的两个进程间相互作用的主要模式是客户/服务器模式(Client/Server Model),即客户向服务器发出服务请求,服务器接收到请求后,提供相应服务,这种方式隐含了在建立客户/服务器间通信的非对称性。客户/服务器模型工作时要求有一套为客户机和服务器所共识的协议,保证服务能够被提供(或被接收)。在协议中,有主从机之分。通常服务器在某个地址监听客户的请求,一旦客户提出连接请求,服务器将从休眠状态被唤醒,为客户提供服务。

当服务器和应用程序需要与其他进程通信时就会创建套接口。套接口(socket)使用一般分为分配套接口和初始化、完成连接的系统调用、传送数据以及关闭等几个步骤。

1) 分配套接口和初始化

套接口是数据通信通道,在两个进程通过套接口建立连接后,会使用套接口描述字来读/写数据。对于套接口,通常使用的协议和套接口类型是 AF_INET(ARPA 网际协议)及 SOCK_STREAM 类型。流式套接字(SOCK_STREAM)提供了一个面向连接、可靠的数据传输服务,数据无差错、无重复地发送,且按发送顺序接收。流式套接字内设流量控制,避免数据流超限;将数据看做字节流,无长度限制。文件传送协议(FTP)即使用流式套接字。当一个套接字用 socket 创建后,存在一个名字空间(地址族),但它没有被命名。bind 将套接字地址(包括本地主机地址和本地端口地址)与所创建的套接字号联系起来。地址在建立套接字通信过程中起着重要作用。

2) 完成连接的系统调用

当创建了套接口并且使用 bind 把它与一个进程关联起来后,服务器类型的进程可以调用 listen 函数来监听接入的套接口连接。当一个接入信号抵达监听套接口时,会被排入队列直到服务器程序准备好处理为止。当服务器准备处理一个新的连接时,使用系统调用 accept 从套接口队列中检索一个挂起信号。accept 会返回一个新的套接口描述符,用来进行客户和服务器通信,原来的套接口继续监听新接入信号。客户则使用系统调用 connect 来把本地套接口与远程服务联系起来。该调用的典型用法是为运行在远程计算机上的服务器进程指定本机信息。

3) 传送数据

在传送数据阶段,recv 用来接收从已经连接的套接口传来的信息,这个套接口已经通过调用 connect 与另一个套接口连接起来。系统调用 send 来通过套接口向其他程序传递数据,客户端和服务器分别使用 send 来向远程服务进程传送服务请求和向客户端返回数据。

4) 关　闭

当用完套接口需要释放时,通过使用系统调用 close 来关闭套接口描述符即可。

限于篇幅,对以上系统调用不做详细的使用说明,具体的参数以及用法请查阅相关资料。

5. 实验操作步骤

(1) 按照 μCLinux 实验环境搭建部分的步骤准备实验环境,并使用实验板附带的串口线将实验板上的 UART0 与 PC 机的串口相连,将仿真器的 JTAG 接口与实验板的 JTAG 接口相连,将仿真器的 PARALLEL 接口与 PC 机的并口相连。

(2) 在 PC 机上运行 Windows 自带的超级终端串口通信程序,设置波特率 115200、1 位停止位、无校验位、无硬件流控制。

(3) 按照 NFS 的实验步骤,在 Cygwin 下安装 NFS Server,设置共享目录/home/app 并启动 NFS 服务。

(4) 编译 μCLinux 内核,并将生成的 zImage 烧到 Flash 的 0x010000～0x01FFFFF,将 BootLoader(blob. Start S3C44b0. bin)烧写到 Flash 地址 0x000000～0x00FFFF。

(5) 编译 μCLinux 下运行的服务器端程序 server. c 例程,执行以下命令后生成二进制文件 server,并复制 server 程序到共享目录/home/app。

```
arm-elf-gcc -o server server.c -elf2flt
```

(6) 编译主机上运行的客户端程序 client. c 例程,执行以下命令后生成二进制文件 client:

```
gcc -o client clinet.c
```

(7) 在目标板上运行 μCLinux,在 PC 机超级终端程序窗口执行映射网络文件系统命令。

```
sash command shell (version 1.1.1)
/> mkdir /var/ nfs
/> portmap&
/> mount -t nfs 192.192.192.31:/home/app /var/nfs -o nolock
```

(8) 在 μCLinux 终端窗口执行以下命令运行服务器程序:

```
/>cd /var/nfs
/var/nfs>./server
server listening ...wait for connect...
```

命令执行后,出现"server listening... wait for connect..."表示服务器程序进入监听状态,等待客户端程序的连接。

(9) 在 PC 机 Cygwin 上运行客户端程序,执行以下命令,连接服务器:

```
$ ./client.exe
default local host : 192.192.192.12,or you can input one after the command
Send to server ...Default test string
Response from server ...Default test string
```

以上为客户端连接服务器后的显示。可以使用默认服务器 IP,也可以自己输入“./client 开发板 IP”。

程序连接服务器后,客户端首先发送字符串“Default test string.”到服务器,服务器接收并打印到串口;再将字符串回传给客户端,客户端接收后再打印到显示终端。超级终端显示如下:

```
/var>./server
server listening...wait for connect...
received form client...Default test string
send to client...Default test string
```

6. 实验参考程序

1) 服务器例程

```
/*server.c*/
#include<sys/socket.h>
#include<stdio.h>
#include<netdb.h>
#include<netinet/in.h>
#include<arpa/inet.h>
#define MYPORT 8000
#define BACKLOG 10
main() {
    int sockfd,con_fd,numbytes,ret,pid;
    struct sockaddr_in my_addr;
    struct sockaddr_in their_addr;
    int sin_size;
    int lis;
    char buf[256];
socketing:
    //创建 socket
    sockfd = socket(AF_INET,SOCK_STREAM,0);
    if (sockfd == -1) {
        printf("failed when creating\n");
        exit(-1);
    }
    //绑定 socket
    my_addr.sin_family = AF_INET;
    my_addr.sin_port = htons(MYPORT);
    my_addr.sin_addr.s_addr = INADDR_ANY;
    bzero(&(my_addr.sin_zero),8);
```

```
    ret = bind(sockfd,(struct sockaddr * )&my_addr,sizeof(struct sockaddr));
    if (ret == -1) {
        printf("failed when binding\n");
        exit(-1);
    }
    //监听
    if (listen(sockfd,BACKLOG) == -1)
    {
        printf("failed when listening\n");
        exit(-1);
    }
    printf("server listening...wait for connect...\n");
    while (1)
    {
        sin_size = sizeof(struct sockaddr);
        con_fd = accept(sockfd,(struct sockaddr * )&their_addr,&sin_size);
        if (con_fd<0)
        {
            printf("failed when accepting\n");
            exit(-1);
        }
        //从客户端接收到数据并且打印该字符
        if (recv(con_fd,buf,sizeof(buf),0) == -1)
        {
            printf("failed when receiving the string\n");
            exit(-1);
        }
        printf("    received form client... %s\n",buf);
        //发送缓存的字符到客户端并且打印
        if (send(con_fd,&buf,sizeof(buf),0) == -1)
        {
            printf("failed when sending the string");
            exit(-1);
        }
        printf("    send to client... %s\n",buf);
        close(con_fd);
        exit(0);
    }
}
```

2) 客户端例程

```
/ * client.c * /
#include<sys/socket.h>
#include<stdio.h>
```

```
#include<netdb.h>
#include<netinet/in.h>
#include<arpa/inet.h>
#define MYPORT 8000
//本地主机
char * host_name = "127.0.0.1";

main(int argc,char * argv[]) {
    int sockfd,con_fd,numbytes,ret,pid;
    struct sockaddr_in server_addr;
    struct hostent * their_addr;
    int sin_size;
    int lis;
    char buf[256];
    char * str = "Default test string.\n";
    char * ip = "192.192.192.12\n";
    //如果在命令后输入了一个新的主机 IP,可以改变这个默认的 IP 地址
    if (argc<2)
        printf("default local host : 192.192.192.12,or you can input one after the command.\n");
    else
    {
        ip = argv[1];
        printf("local host ip = %s\n",ip);
    }

socketing:
    //创建 socket
    server_addr.sin_family = AF_INET;
    server_addr.sin_port = htons(MYPORT);
    server_addr.sin_addr.s_addr = inet_addr(ip);     //inet_addr(ip);
    bzero(&(server_addr.sin_zero),8);
    sockfd = socket(AF_INET,SOCK_STREAM,0);
    if (sockfd == -10)
    {
        printf("failed when creating\n");
        exit(-1);
    }
    //连接 server
    if (connect(sockfd,(void *)&server_addr,sizeof(server_addr)) == -1)
  {
        printf("failed when connecting\n");
        exit(-1);
    }
    //发送默认的字符给 server
    printf("send to server... %s\n",str);
    if (send(sockfd,str,strlen(str),0) == -1)
```

```
    {
        printf("failed when sending\n");
        exit(-1);
    }
    //从 server 接收到一个字符
    if (recv(sockfd,buf,sizeof(buf),0) == -1) {
        printf("failed when receiving\n");
        exit(-1);
    }
    printf("   response from server... %s\n",buf);
    close(sockfd);
}
```

7. 练习题

(1) 理解套接口流程。

(2) 利用 TFTP 方式调试运行本网络实验。

5.8 μCLinux 综合实验

1. 实验目的

(1) 熟悉 μCLinux 下嵌入式系统的开发流程。

(2) 了解 μCLinux 下触摸屏驱动的设计。

(3) 掌握 μCLinux 下的应用程序的设计和实现。

2. 实验设备

(1) 硬件：Start S3C44B0X 实验平台，ARM Multi-ICE 仿真器，PC 机，仿真器电缆，串口电缆。

(2) 软件：Cygwin Unix 模拟平台，μCLinux 交叉编译工具链，Windows 98/2000/NT/XP 操作系统。

3. 实验内容

设计和完成 μCLinux 下的电子词典，该电子词典具备以下功能：

(1) 能够通过键盘、触摸屏完成输入。

- 键盘需要提供英文输入，上翻页、下翻页、上一行、下一行、翻译、退格 6 个功能键。
- 触摸屏需要实现划分出 6 个区域，分别对应键盘上的 6 个功能键。

(2) 提供友好的人机界面，将输入的内容和翻译的结果显示在 LCD 的相应区域内。

(3) 对输入的单词即时翻译。

4. 实验原理

1) μCLinux 下嵌入式系统的开发流程

基于 μCLinux 的嵌入式系统设计过程基本遵照常规的嵌入式系统开发流程。具体如下：

(1) 搭建开发环境。开发环境包括硬件环境和软件环境。软件环境可根据个人爱好,包括 BootLoader 的设计、μCLinux 源码的移植和安装、内核的配置以及编译运行。

(2) 设计和添加必要的驱动。驱动可以自行遵照 μCLinux 驱动的设计规则和步骤单独设计,也可分析 μCLinux 源码包中的驱动,在已有的驱动程序框架中完成硬件相关部分。

(3) 进行应用程序设计。

(4) 调试。对照以上开发流程,分析电子词典设计所要完成的工作。环境搭建在 5.1 节中已经介绍,电子词典需要以键盘、触摸屏作为输入,LCD 作为输出,因此需要设计和添加键盘、触摸屏和 LCD 三个驱动,以及进行应用程序的设计。

2) 驱动设计

根据以上 μCLinux 下嵌入式系统的开发流程分析,需要完成键盘、触摸屏和 LCD 三个驱动。本实验采用 I^2C 键盘,因此只需要完成 I^2C 驱动,采用基于 FrameBuffer 的 LCD 驱动,这两个驱动程序设计在 5.4 节和 5.5 节已经介绍过。以下只介绍触摸屏驱动程序的设计。

在 μCLinux 中,设备类型分为 3 类:字符设备、块设备、网络设备。触摸屏属于字符设备,同时由于 ADC 完成了触摸屏信号的模/数转换,所以对触摸屏的驱动实际上是对 ADC 的字符设备驱动。

触摸屏驱动程序需要传递 3 个数据,X(横坐标的采样值)、Y(纵坐标的采样值)和笔动作(按下/抬起)。

```
typedef struct{
    unsigned short pressure;
    unsigned short x;
    unsigned short y;
}TS_RET;
```

TS_RET 结构体中的信息就是驱动程序提供给上层应用程序使用的信息,用来存储触摸屏的返回值。上层应用程序通过读接口,从底层驱动中读取信息,并根据得到的值进行其他方面的操作。

```
typedef struct{
    unsigned int penStatus;
    TS_RET buf[MAX_TS_BUF];
    unsigned int head,tail;
    wait_queue_head_t wq;
    spinlock_t lock;
}TS_DEV;
```

全局变量 TS_DEV 结构体,用来保存触摸屏的相关参数、等待处理的消息队列、当前采样数据、上一次采样数据等信息。

penStatus——触摸笔的状态;

buf[MAX_TS_BUF]——触摸屏缓冲区;

head、tail——触摸屏缓冲区的头和尾;

wq——等待队列。

为了在 μCLinux 中能够操纵触摸屏,在触摸屏驱动程序中应该提供 open()、read()、release()和 poll()4 个接口。

```
struct file_operations s3c44b0_ts_fops = {
    .owner = THIS_MODULE,
```

```
    .read = s3c44b0_ts_read,
    .open = s3c44b0_ts_open,
    .release = s3c44b0_ts_release,
    .poll: = s3c44b0_ts_poll,
};
```

(1) module_init 是调用 s3c44b0_ts_init 函数来实现的,主要完成触摸屏设备的内核模块加载、系统 I/O 初始化、中断注册、设备注册,以及为设备文件系统创建入口等标准的字符设备初始化工作。首先要通过 register_chrdev()注册字符设备,声明其主设备号、设备名称以及指向函数指针数组 file operations 的指针。然后,再通过 request_irq()注册触摸屏中断服务程序。

```
int request_irq(unsigned int irq,
        void ( * handler)(int,void * ,struct pt_regs * ),
        unsigned long flags,const char * device,void * dev_id);
```

对上述函数中各参数说明如下:

unsigned int irq——该参数表示所要申请的中断号。中断号可以在程序中静态指定,或者在程序中自动探测。在嵌入式系统中因为外设较少,所以一般静态指定即可。在电子词典中使用的中断号为 S3C44B0X_INTERRUPT_EINT0(硬件相关)。

void (* handler)(int irq,void * device,struct pt_regs * regs)——handler 为向系统登记的中断处理子程序,中断产生时由系统来调用,调用时所带参数 irq 为中断号,device 为设备名,regs 为中断发生时寄存器内容。

unsigned long flags——flags 是申请时的选项,它决定中断处理程序的一些特性,其中最重要的一个选项是 SA_INTERRUPT。如果 SA_INTERRUPT 位置 1,表示这是一个快速处理中断程序;如果 SA_INTERRUPT 位为 0,表示这是一个慢速处理中断程序。快速处理程序运行时,所有中断都被屏蔽,而慢速处理程序运行时,除了正在处理的中断外,其他中断都没有被屏蔽。

const char * device——device 为设备名,将会出现在/proc/interrupts 文件里。

void * dev_id——dev_id 为申请时告诉系统的设备标识。

触摸屏中断处理程序 s3c44b0_isr_tc 是在清除中断挂起后调用 s3c44b0_get_XY()。该函数主要是通过导通不同 MOS 管组,使接触部分与控制器电路构成电阻电路,并产生一个电压降作为坐标值输出(可查阅第 3 章的触摸屏实验章节)。

当触摸屏被按下时,首先导通 MOS 管组 Q2 和 Q4,X_+ 与 X_- 回路加上+5 V 电源,同时将 MOS 管组 Q1 和 Q3 关闭,断开 Y_+ 和 Y_-;再启动处理器的 A/D 转换通道 0,电路电阻与触摸屏按下产生的电阻输出分量电压,并由 A/D 转换器将电压值数字化,计算出 X 轴的坐标。

接着导通 MOS 管组 Q1 和 Q3,Y_+ 与 Y_- 回路加上+5 V 电源,同时将 MOS 管组 Q2 和 Q4 关闭,断开 X_+ 和 X_-;再启动处理器的 A/D 转换通道 1,电路电阻与触摸屏按下产生的电阻输出分量电压,并由 A/D 转换器将电压值数字化,计算出 Y 轴的坐标。

(2) 在 open()函数中,应初始化缓冲区,初始化触摸屏状态 penState,初始化等待队列以及 tsEvent 时间处理函数指针,而 tsEvent 函数最终即为 tsEvent_raw()。这个函数主要完成的功能是:当触摸屏状态为 PEN_DOWN 时,完成缓冲区的填充、等待队列的唤醒;当触摸屏状态为 PEN_UP 时,将缓冲区清零,唤醒等待队列。

```
static void tsEvent_raw(void)
    {
        if(tsdev.penStatus = PEN_DOWN)
```

```
        {
        //BUF_HEAD.x = CONVERT_X(x);
        //BUF_HEAD.y = CONVERT_Y(y);
        BUF_HEAD.x = f_unPosX;
        BUF_HEAD.y = f_unPosY;
        BUF_HEAD.pressure = tsdev.penStatus;
        }
        else
        {BUF_HEAD.x = 0;
        BUF_HEAD.y = 0;
        BUF_HEAD.pressure = PEN_UP;
        }
        tsdev.head = INCBUF(tsdev.head,MAX_TS_BUF);
        wake_up_interruptible(&(tsdev.wq));
    }
```

(3) 在 read( )函数中，主要通过调用标准系统调用函数 copy_to_user()实现将 X/Y 方向的电压值由内核空间复制到用户空间。一旦完成了触摸屏的初始化，用户空间进程就能够通过 read()函数来读取触摸点的状态和位置。这个时候存在两种可能的情况：一种是已经有数据供读取，这时用户空间进程马上返回；另一种是暂时还没有数据可读，这时用户空间进程就需要在一个等待队列里睡眠等待。

(4) 退出函数为 s3c44b0_ts_exit，该函数的功能是清除已注册的字符设备、中断以及设备文件系统。

(5) poll 函数是提供给系统调用函数 select()使用的，是驱动中的轮询函数，该函数需要完成以下两个功能：

功能之一是调用 poll_wait 将可能引起设备文件状态改变的等待队列头添加到 poll_table 中。poll_wait 函数原型如下：

```
void poll_wait (struct file *,wait_queue_head_t *,poll_table *);
```

功能之二是返回是否能对设备进行无阻塞读、写的掩码。

为了消除震颤，需要在驱动中对一个触摸动作进行 5 次取样，积累 5 个原始样本以进行平滑计算。如果这 5 个原始样本中的坐标相差不大，则可以认为取得的样本是稳定的，进行平均从而成为一个有效样本。如果相差过大，则将这 5 个原始样本抛弃，重新进行取样，得到一个有效样本后，将其写入缓冲区。在用户空间进程通过 read()系统调用将 X/Y 方向的电压值复制到用户空间。由于触摸屏返回的数据是电压值，如果用户想将获得的触摸屏数据转换为触摸屏的坐标值，需要进行校正和转换这两个步骤。这两个步骤一般都在应用程序中实现。

至此，触摸屏驱动完成。

3) 应用程序设计

在电子词典应用程序设计这一部分，将完成以键盘作为输入、LCD 作为输出的电子词典设计。添加触摸屏功能留给读者作为练习。首先给出在 μCLinux 操作系统之上电子词典软件与操作系统以及硬件之间的层次关系，然后讲解电子词典应用程序设计的关键部分，部分内容将留给读者思考。

根据应用程序和操作系统之间的层次关系，电子词典应用程序与硬件之间的层次关系图如

图5-16所示。

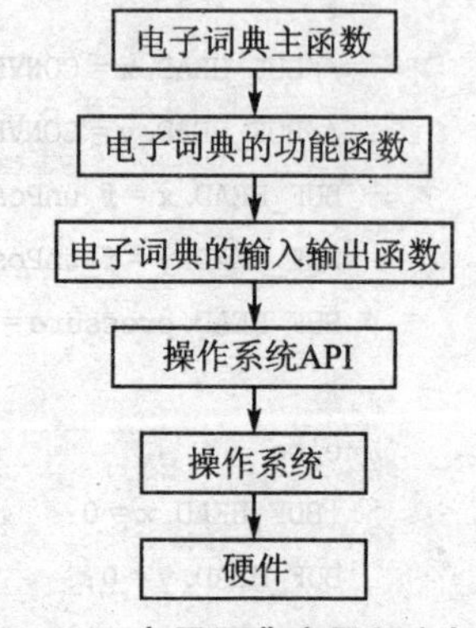

图5-16 电子词典应用程序与硬件之间的层次关系图

电子词典的功能部分包括：

- 词库以及字库。
- 显示正确的参考单词。
- 功能键判别：退格功能、翻译功能、翻页功能(分上翻和下翻)、行的上移和下移。

这一部分的实现与操作系统和硬件是无关的，对这部分读者可自行实现，或者参考第3章的综合实验。

以下主要讲述电子词典应用程序的关键部分，即如何控制硬件设备实现相应的输入和输出功能，μCLinux操作系统是通过对设备文件进行操作来实现的。

(1) 设备文件操作流程

从驱动程序的设计部分可以看到：设备驱动程序实现对设备的抽象处理，为应用程序屏蔽硬件的细节。这样在应用程序看来，硬件设备只是一个设备文件，应用程序可以像操作普通文件一样对硬件设备进行操作。系统中每个设备都用一个设备文件来表示。设备文件与普通文件的操作方法一样，可以使用文件操作的标准调用，如用open、close、read、write、ioctl等实现对设备的控制。

对设备文件的操作流程如下：首先，使用open函数来打开设备，该函数是在驱动程序中有对应的设备文件被打开时调用的。如果应用程序要使用中断，也可用此函数实现中断号和中断处理函数的注册，当然中断的处理和注册是在驱动中完成的。其次，在打开设备后，应用程序可以使用read函数和write函数来进行相应的操作。例如实现对LED的操作，可以通过调用write来把应用程序中要控制LED的值传给内核，也可以通过read把内核空间的值传给应用程序(前者是使用copy_from_user()将用户空间的数据写入内核空间，后者是通过调用copy_to_user()把数据从内核空间复制到用户空间)。最后，使用release函数则是在应用程序中关闭驱动设备文件，用于卸载中断号和主设备号，释放由open函数分配的相关硬件资源，以及删除保存于驱动程序私有数据的所有内容。read函数和write函数用于从驱动程序中读取或者写入数据。

另外，应用程序中使用ioctl函数主要提供对底层硬件驱动的控制命令，也可以通过使用传递指针参数的方式实现它与用户空间交换任意数量的数据。

(2) 电子词典中对输入设备键盘的操作

在电子词典系统的键盘设计中，使用S3C44B0X处理器内置的I^2C总线接口控制器作为I^2C通信主设备，ZIG7290作为通信的从设备。这样在键盘的抽象层中所做的工作就是来打开I^2C设备，即“open("/dev/i2c0",O_RDWR);”调用标准系统调用函数ioctl来对使用设备进行设置，主要设置以下3项：从设备地址、i2c的总线时钟频率、系统寄存器的地址。

设置之后当确定有键按下时，要调用标准系统调用函数read来实现按键值从内核空间到用户空间的传递，然后再调用标准系统调用函数close关闭应用程序对驱动设备文件的调用。

图5-17展示应用程序如何实现键盘设备的操作并读取键值。在得到键值之后，要进行改变键值的定义。得到的键值为从1开始的数字，因此要进行键值基准的改变。键值基准转化为从0开始后，只要进行加0x61操作，得到的键值就成为从a开始的字母。键盘布局如图3-97所示。

(3) 电子词典中对输出设备LCD的操作

在电子词典系统的显示设计中，使用基于Framebuffer的LCD显示。根据电子词典显示界面的需求，需要通过操作设备文件实现以下基本绘图函数和字符的显示等，包括：画点、水平线、垂直线和矩形，区域填充，汉字显示，英文字符显示。对应这 7 个显示项，设计了如下所示的 7 个 LCD 显示函数。

```
int putpixel(int ,int,unsigned int);
void lcd_draw_hline(int,int,int,unsigned int,int);
void lcd_disp_ascii8x16(int x0,int y0,unsigned char ForeColor,unsigned char * s);
void lcd_disp_hz16(int x0,int y0,unsigned char ForeColor,unsigned char * s);
void lcd_draw_vline(int x0,int y0,int y1,unsigned int colour1,int width);
void lcd_draw_box(int left,int top,int right,int bottom,unsigned int colour1);
void lcd_clr_rect(int usLeft,int usTop,int usRight,int usBottom,unsigned int ucColor);
```

根据 LCD 的基本显示原理，这些绘图函数和字符的显示可归结为如何显示一个点的问题。在基于 Framebuffer 驱动的 LCD 显示中，问题就成为如何通过操作系统的系统调用函数操纵内核空间，来实现一个点的显示，因此，我们先来了解一下 Framebuffer 显示的原理及流程。

Framebuffer 是一种能够提取图形的硬件设备，是用户进入图形界面的很好接口。对于用户而言，它与 dev 下面的其他设备没有什么区别，用户可以把 Framebuffer 看成一块内存，既可以向这块内存中写入数据，也可以从这块内存中读取数据。显示器则根据指定内存块的数据来显示对应的图形界面。而这一切都由 LCD 控制器和相应的驱动程序来完成。

Framebuffer 的显示缓冲区位于 μCLinux 中核心态地址空间，而在 μCLinux 中，每个应用程序都有自己的虚拟地址空间，在应用程序中是不能直接访问物理缓冲区地址的。为此，μCLinux 在文件操作 file_operations 结构中提供了 mmap 函数，可将文件的内容映射到用户空间。对于帧缓冲设备，则可通过映射操作，将屏幕缓冲区的物理地址映射到用户空间的一段虚拟地址中，之后用户就可以通过读/写这段虚拟地址访问屏幕缓冲区。

点的显示流程如图 5-18 所示，下面讲述如何实现点的显示。

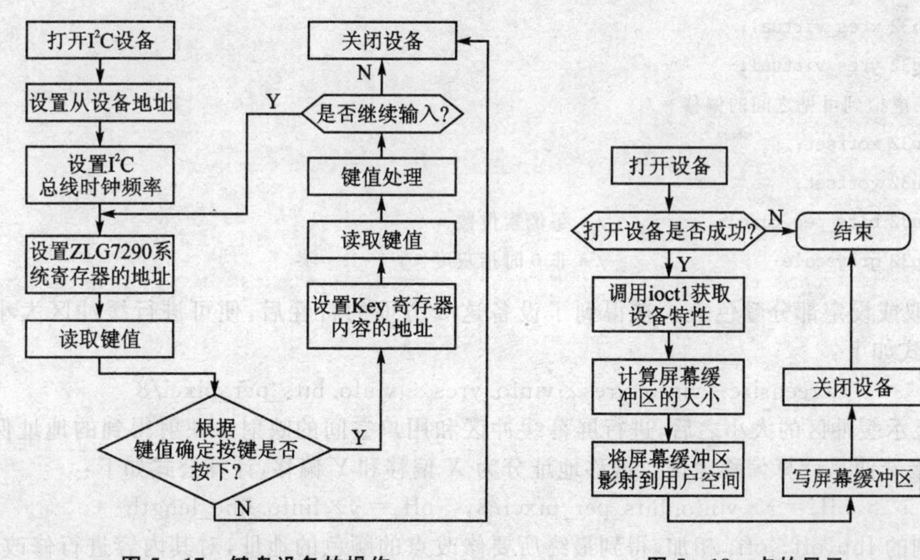

图 5-17　键盘设备的操作　　**图 5-18　点的显示**

在打开设备后，调用 ioctl 获取的设备特性包括 3 个方面。

① 获取一些设备不变的信息，如设备名，屏幕的组织对应内存区的长度和起始地址。这些信息是在结构体 struct fb_var_screeninfo 中，此结构体是在内核源码中的 include/Linux/fb.h 定义的，定义如下：

```
struct fb_fix_screeninfo {
    char id[16];                    /* 字符串形式的标识符 */
    unsigned long smem_start;       /* Framebuffer 缓存的起始位置(物理地址) */
    __u32 smem_len;                 /* Framebuffer 缓存的大小 */
    __u32 type;                     /* FB_TYPE_* */
    __u32 type_aux;                 /* 分界 */
    __u32 visual;                   /* FB_VISUAL_* */
    __u16 xpanstep;                 /* 如果没有硬件 panning,赋 0 */
    __u16 ypanstep;                 /* 如果没有硬件 panning,赋 0 */
    __u16 ywrapstep;                /* 如果没有硬件 ywrap,赋 0 */
    __u32 line_length;              /* 一行的字节数 */
    unsigned long mmio_start;       /* 内存映射 I/O 的大小 */
    __u32 accel;                    /* 附加可用的类型 */
    __u16 reserved[3];              /* 为将来的兼容性保留的 */
}
```

② 获取可以发生变化的信息,例如位深、颜色格式、时序等。如果改变这些值,驱动程序将对值进行优化,以满足设备特性。

```
struct fb_var_screeninfo {
    /* 可见解析度 */
    __u32 xres;
    __u32 yres;
    /* 虚拟解析度 */
    __u32 xres_virtual;
    __u32 yres_virtual;
    /* 虚拟到可见之间的偏移 */
    __u32 xoffset;
    __u32 yoffset;
    __u32 bits_per_pixel;           /* 每像素位数 */
    __u32 grayscale;                /* 非 0 时指灰度 */
```

③ 获取或设定部分颜色表。在得到了设备这 3 方面的特性后,便可进行缓冲区大小的计算,计算公式如下:

$$screensize = vinfo.xres \times vinfo.yres \times vinfo.bits\_per\_pixel/8$$

得到显示缓冲区的大小之后,进行屏幕缓冲区和用户空间的映射。映射得到的地址保存在指针 fbp,接着便是计算偏移地址。偏移地址分为 X 偏移和 Y 偏移,计算公式如下:

$$off_x = x \times vinfo.bits\_per\_pixel/8, \quad off_y = y \times finfo.line\_length$$

将得到的 fbp、off_x、off_y 相加,得到最终所要修改点的颜色的地址,对其内容进行修改,最后关闭设备,这就是点的显示过程。

当点的显示实现之后,至于画水平线、垂直线和矩形,以及区域填充、汉字显示、英文字符显示,就是以各种形式调用点的显示函数,这里不再具体讲解。

(4) 多 I/O 操作模式

实现多 I/O 输入可以采用 select 方法。

以上讲述的是用键盘作为输入、LCD作为输出的简单电子词典的实现。如果读者想要实现把键盘和触摸屏作为输入(即要使用多I/O输入),以下则简要介绍实现思路。

select()系统调用提供一个机制来实现同步多元I/O,调用select()将阻塞I/O,直到指定的文件描述符准备好执行I/O,或者可选参数timeout指定的时间已经过去。

select()函数原型描述如下:

int select(intnfds,fd_set * readfds,fd_set * writefds,fd_set * exceptfds,structtimeval * timeout);

监视的文件描述符分为3类set,每一种对应等待不同的事件。

在select()函数中,readfds中列出的文件描述符被监视是否有数据可供读取(如果读取操作完成则不会阻塞)。writefds中列出的文件描述符则被监视是否写入操作完成而不阻塞。最后,exceptfds中列出的文件描述符则被监视是否发生异常。这3类set可以是NULL,这种情况下select()不监视这一类事件。

select()成功返回时,每组set都会被修改以使它只包含准备好I/O的文件描述符。例如,假设有两个文件描述符,值分别是7和9,放在readfds中。当select()返回时,如果7仍然在set中,则这个文件描述符已经准备好被读取而不会阻塞。如果9已经不在set中,则读取它可能会阻塞(可能是因为数据正好在select返回后就可用,这种情况下,下一次调用select()将返回已准备好可读取的文件描述符)。

select()函数的第一个参数intnfds,等于所有set中最大的那个文件描述符的值加1。因此,select()的调用者负责检查哪个文件描述符拥有最大值,并且把这个值加1再传递给第一个参数。timeout参数是一个指向timeval结构体的指针,如果这个参数不是NULL,则即使没有文件描述符准备好I/O,select()也会在经过tv_sec(单位为s)和tv_usec(单位为ms)(tv_sec和tv_usec为timeval结构体中的成员)后返回。

我们可以采用select来监视键盘文件描述符和触摸屏描述符是否有数据可供读取。首先是使用FD_SET添加键盘文件描述符和触摸屏描述符到指定的set(我们关心的是读操作,所以set就是readfds)中,FD_ISSET测试一个文件描述符是否是指定set的一部分,如果键盘文件描述符有数据可供读取,FD_ISSET就返回非0值,就去读取键盘值;如果触摸屏描述符有数据可供读取,FD_ISSET就返回非0值,就去读取触摸屏值。

这种方法读者可以参考MiniGUI中的ial来实现。不过select系统调用需要在驱动中提供相应的支持,即在驱动中提供poll函数。

5. 实验操作步骤

(1) 按照μCLinux实验环境搭建部分的步骤准备实验环境,并使用实验板附带的串口线将实验板上的UART0与PC机的串口相连,将仿真器的JTAG接口与实验板的JTAG接口相连,仿真器的PARALLEL接口与PC机的并口相连。

(2) 在PC机端运行Windows自带的超级终端串口通信程序(波特率115200、1位停止位、无校验位、无硬件流控制),或者使用其他串口通信程序。

(3) 按照程序设计部分所介绍的触摸屏驱动程序编写触摸屏驱动,并按照5.3节所介绍的驱动程序添加过程将其添加进操作系统中。

(4) 按照电子词典应用程序的设计编写应用程序,并按照5.6节的步骤将其加入内核中。

(5) 将生成的zImage烧写到Flash的4扇区后,复位开发板,超级终端上会有μCLinux启动标志——小企鹅。

(6) 使用cd bin进入bin目录,运行电子词典程序。

6. 实验参考代码

1) 主函数参考代码

```
#define TRUE 0x0
#define FALSE 0x1
#define MAX_OLD 3                              //最多可以记忆4个旧单词
#define ALL_WNo 16                             //所有单词的总数
#define UP 1
#define DOWN 0
#define BACKSPACE 0
#define PAGEUP 1
#define LINEUP 2
#define ENTER 3
#define LINEDOWN 4
#define PAGEDOWN 5
#define BLACK 0x00
#define WHITE 0xFF
#define GREEN 0x1c
unsigned char oldword[MAX_OLD][10];
typedef struct {
        int x0;
        int y0;
        int x1;
        int y1;
}GUI_RECT;
GUI_RECT English_area = {15,15,260,35};        //显示英语单词的区域
GUI_RECT Chinese_area = {15,40,260,170};
GUI_RECT Move_line = {15,40,260,55};

typedef struct{
     unsigned char c[20];
     unsigned char d[5];
     unsigned char e[20];
     unsigned char f[50];
} str_word;

str_word vocab[15] = {
                {"add","v.","增加,计算","a bill that didn't add up."},
                {"age","n.","年龄,时代","the age of adolescence."},
                {"aid","v.","救援,资助,援助","I aided him in his enterprise."},
                {"all","adj.","总的,各种的","got into all manner of trouble.",},
                {"bad","adj.","坏的,有害的","bad habits."},
                {"bag","n.","手提包","a field bag."},
                {"balk","v.","障碍,妨碍","The horse balked at the jump."},
                {"beam","n.","光线,梁"," a beam of light."},
                {"call","v.","命令,通话,召集","called me at nine."},
                {"can","v.","能,可以","Can you remember the war?"},
```

```
            {"cable","n.","电缆","aerial cable"},
            {"dad","n.","爸爸","Mike is Tom's dad."},
            {"die","v.","死亡,消逝","Rabbits were dying off in that county."},
            {"gad","v.","闲逛,游荡,找乐子","gad toward town."},
            {"label","vt.","标注,分类","The bottle is labelled Poison."}
};
main( )
{
    int x00 = 100;
    int x01 = 150;
    unsigned int colour2 = 0x1c;
    unsigned int colour3 = 0x00;
    unsigned int colour4 = 0xFF;
    int width0 = 2;
    int y00 = 120;
    int y01 = 170;
    unsigned char * s1;                    //保存获取的键值
    unsigned char err;
    unsigned char t = 0;                   //表示当前显示到第几个字符
    unsigned char Count_line = 0;          //选择的行数
    unsigned char i = 0;                   //临时变量
    unsigned char old = 0;                 //记忆的单词标号
    unsigned char f_LineD = 0;             //列表开始的单词序号
    unsigned char f_Word = TRUE;           //表示当前是否激活单词输入区。true 为激活单词区,false
                                           //为激活输入区
    unsigned char word[20] = "";           //保存当前输入的单词
    unsigned char ucChar = 0;
    for(i = 0;i<MAX_OLD;i++)
      oldword[i][0] = '\0';
    clean( );
    Draw_back();
    printf("LED Init OK");
    while(1)
    {
        * s1 = key_set();
        if( * s1 < 13)
        {
        * s1 += 0x61;
        if((t == 0)||(t>19))
        {
            t = 0;
            lcd_clr_rect(17,17,258,34,BLACK);        //擦除字母显示区域
            lcd_clr_rect(20,40,258,170,BLACK);       //擦除翻译显示区域
        }
            word[t] = * s1;
            t++;
            lcd_disp_ascii8x16((8 * t + 20),17,GREEN,s1);
```

```
        f_LineD = Word_List(word);
    }
    else
    {
        * s1 - = 12;
        switch( * s1)
        {
            case BACKSPACE:                                //退格功能
                printf("ENTER backspace OK\n");
                word[t] = '\0';
                word[ -- t] = '_';
                word_clear();
                Trans_Clear();
                lcd_disp_ascii8x16( 20,17,GREEN,word);
                f_LineD = Word_List(word);
                f_Word = TRUE;
                Count_line = 0;
                break;
            case PAGEUP:
                word_clear();
                Trans_Clear();
                printf("ENTER PAGEUP OK\n");
                if(old == 0)
                old = MAX_OLD;
                strcpy(word ,oldword[ -- old]);
                lcd_disp_ascii8x16(20,17,GREEN,word);
                f_LineD = Word_List(word);
                f_Word = TRUE;
                t = strlen(word);
                break;
            case LINEUP:
                printf("ENTER LINEUP: OK\n");
                if(t! = 0)
                {
                    if(Count_line! = 0)
                    Count_line -- ;
                    LineMove(Count_line,UP);
                    f_Word = FALSE;
                }
                break;
            case ENTER:                                    //翻译功能
                printf("ENTER TRANS OK\n");
                word[t + 1] = '\0';
                translate(word,f_Word,(f_LineD + Count_line - 1));
                if (old == MAX_OLD)
                old = 0;
                strcpy(oldword[old ++ ],word);
                f_LineD = 0;
```

```
            Count_line = 0;
            f_Word = TRUE;
            for(;t>0; --t)
            word[t] = 0;

            break;
        case LINEDOWN:
            printf("ENTER LINEDOWN OK\n");
            if(t! = 0)
            {
                if(Count_line < (ALL_WNo - f_LineD))
                Count_line ++ ;
                LineMove(Count_line,DOWN);
                f_Word = FALSE;
            }
            break;
        case PAGEDOWN:
            word_clear();
            Trans_Clear();
            printf("ENTER PAGEDOWN OK\n");
            if(old == MAX_OLD)
            old = 0;
            strcpy(word ,oldword[old ++ ]);
            lcd_disp_ascii8x16(20,17,GREEN,word);
            f_LineD = Word_List(word);
            f_Word = TRUE;
            t = strlen(word);

            break;
        default:
            lcd_disp_ascii8x16( 20,110,GREEN,"error");
            break;
            }

        }

    }

}
```

2) LCD 设备操作的相关函数

```
int putpixel(int ,int,unsigned int );
void lcd_draw_hline(int,int,int,unsigned int,int );
void lcd_disp_ascii8x16(int x0,int y0,unsigned char ForeColor,unsigned char * s);
void lcd_disp_hz16(int x0,int y0,unsigned char ForeColor,unsigned char * s);
void lcd_draw_vline(int x0,int y0,int y1,unsigned int colour1,int width);
void lcd_draw_box(int left,int top,int right,int bottom,unsigned int colour1 );
void lcd_clr_rect(int usLeft,int usTop,int usRight,int usBottom,unsigned int ucColor);
int clean();

int putpixel(int x,int y,unsigned int color)
{
    int fbfd = 0;
```

```
    char * fbp,buf[60];
    struct fb_var_screeninfo vinfo;
    struct fb_fix_screeninfo finfo;
    long int screensize = 0;
    int offy,offx;
    char * fb;
    /* 打开设备 */
    fbfd = open("/dev/fb0",O_RDWR);
    /* 获取屏幕信息 */
    ioctl(fbfd,FBIOGET_FSCREENINFO,&finfo);
    ioctl(fbfd,FBIOGET_VSCREENINFO,&vinfo);
    /* 计算屏幕大小 */
    screensize = vinfo.xres * vinfo.yres * vinfo.bits_per_pixel / 8;
    /* 将屏幕缓冲区映射到内存 */
    buf[0] = 0;
    fbp = (char * )mmap(0,screensize,PROT_READ|PROT_WRITE,0,fbfd,0);
    offx = x * vinfo.bits_per_pixel/8;
    offy = y * finfo.line_length;
    fb = fbp + offx + offy;
    * fb = color;
    close(fb);
    return 0;
}
```

3) 键盘设备操作

```
/* 定义控制码 */
#define I2C_SET_DATA_ADDR 0x0601
#define I2C_SET_BUS_CLOCK 0x0602
char key_set()
{
    int cx,cy,fd;
    char key;
    /* 打开设备 */
    fd = open("/dev/i2c0", O_RDWR);
    /* 设置 ZLG7290 从地址 */
    ioctl(fd, I2C_SLAVE_FORCE, ZLG_SLAVE_ADDR);
    /* 设置 I2C 总线时钟频率为 16 kHz */
    ioctl(fd, I2C_SET_BUS_CLOCK, 16 * 1000);
    for(;;)
    {
        /* 传递 ZIG7290 内部寄存器访问地址 */
        ioctl(fd,I2C_SET_DATA_ADDR,REG_Sys);
        read(fd,&key,1);
        /* 判断键是否按下 */
        if(key & 0x01)
```

```
    {
        /*设置ZIG7290内部寄存器访问地址*/
        ioctl(fd,I2C_SET_DATA_ADDR,REG_Key);
        /*读取键值*/
        read(fd,&key,1);
        if(key > 0)
        {
            /*调整键的基值*/
            cx = ((key - 1) % 8) + 1; cy = ((key - 1) / 8) + 1;
            switch(key)
            {
                case 1:
                case 2:
                case 3:
                case 4:
                case 5:
                    key -= 1; break;
                case 9:
                case 10:
                case 11:
                case 12:
                case 13:
                    key -= 4; break;
                case 17:
                case 18:
                case 19:
                case 20:
                case 21:
                    key -= 7; break;
                case 25:
                case 26:
                case 27:
                case 28:
                case 29:
                    key -= 10; break;
                default: key = 0xFE;
            }
                printf("row %d : col %d : Value = %d\n",cy,cx,key);
        }
    }
}
close(fd);
return key;
}
```

7. 练习题

(1) 根据实验原理部分介绍的触摸屏驱动设计，实现触摸屏驱动。

(2) 根据本节实验原理部分的多I/O操作原理来实现带触摸屏输入功能的电子词典。

附　录　光盘内容说明

为帮助读者方便使用和学习本书的实验例程，随书附带光盘中刻录了书中各实验涉及的所有工程文件。此外，光盘中还包含 Start S3C44B0X 实验板的电路图及其他相关资料，以供读者参考。

对光盘内包含的文件夹内容说明如下：

1　1_Experiment 文件夹

- **chapter_2　第 2 章例子程序**
  - 2.1_asm　ARM 汇编指令实验一
  - 2.2_asm　ARM 汇编指令实验二
  - 2.3_thrumcode　Thumb 汇编指令实验
  - 2.4_armmode　ARM 处理器工作模式实验
  - 2.5_c1　C 语言程序实验一
  - 2.6_c2　C 语言程序实验二
  - 2.7ex　汇编与 C 语言的相互调用实验
  - 2.8_interwork　综合编程实验
- **chapter_3　第 3 章例子程序**
  - 3.1_bootloader　ARM 启动代码 BootLoader 实验
  - 3.2_memory_test　存储器实验
  - 3.3_led_test　I/O 接口实验
  - 3.4_int_test　中断实验
  - 3.5_uart_test　串口通信实验
  - 3.6_rtc_test　实时时钟实验
  - 3.7_watchdog_test　看门狗实验
  - 3.8_lcd_test　液晶显示实验
  - 3.9_Keyboard_test　键盘控制实验
  - 3.10_touchscreen_test　触摸屏控制实验
  - 3.11_dict_test　基于 Start S3C44B0X 实验教学系统的综合实验
- **chapter_4　第 4 章例子程序**
  - 4.1_4.2_ucos_44b0　μC/OS－II 开发环境建立及系统启动实验
  - 4.3_ucos_uart　μC/OS－II 添加串口驱动实验
  - 4.4_ucos_sampletest　μC/OS－II 简单应用实验
  - 4.5_ucos_edict　μC/OS－II 复杂应用试验
  - boot_osii　μC/OS－II 操作系统实验 BootLoader
- **chapter_5　第 5 章例子程序**
  - driver
    - 5.3_led_driver　μCLinux LED 驱动程序
    - 5.4_lcd_driver　μCLinux 基于 Framebuffer 的 LCD 驱动程序

| 5.5_i2c_driver　μCLinux I^2C 驱动程序

| app

| 5.6_led_app　μCLinux 应用基础实验

| 5.7_net_app　μCLinux 网络应用程序实验

| 5.8_dict　μCLinux 综合实验

| FlashImage

| blobStartS3C44B0　BootLoader 映像文件

| image.ram　μCLinux 内核实验的映像文件

| zImage　μCLinux 内核映像文件

| source

| μClinux Source

| uClinux-dist-20040408.tar.gz　μCLinux 源代码包

| uClinux090708.44b0.patch　μCLinux040408 补丁包

| ArmTool.exe　Win2000 下 Cygwin 工具链安装执行文件

| armtools.tar.gz　Cygwin 下工具链安装解压包

| blob-1.7.rar　μCLinux 操作系统 BootLoader 源代码包

| tool

| nfs-server-2.2.47　Cygwin 下 NFS 服务程序包

| TFTP Server for Windows　TFTP 服务器程序包

| Cygwin　Cygwin 安装软件

2　2_Schematic 文件夹

Start S3C44B0X 实验板的电路图

3　3_FlashImage 文件夹

| FlashImageCode　Start S3C44B0X 实验板出厂程序源代码包

| FlashImage.bin　Start S3C44B0X 实验板出厂时 Flash 中程序映像文件

4　4_Datasheet 文件夹

um_s3c44b0x 数据手册

5　5_Tools 文件夹

| ADS1.2　ADS 安装包

| BurnFlash　Flash 烧写工具安装包

参考文献

[1] 沈绪榜. 人类的太空梦想与计算技术[J]. 微电子学与计算机,2009,26(1):1-7.

[2] 田泽. 嵌入式系统开发与应用教程[M]. 第2版. 北京:北京航空航天大学出版社,2010.

[3] 田泽. 嵌入式系统开发与应用[M]. 北京:北京航空航天大学出版社,2005.

[4] 田泽. 嵌入式系统开发与应用实验教程[M]. 第2版. 北京:北京航空航天大学出版社,2005.

[5] 田泽. ARM7 嵌入式系统开发实验与实践[M]. 北京:北京航空航天大学出版社,2006.

[6] 田泽. ARM7 μCLinux 开发实验与实践[M]. 北京:北京航空航天大学出版社,2006.

[7] 田泽. ARM9 嵌入式开发实验与实践[M]. 北京:北京航空航天大学出版社,2006.

[8] 田泽. ARM9 嵌入式 Linux 开发实验与实践[M]. 北京:北京航空航天大学出版社,2006.

[9] Steve Furber. ARM SoC 体系结构[M]. 田泽,于敦山,盛世敏,译. 北京:北京航空航天大学出版社,2002.

[10] ARM 公司. ARM Architecture Reference Manual. 2000.

[11] ARM 公司. The ARM-Thumb Procedure Call Standard. 2000.

[12] SAMSUNG 公司. S3C44B0X_datasheet. pdf.

[13] ARM 公司. ADS1_2_CodeWarrior.

[14] 马忠梅,马广云,徐英慧,田泽. ARM 嵌入式处理器结构与应用基础[M]. 北京:北京航空航天大学出版社,2002.

[15] 杜春蕾. ARM 体系结构与编程[M]. 北京:清华大学出版社,2003.

[16] 怯肇乾. 嵌入式系统硬件体系设计[M]. 北京:北京航空航天大学出版社,2007.

[17] Andrew N. Sloss. ARM 嵌入式系统开发:软件设计与优化[M]. 沈建华,译. 北京:北京航空航天大学出版社,2005.

[18] William Stallings. 操作系统:精髓与设计原理[M]. 第五版. 陈渝,译. 北京:电子工业出版社,2006.

[19] Labrosse J J. 嵌入式实时操作系统 μC/OS-II[M]. 第2版. 邵贝贝等,译. 北京:北京航空航天大学出版社,2002.

[20] Micriμm 公司. New Features and Services since μC/OS-II V2.0. http://www.micrium.com,2006.

[21] 李岩. 基于 S3C44B0 嵌入式 μCLinux 系统原理与应用[M]. 北京:清华大学出版社,2006.

[22] 周立功. ARM 嵌入式 Linux 系统构建与驱动开发范例[M]. 北京:北京航空航天大学出版社,2005.

[23] 欧文盛. ARM 嵌入式 Linux 系统开发从入门到精通[M]. 北京:清华大学出版社,2007.

[24] 梁泉. 嵌入式 Linux 系统移植及应用开发技术研究[M]. 成都:电子科技大学出版社,2006.

[25] 任哲. 嵌入式操作系统基础 μC/OS-II 和 Linux[M]. 北京:北京航空航天大学出版社,2006.

[26] 宋宝华. Linux 设备驱动开发详解[M]. 北京:人民邮电出版社,2008.

[27] Raj Kamal. 嵌入式系统——体系结构、编程与设计[M]. 陈曙晖,译. 北京:清华大学出版社,2005.

[28] David E. Simon. 嵌入式系统软件教程[M]. 陈向群等,译. 北京:机械工业出版社,2005.

[29] Andrew S. Tanenbaum, Maarten van Steen. 分布式系统原理与范型[M]. 杨剑峰等,译. 北京:清华大学出版社,2004.

[30] Andrew S. Tanenbaum. 现代操作系统[M]. 陈向群等,译. 北京:机械工业出版社,2005.6.

单片机与嵌入式系统应用 ME

www.mesnet.com.c

何立民教授主编

中央级科技期刊　月刊

北京航空航天大学出版社　承办

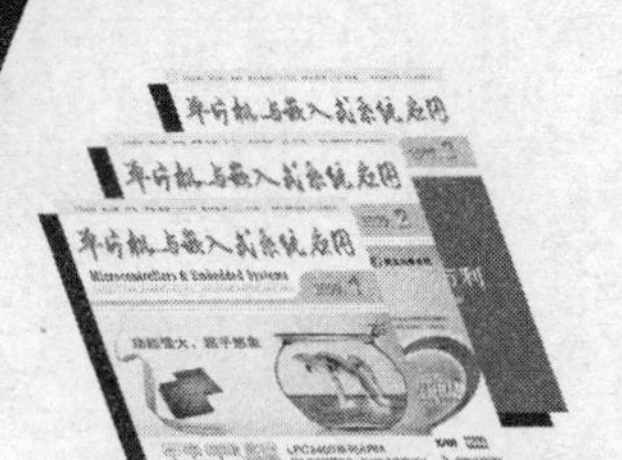

中国科技核心期刊（中国科技论文统计源期刊）

荣获“工信部2009-2010年度优秀期刊奖”

引领嵌入式技术时代潮流
反映嵌入式系统先进技术
推动嵌入式应用全面发展

本刊栏目设置

栏目	内容
业界论坛	创新观念、技术评述、学术争论以及方向性、前瞻性指导
专题论述	单片机与嵌入式系统领域的热点技术、专题技术研究
技术纵横	国内外先进技术的宏观纵览，全局资料分析、综合、利用
新器件新技术	新器件、新技术介绍及其在系统中的典型应用方法
应用天地	具有重要参考价值的科技成果与典型应用的技术交流
经验交流	嵌入式系统应用中的开发技巧和开发经验交流
学习园地	介绍嵌入式系统通用技术、常用方法的基础知识
产业技术与信息	为产业界提供技术与信息发布平台，推广厂家的最新成果
编读往来	建立本刊与读者的沟通渠道，报道科技、学术与产业动态

本刊反映了单片机与嵌入式系统领域的最新技术，包括：单片机与嵌入式系统的前沿技术与应用分析；新器件与新技术；软、硬件平台及其应用技术；应用系统的扩展总线、外设总线与现场总线；SoC总线技术、IP技术与SoC应用设计；嵌入式系统的网络、通信与数据传输；嵌入式操作系统与嵌入式集成开发环境；DSP领域的新器件、新技术及其典型应用；EDA、FPGA/CPLD、SoPC器件及其应用技术；单片机与嵌入式系统的典型应用设计。

专业期刊　着眼世界　应用为主
专家办刊　面向全国　读者第一

出版日期：每月1日出版
国际标准16开本形式出版
每期定价：12元　全年定价：144元
国内统一刊号：CN 11-4530/V
国际标准刊号：ISSN 1009-623X
邮发代号：2-765

地址：北京市海淀区学院路37号《单片机与嵌入式系统应用》杂志社　邮编：100191
投稿专用邮箱：paper@mesnet.com.cn　广告部专用邮箱：adv@mesnet.com.cn
电话：010-82338009（编辑部）82313656，82317029（广告部）82339882（网络部）
传真：010-82317043　网址：http://www.mesnet.com.cn

欢迎投稿　欢迎订阅　欢迎刊登广告　欢迎索取样刊